术基础

版)

伟 编著

工业出版社·
House of Electronics Industry
北京 · BEIJING

本书主要内容分为模拟电子技术篇和数字
放大电路基础、集成运算放大电路及其应用、沒
数基础、逻辑门电路、组合逻辑电路、触发器和
换电路。本书提供电子课件和部分习题参考答案

本书适合作为应用型本科院校及高职院校电
也可作为自学考试的辅导用书，以及电子技术工程
际情况筛选其中的内容。本书较为适宜的理论教学

未经许可，不得以任何方式复制或抄袭本书之部分
版权所有，侵权必究。

图书在版编目（CIP）数据

电子技术基础 / 张虹，卜铁伟编著. —2 版. —北
ISBN 978-7-121-47301-2

Ⅰ. ①电⋯　Ⅱ. ①张⋯ ②卜⋯　Ⅲ. ①电子技⋯

中国国家版本馆 CIP 数据核字（2024）第 039572

责任编辑：冉　哲
印　　刷：三河市鑫金马印装有限公司
装　　订：三河市鑫金马印装有限公司
出版发行：电子工业出版社
　　　　　北京市海淀区万寿路 173 信箱　　邮编
开　　本：787×1 092　1/16　印张：17　字数：
版　　次：2018 年 2 月第 1 版
　　　　　2024 年 1 月第 2 版
印　　次：2025 年 2 月第 3 次印刷
定　　价：59.80 元

凡所购买电子工业出版社图书有缺损问题，请向购买书
联系及邮购电话：(010) 88254888，88258888。

质量投诉请发邮件至 zlts@phei.com.cn，盗版侵权举报请
本书咨询联系方式：ran@phei.com.cn。

电子电气基础课程系列教材

电子技术

（第2

张　虹　卜铁

電子
Publishing F

内 容 简 介

电子技术篇两大篇。模拟电子技术篇包括常用半导体器件、
波形发生电路、直流稳压电源；数字电子技术篇包括逻辑代
时序逻辑电路、存储器和可编程逻辑器件、数模和模数转
见华信教育资源网（www.hxedu.com.cn）。

子、通信、物联网、机电、计算机、自动化等专业的教材，
从业人员的自学用书。高职院校使用本书时可以根据实
课时为 72 课时（不含实验）。

分或全部内容。

京：电子工业出版社，2024.1

术－高等职业教育－教材　Ⅳ．①TN

号

00036

80 千字

前　言

《电子技术基础》一书出版以后，被许多应用型本科院校及部分高职院校选为教材，得到了广大读者的支持和肯定。随着课程改革的不断深入以及对教学方法的不断探究，作者在教学实践过程中积累了更多的教学经验，教学思想和教学理念逐步完善。为了更好地适应电路理论、电子技术及计算机硬件技术的应用与发展，不断满足高等学校对应用型人才培养的需要，同时也为了更好地服务于读者，有必要对本书进行全面修订。

本次修订，既要保持第 1 版教材的诸多特点及完整体系，又要面向新发展；既要符合本门课程的基本要求，又要适当引进电子技术中的新器件、新技术、新方法；既要使学生掌握基础知识，又要培养他们的定性分析能力、综合应用能力和创新能力；既要有利于教师对教材内容的灵活取舍，又要有利于学生自主学习和思考。为此，提出了如下总体思路：精选内容，推陈出新；讲清基本概念、基本电路的工作原理和基本分析方法；内容由浅入深，通俗易懂，便于自学，力争做到"讲、学、做"统一协调，重点与难点讲解采取阐述与比喻相结合、例题与习题相结合、实例与实验相结合的方法。

本次修订在如下方面做了进一步改进。

（1）考虑到不同学校实验设备的差别，以及实验实训项目的针对性，新版教材中将实验内容删掉，以给用书学校更多的编排实验实训项目的自主性。

（2）模拟电子技术篇的修改。① 第 2 章"常用半导体器件"中，增加了半导体器件的识别、测试及使用注意事项，以便更好地掌握半导体器件的实用知识；考虑到专业性质及后续课程的需要，删掉了"晶闸管"内容。② 第 3 章"放大电路基础"中，增加了三极管单管放大电路三种组态的性能比较并列表说明，以便更好地了解各种组态的区别及应用；增加了多级放大电路的光电耦合方式，这基于光电耦合方式的强抗干扰能力及其日益广泛的应用。③ 第 4 章"集成运算放大电路及其应用"中，首先，在集成电路部分增加了集成运算放大电路的分类及通用型和专用型集成运算放大电路的性能介绍，为集成运算放大电路的正确选用提供理论基础；其次，在反馈放大电路部分增加了交流负反馈 4 种组态的性能参数及功能比较；最后，考虑到宽带数字网络日益广泛的应用，在有源滤波器部分增加了全通滤波器的相关知识。④ 第 6 章"直流稳压电源"中，考虑到串联型稳压电路诸多的优点，增加了串联型稳压电路的输入电压范围及相关例题。

（3）数字电子技术篇的修改。① 增加了部分内容，如超前进位加法器、任意进制计数器的实现方法及进位输出端的设置等；② 增加了部分实用型例题，为读者更好地掌握抽象理论知识提供具体的应用原型；③ 将个别逻辑图的结构、画法做了进一步改进；④ 由于电子技术中的新器件、新技术、新方法不断涌现，因此更新了相关内容，如专业术语、芯片种类、实现方法等。

（4）增加了习题的种类与题量。电子技术概念多，内容琐碎，理论分析抽象难懂，必须加强训练才能更好地掌握基础知识。

（5）提供电子课件和部分习题参考答案，以方便教学，见华信教育资源网（www.hxedu.com.cn）。

（6）通过与读者进行交流并收集意见反馈，修改和完善了第 1 版中的个别小错误。

本书较为适宜的理论教学课时为 72 课时，各章的参考课时如下。

各章理论教学参考课时一览表

章　名	参考课时
第1章　绪论	2
第2章　常用半导体器件	6
第3章　放大电路基础	8
第4章　集成运算放大电路及其应用	10
第5章　波形发生电路	4
第6章　直流稳压电源	4
第7章　逻辑代数基础	6
第8章　逻辑门电路	4
第9章　组合逻辑电路	10
第10章　触发器和时序逻辑电路	12
第11章　存储器和可编程逻辑器件	2
第12章　数模和模数转换电路	4
总　计	72

　　本次修订工作主要由张虹、卜铁伟组织并完成。此外，杨树伟、高寒、解立明、于钦庆、王立梅、李厚荣、郑建军、刘磊、刘贞德、李耀明、周金玲对本次修订工作给予了很多帮助和支持，在此一并表示感谢。

　　修订后的第 2 版一定还会有许多不足之处，甚至可能存在错误，欢迎广大读者提出宝贵意见。

　　本书有配套的实验与实训内容，需要的老师请联系作者索取。

　　邮箱：zhanghongwf@126.com，QQ：1667980252。

作　者

目　　录

第1章　绪论 ···························· 1

1.1　电子技术的发展与应用领域 ······· 1

1.2　信号与电子系统 ··················· 2

1.2.1　信号 ························· 2

1.2.2　模拟信号和数字信号 ······· 2

1.2.3　电子系统 ··················· 3

1.3　计算机辅助设计和分析软件 ······· 4

1.3.1　PSpice ······················ 4

1.3.2　Multisim ···················· 5

本章小结 ····························· 5

模拟电子技术篇

第2章　常用半导体器件 ············· 6

2.1　半导体基础知识 ··················· 6

2.1.1　本征半导体 ················· 6

2.1.2　杂质半导体 ················· 7

2.1.3　PN 结 ························· 8

2.2　半导体二极管 ····················· 9

2.2.1　二极管的结构和符号 ······· 9

2.2.2　二极管的伏安特性 ········· 10

2.2.3　二极管的主要参数 ········· 11

2.2.4　二极管应用电路举例 ······ 11

2.2.5　特殊二极管 ················ 13

2.2.6　二极管的测试及使用 ······ 14

2.3　半导体三极管 ···················· 15

2.3.1　三极管的结构及外形 ······ 15

2.3.2　三极管的电流放大原理 ······ 16

2.3.3　三极管的共射特性 ········· 18

2.3.4　三极管的主要参数 ········· 19

2.3.5　三极管的型号及判别 ······ 21

2.4　场效应管 ························· 21

2.4.1　结型场效应管 ·············· 21

2.4.2　绝缘栅型场效应管 ········· 23

2.4.3　场效应管的检测及使用注意
事项 ······················ 25

2.4.4　各种场效应管的比较 ······ 25

2.4.5　场效应管与三极管的比较 ····· 26

本章小结 ····························· 26

习题 ································· 27

第3章　放大电路基础 ··············· 30

3.1　放大的概念及放大电路的主要
性能指标 ························ 30

3.1.1　放大的概念 ················ 30

3.1.2　放大电路的性能指标 ······ 30

3.2　基本放大电路的组成及工作
原理 ····························· 32

3.2.1　基本放大电路的组成 ······ 32

3.2.2　基本放大电路的工作原理 ···· 33

3.3　基本放大电路的分析方法 ········ 35

3.3.1　直流通路与交流通路 ······ 35

3.3.2　静态分析 ··················· 35

3.3.3　动态分析 ··················· 37

3.4　放大电路静态工作点的稳定 ····· 41

3.4.1　温度对静态工作点的影响 ···· 41

3.4.2　静态工作点稳定电路 ······ 41

3.5　三极管单管放大电路的三种组态
及性能比较 ······················ 42

3.5.1　共集放大电路 ·············· 43

3.5.2　共基放大电路 ·············· 44

3.5.3　三极管单管放大电路三种组态
的性能比较 ················ 45

3.6　场效应管放大电路 ··············· 45

3.6.1　静态分析 ··················· 45

3.6.2　动态分析 ··················· 47

3.7　多级放大电路 ···················· 48

3.7.1　多级放大电路的耦合方式 ···· 49

3.7.2　多级放大电路的动态分析 ···· 50

本章小结 ····························· 51

习题 ································· 51

第4章　集成运算放大电路及其应用 ····· 54

4.1　集成电路概述 ···················· 54

4.1.1　集成电路及其发展 ········· 54

4.1.2 集成电路的特点及分类 ……… 54
4.1.3 集成电路制造工艺简介 ……… 55
4.2 集成运算放大电路的基本组成及
各部分的作用 ………………… 56
4.2.1 偏置电路——电流源 ……… 56
4.2.2 输入级——差分放大电路 … 57
4.2.3 中间级——带有源负载的共射
放大电路 ………………… 62
4.2.4 输出级——功率放大电路 … 63
4.3 集成运算放大电路的典型电路及
性能指标 ……………………… 67
4.3.1 双极型集成运算放大电路
F007 …………………… 67
4.3.2 性能指标 ……………… 68
4.4 理想运算放大电路 …………… 68
4.4.1 什么是理想运算放大电路 … 68
4.4.2 运算放大电路的两种工作状态
及理想运算放大电路的特点 … 69
4.5 放大电路中的反馈 …………… 70
4.5.1 反馈的基本概念、分类及
判别方法 ………………… 70
4.5.2 负反馈放大电路的一般表达
式和分析计算 …………… 74
4.5.3 负反馈对放大电路性能的
影响 …………………… 76
4.6 集成运算放大电路的应用 …… 77
4.6.1 模拟信号运算电路 ……… 77
4.6.2 滤波电路 ……………… 84
4.6.3 电压比较器 …………… 87
本章小结 ……………………… 89
习题 …………………………… 90

第5章 波形发生电路 ……………… 94
5.1 正弦波振荡电路 ……………… 94
5.1.1 正弦波振荡电路的基础知识 … 94
5.1.2 RC 正弦波振荡电路 …… 95
5.1.3 LC 正弦波振荡电路 …… 97
5.1.4 石英晶体正弦波振荡电路 … 99
5.2 非正弦波振荡电路 …………… 101
5.2.1 矩形波发生电路 ……… 101
5.2.2 三角波发生电路 ……… 102

5.2.3 锯齿波发生电路 ……… 103
本章小结 ……………………… 104
习题 …………………………… 104

第6章 直流稳压电源 ……………… 107
6.1 直流稳压电源的组成 ………… 107
6.2 整流电路 ……………………… 108
6.2.1 单相半波整流电路 …… 108
6.2.2 单相全波整流电路 …… 108
6.2.3 单相桥式全波整流电路 … 109
6.2.4 整流电路的主要参数 … 109
6.3 滤波电路 ……………………… 111
6.3.1 电容滤波电路 ………… 111
6.3.2 Π 型 RC 滤波电路 …… 112
6.3.3 电感滤波电路和 LC 滤波
电路 …………………… 112
6.4 稳压管稳压电路 ……………… 113
6.4.1 电路组成及工作原理 … 113
6.4.2 限流电阻的选择 ……… 114
6.5 串联型直流稳压电路 ………… 115
6.5.1 电路组成及工作原理 … 115
6.5.2 输出电压的调节范围 … 115
6.5.3 输入电压的变化范围 … 116
6.6 集成稳压电路 ………………… 116
本章小结 ……………………… 119
习题 …………………………… 120

数字电子技术篇

第7章 逻辑代数基础 ……………… 123
7.1 数字电路概述 ………………… 123
7.1.1 数字电路的特点及分类 … 123
7.1.2 数字电路的应用 ……… 123
7.2 数制与码制 …………………… 124
7.2.1 数制及其转换 ………… 124
7.2.2 码制 …………………… 127
7.3 逻辑代数 ……………………… 130
7.3.1 逻辑变量与逻辑函数 … 130
7.3.2 基本逻辑运算 ………… 130
7.3.3 复合逻辑运算 ………… 131
7.3.4 几个概念 ……………… 132

7.4 逻辑函数的表示方法及其相互
　　转换 ···133
　　7.4.1 真值表 ·······························133
　　7.4.2 逻辑表达式 ·······················134
　　7.4.3 逻辑图 ·····························135
　　7.4.4 波形图 ·····························135
　　7.4.5 卡诺图 ·····························136
7.5 逻辑函数的基本公式、定律和
　　规则 ···136
7.6 逻辑函数的化简 ·····················138
　　7.6.1 最简的概念及最简表达式的
　　　　　几种形式 ·······················138
　　7.6.2 公式法化简 ·······················139
　　7.6.3 卡诺图法化简 ···················140
　　7.6.4 具有无关项的逻辑函数的
　　　　　化简 ·····························141
本章小结 ··142
习题 ···142

第 8 章　逻辑门电路 ·····················147
8.1 半导体器件的开关特性 ···········147
　　8.1.1 二极管的开关特性 ···········147
　　8.1.2 三极管的开关特性 ···········147
　　8.1.3 MOS 管的开关特性 ···········148
8.2 分立元件门电路 ·····················149
　　8.2.1 二极管与门 ·····················149
　　8.2.2 二极管或门 ·····················149
　　8.2.3 三极管非门（反相器）·······149
8.3 集成门电路 ···························150
　　8.3.1 TTL 电路 ·······················150
　　8.3.2 CMOS 电路 ····················156
　　8.3.3 TTL 电路与 CMOS 电路之间
　　　　　的接口技术 ···················158
本章小结 ··159
习题 ···160

第 9 章　组合逻辑电路 ···············163
9.1 组合逻辑电路的特点及分析与
　　设计方法 ·······························163
　　9.1.1 组合逻辑电路的特点 ········163
　　9.1.2 组合逻辑电路的一般分析
　　　　　方法 ·····························163

　　9.1.3 组合逻辑电路的一般设计
　　　　　方法 ·····························165
9.2 常用组合逻辑电路 ·················167
　　9.2.1 编码器 ·····························167
　　9.2.2 译码器 ·····························171
　　9.2.3 加法器 ·····························176
　　9.2.4 数值比较器 ·····················178
　　9.2.5 数据选择器 ·····················181
　　9.2.6 数据分配器 ·····················184
9.3 竞争-冒险现象 ·····················185
　　9.3.1 概念及产生原因 ···············185
　　9.3.2 检查及消除方法 ···············185
本章小结 ··187
习题 ···187

第 10 章　触发器和时序逻辑电路 ·········191
10.1 触发器 ···191
　　10.1.1 触发器的功能特点 ···········191
　　10.1.2 触发器的分类及逻辑功能
　　　　　　的描述方法 ···············191
　　10.1.3 基本 RS 触发器 ···············191
　　10.1.4 同步触发器 ·····················194
　　10.1.5 主从触发器 ·····················196
　　10.1.6 边沿触发器 ·····················198
　　10.1.7 不同类型时钟触发器之间
　　　　　　的转换 ·······················202
10.2 时序逻辑电路 ·····················203
　　10.2.1 时序逻辑电路的特点 ·······203
　　10.2.2 时序逻辑电路功能的描述
　　　　　　方法 ·······················203
　　10.2.3 时序逻辑电路的一般分析
　　　　　　方法 ·······················204
10.3 计数器 ···204
　　10.3.1 计数器的分类 ···············204
　　10.3.2 同步计数器 ·····················205
　　10.3.3 异步计数器 ·····················211
　　10.3.4 集成计数器构成 N 进制
　　　　　　计数器的方法 ···············213
　　10.3.5 集成计数器应用电路举例 ···216
10.4 寄存器 ···216
　　10.4.1 数码寄存器 ·····················216

10.4.2 移位寄存器 ……………217
10.4.3 移位寄存器的应用 ………219
10.5 顺序脉冲发生器 ……………221
10.6 序列信号发生器 ……………222
10.7 时序逻辑电路的设计 ………223
　　10.7.1 设计方法及步骤 …………223
　　10.7.2 设计举例 …………………223
10.8 555 定时器的原理及应用 ………225
　　10.8.1 555 定时器 ………………225
　　10.8.2 555 定时器构成单稳态
　　　　　触发器 …………………226
　　10.8.3 555 定时器构成多谐振
　　　　　荡器 ……………………227
　　10.8.4 555 定时器构成施密特
　　　　　触发器 …………………228
　　10.8.5 555 定时器应用电路举例 …228
本章小结 ……………………………229
习题 …………………………………230

第 11 章 存储器和可编程逻辑器件 ………237
11.1 概述 …………………………237
11.2 存储器及其容量扩展 ………238
　　11.2.1 随机存取存储器（RAM）…238
　　11.2.2 只读存储器（ROM）………240
11.3 可编程逻辑器件（PLD）………242
　　11.3.1 PLD 的基本结构 …………242

11.3.2 PLD 的分类 ………………243
11.3.3 PLD 的应用 ………………244
本章小结 ……………………………246
习题 …………………………………246

第 12 章 数模和模数转换电路 …………248
12.1 D/A 转换器 …………………248
　　12.1.1 权电阻网络 D/A 转换器 ……248
　　12.1.2 倒 T 形电阻网络 D/A
　　　　　转换器 …………………249
　　12.1.3 D/A 转换器的主要技术
　　　　　指标 ……………………251
　　12.1.4 集成 DAC ………………251
12.2 A/D 转换器 …………………253
　　12.2.1 A/D 转换的一般步骤 ……253
　　12.2.2 取样保持电路 ……………255
　　12.2.3 并联比较型 A/D 转换器 ……255
　　12.2.4 逐次渐近型 A/D 转换器 ……257
　　12.2.5 双积分型 A/D 转换器 ……258
　　12.2.6 A/D 转换器的主要技术
　　　　　指标 ……………………259
　　12.2.7 集成 ADC ………………259
本章小结 ……………………………261
习题 …………………………………261

参考文献 ……………………………264

第1章 绪 论

电子技术是信息社会的基石。家庭中有大量的电子产品，例如，收音机、电视机、录像机、高保真音响、微波炉、手机及 PC（个人计算机）等，可以说，电子产品已经占据了我们的大部分生活。

1.1 电子技术的发展与应用领域

1. 电子技术的发展

从电子整流装置到集成电路，电子技术的发展已经有 100 多年的历史。从工程应用角度，可以用主要电子元器件的发展与应用作为电子技术发展各阶段的里程碑。

（1）电子管阶段。电子管是一种在气密性封闭容器（一般为玻璃管）中产生电流传导，利用电场对真空中电子流的作用获得信号放大或振荡的电子器件。电子管早期应用于电视机、收音机、扩音机等电子产品，现在已被晶体管和集成电路所取代。

（2）半导体分立元件阶段。与电子管相比，半导体器件（二极管、三极管、场效应管）的体积大大缩小，从而使得电子系统的体积也大大缩小，电子系统所消耗的功率也明显降低，系统的效率得到了很大提高。

（3）集成电路阶段。1958 年，美国 TI 公司工程师 Jack Kilby 发明了第一块模拟集成电路。集成电路的发明，是电子技术发展的重要里程碑。集成电路技术不仅大大缩小了电子系统的体积，减小了功率损耗，进一步扩大了电子技术的应用范围，还提供了更加简单的应用技术。

2. 电子技术的应用领域

在现代工程技术中，只要把任何其他形式的信号转变为电信号（大部分是电压信号），都可以使用电子技术对其进行处理。从信息传输和处理的角度，所有工程系统都可以看成一个信号和信息处理系统，而任何信息处理，都可以看成对输入信号进行某种数学运算。实现信号和信息处理的最好办法，是使用电子技术的理论与知识设计出相应的电子系统。

（1）通信系统。现代通信系统本身就是一个复杂的电子系统，所有通信设备无一例外都是电子产品，如电话机、电视机、寻呼机、移动电话等。

（2）控制系统。现代控制系统的基本实现技术之一就是电子技术。利用集成电路设计与制造技术，可以把控制系统集成在单片的集成电路中，实现信息对系统设备运行的智能控制。特别是在智能控制领域，如机器人、自动驾驶系统等，电子技术已经成为必不可少的基本实现技术。

（3）信息处理系统。信息处理系统的基本处理设备是由电子技术所支持的硬件来实现的，如各种计算机和计算设备、嵌入式系统、显示设备、网络设备等。

（4）测试系统。由于电子技术的信号处理能力十分强大，特别是电子系统的计算功能强，因此电子技术在测试系统中占有十分重要的地位。从传感器到测试仪器，几乎所有的测量系统都离不开电子技术。

（5）计算机。计算机实际上是一个软件控制下的复杂电子系统。在硬件的支持下，通过运行相应的软件，计算机可以完成十分复杂的信号和信息处理任务。

（6）生物医学电子系统。在生物医学工程中，生物医学电子系统是各种生物医学仪器的基本实现技术，也是现代信息医学和定量医学的重要技术基础。除此之外，近年来基因技术和生物技术的发展，促使了生物芯片的产生。

另外，还有许多其他应用领域，如家用电器、机电一体化、农业机械等，此处不再一一列举。

1.2 信号与电子系统

1.2.1 信号

什么是信号？"信号"一词在人们的日常生活和社会活动中并不陌生，如时钟报时声、汽车喇叭声、交通信号灯、战场上发射的信号弹、计算机内部以及它和外围设备之间联络的电信号等，都是人们熟悉的信号。但是，要严格地给信号下定义，必须搞清它和信息、消息之间的联系。

信息是指人类社会和自然界中需要传送、交换、存储和提取的抽象内容。信息具有抽象性，为了实现交换和传送，必须通过一定的表现形式将它表示出来。人们把表示信息的语言、文字、图像、数据等称为消息，而信息是消息之中赋予人们新知识与新概念的内容。可见，信息是消息的内容，而且是预先不知道的内容。通常，人们说，"这张报纸信息量大"或"那个消息不含一点信息"，就体现了消息和信息之间的关系。

一般情况下，消息不便于传送和交换，往往需要借助于某种便于传送和交换的物理量作为运载手段，我们把声、光、电等运载消息的物理量称为信号。因此，信号就是表示消息的物理量，它是运载消息的工具，是消息的载体。在作为信号的众多物理量中，电信号是应用最广泛的物理量，因为它容易产生、传输和控制，也容易实现与其他物理量的相互转换。因此，我们通常所指的信号主要是电信号。非电信号（如声音、压力、光强、流量、速度等）可以通过各种传感器较容易地转换成电信号。

电信号是指随时间变化而变化的电压 u 或电流 i，在数学描述上可将其表示为时间 t 的函数，并可画出其随时间变化的波形。电子电路中的信号均为电信号，以下简称信号。

1.2.2 模拟信号和数字信号

对信号的分类方法很多，信号按数学关系、取值特征、能量功率、处理分析、所具有的时间函数特性、取值是否为实数等，可以分为确定性信号和非确定性信号（又称随机信号）、连续信号和离散信号（模拟信号和数字信号）、能量信号和功率信号、时域信号和频域信号、时限信号和频限信号、实信号和复信号等。电子电路中主要讨论的是模拟信号和数字信号。

（1）**模拟信号**是指信号波形模拟了信息的实际变化过程，主要特征是其幅度是连续的，可取无限多个值；在时间上可连续，也可不连续。它的数学表达式较复杂，如正弦函数、指数函数等。图 1-1（a）所示为典型的模拟信号。

传输、处理模拟信号的电路称为**模拟电路**。模拟电路中主要关注输入与输出信号间的大小、相位、失真等方面的问题。

电子系统中一般均含有模拟和数字两种构件。模拟电路是系统中必需的组成部分。但是，为了便于存储、分析或传输信号，数字电路更具优越性。

（2）**数字信号**是指时间和数值上都不连续变化的信号，即数字信号具有离散性，如图 1-1（b）所示。交通信号灯控制电路、智力竞赛抢答电路，以及计算机键盘输入电路中的信号都是数字信号。对数字信号进行传输、处理的电路称为**数字电路**。数字电路中主要关注输入、输出之间的逻辑关系。

大多数物理量经传感器转换后都成为模拟信号，且如今的自动化控制系统都是以计算机为核心的电路系统，计算机内部是典型的数字化电路，因此，首先需要对模拟信号进行数字化处理，将其转换为计算机能够识别的数字信号，经计算机处理后的信号，通常还要转换为能够驱动负载的模拟信号。

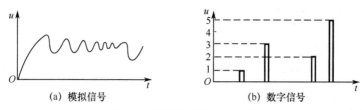

图 1-1　模拟信号和数字信号

1.2.3　电子系统

1. 电子系统的组成

用不同种类、不同功能的电路构成具有特定功能的仪器、设备，这样的系统称为**电子系统**。

图 1-2 所示为典型的电子系统组成示意图。系统首先采集信号，即进行信号的提取。通常，这些信号来自用于测试各种物理量的传感器、接收器，或者来自信号发生器。对于实际系统，传感器或接收器所提供的信号的幅值往往很小，噪声很大，且易受干扰，有时甚至分不清哪些是有用信号，哪些是干扰或噪声。因此，在加工信号之前，需对其进行预处理。进行信

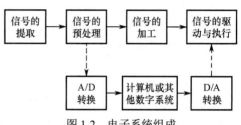

图 1-2　电子系统组成

号的预处理时，要根据实际情况利用隔离、滤波、阻抗变换等各种手段将信号提取出来并进行放大。当信号足够大时，再进行信号的运算、转换、比较等不同的加工。最后，还要经过功率放大，以驱动执行机构（负载）。若要进行数字化处理，则首先通过 A/D 转换电路将预处理后的模拟信号转换为数字信号，输入计算机或其他数字系统，处理后，再经 D/A 转换电路将数字信号转换为模拟信号，以便驱动负载。

图 1-2 所示电子系统是模拟-数字混合系统，信号的提取、预处理、加工、驱动与执行由模拟电路完成，计算机或其他数字系统由数字电路组成，A/D 转换、D/A 转换为模拟电路和数字电路提供了接口。

2. 电子系统中的模拟电路

从对信号的分析可知，对模拟信号最基本的处理是放大，而且放大电路是构成各种功能不同的模拟电路的基本电路。图 1-3 所示为电子系统中常用的模拟电路及其功能。

（1）放大电路：用于电压、电流或功率信号的放大。

（2）滤波电路：用于对不同频率信号的提取、变换或抗干扰。

（3）运算电路：完成信号的比例、加、减、乘、除、积分、微分、对数、指数等运算。

（4）信号变换电路：改变信号的变化规律，将电流与电压信号进行相互转换，将直流与交流信号进行相互转换，将直流电压转换成与之成比例的频率等。

（5）信号发生电路（振荡电路）：用于产生正弦波、

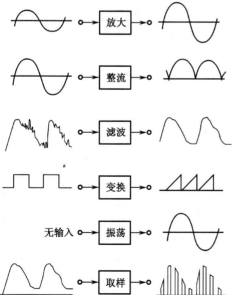

图 1-3　常用的模拟电路及其功能

矩形波、三角波、锯齿波等。

（6）取样电路：将随时间连续变化的模拟信号变成离散信号。

（7）直流电源电路：将 220V、50Hz 交流电转换成不同输出电压和电流的直流电，作为各种电子电路的供电电源。

3. 电子系统中的数字电路

数字电路又叫开关电路或逻辑电路，它利用半导体器件的开关特性使电路输出高、低两种电平，从而控制事物相反的两种状态，如灯的亮和灭、开关的开和关、电动机的转动和停转等。数字电路中的信号只有高、低两种电平，分别用二进制数字 **1** 和 **0**（本书中，二进制数均加粗处理）表示，即数字信号都是由 **0**、**1** 组成的一串二进制代码。

数字电路按照逻辑功能的不同分为两大类，即组合逻辑电路和时序逻辑电路。计算机的硬件系统就是典型的数字电路，其内部的各个部件都是这两种功能的数字电路，例如，编码器、译码器、加法器、数值比较器、数据选择器、数据分配器等是组合逻辑电路，寄存器、计数器等是时序逻辑电路。

1.3　计算机辅助设计和分析软件

随着电子计算机技术的发展，模拟电路中的电路分析、数字电路中的逻辑模拟，甚至是印制电路板、集成电路版图等都开始采用计算机辅助工具来加快设计效率，提高设计成功率。而大规模集成电路的发展，使得原始的设计方法无论是从效率上还是从设计精度上已经无法适应当前电子工业的要求，所以采用计算机辅助设计（Computer Aided Design，CAD）来完成电路的设计已经势在必行。同时，计算机以及适合计算机系统的电子设计自动化（Electronic Design Automation，EDA）软件的迅速发展，使得 CAD 技术逐渐成为提高电路设计速度和质量的不可缺少的重要工具。

EDA 技术自 20 世纪 70 年代开始发展，其标志是美国加利福尼亚大学伯克利分校开发的 SPICE（Simulation Program with Integrated Circuit Emphasis）于 1972 年研制成功，并于 1975 年推出实用化版本。当时，EDA 技术仅适用于模拟电路的分析，而且只能用程序的方式输入。此后，在扩充电路分析功能、改进和完善算法、增加元器件模型库、改进用户界面等方面做了很多实用性的工作，使之成为享有盛誉的电子电路辅助设计工具，1988 年被定为美国国家工业标准。与此同时，各种以 SPICE 为核心的商用仿真软件应运而生，常用的有 PSpice 和 Multisim。

1.3.1　PSpice

PSpice 是出现较早的 EDA 软件之一，1985 年就由 MicroSim 公司推出。在电路仿真方面，它的功能非常强大，在国内被普遍使用，现在使用较多的是 PSpice 9.1 版本，其工作于 Windows 环境，整个软件由电路原理图编辑、电路仿真、激励编辑、元器件库编辑、波形图等几个部分组成，使用时是一个整体，但各个部分有独立的窗口。

PSpice 软件具有强大的电路原理图绘制、电路模拟仿真、图形后处理和元器件符号制作功能。该软件以图形方式输入，自动进行电路检查，生成网表，模拟和计算电路；用途非常广泛，不仅可以用于电路分析和优化设计，还可用于电路、信号与电子系统等课程的计算机辅助教学；与印制版设计软件配合使用，还可实现电子设计自动化。这些特点使得 PSpice 受到广大电子设计工作者、科研人员和高校师生的热烈欢迎，国内许多高校已将其列入电子类本科生和硕士生的辅修课程。

1.3.2　Multisim

　　EWB（Electronics Workbench）是基于 PC 平台的电子设计软件，它提供了一个功能全面的 SPICE 仿真系统，支持模拟和数字混合电路的分析和设计，创造了集成的一体化设计环境，把电路原理图的输入、仿真和分析紧密结合起来。系统将 SPICE 仿真器完全集成在电路原理图输入和测试器等工具之中。与其他 Windows 环境下的系统软件类似，它具有图形化界面，提供按钮式的工具栏，各个菜单中各个选项的物理意义一目了然。在输入电路原理图时，自动将其编辑成网络表传送到仿真器中，加快了建立和管理的时间。在仿真过程中，若改变设计，将会立刻获得该变化所带来的影响，实现了交互式的设计和仿真。

　　Multisim 是 EWB 的升级版本，它是加拿大 Interactive Image Technologies 公司推出的以 Windows 为基础的仿真工具，适用于板级的模拟-数字电路设计工作。它包含电路原理图的图形输入方式和电路硬件描述语言输入方式，具有丰富的仿真分析能力。Multisim 被美国 NI 公司收购以后，其性能得到了更大的提升。

　　使用 Multisim 可以交互式地搭建电路原理图，并对电路行为进行仿真。Multisim 提炼了 SPICE 仿真的复杂内容，这样工程师无须懂得深入的 SPICE 技术就可以很快地进行捕获、仿真和分析新的设计，这也使其更适合电子学教育。通过 Multisim 和虚拟仪器技术，PCB 设计工程师和电子学教育工作者可以完成从理论到电路原理图捕获与仿真再到原型设计和测试这样一个完整的综合设计流程。目前，在各高校教学中普遍使用 Multisim10.0 版本。

　　初步掌握一种电子电路计算机辅助分析和设计软件对学习电子技术很有必要。

本章小结

　　1. 从电子整流装置到集成电路，电子技术的发展已经有 100 多年的历史。在现代工程技术中，只要把任何其他形式的信号转变为电信号（大部分是电压信号），都可以使用电子技术对其进行处理。

　　2. 电子电路包括模拟电路和数字电路，模拟电路处理的是模拟信号，数字电路处理的是数字信号。电子系统通常是模拟-数字混合系统，可以完成对信号的采集、预处理、加工、驱动、D/A 转换、A/D 转换等。

　　3. 随着计算机的飞速发展，以计算机辅助设计（CAD）为基础的电子设计自动化（EDA）技术已成为电子学领域的重要学科。常用的电子电路计算机辅助分析和设计软件有 PSpice 和 Multisim 等。

模拟电子技术篇

第2章 常用半导体器件

2.1 半导体基础知识

半导体器件是构成各种电子电路（包括模拟电路、数字电路、集成电路及分立元件电路）的基本器件。本章主要学习半导体二极管、三极管及场效应管，分别介绍它们的结构、工作原理、特性曲线和主要参数。

2.1.1 本征半导体

导电能力介于导体和绝缘体之间的物质称为半导体，半导体是构成电子元器件的重要材料。纯净的、不含杂质的半导体称为**本征半导体**，硅（Si）和锗（Ge）是两种最常用的本征半导体。

本征半导体是通过一定的工艺过程形成的单晶体，其中每个硅或锗原子最外层的 4 个价电子均与相邻的 4 个原子的价电子形成共价键，如图 2-1（a）所示。

本征半导体中原子间的共价键具有较强的束缚力，每个原子都趋于稳定，它们是否有足够的能量挣脱共价键的束缚与热运动（温度）紧密相关。在绝对零度（−273.15℃）时，价电子基本不能移动，因此此外电场作用下半导体中的电流为零，此时它相当于绝缘体。但在常温下，由于热运动，价电子被激活，有些获得足够能量的价电子会挣脱共价键成为自由电子，与此同时，共价键中就留下一个空位，称为**空穴**，这种现象称为**本征激发**，如图 2-1（b）所示。因为电子带负电荷，所以空穴表示缺少一个负电荷，即空穴具有正电荷粒子的特性。

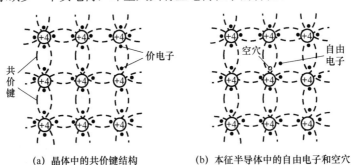

(a) 晶体中的共价键结构   (b) 本征半导体中的自由电子和空穴

图 2-1 本征半导体

在**电子-空穴对**产生的同时，运动中的自由电子也有可能去填补空穴，使电子和空穴成对消失，这种现象称为**复合**。在外电场作用下，一方面带负电荷的自由电子做定向移动，形成电子电流；另一方面价电子会按电场方向依次填补空穴，产生空穴的定向移动，形成空穴电流。能够运动的、可以参与导电的带电粒子称为**载流子**。导体只有一种载流子参与导电，即自由电子导电。而本征半导体有两种载流子参与导电，即自由电子和空穴均参与导电，这是半导体导电的特殊性质。因为自由电子和空穴所带电荷极性相反，所以电子电流和空穴电流的方向相反。

在一定温度下，电子-空穴对的产生和复合都在不停地进行，最终处于一种动态平衡状态，使半导体中载流子的浓度一定。当温度升高时，本征半导体中载流子浓度将增大。由于导电能力由载流子数目决定，因此半导体的导电能力将随温度升高而增强。温度是影响半导体器件性能的一个重要的外部因素，半导体材料的这种特性称为热敏性。此外，半导体材料还具有光敏性、压敏性、磁敏性和掺杂性。

2.1.2 杂质半导体

在常温下，本征半导体中载流子的浓度很低，因此导电能力很弱。为了改善导电性能并使其具有可控性，需在本征半导体中掺入微量的其他元素（称为杂质）。这种掺入杂质的半导体称为**杂质半导体**。因为掺入杂质的性质不同，所以杂质半导体可分为 **N 型半导体**和 **P 型半导体**。

1. N 型半导体

在本征半导体硅（或锗，此处以硅为例）中掺入微量的 5 价元素磷（P），由于磷原子最外层的 5 个价电子中有 4 个与相邻硅原子的价电子组成共价键，如图 2-2（a）所示，多余一个价电子受磷原子核的束缚力很小，很容易成为自由电子，而磷原子本身因失去电子成为不能移动的杂质正离子。当然，杂质半导体中，同本征半导体一样，由于热运动仍然会产生自由电子-空穴对，但这种热运动产生的载流子数远小于因掺杂而产生的自由电子数。在这种半导体中，自由电子数远超过空穴数，因此它是以电子导电为主的杂质型半导体。因为电子带负电（Negative Electricity），所以称为 N 型半导体。N 型半导体中，自由电子是多数载流子（简称**多子**），空穴是少数载流子（简称**少子**）。杂质离子带正电。

2. P 型半导体

在本征硅中掺入 3 价元素硼（B），硼原子有 3 个价电子，每个硼原子的价电子与相邻的 4 个硅原子的价电子组成共价键时，因缺少一个电子而产生一个空位（不是空穴，因为硼原子仍呈中性），如图 2-2（b）所示。在室温或其他能量激发下，与硼原子相邻的硅原子共价键上的电子就可能填补这些空位，从而在电子原来所处的位置上形成带正电荷的空穴，硼原子本身则因获得电子而成为不能移动的杂质负离子。每个硼原子都能产生一个空穴，这种半导体的空穴数远大于自由电子数，因此它是以空穴导电为主的杂质型半导体，因为空穴带正电（Positive Electricity），所以称为 P 型半导体。P 型半导体中，空穴是多数载流子（多子），自由电子是少数载流子（少子）。杂质离子带负电。

今后，为简单起见，通常只画出其中的正离子、等量的自由电子及少子空穴来表示 N 型半导体；同样，只画出负离子、等量的空穴及少子自由电子来表示 P 型半导体，分别如图 2-3（a）和（b）所示。

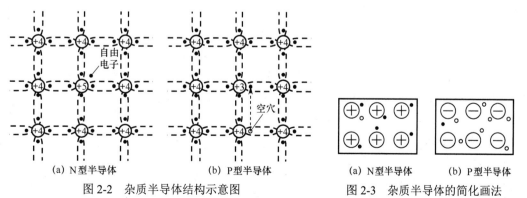

图 2-2　杂质半导体结构示意图　　　图 2-3　杂质半导体的简化画法

综上所述，掺入杂质后，由于载流子的浓度提高，因此杂质半导体的导电性能增强，而且掺入的杂质越多，多子浓度越高，导电性能也就越强，实现了导电性能的可控性。例如，在 4 价硅中掺入百分之一的 3 价杂质硼后，在室温时，其电阻率只有本征半导体的 50 万分之一，可见导电能力大大提高了。当然，仅仅提高导电能力不是最终目的，况且导体的导电能力更强。杂质半导体的奇妙之处在于，掺入不同性质、不同浓度的杂质，并使 P 型半导体和 N 型半导体采用不同的方式组合，可以制造出品种繁多、用途各异的半导体器件。

2.1.3 PN 结

如果将本征半导体的一侧掺杂成为 P 型半导体，而另一侧掺杂成为 N 型半导体，则在二者的交界处将形成一个 **PN 结**。

1. PN 结的形成

（1）多子的扩散运动。将 P 型半导体和 N 型半导体制作在一起，在两种半导体的交界面就出现了电子和空穴的浓度差。物质总是从浓度高的区域向浓度低的区域扩散，自由电子和空穴也不例外。因此，P 区中的多子（空穴）将向 N 区扩散，而 N 区中的多子（自由电子）将向 P 区扩散，如图 2-4（a）所示。扩散运动的结果使两种半导体交界面附近出现不能移动的带电离子区，P 区出现负离子区，N 区出现正离子区，如图 2-4（b）所示。这些带电离子形成了一个很薄的**空间电荷区**，产生了**内电场**。

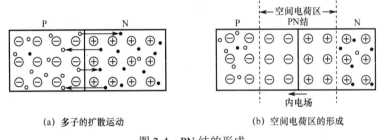

(a) 多子的扩散运动   (b) 空间电荷区的形成

图 2-4　PN 结的形成

（2）少子的漂移运动。一方面，随着扩散运动的进行，空间电荷区加宽，使内电场增强；另一方面，内电场又将阻止多子的扩散运动，同时加强少子的漂移运动，因而使 P 区中的少子电子向 N 区运动，N 区中的少子空穴向 P 区运动，这种在电场作用下少子的运动称为**漂移运动**。少子漂移运动的方向正好与多子扩散运动的方向相反。因而漂移运动的结果是空间电荷区变窄，使内电场减弱。当参与扩散运动的多子与参与漂移运动的少子数目相等时，即达到了动态平衡，此时，空间电荷区的宽度不再变化，空间电荷区中的载流子耗尽，成为**耗尽层**，这个耗尽层就是 PN 结。

2. PN 结的单向导电性

在 PN 结两端外加电压，称为给 PN 结加上**偏置**电压。当 P 区电位高于 N 区时称为**正向偏置（正偏）**；反之，当 N 区电位高于 P 区时称为**反向偏置（反偏）**。

（1）PN 结正偏。给 PN 结加正偏电压，PN 结正偏导通，如图 2-5（a）所示。这时外电场与内电场方向相反，削弱了内电场，空间电荷区变窄，正向电流 I 较大，PN 结在正偏时呈现较小的电阻，PN 结变为导通状态。正偏电压稍有增大，PN 结的正向电流 I 急剧增大，为了防止大的正向电流把 PN 结烧毁，实际电路都要串接限流电阻 R。

（2）PN 结反偏。给 PN 结加反偏电压，PN 结反偏截止，如图 2-5（b）所示。这时外电场与内电场方向相同，空间电荷区变宽，内电场增强，因此有利于少子的漂移而不利于多子的扩散。由于电源的作用，少子的漂移形成了反向电流 I_S。但是，少子的浓度非常低，使得反向电流很小，一般为微安（μA）数量级。所以可以认为 PN 结在反偏时基本不导电。

综上所述，PN 结正偏时导通，表现出的正向电阻很小，正向电流 I 较大；反偏时截止，表现出的反向电阻很大，正向电流几乎为零，只有很小的反向饱和电流 I_S。这就是 PN 结最重要的导电特性——**单向导电性**。二极管、三极管及其他各种半导体器件的工作特性都是以 PN 结的单向导电性为基础的。

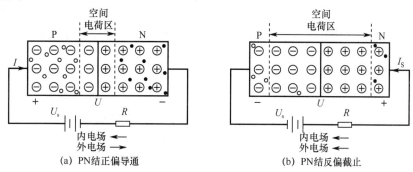

(a) PN结正偏导通   (b) PN结反偏截止

图 2-5　PN 结的单向导电性

此外，PN 结在一定条件下还具有电容效应，根据产生原因不同分为势垒电容和扩散电容。当 PN 结外加电压变化时，空间电荷区的宽度将随之变化，即耗尽层的电荷量随外加电压而增大或减小，这种现象与电容的充放电过程相同，耗尽层宽窄变化所等效的电容称为势垒电容 C_b。PN 结的扩散区内，电荷的积累和释放过程与电容充放电过程相同，这种电容效应称为扩散电容 C_d。

2.2　半导体二极管

2.2.1　二极管的结构和符号

半导体二极管，简称二极管，其内部就是一个 PN 结，所以二极管的主要特性也是单向导电性。在 PN 结的两端引出两个电极并将其封装在金属或塑料管壳内，就构成**二极管**（Diode）。二极管通常由管芯、管壳和电极三部分组成，管壳起保护管芯的作用，如图 2-6（a）所示。从 P 区引出的电极称为正极或阳极，从 N 区引出的电极称为负极或阴极。图 2-6（b）所示为二极管的电路符号。二极管一般用字母 VD 表示。

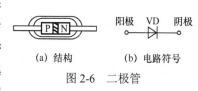

(a) 结构   (b) 电路符号

图 2-6　二极管

图 2-7 所示为几种常见二极管的实物外形图。

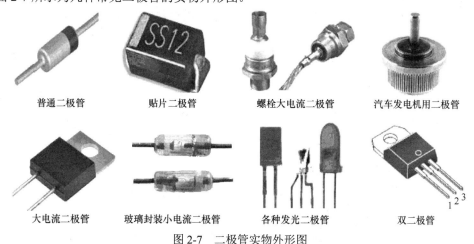

普通二极管　　贴片二极管　　螺栓大电流二极管　　汽车发电机用二极管

大电流二极管　　玻璃封装小电流二极管　　各种发光二极管　　双二极管

图 2-7　二极管实物外形图

二极管的种类很多，分类方法也不同。按制造所用材料分类，主要有硅二极管和锗二极管；按用途分类，主要有普通二极管、整流二极管、开关二极管和稳压二极管；按结构分类，有点接触型二极管和面接触型二极管。点接触型二极管的结面积小，极间电容小，不能承受高的反向电压和大的正向电流。这种类型的管子适合作为高频检波和脉冲数字电路里的开关。面接触型二极管的结面积大，可承受较大的电流，但极间电容也大，适用于低频整流。小电流二极管常用玻璃壳或塑料壳封装。为便于散热，大电流二极管一般使用金属外壳。二极管中流过的电流在 1A 以上的常加散热片以帮助散热。

2.2.2　二极管的伏安特性

二极管的伏安特性是指二极管两端的外加电压 u 和流过二极管的电流 i 之间的关系。以硅管为例，其伏安特性曲线如图 2-8（a）所示。理论分析指出，在理想情况下，二极管电流 i 与其外加电压 u 之间的关系为

$$i = I_{\mathrm{S}} \left(\mathrm{e}^{\frac{u}{U_{\mathrm{T}}}} - 1 \right) \tag{2-1}$$

式（2-1）称为二极管的电流方程。式中，I_{S} 为反向饱和电流；U_{T} 为温度电压当量，在常温下，$U_{\mathrm{T}} \approx$ 26mV。

1. 正向特性

二极管两端不外加电压时，其电流为零，故特性曲线从坐标原点开始，如图 2-8（a）所示。当外加正向电压时，二极管内有正向电流通过。正向电压较小，且小于 U_{on} 时，外电场不足以克服内电场，故多数载流子的扩散运动仍受较大阻碍，二极管的正向电流很小，此时二极管工作于**死区**，称 U_{on} 为死区的**开启电压**。硅管的 U_{on} 约为 0.5V，锗管约为 0.2V。当正向电压超过 U_{on} 后，内电场被大大削弱，电流将随正向电压的增大按指数规律增大，二极管呈现出很小的电阻。硅管的**正向导通电压** U_{D} 为 0.6V～0.8V（常取 0.7V），锗管为 0.1V～0.3V。正向导通电压通常也称为二极管的正向钳位电压。

2. 反向特性

当外加反向电压时，外电场和内电场方向相同，阻碍扩散运动进行，有利于漂移运动，二极管中由少子形成反向电流。反向电压增大时，反向电流稍增大，当反向电压增大到一定程度时，反向电流将基本不变，即达到饱和，因而称该反向电流为**反向饱和电流**，用 I_{S} 表示。通常硅管的 I_{S} 可达 10^{-9}A 数量级，锗管为 10^{-6}A 数量级。反向饱和电流越小，管子的单向导电性越好。

当反向电压增大到图 2-8（a）中的 U_{BR} 时，在外部强电场作用下，少子的数目会急剧增加，因而使得反向电流急剧增大，如图 2-8（a）所示。这种现象称为**反向击穿**，电压 U_{BR} 称为**反向击穿电压**。各类二极管的反向击穿电压大小不同，通常为几十伏到几百伏，最高可达 300V 以上。PN 结被击穿后，常因功耗过大而造成永久性的损坏。

前面已指出，半导体中的少子浓度受温度影响，因此二极管的伏安特性曲线对温度很敏感。实验证明，当温度升高时，正向特性曲线向左平移，反向特性曲线向下平移，如图 2-8（b）所示。

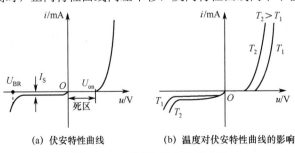

(a) 伏安特性曲线　　　　(b) 温度对伏安特性曲线的影响

图 2-8　二极管的伏安特性曲线

需要指出的是，有时为了分析方便，会将二极管理想化，忽略其正向导通电压和反向饱和电流。对**理想二极管**，认为正偏导通时相当于开关闭合，反偏截止时相当于开关断开。

2.2.3　二极管的主要参数

每种半导体器件都有一系列表示其性能特点的参数，并汇集成器件手册，供使用者查找选择。二极管的主要参数有以下 4 个。

（1）最大整流电流 I_F。指二极管长期运行时，允许通过管子的最大正向平均电流。使用时，管子的平均电流不得超过此值，否则可能使二极管过热而损坏。

（2）最高反向工作电压 U_R。工作时加在二极管两端的反向电压不得超过此值，否则二极管可能被击穿。为了留有余地，通常将反向击穿电压 U_{BR} 的一半定为 U_R。

（3）反向电流 I_R。I_R 是指在室温条件下，在二极管两端加上规定的反向电压时，流过管子的反向电流。通常希望 I_R 越小越好。反向电流越小，说明二极管的单向导电性越好。此时，由于反向电流是由少数载流子形成的，所以 I_R 受温度的影响很大。

（4）最高工作频率 f_M。当二极管在高频条件下工作时，将受到极间电容的影响。f_M 主要取决于极间电容的大小。极间电容越大，则二极管允许的最高工作频率越低。当工作频率超过 f_M 时，二极管将失去单向导电性。

2.2.4　二极管应用电路举例

在二极管的应用电路中，主要利用的是二极管的单向导电性。在分析应用电路时，应当掌握一项基本原则，即判断二极管处于正偏导通状态还是反偏截止状态。二极管导通时，一般用 U_D = 0.7V（硅管，若是锗管则用 0.3V）代替，或近似用短路线代替（理想二极管）；二极管截止时，一般将二极管断开，即认为二极管反向电阻无穷大。

1. 一般电路

【例 2-1】　二极管电路如图 2-9（a）和（b）所示，试判断两图中的二极管导通还是截止？并求输出电压 U_o。设二极管为理想二极管。

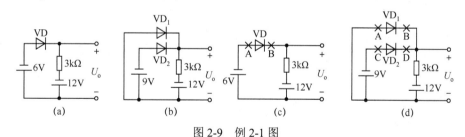

图 2-9　例 2-1 图

解：图 2-9（a）中，将二极管断开，如图 2-9（c）所示。断开处 A、B 间电压为 U_{AB}=-6V+12V= 6V＞0V（因二极管断开后电阻中无电流，故不考虑其上电压），即 A 点电位高于 B 点，所以二极管正偏导通。又因为二极管可视为理想二极管，所以此时二极管等效为一根导线，输出电压 U_o=-6V。

图 2-9（b）中有两只二极管 VD₁ 和 VD₂，同样先将其断开，如图 2-9（d）所示，则 VD₁ 两端电压 U_{AB}=12V，VD₂ 两端电压 U_{CD} = −9V+12V=3V。可见，VD₁ 和 VD₂ 均正偏导通，但其承受的正偏电压大小不同，即正偏程度不同。为此，正偏程度更大的 VD₁ 抢先导通，因此将 VD₁ 等效为一根导线；VD₁ 用导线代替后，VD₂ 两端电压变为 U_{CD} = −9V。也就是说，VD₂ 由先前的正偏导通变为反偏截止。最终等效电路为 VD₁ 相当于一根导线，VD₂ 相当于开路，可求得输出电压 U_o = 0V。

由本题可以看出，在分析含有二极管的电路时，一般方法是先断开二极管，并以它的两个电极作为端口求出端口电压（二极管阳极为端口电压的参考正极，阴极为参考负极），根据电压的正负判断其正偏导通还是反偏截止。判断过程中，如果电路中出现两个或两个以上的二极管承受大小不等的正向电压，则应判定承受正向电压较大者抢先导通，其两端电压为导通电压，然后再用上述方法判断其他二极管的导通状态。

2. 限幅电路

当输入电压在一定范围内变化时，输出电压随输入电压做相应变化；而当输入电压超出该范围时，输出电压保持不变，这种电路就是二极管的**限幅电路**。图 2-10（a）所示为一个双向限幅电路的例子，图 2-10（b）是其输入/输出电压传输特性曲线。

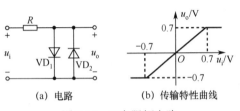

(a) 电路　　　　(b) 传输特性曲线

图 2-10　双向限幅电路

通常，将保持输出电压 u_o 不变的输入电压值称为限幅电压。当输入电压高于限幅电压时，保持输出电压不变的限幅称为上限幅；当输入电压低于限幅电压时，保持输出电压不变的限幅称为下限幅。二极管的限幅电路有串联、并联、双向限幅电路。

3. 检波电路

无线电技术中经常要进行信号的远距离输送，这就需要把低频信号（如声频信号）装载到高频振荡信号上并由天线发射出去。电路分析中，将低频信号称为调制信号，高频振荡信号称为载波，受低频信号控制的高频振荡称为已调波，控制的过程称为调制。在接收地点，接收机天线接收到的已调波信号，经放大后再设法还原成原来的低频信号，这一过程称为解调或检波。图 2-11（a）所示为已调波，图 2-11（b）为由二极管组成的检波电路，其中 VD 用于检波，称为检波二极管，一般为点接触型二极管；C 为检波器负载电容，用来滤除检波后的高频成分；R_L 为检波器负载，用来获取检波后所需的低频信号。

由于二极管的单向导电性，已调波经二极管检波后，负半波被截去，如图 2-11（c）所示。负载电容将高频成分滤除，在 R_L 两端得到的输出电压就是原来的低频信号，如图 2-11（d）所示。

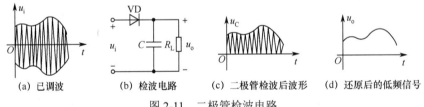

(a) 已调波　　　(b) 检波电路　　(c) 二极管检波后波形　　(d) 还原后的低频信号

图 2-11　二极管检波电路

4. 二极管"续流"保护电路

二极管也可用作保护器件，如图 2-12 所示。当开关 S 闭合时，直流电压源 U_s 接通大电感 L，二极管 VD 因反偏而截止，全部电流流过电感。当开关 S 断开时，电感中的电流将迅速降到零，电感两端会产生很大的负瞬时电压。如果没有提供另外的电流通路，该瞬时电压将在开关两端产生电弧，损坏开关。若在电路中接有图 2-12 所示的二极管，二极管为电感的放电提供了通路，使 u_L 的负峰值限制在二极管的正向压降范围内，开关两端的电弧被消除，同时电感中的电流将平稳地减少。

5. 逻辑运算（开关）电路

在开关电路中，一般把二极管看成理想模型，即二极管导通时两端电压为零，截止时两端电阻无穷大。在图 2-13（a）所示的逻辑运算电路中只要有一路输入为低电平，输出即为低电平，仅当全部输入均为高电平时，输出才为高电平，这种逻辑运算称为**与**逻辑运算。图 2-13（b）中，只要有一路输入为高电平，输出即为高电平，仅当全部输入均为低电平时，输出才为低电平，这种运算称为**或**逻辑运算。

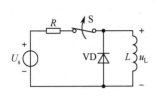

图 2-12　二极管续流电路

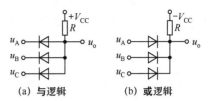

图 2-13　逻辑运算电路

2.2.5　特殊二极管

1. 稳压二极管

由二极管的特性曲线可知，如果二极管工作于反向击穿区，则当反向电流的变化量 Δi 较大时，管子两端相应的电压变化量 Δu 却很小，说明其具有"稳压"特性。利用这种特性可以做成稳压二极管，简称**稳压管**。所以，稳压管实质上就是一只二极管，但它通常工作于反向击穿区。只要击穿后的反向电流不超过允许范围，稳压管就不会发生热击穿损坏。因此，必须在电路中串接一个限流电阻。

反向击穿后，当流过稳压管的电流在很大范围内变化时，管子两端的电压几乎不变，从而可以获得一个稳定的电压。稳压管的伏安特性曲线和电路符号分别如图 2-14（a）和（b）所示。

稳压管的主要参数如下。

（1）稳定电压 U_Z。当稳压管反向击穿，且使流过的电流为规定的测试电流时，稳压管两端的电压即为稳定电压 U_Z。对于同一种型号的稳压管，U_Z 有一定的分散性，因此一般都给出其范围。例如，型号为 2CW14 的稳压管的 U_Z 为 6V～7.5V，但对于某一只稳压管，U_Z 为一个确定值。

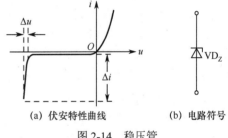

(a) 伏安特性曲线　　　(b) 电路符号

图 2-14　稳压管

（2）稳定电流 I_Z。稳定电流 I_Z 是保证稳压管正常稳压的最小工作电流，故也常表示为 I_{Zmin}，电流低于此值时，稳压效果不好。I_Z 一般为毫安数量级，如 5mA 或 10mA。

（3）最大耗散功率 P_{ZM} 和最大稳定电流 I_{ZM}。当稳压管工作于稳压状态时，管子消耗的功率等于稳定电压 U_Z 与流过稳压管电流的乘积，该功率将转化为 PN 结的温升。最大耗散功率 P_{ZM} 是在 PN 结温升允许的情况下的最大功率，一般为几十毫瓦至几百毫瓦。因为 $P_{ZM} = U_Z I_{ZM}$，所以可确定最大稳定电流 I_{ZM}。

此外，还有动态电阻 r_Z 和稳定电压的温度系数 a 等参数。

在使用稳压管组成稳压电路时，需要注意几个问题：首先，稳压二极管正常工作于反向击穿状态，即外加电源正极接二极管的阴极，负极接阳极；其次，稳压管应与负载并联，由于稳压管两端电压变化量很小，因此使得输出电压比较稳定；最后，必须给稳压管加一个限流电阻，限制流过稳压管的电流，保证流过稳压管的电流在 I_{Zmin} 和 I_{ZM} 之间，以确保稳压管有良好的稳压特性。图 2-15 所示为稳压管构成的稳压电路。

【例 2-2】　在图 2-15 所示电路中，已知输入电压 $U_i = 12V$，稳压管 VD_Z 的稳定电压 $U_Z = 6V$，稳定电流 $I_{Zmin} = 5mA$，额定功耗 $P_{ZM} = 90mW$，试问输出电压 U_o 能否等于 6V？

解：稳压管正常稳压时，工作电流 I_Z 应满足 $I_{Zmin} \leqslant I_Z \leqslant I_{ZM}$，而

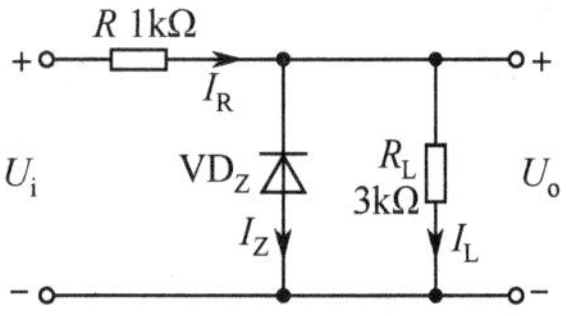

$$I_{ZM} = \frac{P_{ZM}}{U_Z} = \frac{90 \times 10^{-3}}{6}\,\text{A} = 15\,\text{mA}$$

即 $5\,\text{mA} \leqslant I_{DZ} \leqslant 15\,\text{mA}$。

假设电路中 VD_Z 能正常稳压，则 $U_o = U_Z = 6\text{V}$。可求出

$$I_Z = I_R - I_L = \frac{U_i - U_Z}{R} - \frac{U_Z}{R_L} = 4\,\text{mA}$$

图 2-15　例 2-2 图

可见，I_Z 不在正常工作电流的范围内，因此不能正常稳压，U_o 将小于 U_Z。若要电路能够稳压，应减小 R 的阻值。

2. 发光二极管

发光二极管（Light Emitting Diode，LED），它是一种将电能转换成光能的半导体器件。其基本结构是一个 PN 结，采用砷化镓、磷化镓等半导体材料制造而成。它的伏安特性与普通二极管类似，但由于材料特殊，其正向导通电压较大，为 1V～2V，当管子正向导通时将会发光。

发光二极管具有工作电压低、工作电流小（10mA～30mA）、发光均匀稳定、响应速度快等优点，常用作显示器件，如指示灯、七段数码管、矩阵显示器等。常见的发光二极管发光颜色有红、黄、绿色等，还有发出不可见光的红外发光二极管。图 2-16（a）所示为发光二极管的电路符号。

3. 光电二极管

光电二极管又叫光敏二极管，它是一种能将光信号转换为电信号的器件。光电二极管的基本结构也是一个 PN 结，但管壳上有一个窗口，使光线可以照射到 PN 结上。光电二极管工作于反偏状态，当无光照时，与普通二极管一样，反向电流很小，称为暗电流；当有光照时，其反向电流随光照强度的增加而增加，称为光电流。光电二极管与发光二极管可用于构成红外线遥控电路。图 2-16（b）所示为光电二极管的电路符号。

4. 变容二极管

利用 PN 结的势垒电容随外加反向电压变化的特性可制成变容二极管。变容二极管工作于反偏状态，此时，PN 结结电容的数值随外加电压的大小而变化。因此，变容二极管可作为可变电容使用。图 2-16（c）所示为变容二极管的电路符号。

变容二极管在高频电路中得到广泛应用，可用于自动调谐、调频、调相等。

(a) 发光二极管　　　　(b) 光电二极管　　　　(c) 变容二极管

图 2-16　各类二极管的电路符号

2.2.6　二极管的测试及使用

1. 二极管的简易测试

测试二极管的目的：一方面测试其性能的好坏，即是否具有单向导电性；另一方面通过测试找出二极管的正、负极。二极管的测试方法很多，本节只介绍使用万用表测试的方法。

指针式万用表及其欧姆挡的内部等效电路如图 2-17 所示，E 为表内电源，r 为等效内阻，I 为被测回路中的实际电流。由图可见，黑表笔接表内电源正端，红表笔接表内电源负端。

测试时，将万用表的挡位选择开关打向欧姆挡的 $R \times 100$ 或 $R \times 1\text{k}$ 挡（$R \times 1$ 挡电流太大，而 $R \times 10\text{k}$ 挡电压太大，都易损坏管子），并将两表笔分别接到二极管的两端，如图 2-18 所示，若测得阻值小，再将红、黑表笔对调测试；若测得阻值大，则表明二极管是好的。在测得阻值小的那一次中，与黑表笔相连的管脚为二极管的正极，与红表笔相连的管脚为二极管的负极。

若上述两次测得的阻值都很小，则表明管子内部已被短路；若两次测得的阻值都很大，则表明管子内部已经断路。出现短路和断路时，说明管子已损坏。

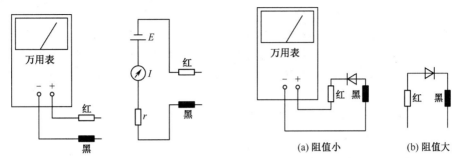

图 2-17　指针式万用表及其欧姆挡的内部等效电路　　图 2-18　万用表测试二极管示意图

2. 二极管使用注意事项

二极管使用时，应注意以下事项。

① 应按照用途、参数及使用环境选择二极管。

② 使用二极管时，正、负极不可接反。通过二极管的电流、二极管承受的反向电压及环境温度等都不应超过手册中所规定的极限值。

③ 更换二极管时，应选择同类型或高一级的。

④ 二极管引脚弯曲处距离外壳端面应不小于 2mm，以免造成引脚折断或外壳破裂。

⑤ 焊接时应选用 35W 以下的电烙铁，焊接要迅速，并用镊子夹住引脚根部，以助散热，防止烧坏管子。

⑥ 安装时，应避免靠近发热元件，对功率较大的二极管，应注意良好的散热。

⑦ 二极管在容性负载电路中工作时，二极管的整流电流应大于负载电流的 20%。

2.3　半导体三极管

半导体三极管又称为**晶体三极管、双极型晶体管**（Bipolar Junction Transistor，BJT），简称三极管（Transistor）或晶体管。它具有电流放大作用，是构成各种电子电路的基本器件。

2.3.1　三极管的结构及外形

在一块极薄的硅基片或锗基片上制作两个 PN 结，并从 P 区和 N 区引出接线，再封装在管壳里，就构成了三极管，三极管常用字母 VT 表示。三极管按照内部结构的不同分为 NPN 型和 PNP型两种，图 2-19 所示为两种类型三极管的内部结构示意图及电路符号。下面以 NPN 型三极管为例介绍三极管结构上的几组名词。

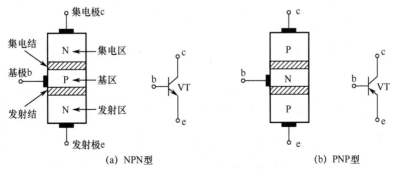

(a) NPN型　　　　　　　　　　(b) PNP型

图 2-19　三极管的内部结构示意图及电路符号

对照图 2-19 可以看出，三极管内部有三个区，中间层称为基区，外面两层分别称为发射区和集电区；从三个区各引一个电极出来，分别称为**基极 b（base）、发射极 e（emitter）**和**集电极 c（collector）**，因此三极管属于三端器件；三极管内部有两个 PN 结，基区与集电区之间的 PN 结称为**集电结**，基区与发射区之间的 PN 结称为**发射结**。

两种类型三极管电路符号的区别在于发射极箭头的方向不同，它表示的是发射结加上正向电压时发射极电流的实际方向。图 2-20 所示为几种常见的三极管实物外形图。

为保证三极管具有放大电流的作用，其内部结构在制造工艺上应具有以下特点。

① 发射区的掺杂浓度远大于集电区的掺杂浓度。

② 基区很薄（1 微米至几微米），且掺杂浓度低。

③ 集电结面积大于发射结面积。

三极管按材料不同分为硅管和锗管。目前我国制造的硅管多为 NPN 型，锗管多为 PNP 型。无论硅管还是锗管，NPN 型管还是 PNP 型管，它们的基本工作原理是相同的。本节主要讨论 NPN 型管。

图 2-20　三极管实物外形图

2.3.2　三极管的电流放大原理

改变加在三极管三个电极上的电压即可改变其两个 PN 结的偏置情况，从而使三极管有三种工作状态。当发射结和集电结均反偏时，三极管工作于**截止状态**；当发射结正偏、集电结反偏时，三极管工作于**放大状态**；当发射结和集电结均正偏时，三极管工作于**饱和状态**。模拟电路中，三极管主要工作于放大状态，是构成放大电路的核心器件；数字电路中，三极管则工作于截止与饱和状态，充当电子开关使用。

当三极管处于放大状态时，能将输入端的小电流放大为输出端的大电流。下面以 NPN 型三极管为例来分析其电流放大原理。

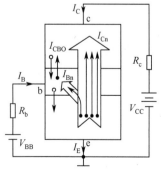

图 2-21　三极管内部载流子的运动

1. 三极管内部载流子的运动

图 2-21 所示共射放大电路中，当电源电压 $V_{CC} > V_{BB}$ 且各电阻取值合适时，能保证发射结正偏、集电结反偏，即保证三极管处于放大状态。三极管的电流放大作用是通过载流子的运动体现出来的，其内部载流子的运动有以下三个过程。

（1）发射区向基区注入电子。由于发射结正偏，因此外加电场有利于发射区多子（自由电子）的扩散运动。又因为发射区的掺杂浓度很高，所以发射区发射出大量的电子。这些电子越过发射结到达基区，形成电子电流。与此同时，基区的多子（空穴）也通过发射结扩散到发射区，如图 2-21 所示。这两种多子的扩散运动形成的扩散电流即为发射极电流 I_E。由于发射区的掺杂浓度远大于基区，因此 I_E 以电子电流为主，空穴电流可以忽略不计。

（2）电子在基区的扩散和复合。电子到达基区后，因为基区为 P 型，其中的多子是空穴，所以发射区扩散来的电子和空穴复合形成基极电流 I_{Bn}，基区被复合掉的空穴由外电源 V_{BB} 不断进行补充。又由于基区很薄、杂质浓度低，电子在扩散过程中只有很少一部分与基区的空穴复合掉，因而基极电流 I_{Bn} 比发射极电流 I_E 小得多。大多数电子在基区中继续扩散，到达靠近集电结的一侧。

（3）集电区收集电子。由于集电结反偏，有利于将基区扩散过来的电子收集到集电极从而形成集电极电流 I_{Cn}。此外，由于集电结反偏，基区本身的少子（电子）与集电区的少子（空穴）将在结电场的作用下形成漂移电流，即反向饱和电流 I_{CBO}。I_{CBO} 数值很小，可以忽略不计，但由于它受温度影响大，将影响三极管的性能。

2. 各电极电流之间的关系

由以上分析可知，三极管内部有两种载流子参与导电，故称为双极型晶体管。三极管的三个电极电流 I_B、I_C、I_E 分别为

$$I_B = I_{Bn} - I_{CBO} \tag{2-2}$$

$$I_C = I_{Cn} + I_{CBO} \tag{2-3}$$

$$I_E = I_{Cn} + I_{Bn} = (I_C - I_{CBO}) + (I_B + I_{CBO}) = I_C + I_B \tag{2-4}$$

图 2-21 所示电路中，I_B 所在回路称为**输入回路**，I_C 所在回路称为**输出回路**，而发射极为两个回路的公共端，因此，该电路称为**共射放大电路**。该电路中，电流 I_E 主要是由发射区扩散到基区的电子而产生的，I_B 主要是由发射区扩散过来的电子在基区与空穴复合而产生的，I_C 主要是由发射区注入基区的电子漂移到集电区而形成的。当三极管制成以后，复合和漂移所占的比例就确定了，也就是说，I_C 与 I_B 的比值也就确定了，这个比值称为共射**直流电流放大系数** $\overline{\beta}$，即 $\overline{\beta} = \dfrac{I_C}{I_B}$。由于 I_B 远小于 I_C，因此 $\overline{\beta} \gg 1$，一般 NPN 型三极管的 $\overline{\beta}$ 为几十至一百多。

实际电路中，三极管主要用于放大动态信号。当输入回路加上动态信号后，将引起发射结电压的变化，从而使发射极电流、基极电流变化，集电极电流也将随之变化。集电极电流的变化量与基极电流变化量的比值称为共射**交流电流放大系数** β，即 $\beta = \dfrac{\Delta i_C}{\Delta i_B}$。此式也可写为 $\Delta i_C = \beta \Delta i_B$，这表明三极管具有将基极电流变化量放大 β 倍的能力，这就是三极管的**电流放大作用**。

因为在近似分析中可以认为 $\beta \approx \overline{\beta}$，故在实际应用中不再加以区分。

综上可得图 2-21 所示电路中三个电极电流的大小关系：发射极电流 I_E 最大，其方向是流出三极管；其次是集电极电流 I_C，其方向是流入三极管；基极电流 I_B 最小，其方向与集电极电流一样，也是流入三极管，且满足 $I_C \approx \beta I_B$。因此，三极管共射放大电路中三个电极电流的关系可完整表示为

$$I_E = I_B + I_C \approx I_B + \beta I_B = (1 + \beta) I_B \tag{2-5}$$

在放大电路的近似估算中，常将 I_B 忽略，于是可得

$$I_E = I_B + I_C \approx I_C \approx \beta I_B \tag{2-6}$$

以上是以 NPN 型三极管构成的共射放大电路为例介绍的。PNP 型三极管构成的共射放大电路如图 2-22 所示，其工作原理与 NPN 型近似，区别主要有以下两点。

① 三个电极电流的实际方向正好相反，对 PNP 型三极管，电

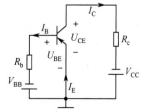

图 2-22 PNP 型三极管构成的
共射放大电路

流从发射极流入，从基极和集电极流出。可以看出，无论 NPN 型还是 PNP 型三极管，其三个电极电流方向的特点是，基极和集电极电流方向始终一致，要么都流入三极管，要么都流出三极管，并且二者始终与发射极电流方向相反。

② 外加电源的极性和 NPN 型的也相反，如图 2-22 所示。在 PNP 型三极管构成的共射放大电路中，发射极电位 V_E 最高，基极电位 V_B 次之，集电极电位 V_C 最低。

2.3.3 三极管的共射特性

三极管的伏安特性是指三极管各电极间的外加电压和流过每个电极的电流之间的关系。由于三极管是三端器件，因此其伏安特性较二端器件更为复杂。本节以 NPN 型管构成的共射放大电路为例，根据三极管的工作原理，可将其分为输入特性和输出特性两个方面进行讨论，并且借助特性曲线使结果更为直观。

1. 输入特性

输入特性是指当 U_{CE} 一定时，i_B 与 u_{BE} 之间的关系特性，即 $i_B = f(u_{BE})|_{U_{CE}=常数}$，三极管的输入特性曲线如图 2-23 所示。当 $U_{CE} = 0V$ 时，相当于两个 PN 结（发射结和集电结）并联，此时三极管的输入特性与二极管伏安特性相似。当 U_{CE} 增大时，输入特性曲线右移，但当 $U_{CE} \geq 2V$ 后，两条曲线重合。这是因为，当 $U_{CE} > 0V$ 时，随着 U_{CE} 的增大，集电结电场对发射区注入基区的电子的吸引力增强，因此使基区内与空穴复合的电子数减少，表现为在相同 u_{BE} 下对应的 i_B 减小，故与 $U_{CE} = 0V$ 时相比，曲线右移。但当 U_{CE} 大于某一数值以后，曲线右移很少。这是因为在一定的 u_{BE} 之下，集电结的反偏电压已足以将注入基区的电子基本上都收集到集电区，即使 U_{CE} 再增大，i_B 也不会减小很多。所以，常用 $U_{CE} > 1V$ 的其中一条曲线（例如 $U_{CE} = 2V$）来代表 U_{CE} 更高的情况。

2. 输出特性

输出特性是指当 I_B 一定时，i_C 与 u_{CE} 之间的关系特性，即 $i_C = f(u_{CE})|_{I_B=常数}$。由于三极管的基极电流 I_B 对 i_C 的控制作用，因此不同的 I_B，将有不同的 i_C-u_{CE} 关系，由此可得图 2-24 所示的一簇特性曲线，这就是三极管的输出特性曲线。

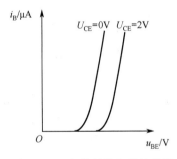

图 2-23 三极管的输入特性曲线

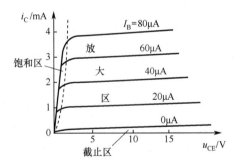

图 2-24 三极管的输出特性曲线

从输出特性曲线可以看出，三极管有三个不同的工作区域：截止区、放大区及饱和区，它们分别对应三极管的三种工作状态，即截止、放大及饱和状态。三极管工作于不同状态时，其特点也各不相同。

（1）截止区指曲线上 $I_B \leq 0A$ 的区域，此时，集电结和发射结均反偏，三极管为截止状态，i_C 很小，集电极与发射极之间相当于断开的开关。

（2）放大区指曲线上 $I_B > 0A$ 和 $u_{CE} > 1V$ 之间的部分，此时三极管的发射结正偏、集电结反偏，三极管处于放大状态。此时，对于 NPN 型三极管来说，满足 $u_{BE} > 0V$，$u_{BC} < 0V$，对应的各电极

电位关系为 $V_C>V_B>V_E$；对于 PNP 型三极管来说，满足 $u_{BE}<0V$，$u_{BC}>0V$，各电极电位关系为 $V_C<V_B<V_E$。在放大区中，可以看出 I_B 不变时 i_C 也基本不变，即具有恒流特性；而当 I_B 变化时，i_C 也随之变化，且满足 $\Delta i_C=\beta\Delta i_B$，这就是三极管的电流放大作用。

（3）饱和区指曲线上 $u_{CE}\le u_{BE}$ 的区域，此时 i_C 不仅与 I_B 有关，而且明显随 u_{CE} 增大而增大，且 $\Delta i_C<\beta\Delta i_B$。集电结和发射结均正偏，三极管处于饱和状态。一般称 $u_{CE}=u_{BE}$ 时三极管的工作状态为临界状态，即临界饱和或临界放大状态。通常将临界状态时的 u_{CE} 称为临界饱和电压，记作 U_{CES}，一般小功率硅三极管的 $U_{CES}<0.4V$，此时 c-e 间近似认为短路，相当于闭合的开关。

2.3.4 三极管的主要参数

（1）电流放大系数。三极管的电流放大系数是表征管子放大作用大小的参数，主要有共射直流电流放大系数 $\overline{\beta}=\dfrac{I_C}{I_B}$ 和共射交流电流放大系数 $\beta=\dfrac{\Delta i_C}{\Delta i_B}$，共基直流电流放大系数 $\overline{\alpha}=\dfrac{I_C}{I_E}$ 和共基交流电流放大系数 $\alpha=\dfrac{\Delta i_C}{\Delta i_E}$。它们满足 $\alpha=\dfrac{\beta}{1+\beta}$ 或 $\beta=\dfrac{\alpha}{1-\alpha}$。

（2）极间反向饱和电流。集电极-基极反向饱和电流 I_{CBO}：I_{CBO} 是指发射极开路时集电极和基极之间的反向电流。一般小功率锗管的 I_{CBO} 约为几微安至几十微安；硅管的 I_{CBO} 要小得多，有的可以达到纳安数量级。

集电极-发射极穿透电流 I_{CEO}：I_{CEO} 是指基极开路时，在集电极和发射极间加上一定电压时所产生的集电极电流，$I_{CEO}=(1+\overline{\beta})I_{CBO}$。

因为 I_{CBO} 和 I_{CEO} 都是少数载流子运动形成的，所以对温度非常敏感。I_{CBO} 和 I_{CEO} 越小，表明三极管的质量越高。

（3）极限参数。三极管的极限参数是指使用时不得超过的限度。主要有以下三项。

① 集电极最大允许电流 I_{CM}。当集电极电流过大，超过一定值时，三极管的 β 值就要减小，且三极管有损坏的危险，该电流值即为 I_{CM}。

② 集电极最大允许功耗 P_{CM}。三极管的功率损耗大部分消耗在反偏的集电结上，并表现为结温升高，P_{CM} 是在管子温升允许的条件下集电极所消耗的最大功率。超过此值，管子将被烧毁。

③ 反向击穿电压。三极管的两个结上所加反向电压超过一定值时都将被击穿，因此，必须了解三极管的反向击穿电压。极间反向击穿电压主要有以下两项。

$U_{(BR)CEO}$：基极开路时，集电极和发射极之间的反向击穿电压。

$U_{(BR)CBO}$：发射极开路时，集电极和基极之间的反向击穿电压。

【例 2-3】 在图 2-25（a）所示电路中，已知三极管发射结正偏导通电压 $U_D=0.7V$，深度饱和时其管压降 $U_{CES}=0$，$\beta=60$。

（1）试分析输入电压 U_i 分别为 0V 和 5V 时，三极管处于何种工作状态，并求输出电压 U_o。

（2）分析 $U_i=1V$ 时，三极管处于何种工作状态，并求集电极电流 I_C 和输出电压 U_o。

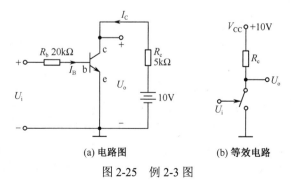

(a) 电路图   (b) 等效电路

图 2-25 例 2-3 图

解：（1）当 $U_i = 0V$ 时，发射结上压降也将为零，即 U_{BE}（$=0V$）$<U_D$，因而三极管处于截止状态，所以 $I_B = I_C = 0A$，因而 $U_o = V_{CC} = 10V$。

当 $U_i = 5V$ 时，发射结将正偏，即 $U_{BE} = 0.7V$，从输入回路可计算出：

$$I_B = \frac{U_i - U_{BE}}{R_b} = \frac{5 - 0.7}{20 \times 10^3}A = 0.215mA$$

则

$$I_C = \beta I_B = 12.9mA$$

而 I_C 最大值为

$$I_{C max} = \frac{V_{CC} - U_{CE}}{R_c} \approx \frac{V_{CC}}{R_c} = 2mA$$

因而

$$I_{C max} < I_C$$

所以三极管处于饱和状态。此时，输出电压 $U_o = U_{CES} = 0V$。

由以上分析可知，三极管就如同一个受 U_i 控制的开关，如图 2-25（b）所示，当 $U_i = 0V$ 时，开关断开，$U_o = V_{CC} = 10V$；当 $U_i = 5V$ 时，开关闭合，$U_o = U_{CES} = 0V$。

（2）当 $U_i = 1V$ 时，发射结正偏，$U_{BE} = 0.7V$，则

$$I_B = \frac{U_i - U_{BE}}{R_b} = \frac{1 - 0.7}{20 \times 10^3}A = 15\mu A$$

由于 I_C（$=\beta I_B = 0.9mA$）$<I_{C max}$（$=2mA$），说明三极管处于放大状态。输出电压为

$$U_o = V_{CC} - I_C R_c = (10 - 0.9 \times 10^{-3} \times 5 \times 10^3)V = 5.5V$$

U_{CE}（$=U_o$）$>U_{BE}$，因而集电结反偏，从另一角度说明了三极管处于放大状态。

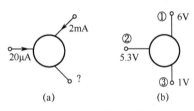

图 2-26 例 2-4 图

【例 2-4】 现测得放大电路中两只三极管各电极电流及直流电位如图 2-26 所示。（1）判断图 2-26（a）中，标有"?"的是三极管的哪个电极，该电极电流大小等于多少？电流方向如何？是何种类型管？并求其 β 值。（2）确定图 2-26（b）中三极管的类型、材料、各个电极。

解：（1）图 2-26（a）中已知的两个电极中电流值相差较大，且方向一致（均流入三极管），因此可判断它们是基极（b）和集电极（c），所以标有"?"的是三极管的发射极（e）。可求得 $I_E = I_B + I_C = 2.02mA$，方向为流出三极管。根据电流方向可知，该管为 NPN 型三极管，其电流放大系数 $\beta \approx I_C/I_B = 2000\mu A/20\mu A = 100$。

（2）已知三极管工作于放大状态，所以其发射结（b-e 之间的 PN 结）正偏导通，导通电压 $|U_{BE}|$ 为 0.7V 左右（硅管）或 0.3V 左右（锗管）。很明显，图 2-26（b）中①、②两个电极的直流电位之差为 0.7V，于是可判断③是集电极，又因集电极电位 V_C 最低，所以该管为 PNP 型三极管，继而可断定电位最高的①为发射极，因此②为基极，且发射结两端电压 $U_{BE} = V_B - V_E = 5.3V - 6V = -0.7V$，所以该管为硅管。

【例 2-5】 已知由三极管构成的基本放大电路中，电源电压 $V_{CC} = 15V$。今有三只管子，其参数列于表 2-1 中，从中选用一只管子，并简述理由。

解： VT_2 的 I_{CBO} 很小，表明其温度稳定性好，但其 β 值太小，放大能力差，故不宜选用。VT_3 虽然 I_{CBO} 较小且 β 值较大，但其 $U_{(BR)CEO}$ 只有 10V，小于电源电压 15V，工作中

表 2-1 例 2-5 中各三极管的参数

三极管参数	VT_1	VT_2	VT_3
β	100	20	100
$I_{CBO}/\mu A$	0.1	0.01	0.02
$U_{(BR)CEO}/V$	30	30	10

有被击穿的危险，所以也不能选用。VT_1 的 I_{CBO} 不大，且 β 值较大，$U_{(BR)CEO}$ 等于 30V，大于电源电压，所以选用 VT_1 最合适。

2.3.5 三极管的型号及判别

三极管的判别主要包括确定三极管的型号、管脚及性能，可用专门的测量仪器测试。但一般粗略判别三极管的型号和管脚时，可直接使用万用表测量。

1. 三极管型号的意义

三极管的型号一般包含五部分，如 3AX31A、3DG110B、3CG14G 等，下面以 3DG110B 为例说明各部分的含义：

$$\underline{3} \quad \underline{D} \quad \underline{G} \quad \underline{110} \quad \underline{B}$$
$$① \quad ② \quad ③ \quad ④ \quad ⑤$$

① 由数字组成，代表电极数。3 代表三极管。

② 由字母组成，表示三极管的材料与类型。例如，A 表示 PNP 型锗管，B 表示 NPN 型锗管，C 表示 PNP 型硅管，D 表示 NPN 型硅管。

③ 由字母组成，表示三极管的功能，例如，G 表示高频小功率管，X 为低频小功率管，A 为高频大功率管，D 为低频大功率管，K 为开关管等。

④ 由数字组成，表示三极管的序号。

⑤ 由字母组成，表示三极管的规格号。

2. 判别三极管的管型和管脚

用万用表判别三极管的管型及管脚方法如下。

① 基极的判别。因为基极对集电极和发射极的 PN 结方向相同，所以，首先确定基极比较容易。具体方法：将万用表的欧姆挡拨至 $R×1k$ 挡，并调零，用黑（红）表笔接三极管的某一电极，用红（黑）表笔接另外两个电极中的一个，轮流测试，直到测出的两个电阻都很小时为止，则该电极为基极。这时，若黑表笔接基极，则该管为 NPN 型管；若红表笔接基极，则该管为 PNP 型管。

② 集电极和发射极的判别。将上述测出的基极开路，将万用表欧姆挡拨至 $R×1k$ 挡，调零后，用万用表的黑、红表笔分别接触另外两个电极，测得一阻值，再将黑、红表笔对调，又测得一阻值，比较两个阻值的大小。综合分析可知，对于 NPN 型管，在测得阻值略小的那一次，黑表笔所接电极为集电极，则另一电极为发射极；对于 PNP 型管，可在基极与黑表笔之间接上一个 100Ω 的电阻，用上述同样的方法再测量，在测得阻值略小的那一次，红表笔所接电极为集电极，另一电极为发射极。

2.4 场效应管

场效应管是另一种类型的半导体器件，它的内部只有一种载流子（多子）参与导电，故称为**单极型晶体管**。又因为这种管子是利用电场效应来控制电流的，所以也称为**场效应管**（Field Effect Transistor，FET）。场效应管分为两大类：一类是**结型场效应管**（Junction FET，JFET），另一类是**绝缘栅型场效应管**（Insulated Gate FET，IGFET）。每类中又有 N 沟道和 P 沟道之分。

2.4.1 结型场效应管

1. 结构

在 N 型半导体两边用扩散法或其他工艺形成两个高浓度的 P 区（用 P⁺表示），并将它们连接在一起，所引出的电极称为栅极（G）；在 N 型半导体的两端各引出一个电极，分别称为源极（S）和漏极（D），如图 2-27（a）所示，这样就制成了 N 沟道结型场效应管。两个 P⁺区与 N 型半导体之间形成了两个 PN 结，PN 结中间的 N 型区域称为导电沟道。用同样方法可制成 P 沟道的结型场效应管。

N 沟道结型场效应管的电路符号如图 2-27（b）所示。其中箭头表示栅结（PN 结）的方向，从 P 区指向 N 区，P 沟道结型场效应管的栅结方向与 N 沟道的相反。因此可根据箭头方向识别管子属于 N 沟道还是 P 沟道。

2. 工作原理

改变结型场效应管栅极和源极之间的电压 u_{GS}，即可改变导电沟道的宽度，从而改变通过漏极和源极的电流大小。N 沟道结型场效应管工作时，常接成如图 2-28 所示的共源接法，以源极为公共端。

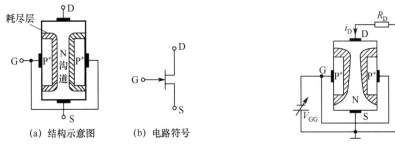

（a）结构示意图　　（b）电路符号

图 2-27　N 沟道结型场效应管　　　　图 2-28　N 沟道结型场效应管的工作原理图

图 2-28 中，V_{DD} 为正电源，保证 D-S 间电压足够大，而 V_{GG} 应为负电源。当 $V_{GG} = 0V$ 时，$u_{GS} = 0V$，D-S 之间存在导电沟道，因此存在漏极电流 i_D。当 V_{GG} 逐渐增大时，u_{GS} 逐渐减小，由于两个 PN 结均反偏，耗尽层均变宽而向导电沟道内扩展，使导电沟道变窄，沟道电阻增大，因此 i_D 减小；当 V_{GG} 的数值继续增大到某个值时，两个 PN 结的耗尽层将彼此相遇，使导电沟道被夹断，$i_D = 0A$，此时的栅源电压称为**夹断电压** $U_{GS(off)}$。可见，输出端漏极电流 i_D 受输入电压 u_{GS} 的控制，因此，场效应管是一种电压控制型器件。由于栅极为两个反偏的 PN 结，栅极几乎没有电流，因此结型场效应管的输入电阻很高，可达 $10^6\Omega \sim 10^9\Omega$。图 2-28 中由于电源 V_{DD} 与 V_{GG} 串联，因而在漏极附近的 PN 结上的反向电压比源极附近的要高，所以在漏极附近的耗尽层最宽，导电沟道自上而下逐渐变宽。

在使用中，结型场效应管的漏极和源极可以互换。

3. 伏安特性

场效应管的伏安特性也有两种：一种与三极管的输入特性相对应，叫**转移特性**；另一种与三极管的输出特性相对应，叫**漏极特性**，有时也称输出特性。

（1）转移特性

转移特性是指当漏源电压 U_{DS} 一定时，漏极电流 i_D 与栅源电压 u_{GS} 之间的关系特性。它反映了 u_{GS} 对 i_D 的控制作用，表示结型场效应管是一种电压控制电流的器件。

图 2-29（a）所示的 N 沟道结型场效应管的转移特性曲线中，$u_{GS} \leq 0V$，表明正常工作时栅源电压不能为正；当 $U_{GS(off)} < u_{GS} < 0V$ 时，电流随 $|u_{GS}|$ 减小而增大，当 $|u_{GS}| = 0V$ 时的 i_D 称为**饱和漏极电流**，记作 I_{DSS}，而电压 $U_{GS(off)}$ 称为**夹断电压**。近似计算时，可用下式表示 i_D 与 u_{GS} 之间的关系：

$$i_D = I_{DSS}\left(1 - \frac{u_{GS}}{U_{GS(off)}}\right)^2 \qquad (U_{GS(off)} \leq u_{GS} \leq 0V) \qquad (2\text{-}7)$$

（2）漏极特性

漏极特性是指当 U_{GS} 一定时，i_D 与 u_{DS} 之间的关系特性。图 2-29（b）所示为 N 沟道结型场效应管的漏极特性曲线，与三极管的输出特性曲线类似，也分为三个工作区。

可变电阻区：图 2-29（b）中虚线 $u_{DS}-U_{GS}=-U_{GS(off)}$（称为预夹断轨迹）左边部分为可变电阻区。其特点是，i_D 随 u_{DS} 增大而线性增大，曲线的斜率为 D-S 间的等效电阻 r_{DS}。对应不同的 U_{GS}，曲线斜率将不同，也就是说，该区是一个由 U_{GS} 控制的可变电阻区。

恒流区（也称饱和区）：图 2-29（b）中虚线右边曲线近似水平的部分为恒流区。其特点是，i_D 不随 u_{DS} 而改变，表现出恒流特性，因而称为恒流区。结型场效应管用于放大时应工作于该区域，此时 i_D 几乎仅仅由 U_{GS} 决定。

夹断区：图 2-29（b）中靠近横轴的部分称为夹断区，此时 $U_{GS}<U_{GS(off)}$，导电沟道被夹断，$i_D=0A$，结型场效应管的三个电极均相当于开路。

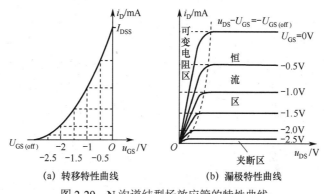

(a) 转移特性曲线   (b) 漏极特性曲线

图 2-29 N 沟道结型场效应管的特性曲线

2.4.2 绝缘栅型场效应管

绝缘栅型场效应管（IGFET）比结型场效应管的输入电阻更大，其值可达 $10^{12}\Omega$ 或更高。目前绝缘栅型场效应管用得最多的是 MOSFET（Metal-Oxide-Semiconductor FET），简称 MOS 管。与结型场效应管不同，MOS 管除分为 P 沟道和 N 沟道两类外，每类又分为**增强型**和**耗尽型**两种。

1. N 沟道增强型 MOS 管

（1）结构

图 2-30（a）所示为 N 沟道增强型 MOS 管的结构示意图。它用一块掺杂浓度较低的 P 型硅片作为衬底，在其上扩散出两个高掺杂的 N 区（用 N^+ 表示），然后在半导体表面覆盖一层很薄的二氧化硅（SiO_2）绝缘层。从两个 N^+ 区表面及它们之间的二氧化硅表面分别引出三个铝 Al 电极：源极（S）、漏极（D）和栅极（G）。因为栅极是和衬底完全绝缘的，所以称其为绝缘栅型场效应管。衬底 B 也有引极，通常在管子内部和源极相连。图 2-30（b）所示为 N 沟道增强型 MOS 管的电路符号。

（2）工作原理

MOS 管工作时常接成图 2-31 所示的共源接法。前面介绍过结型场效应管利用 u_{GS} 来控制 PN 结耗尽层的宽窄，从而改变导电沟道的宽度，以控制漏极电流 i_D。而 MOS 管则利用 u_{GS} 来控制感应电荷的多少，来改变由这些感应电荷形成的导电沟道的状况，然后达到控制漏极电流 i_D 的目的。当 $u_{GS}=0V$ 时，若 D-S 之间已存在导电沟道，则称为**耗尽型 MOS 管**；当 $u_{GS}=0V$ 时，若 D-S 之间不存在导电沟道，则称为**增强型 MOS 管**。N 沟道增强型 MOS 管的转移特性曲线如图 2-32（a）所示，从曲线可以看出，当 $u_{GS}>U_{GS(th)}$ 时，在 D-S 间加正向电压，沟道的变化情况与结型场效应管相似，$U_{GS(th)}$ 为使管子刚刚导通的栅源电压，称为**开启电压**。图 2-32（b）所示为 N 沟道增强型 MOS 管的漏极特性曲线，其三个工作区也与结型场效应管相似。

同样，也可用方程来近似分析 i_D 与 u_{GS} 的关系：

$$i_D = I_{DO}\left(\frac{u_{GS}}{U_{GS(th)}} - 1\right)^2 \quad (u_{GS} > U_{GS(th)}) \tag{2-8}$$

式中，I_{DO} 为 $u_{GS} = 2U_{GS(th)}$ 时的 i_D，如图 2-32（a）所示。

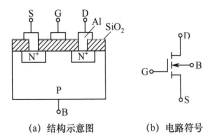

（a）结构示意图　　（b）电路符号

图 2-30　N 沟道增强型 MOS 管

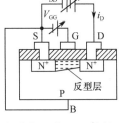

图 2-31　N 沟道增强型 MOS 管的工作原理图

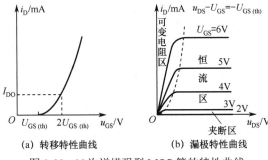

（a）转移特性曲线　　（b）漏极特性曲线

图 2-32　N 沟道增强型 MOS 管的特性曲线

衡量栅源电压 u_{GS} 对漏极电流 i_D 的控制作用的参数称为**低频跨导**，用 g_m 表示，定义为当 U_{DS} 一定时，i_D 与 u_{GS} 的变化量之比：

$$g_m = \frac{\Delta i_D}{\Delta u_{GS}}\bigg|_{U_{DS}=常数} \tag{2-9}$$

若 i_D 的单位为 mA（毫安），u_{GS} 的单位为 V（伏），则 g_m 的单位为 mS（毫西门子）。

2. N 沟道耗尽型 MOS 管

耗尽型 MOS 管和增强型 MOS 管的区别：前者具有原始的导电沟道，而后者没有原始的导电沟道。如果在 MOS 管的制作过程中，在二氧化硅里掺入大量的正离子，那么在这些正离子的作用下，即使栅源电压 $u_{GS} = 0V$，也能在 P 型衬底中感生出原始的导电沟道，将两个高浓度的 N^+ 区相连，这就是 N 沟道耗尽型 MOS 管。N 沟道耗尽型 MOS 管在使用中，栅源电压 u_{GS} 可正可负。当 $u_{GS} > 0V$ 时，工作过程与增强型 MOS 管相似，u_{GS} 增大，导电沟道变宽，使 i_D 增大；当 $u_{GS} < 0V$ 时，其产生的电场将削弱正离子的作用，使导电沟道变窄，从而使 i_D 减小。当负的 u_{GS} 大到一定程度时，将使导电沟道消失，$i_D = 0A$，此时的 u_{GS} 就是夹断电压 $U_{GS(off)}$。

【例 2-6】　判断图 2-33 中各结型场效应管分别工作于什么区。

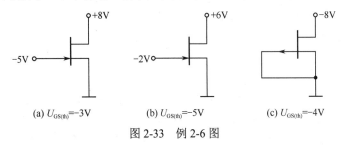

（a）$U_{GS(th)} = -3V$　　（b）$U_{GS(th)} = -5V$　　（c）$U_{GS(th)} = -4V$

图 2-33　例 2-6 图

解：图 2-33（a）为 N-JFET。因为 $U_{GS} < U_{GS(th)}$，所以沟道全夹断，FET 处于截止区。

图 2-33（b）为 N-JFET。因为 $U_{GS(th)} < U_{GS} < 0V$，U_{DS}（$= 6V$）$> U_{GS} - U_P$（$= 1V$），所以沟道部分夹断，FET 处于放大区。

图 2-33（c）为 P-JFET。因为 $U_{GS} = 0V$，$U_{GS(th)} < U_{GS} < 0V$，U_{DS}（$= -8V$）$< U_{GS} - U_{GS(th)}$（$= -4V$），所以 FET 偏置于放大区。

2.4.3　场效应管的检测及使用注意事项

1. 检测

由于绝缘栅型场效应管（MOS 管）输入阻抗很高，不宜用万用表测量，必须用测试仪测试，而且测试仪必须良好接地，测试结束后应先短接各电极，以防外来感应电势将栅极击穿。

结型场效应管可用万用表判别其管脚和性能的优劣。

① 管脚的判别。首先，确定栅极，将万用表置欧姆挡的 $R \times 1k$ 或 $R \times 100$ 挡，用黑表笔碰接假设的栅极，再用红表笔分别接另外两脚。若测得的阻值小，黑、红表笔对调后阻值很大，则假设的栅极正确，并可知它是 N 沟道场效应管，反之为 P 沟道场效应管。其次，确定源极和漏极，对结型场效应管，由于其漏极、源极是对称的，可以互换，因此，剩余的两脚中任何一脚都可以作为源极或漏极。

② 质量判定。把万用表置欧姆挡的 $R \times 1k$ 或 $R \times 100$ 挡，红、黑表笔交替接源极和漏极，测得阻值均小。随后将黑表笔接栅极，红表笔接源极和漏极之一，若为 N 沟道场效应管，阻值应很小；若为 P 沟道场效应管，阻值应很大。再将红、黑表笔对调，如果测得的数值相反，这样的管子基本上是好的。否则，要么击穿，要么断路。

2. 使用注意事项

（1）MOS 管栅极、源极之间的电阻很高，使得栅极的感应电荷不易泄放，又因极间电容很小，会造成电压过高使绝缘层击穿。因此，保存 MOS 管时应使 3 个电极短接，避免栅极悬空。焊接时，电烙铁的外壳应良好接地，或烧热电烙铁后切断电源再焊。

（2）有些场效应管将衬底引出，故有 4 个管脚，这种管子的漏极与源极可互换使用。但有些场效应管在内部已将衬底与源极接在一起，只引出 3 个电极，这种管子的漏极与源极不能互换使用。

（3）使用场效应管时，各极必须加正确的工作电压。

（4）使用场效应管时，要注意漏源电压、漏源电流及耗散功率等，不要超过规定的最大允许值。

2.4.4　各种场效应管的比较

各种场效应管的电路符号和伏安特性曲线见表 2-2。

表 2-2　各种场效应管的电路符号和伏安特性曲线

种类		电路符号	输出特性曲线	转移特性曲线
结型 N 沟道	耗尽型	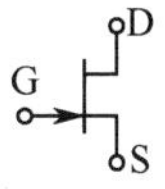	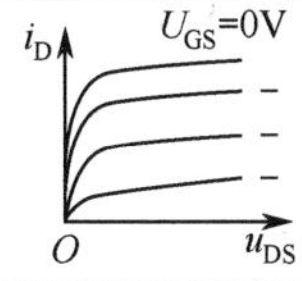	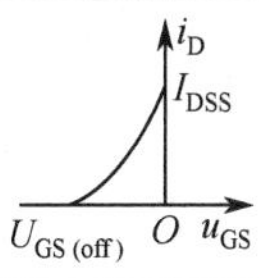
结型 P 沟道	耗尽型	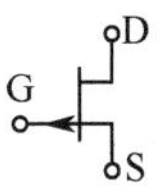	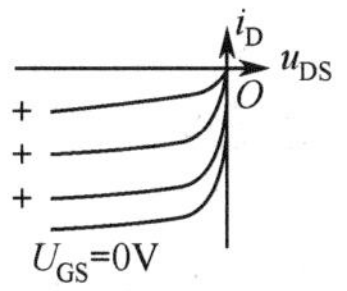	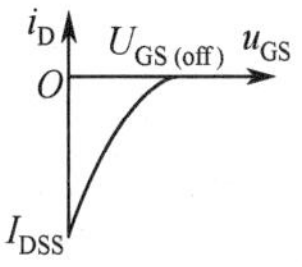
绝缘栅型 N 沟道	增强型	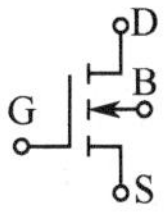	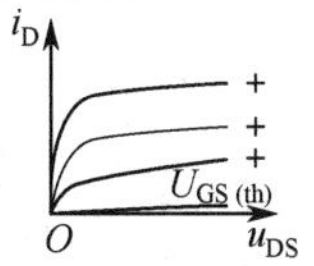	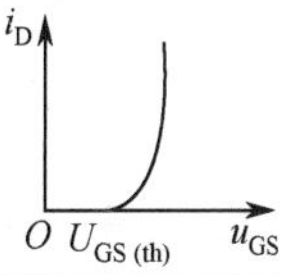
	耗尽型	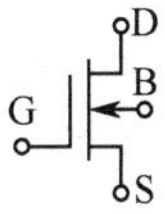	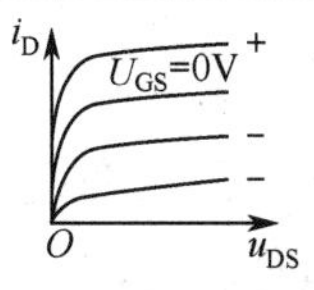	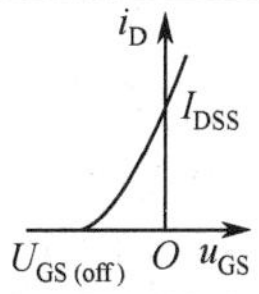

种类		电路符号	输出特性曲线	转移特性曲线
绝缘栅型 P 沟道	增强型	G ⊣⊢ B（D、S）	i_D, u_{DS}, O	$U_{GS(th)}$, i_D, O, u_{GS}
	耗尽型	G ⊣⊢ B（D、S）	i_D, O, u_{DS}, $U_{GS}=0V$	i_D, $U_{GS(off)}$, O, u_{GS}, I_{DSS}

2.4.5　场效应管与三极管的比较

场效应管的栅极（G）、源极（S）、漏极（D）分别对应三极管的基极（b）、发射极（e）、集电极（c），它们的作用相类似，但也有区别，现比较如下。

① 三极管有两种载流子（多子和少子）参与导电，故称为双极型晶体管。场效应管只有一种载流子（多子）参与导电，N 沟道场效应管是电子，P 沟道场效应管是空穴，故称单极型晶体管。所以场效应管的温度稳定性好，因此，若使用条件恶劣，宜选用场效应管。

② 三极管的集电极电流 i_C 受基极电流 i_B 的控制，若工作于放大区可视为电流控制的电流源（CCCS）。场效应管的漏极电流 i_D 受栅源电压 u_{GS} 的控制，是电压控制型器件。若工作于放大区可视为电压控制的电流源（VCCS）。

③ 三极管的输入电阻低（$10^2\Omega\sim10^4\Omega$），而场效应管的输入电阻可高达 $10^6\Omega\sim10^{15}\Omega$。

④ 三极管的制造工艺较复杂，场效应管的制造工艺较简单，因此成本低，适用于大规模和超大规模集成电路。

有些场效应管的漏极和源极可以互换使用，而三极管正常工作时集电极和发射极不能互换使用，这是结构和工作原理所致。

场效应管产生的电噪声比三极管小，所以低噪声放大电路的前级常选用场效应管。

⑤ 三极管分 NPN 型和 PNP 型两种，还有硅管和锗管之分。场效应管分结型和绝缘栅型两大类，每类场效应管又可分为 N 沟道和 P 沟道两种，都是由硅片制成的。

本章小结

1．半导体材料是制造半导体器件的物理基础，利用半导体的掺杂性，控制其导电能力，从而把无用的本征半导体变成有用的 P 型和 N 型两种杂质半导体。

2．PN 结是制造半导体器件的基础，它最主要的特性是单向导电性。因此，正确理解它的特性对于了解和使用各种半导体器件有着十分重要的意义。

3．半导体二极管由一个 PN 结构成，它的伏安特性形象地反映了二极管的单向导电性和反向击穿特性。普通二极管工作于正向导通区，而稳压管工作于反向击穿区。

4．三极管由两个 PN 结构成，当发射结正偏、集电结反偏时，三极管的基极电流对集电极电流具有控制作用，即电流放大作用。三个电极电流具有以下关系：$I_C\approx\beta I_B$，$I_E=I_B+I_C\approx(1+\beta)I_B$。

三极管有截止、放大、饱和三种工作状态。应注意其不同的外部偏置条件。

5．场效应管是一种新型晶体管，它的工作原理与三极管不同，具有很高的输入电阻和较低的噪声系数，适合作为放大电路的前置级。

习题

2-1 二极管电路如题图 2-1 所示，试判断图中的二极管导通还是截止，并求输出电压 U_o。设二极管为理想二极管。

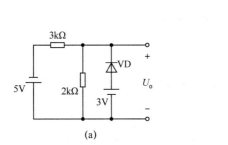 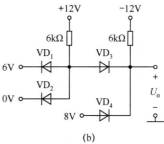

(a)   (b)

题图 2-1

2-2 题图 2-2（a）所示电路中，已知信号源电压 $u_i = 10\sin(\omega t)\text{V}$，负载电阻 $R_L = 1\text{k}\Omega$，试在题图 2-2（b）中对应画出二极管上的电流 i_D、电压 u_D 以及输出电压 u_o 的波形，要求在波形上标出幅值。设二极管为理想二极管。

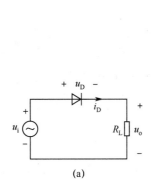 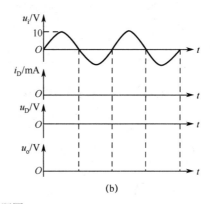

(a)   (b)

题图 2-2

2-3 题图 2-3 所示电路中，VD_1、VD_2 都是理想二极管，求电阻 R 上的电流 I 和电压 U。已知 $R = 6\text{k}\Omega$，$U_1 = 6\text{V}$，$U_2 = 12\text{V}$。

2-4 题图 2-4 所示电路中，VD_1、VD_2 都是理想二极管，直流电压 $U_1 > U_2$，U_i、U_o 是交流电压的瞬时值。试求：（1）当 $U_i > U_1$ 时，U_o 的值。（2）当 $U_i < U_2$ 时，U_o 的值。

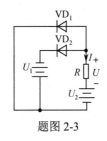 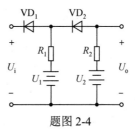

题图 2-3   题图 2-4

2-5 题图 2-5 所示电路中二极管均为理想二极管，试判断它们是否导通，并求出 U_o。

2-6 题图 2-6 所示电路中，已知二极管为理想二极管，u_i 为峰值 $U_{im} = 5\text{V}$ 的正弦波。试画出电压 u_o 的波形，并标明幅值。

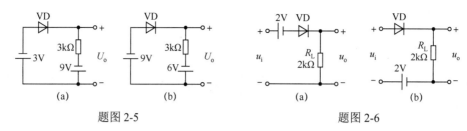

题图 2-5

题图 2-6

2-7 题图 2-7 所示电路中，试判断三极管是导通的还是截止的，并求出 A、O 两端电压 U_{AO}。设二极管为理想二极管。

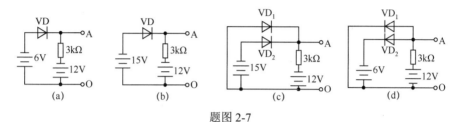

题图 2-7

2-8 题图 2-8 所示电路中，二极管为理想器件，输入电压 U_i 由 0V 变化到 140V。试画出电路的电压传输特性曲线。

2-9 现有两只稳压管，它们的稳定电压分别为 6V 和 8V，正向导通电压为 0.7V。试问：

（1）将它们串联，可得到几种稳压值？各为多少？

（2）将它们并联，又可得到几种稳压值？各为多少？

2-10 已知输入电压为 10V，稳压管的稳定电压 $U_Z = 6V$，稳定电流 $I_{Zmin} = 5mA$，试求题图 2-9 所示电路中输出电压 U_o 的值。若将图中限流电阻 R 的阻值改为 $5k\Omega$，负载电阻 R_L 的阻值也改为 $5k\Omega$，再求输出电压 U_o 的值。

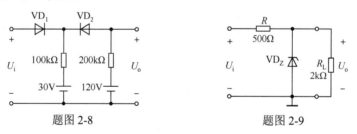

题图 2-8   题图 2-9

2-11 有两只三极管，其中一只管子的 $\beta = 150$，$I_{CBO} = 200\mu A$，另一只管子的 $\beta = 50$，$I_{CBO} = 10\mu A$，其他参数一样。应选择哪只管子？为什么？

2-12 题图 2-10 所示为工作于放大状态的三极管，其各电极直流电位如题图所示，试在题图中画出三极管的符号，并分别说明它们是硅管还是锗管。

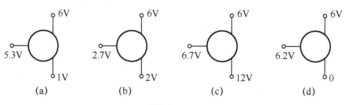

题图 2-10

2-13 测得某电路中几只三极管的各电极直流电位见题表 2-1，试判断各三极管分别工作于截止区、放大区还是饱和区。

题表 2-1

	VT₁	VT₂	VT₃	VT₄	VT₅	VT₆	VT₇	VT₈
基极电位 V_B/V	0.7	2	−5.3	10.75	0.3	4.7	−1.3	11.7
发射极电位 V_E/V	0	12	−6	10	0	5	−1	12
集电极电位 V_C/V	5	12	0	10.3	−5	4.7	−10	8
工作区域								

2-14 分别测得两个放大电路中三极管的各电极电位如题图 2-11（a）和（b）所示，试判别它们的管脚，分别标上 e、b、c，并判断这两只三极管是 NPN 型还是 PNP 型，是硅管还是锗管。

2-15 已知一个 N 沟道增强型 MOS 管的漏极特性曲线如题图 2-12（a）所示，试在题图 2-12（b）中画出 $U_{DS} = 15V$ 时的转移特性曲线，并由特性曲线求出该场效应管的开启电压 $U_{GS(th)}$，以及当 $U_{DS} = 15V$ 和 $U_{GS} = 4V$ 时的跨导 g_m。

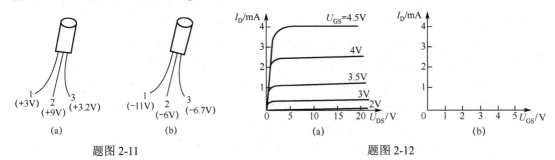

题图 2-11   题图 2-12

2-16 设题图 2-13 所示电路中的 MOS 管的开启电压 $|U_{TN}|$、$|U_{TP}|$ 均为 1V，问它们各工作于什么区？

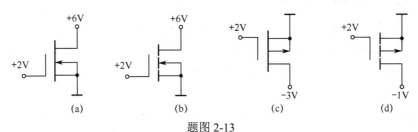

题图 2-13

第3章 放大电路基础

3.1 放大的概念及放大电路的主要性能指标

3.1.1 放大的概念

在电子设备中，经常要把微弱的电信号放大，以便推动执行机构工作。例如，在测量或自动控制的过程中，常常需要检测和控制一些与设备运行有关的非电量，如温度、湿度、流量、转速、声、光、力和机械位移等，虽然这些非电量的变化可以用传感器转换成相应的电信号，但这样获得的电信号一般都比较微弱，必须经过放大电路放大以后，才能驱动继电器、控制电机、显示仪表或其他执行机构动作，以达到测量或控制的目的。所以说，放大电路是自动控制、检测装置、通信设备、计算机以及扩音机、电视机等电子设备中最基本的组成部分。

放大电路，又称放大器，其功能是把微弱的电信号不失真地放大到所需要的数值。

所谓放大，从表面上看是将输入信号的幅度增大了，但实质上是实现**能量的控制和转换**，即在输入信号作用下，通过放大电路将直流电源的能量转换成负载所获得的能量。能够控制能量的元器件称为有源元件，因此放大电路中必须包含有源元件，才能实现信号的放大作用。三极管和场效应管就是这种有源元件，它们是构成放大电路的核心。

此外，放大电路所放大的对象是输入信号的变化量，即当输入端加入一个较小的变化量时，在输出端的负载上得到一个比较大的变化量。由此可见，所谓放大作用，**其放大的对象是变化量**。

3.1.2 放大电路的性能指标

为了评价一个放大电路质量的优劣，通常需要规定若干项性能指标。由于任何稳态信号都可分解为若干个不同频率正弦波信号（谐波）的叠加，因此放大电路常以正弦波电压作为测试信号，如图 3-1 所示。放大电路的主要性能指标有以下 4 项。

1. 放大倍数

放大倍数是衡量一个放大电路放大能力的指标。放大倍数越大，则放大电路的放大能力越强。

放大倍数定义为输出信号与输入信号的变化量之比。根据输入、输出端所取的是电压信号还是电流信号，放大倍数又分为**电压放大倍数**、**电流放大倍数**等。

（1）电压放大倍数。测试电压放大倍数时，通常在放大电路的输入端加上一个正弦波电压信号，假设其相量为 $\dot{U}_i$，然后在输出端测得输出电压的相量为 $\dot{U}_o$，此时可用 $\dot{U}_o$ 与 $\dot{U}_i$ 之比表示放大电路的电压放大倍数 $\dot{A}_u$，即

$$\dot{A}_u = \frac{\dot{U}_o}{\dot{U}_i} \tag{3-1}$$

在一般情况下，放大电路中输入与输出信号近似为同相，因此可用电压有效值之比表示电压放大倍数，即 $A_u = U_o/U_i$。

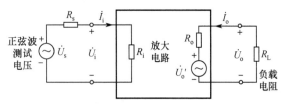

图 3-1 放大电路性能指标测试电路

（2）电流放大倍数。同理，可用输出电流与输入电流相量之比表示电流放大倍数，即 $\dot{A}_i = \dfrac{\dot{I}_o}{\dot{I}_i}$，也可用电流有效值之比 $A_i = I_o/I_i$ 表示电流放大倍数。

放大倍数是无量纲的常数，最常用的是电压放大倍数 A_u。

2. 输入电阻

输入电阻用于衡量一个放大电路向信号源索取信号大小的能力。输入电阻越大，表明放大电路从信号源索取的电流越小，放大电路所得到的输入电压 U_i 就越接近信号源电压 U_s。所以说，为使放大电路从信号源索取到更大的电压，就要增大输入电阻。

放大电路的输入电阻是指从输入端看进去的等效电阻，用 R_i 表示。R_i 是输入电压有效值 U_i 与输入电流有效值 I_i 之比，即

$$R_i = \frac{U_i}{I_i} \tag{3-2}$$

当信号源接到放大电路输入端时，信号源相当于接了一个大小为 R_i 的负载电阻，如图 3-1 所示。此时，放大电路的输入电压 $\dot{U}_i$ 与信号源电压 $\dot{U}_s$ 之比为 $\dfrac{\dot{U}_i}{\dot{U}_s} = \dfrac{R_i}{R_s + R_i}$。可见，$R_i$ 越大，$\dot{U}_i$ 与 $\dot{U}_s$ 越接近，且 $\dot{I}_i$ 值越小。电路对于信号源电压的放大倍数为

$$\dot{A}_{us} = \frac{\dot{U}_o}{\dot{U}_s} = \frac{\dot{U}_i}{\dot{U}_s} \cdot \frac{\dot{U}_o}{\dot{U}_i} = \frac{R_i}{R_s + R_i} \cdot \dot{A}_u \tag{3-3}$$

因此，R_i 越大，$\dot{A}_{us}$ 与 $\dot{A}_u$ 越接近。

3. 输出电阻

输出电阻是衡量一个放大电路带负载能力的指标，用 R_o 表示。输出电阻越小，则放大电路的带负载能力越强。

任何放大电路的输出回路均可等效成一个有内阻的电压源，从放大电路输出端向电路内部看进去的等效内阻就是输出电阻。它的定义：当输入端信号源电压 U_s 等于零（但保留信号源内阻 R_s），输出端开路（$R_L = \infty$）时，外加的输出电压 U_o 与相应的输出电流 I_o 之比，即

$$R_o = \left. \frac{U_o}{I_o} \right|_{U_s=0,\,R_L=\infty} \tag{3-4}$$

理论上常将式（3-4）作为推导输出电阻的依据，此式的理论依据是戴维南定理。实际测试放大电路的输出电阻时，常在输入端加上一个正弦波信号源电压 U_s，首先测出负载开路（空载）时的输出电压 U'_o，然后接上阻值已知的负载电阻 R_L，再测此时的输出电压 U_o，由图 3-1 可得，$U_o = \dfrac{R_L}{R_o + R_L} U'_o$。于是可计算出放大电路的输出电阻为

$$R_o = \left(\frac{U'_o}{U_o} - 1 \right) R_L \tag{3-5}$$

4. 通频带

通频带是衡量一个放大电路对不同频率的输入信号适应能力的指标。一般来说，由于放大电路中耦合电容、三极管极间电容以及其他电抗元件的存在，使放大倍数在信号频率比较低或比较高时，不仅数值下降，还产生相移。可见，放大倍数是频率的函数。通常，在中间一段频率范围内（中频段），由于各种电抗元件的作用可以忽略，因此放大倍数基本不变；当频率过高或过低时，放大倍数都将下降；当频率趋近于零或无穷大时，放大倍数的数值将趋近于零。这种特性称为放大电路的**频率特性**，频率特性可直接用放大电路的电压放大倍数 A_u 与频率 f 的关系来描述，如图 3-2 所示。

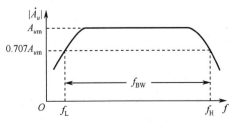

图 3-2 放大电路的通频带

我们把放大倍数下降到中频放大倍数 A_{um} 的 0.707 时的两个点所限定的频率范围定义为放大电路的通频带，用符号 f_{BW} 表示，如图 3-2 所示。其中 f_L 称为下限频率，f_H 称为上限频率，f_L 与 f_H 之间的频率范围即为通频带。

放大电路的性能指标还有最大输出幅度、最大输出功率与效率、抗干扰能力、信号噪声比、允许工作温度范围等。

3.2 基本放大电路的组成及工作原理

基本放大电路是指由一只放大管构成的简单放大电路，又称为**单管放大电路**，它是构成多级放大电路的基础。

3.2.1 基本放大电路的组成

本节以常用的单管共射放大电路为例介绍基本放大电路的组成及工作原理。为了实现不失真地放大变化的信号，放大电路的组成必须遵循以下原则。

① 直流电源的极性必须使三极管处于放大状态，即发射结正偏，集电结反偏，否则管子无电流放大作用。

② 输入回路的接法应使输入电压的变化量 Δu_i 能够传送到三极管的基极回路，并使基极电流产生相应的变化量 Δi_B。

③ 输出回路的接法应保证集电极电流的变化量 Δi_C 能够转化为集电极电压的变化量 Δu_{CE}，并传送到放大电路的输出端。

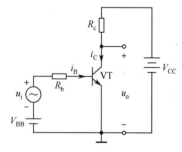

图 3-3　单管共射放大电路

一个正常工作的放大电路必须同时满足这三项原则。图 3-3 所示就是按以上原则组成的放大电路。图 3-3 中，VT 是一只 NPN 型三极管，担负着放大作用，是放大电路的核心器件；V_{CC} 是集电极回路的电源，用来保证集电结反偏，同时也为输出信号提供能量；R_c 是集电极电阻，通过它可以将集电极电流的变化量 Δi_C 转换为集电极-发射极电压的变化量 Δu_{CE}，然后传送到放大电路的输出端。基极直流电源 V_{BB} 和基极电阻 R_b 为三极管的发射结提供正偏电压，同时二者共同决定了不加输入电压时三极管基极回路的电流 I_B，这个电流称为静态基极电流，以后将会看到，I_B 的大小与放大质量的优劣以及放大电路的其他性能有着密切的关系。同时还要指出，为了使三极管能够工作于正常的放大状态，如前所述，必须保证集电结反偏，发射结正偏，为此，V_{CC}、R_c、V_{BB} 和 R_b 等参数的值应与电路中三极管的输入、输出特性有适当的配合关系。

图 3-3 所示单管共射放大电路作为实际应用有两个缺点：① 需要两路直流电源 V_{CC} 和 V_{BB}，不方便也不经济；② 输入电压 u_i 与输出电压 u_o 不共地，实际应用时不可取。为此，需对此电路进行改进。

针对上述缺点，首先要去掉基极直流电源 V_{BB}，利用 V_{CC} 的极性保证发射结正偏；其次将输入电压 u_i 的一端接至公共端，与 u_o 共地。改进后的电路如图 3-4（a）所示，图 3-4（b）是简化画法，电路中，电容 C_1 和 C_2 的作用是隔直通交，称为**隔直电容**或**耦合电容**。C_1 接三极管的基极，在一定的信号频率时，输入电压中的交流成分能够基本上没有衰减地通过电容到达基极，但其中的直流成分则不能通过。同样，集电极通过电容 C_2 接输出端，使放大后的交流成分得以输出，而直流成分被隔断。图 3-4 所示电路通常称为阻容耦合单管共射放大电路。

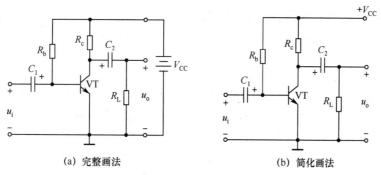

(a) 完整画法   (b) 简化画法

图 3-4 阻容耦合单管共射放大电路

【例 3-1】 试判断图 3-5 所示各电路能否对输入信号不失真地进行放大，并简述理由。

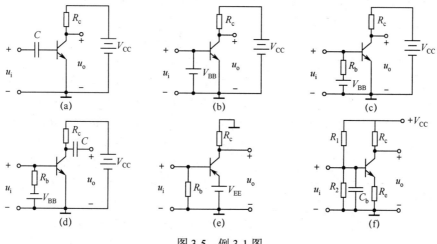

图 3-5 例 3-1 图

解：本题练习根据放大电路的组成原则判断电路能否正常放大。

图 3-5（a）无放大作用，发射结没有正偏电压，静态基极电流 $I_{BQ} = 0$A。

图 3-5（b）无放大作用，基极直流电源 V_{BB} 对交流信号短路，输入信号 u_i 无法送入三极管。

图 3-5（c）有放大作用，符合组成原则。

图 3-5（d）无放大作用，三极管发射结反向偏置。

图 3-5（e）有放大作用，三极管为 PNP 型，偏置符合要求，其他组成也符合原则。

图 3-5（f）无放大作用，C_b 将输入交流信号短路，输入信号 u_i 无法送入三极管。

3.2.2 基本放大电路的工作原理

由图 3-4（b）所示单管共射放大电路可以看出，放大电路在正常放大信号时，电路中既有直流电源 V_{CC}，同时也有动态信号源 u_i，即电路中的电压、电流信号是"**交、直流并存**"的，直流是基础，交流是被放大的对象。为了便于分析，通常将直流和交流分开来讨论（仅是一种分析方法），即所谓的放大电路的**静态分析**和**动态分析**。

1. 放大电路的静态

当放大电路的输入信号 $u_i = 0$V 时，电路中只有直流电源 V_{CC} 作用，此时电路中的电压和电流只有直流成分，放大电路的这种状态称为**静态**。

当直流电源 V_{CC}、基极电阻 R_b 和集电极电阻 R_c 等主要参数确定后，电路中的直流电压和直流电流的数值便唯一地被确定下来。这个确定的静态电流和静态电压的数值将在三极管的特性曲线上唯一确定一个点，这个点称为放大电路的**静态工作点**，用 Q（Quiescent）表示。静态工作点的位置即对应着唯一的 I_B、U_{BE}、I_C 和 U_{CE} 的值，常把静态工作点处的静态电流和静态电压表示为 I_{BQ}、U_{BEQ}、I_{CQ} 和 U_{CEQ}。

　　为了不失真（或基本不失真）地放大信号，必须首先给放大电路设置合适的静态工作点，否则就会出现非线性失真。这里包括两方面含义：一是必须设置静态工作点，即给电路加上直流量；二是静态工作点要合适，即所加直流量的大小要适中。如果设置了静态工作点，但大小不合适，在特性曲线上表现为静态工作点的位置太高或太低。若静态工作点太高，u_i 正半周幅值较大的部分将进入饱和区，此时，当 i_B 增大时，i_C 不再随之增大，致使 i_C、u_{CE} 的波形发生失真，这种失真叫**饱和失真**；若静态工作点太低，u_i 负半周幅值较小的部分将进入截止区，使 i_B、i_C 等于零，致使 i_B、i_C、u_{CE} 的波形发生失真，这种失真叫**截止失真**。饱和失真与截止失真统称为**非线性失真**。由此可知，只有放大电路设置合适的静态工作点，才能保证交流信号叠加在大小合适的直流量上，处于三极管的近似线性区（放大区）。

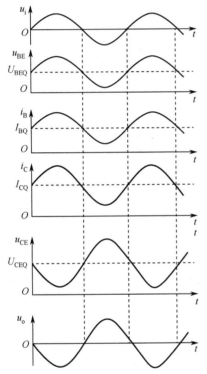

图 3-6　单管共射放大电路的电压、电流波形

　　为了更直观地说明这个问题，我们看一下放大电路正常工作时各信号的波形。在图 3-4（b）所示放大电路中，当加上正弦波电压 u_i 时，放大电路中相应的 u_{BE}、i_B、i_C、u_{CE} 和 u_o 的波形如图 3-6 所示。由波形可以看出：① 当输入一个正弦波电压 u_i 时，放大电路中三极管的各极电压和电流都是围绕各自的静态值，即 u_{BE}、i_B、i_C 和 u_{CE} 的波形均为在原来静态直流量的基础上，再叠加一个正弦交流成分，成为**交直流并存**的状态；② 当输入电压有一个微小的变化量时，通过放大电路，在输出端可得到一个比较大的电压变化量，可见单管共射放大电路能够实现**电压放大作用**；③ 输出电压 u_o 的相位与输入电压 u_i 相反，通常称之为单管共射放大电路的**倒相作用**。

　　由以上分析可知，放大电路中的信号是交、直流并存的，交流信号是"驮载"在直流分量上进行放大的。直流是交流的"基石"，这块"基石"的高或低都将影响交流信号能否进入线性放大区进行正常的放大。也就是说，静态工作点必须合适，以保证交流信号 u_i 叠加上直流量后，整个周期的波形都能处于放大区。

　　应当指出，虽然静态工作点的设置首先要解决的问题是不失真，但是由于静态工作点还会影响放大电路的多项动态参数，所以静态工作点的设置需要考虑各方面的问题，既要保证减小失真，同时还要考虑对放大电路各项性能指标的影响，这些将在后面几节中加以讨论和说明。

　　2. 放大电路的动态

　　当放大电路加上交流信号 u_i 后，交流信号量叠加在原静态值上，此时电路中的电流、电压既有直流成分，也有交流成分。由图 3-6 所示电压、电流的波形可见，除 u_i 和 u_o 外，其他电压、电流波形都是交、直流并存的。为了分析方便，通常将直流和交流分开考虑。现只考虑交流的情况，此时电路中的电流、电压是纯交流信号，没有直流成分，电路的这种工作状态称为**动态**。

　　为了清楚地表示放大电路中的各电量，对其表示的符号进行如下说明。

　　① 直流量：字母大写，下标大写，如 I_B、I_C、U_{BE}、U_{CE}。

② 交流量：字母小写，下标小写，如 i_b、i_c、u_{be}、u_{ce}。

③ 交、直流叠加量：字母小写，下标大写，如 i_B、i_C、u_{BE}、u_{CE}。

④ 交流量的有效值：字母大写，下标小写，如 I_b、I_c、U_{be}、U_{ce}。

3.3 基本放大电路的分析方法

分析放大电路就是求解其静态工作点及各项动态性能指标，通常遵循"**先静态，后动态**"的原则。只有静态工作点合适，电路没有产生失真，动态分析才有意义。

3.3.1 直流通路与交流通路

通过对放大电路工作原理的分析可知，直流信号与交流信号共存于放大电路之中，前者是直流电源 V_{CC} 作用的结果，后者是交流输入电压 u_i 作用的结果。而且由于电容、电感等电抗元件的存在，使直流信号与交流信号所流经的通路将有所不同。因此，为了研究问题方便，要画出放大电路的**直流通路**和**交流通路**。所谓直流通路，就是直流电源作用所形成的电流通路；所谓交流通路，就是交流信号作用所形成的电流通路。为了正确画出放大电路的直流通路和交流通路，需要了解放大电路中的电抗元件对直流信号和交流信号不同的电抗作用。说明如下。

（1）电容：根据容抗表达式 $X_C = \dfrac{1}{\omega C}$ 可知，电容对直流信号的阻抗无穷大，不允许直流信号通过，可以视为开路；但对于交流信号来说，当电容足够大时，电容的阻抗非常小，可以视为短路。

（2）电感：根据感抗表达式 $X_L = \omega L$ 可知，电感对直流信号的阻抗很小，几乎为零，相当于短路；但对于交流信号而言，电感的阻抗很大。这一特点与电容正好相反。

（3）理想电压源：由于其电压值恒定不变（如 V_{CC} 等），故对于交流信号相当于短路。

（4）理想电流源：由于其电流值恒定不变，故对于交流信号相当于开路。

现以图 3-4（b）所示的单管共射放大电路为例，画出其直流通路和交流通路如图 3-7 所示。

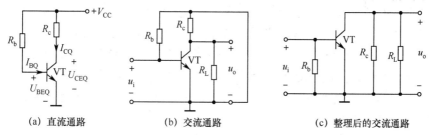

(a) 直流通路　　　　　　(b) 交流通路　　　　　　(c) 整理后的交流通路

图 3-7　单管共射放大电路的直流通路和交流通路

3.3.2 静态分析

放大电路静态分析的目的是求静态工作点，实际是求 4 个直流量：I_{BQ}、U_{BEQ}、I_{CQ} 和 U_{CEQ}，如图 3-7（a）所示。静态分析通常可以采用公式法（也称**近似估算法**）和**图解法**两种。

1. 近似估算法（公式法）求静态工作点

图 3-7（a）所示单管共射放大电路的直流通路中，各直流量及其参考方向已标出，由图可以估算出 I_{BQ}、I_{CQ} 和 U_{CEQ}。其公式为

$$I_{BQ} = \frac{V_{CC} - U_{BEQ}}{R_b} \tag{3-6}$$

由三极管内部载流子的运动分析可知，三极管处于放大状态时，基极电流和集电极电流之间的关系是 $I_C \approx \overline{\beta} I_B$，且 $\beta \approx \overline{\beta}$，所以静态集电极电流为

$$I_{CQ} \approx \beta I_{BQ} \qquad\qquad\qquad\qquad\qquad (3\text{-}7)$$

$$U_{CEQ} = V_{CC} - I_{CQ} R_c \qquad\qquad\qquad\qquad (3\text{-}8)$$

三极管导通时，U_{BEQ} 的变化很小，可视其为常数。一般认为，硅管 $U_{BEQ} \approx 0.7\text{V}$，锗管 $U_{BEQ} \approx 0.2\text{V}$。

2. 用图解法计算静态工作点

图解法就是利用三极管的特性曲线，用作图的力法来分析放人电路的基本性能。图解法能直观地反映放大电路的工作原理。由于器件手册通常不给出三极管的输入特性曲线，且输入特性也不易准确地测出，因此，一般不在输入特性曲线上用图解法求 I_{BQ} 和 U_{BEQ}，而是利用公式法估算 I_{BQ}，基本可以满足实际工作的要求。用图解法确定静态工作点的方法如下。

① 根据公式 $I_{BQ} = \dfrac{V_{CC} - U_{BEQ}}{R_b}$ 求出 I_{BQ}，并在三极管的输出特性曲线上找出对应 I_{BQ} 的那条曲线。

② 根据 $u_{CE} = V_{CC} - i_C R_c$，画出与之对应的线段，该线段称为**直流负载线**。可见，直流负载线的斜率为 $-1/R_c$。

③ 在输出特性曲线上找出直流负载线与对应 I_{BQ} 那条曲线的交点，此交点就是需要确定的静态工作点 Q，然后根据 Q 点找出 I_{CQ} 和 U_{CEQ} 的值。

【例 3-2】 在图 3-4（b）所示的单管共射放大电路中，已知 $R_b = 280\text{k}\Omega$，$R_c = 3\text{k}\Omega$，$V_{CC} = 12\text{V}$，$\beta = 50$，$U_{BEQ} = 0.7\text{V}$，三极管的输出特性曲线如图 3-8 所示。试用图解分析法确定静态工作点。

解： 首先利用近似估算法估算出 I_{BQ}：

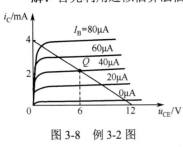

图 3-8　例 3-2 图

$$I_{BQ} = \frac{V_{CC} - U_{BEQ}}{R_b} = \frac{12 - 0.7}{280 \times 10^3}\text{A} = 40\,\mu\text{A}$$

然后在输出特性曲线上画出直流负载线，如图 3-8 所示。具体画法是，根据方程 $u_{CE} = V_{CC} - i_C R_c$，求出直流负载线上的两个特殊点：当 $i_C = 0\text{A}$ 时，$u_{CE} = 12\text{V}$；当 $u_{CE} = 0\text{V}$ 时，$i_C = 4\text{ mA}$。连接以上两点，即为直流负载线。直流负载线与对应 $I_{BQ} = 40\,\mu\text{A}$ 的那条输出特性曲线的交点就是静态工作点 Q。

找出 Q 点后，确定出该点的横、纵坐标即可，横坐标 $U_{CEQ} = 6\text{V}$，纵坐标 $I_{CQ} = 2\text{mA}$。

3. 用图解法分析电路参数对静态工作点的影响

利用图解法并借助三极管的输出特性曲线，还可以直观地看出，当放大电路中各参数变化时静态工作点位置的变化情况。

（1）R_b 变化对静态工作点的影响，如图 3-9（a）所示。R_b 增大时，I_{BQ} 相应减小，由于 V_{CC}、R_c 不变，直流负载线不变，静态工作点沿直流负载线向截止区移动，I_{CQ} 减小，U_{CEQ} 增大；反之，R_b 减小时，I_{BQ} 相应增大，静态工作点沿直流负载线向饱和区移动，I_{CQ} 增大，U_{CEQ} 减小。

（2）V_{CC} 变化对静态工作点的影响，如图 3-9（b）所示。V_{CC} 增大，因为 R_c 不变，负载线斜率不变，所以负载线向右平移。而 I_{BQ} 增大，则静态工作点向右上方移动，I_{CQ} 增大，U_{CEQ} 也增大。

（3）R_c 变化对静态工作点的影响，如图 3-9（c）所示。R_c 增大，根据直流负载线公式 $U_{CEQ} = V_{CC} - I_{CQ} R_c$，直流负载线与横轴的交点 V_{CC} 不变，与纵轴的交点 V_{CC}/R_c 下降，因此直流负载线比原来的平坦，静态工作点沿对应 I_{BQ} 的那条曲线向左移动，I_{CQ} 基本不变，U_{CEQ} 减小；反之，R_c 减小，直流负载线变陡，静态工作点沿 I_{BQ} 向右移动，I_{CQ} 基本不变，U_{CEQ} 增大。

（4）β 变化对静态工作点的影响，如图 3-9（d）所示。β 值变化主要是因为更换管子或温度变化引起的 β 值增大，伏安特性曲线间距加大。如果 I_{BQ} 不变，但由于同一个 I_{BQ} 值所对应的输出特性曲线上移，使 I_{CQ} 增大，则静态工作点接近饱和区。

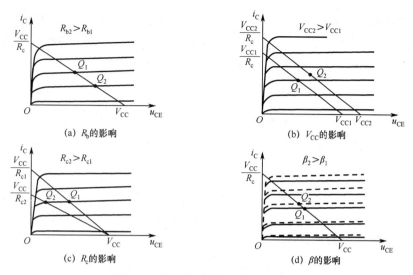

图 3-9　各参数对静态工作点的影响

3.3.3　动态分析

放大电路动态分析的目的是求解放大电路的各项动态性能参数，如电压放大倍数 A_u、输入电阻 R_i、输出电阻 R_o。动态分析可采用图解法和微变等效电路法，此处重点介绍微变等效电路法。

1. 微变等效电路法

如果放大电路的输入信号较小，就可以保证三极管工作于输入特性曲线和输出特性曲线的线性放大区（严格说，应该是近似线性区）。因此，对于微变量（小信号）来说，三极管可以近似看成是线性的，可以用一个与之等效的线性电路来表示。这样，放大电路的交流通路就可以转换为线性电路。此时，可以用线性电路的分析方法来分析放大电路。这种分析方法得出的结果与实际测量结果基本一致，称为**微变等效电路法**。

（1）三极管的近似线性等效电路。三极管伏安特性曲线的局部线性化如图 3-10 所示。当三极管工作于放大区时，在静态工作点 Q 附近，输入特性曲线基本上是一条直线，如图 3-10（a）所示，即 Δi_B 与 Δu_{BE} 成正比，因此可以用一个等效电阻 r_{be} 来代表输入电压和输入电流之间的关系，即 $r_{be} = \dfrac{\Delta u_{BE}}{\Delta i_B}$。

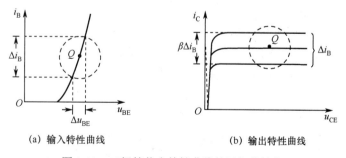

图 3-10　三极管伏安特性曲线的局部线性化

从图 3-10（b）所示输出特性曲线可以看出，在 Q 点附近一个微小范围内，输出特性曲线基本上是水平的，而且相互之间平行等距，即 Δi_C 仅由 Δi_B 决定而与 u_{CE} 无关，满足 $\Delta i_C = \beta \Delta i_B$。所以三极管的 c、e 间可以等效为一个线性的受控电流源，其电流大小为 $\beta \Delta i_B$。于是，得到图 3-11（a）所示三极管的线性等效模型如图 3-11（b）所示。

由于在低频小信号作用下，将三极管看成了一个双口网络，利用网络的 h 参数来表示输入端口和输出端口的电压、电流关系，便可得出三极管的等效电路，故称之为**共射 h 参数微变等效模型**。又因该等效模型忽略了 u_{CE} 对 i_B、i_C 的影响，因此称之为**简化的 h 参数微变等效模型**，如图 3-11（b）所示。

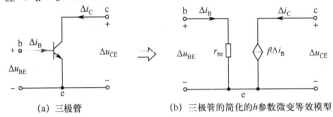

(a) 三极管　　　　　　　　(b) 三极管的简化的 h 参数微变等效模型

图 3-11　三极管的线性等效模型

（2）r_{be} 的计算。由于手册上往往不给出输入特性曲线，而且其也较难测准，因此对于 r_{be}，一般可用下面的简便公式进行计算：

$$r_{be} = r_{bb'} + (1+\beta)\frac{26(\text{mV})}{I_{EQ}(\text{mA})} \approx r_{bb'} + (1+\beta)\frac{26(\text{mV})}{I_{CQ}(\text{mA})} \tag{3-9}$$

式（3-9）中，I_{EQ} 和 I_{CQ} 分别是发射极和集电极静态电流，$r_{bb'}$ 是三极管的基区体电阻。三极管的三个区对载流子的运动呈现一定的电阻，称为半导体的体电阻，阻值较小。$r_{bb'}$ 是其中的一个体电阻。对于小功率管，$r_{bb'} \approx 300\Omega$。后面如无特别说明，$r_{bb'}$ 均取值为 300Ω。

2. 用微变等效电路法分析单管共射放大电路

用微变等效电路法分析放大电路时，首先需要画出交流通路的微变等效电路，然后在微变等效电路中对几个动态指标进行求解。由交流通路画微变等效电路时，只需将交流通路中的三极管用其线性等效模型代替，其余部分按照交流通路原样画上即可。所以，关键还是画对交流通路。

单管共射放大电路如图 3-12（a）所示。根据以上分析可画出其微变等效电路如图 3-12（b）所示。现将输入端加上一个正弦输入电压 $\dot{U}_i$，图中 $\dot{U}_i$、$\dot{U}_o$、$\dot{I}_b$ 和 $\dot{I}_c$ 等分别表示相关电压和电流的正弦相量。

根据图 3-12（b）所示微变等效电路，对放大电路进行动态分析如下。

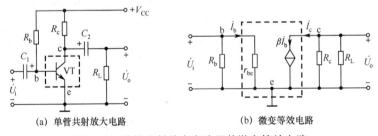

(a) 单管共射放大电路　　　　　　　(b) 微变等效电路

图 3-12　单管共射放大电路及其微变等效电路

（1）电压放大倍数。由输入回路求得输入电压为

$$\dot{U}_i = \dot{I}_b r_{be}$$

由输出回路求得输出电压为

$$\dot{U}_o = -\dot{I}_c R'_L = -\beta \dot{I}_b R'_L = -\frac{\beta \dot{U}_i}{r_{be}} R'_L$$

式中，$R'_L = R_c // R_L$。

所以电压放大倍数为

$$\dot{A}_u = \frac{\dot{U}_o}{\dot{U}_i} = -\beta \frac{R'_L}{r_{be}} \tag{3-10}$$

式（3-10）中的负号表明输出电压与输入电压反相，即单管共射放大电路具有**倒相作用**。

（2）输入电阻。单管共射放大电路的输入电阻 R_i 为

$$R_i = r_{be} /\!/ R_b \tag{3-11}$$

通常，$R_b \gg r_{be}$，所以 $R_i \approx r_{be}$。

（3）输出电阻。若不考虑三极管的 r_{ce}[①]，则输出电阻为

$$R_o \approx R_c \tag{3-12}$$

【例 3-3】 在图 3-12（a）所示的放大电路中，已知 $R_b = 280\text{k}\Omega$，$R_c = 3\text{k}\Omega$，$V_{CC} = 12\text{V}$，$R_L = 3\text{k}\Omega$，三极管的 $\beta = 50$，$U_{BEQ} = 0.7\text{V}$。试估算三极管的 r_{be} 以及 $\dot{A}_u$、R_i 和 R_o。如欲提高电路的 $|\dot{A}_u|$，可采取什么措施，应调整电路中的哪些参数？

解：用静态工作点的近似估算法不难求出：$I_{EQ} \approx I_{CQ} = 2\text{mA}$。则

$$r_{be} = 300\Omega + (1+\beta)\frac{26\text{mV}}{I_{EQ}} = 300\Omega + 51 \times \frac{26\text{mV}}{2\text{mA}} = 963\Omega$$

而

$$R_L' = R_c /\!/ R_L = \frac{3 \times 10^3 \times 3 \times 10^3}{3 \times 10^3 + 3 \times 10^3}\Omega = 1.5\text{k}\Omega$$

所以由式（3-10）可求得电压放大倍数：

$$\dot{A}_u = \frac{\dot{U}_o}{\dot{U}_i} = -\beta \frac{R_L'}{r_{be}} = -\frac{50 \times 1.5 \times 10^3}{963} = -78$$

由式（3-11）求得输入电阻：

$$R_i = r_{be} /\!/ R_b \approx r_{be} = 963\Omega$$

由式（3-12）求得输出电阻：

$$R_o \approx R_c = 3\text{k}\Omega$$

如欲提高电路的 $|\dot{A}_u|$，可调整静态工作点使 I_{EQ} 增大，r_{be} 减小，从而提高 $|\dot{A}_u|$。例如，将 I_{EQ} 增大至 3mA，则此时

$$r_{be} = 300\Omega + 51 \times \frac{26\text{mV}}{3\text{mA}} = 742\Omega$$

$$\dot{A}_u = -\beta \frac{R_L'}{r_{be}} = -\frac{50 \times 1.5 \times 10^3}{742} = -101$$

为了增大 I_{EQ}，在 V_{CC}、R_c 等电路参数不变的情况下，减小基极电阻 R_b，则 I_{BQ}、I_{CQ}、I_{EQ} 将随之增大。但应注意，在调节 $|\dot{A}_u|$ 大小的同时，要考虑静态工作点的位置（静态工作点应在放大区的中心区域），二者应兼顾。

【例 3-4】 单管共射放大电路如图 3-13（a）所示，已知 $R_b = 470\text{k}\Omega$，$R_e = 1\text{k}\Omega$，$R_c = 3.9\text{k}\Omega$，$R_L = 3.9\text{k}\Omega$，$U_{BEQ} = 0.6\text{V}$，$V_{CC} = 12\text{V}$，三极管的 $\beta = 50$，$U_{BEQ} = 0.7\text{V}$。（1）画出其直流通路和微变等效电路。（2）用估算法求静态工作点。（3）求电压放大倍数 $\dot{A}_u$、输入电阻 R_i、输出电阻 R_o。

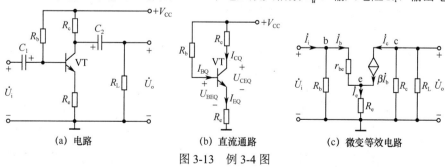

(a) 电路　　　　　　(b) 直流通路　　　　　　(c) 微变等效电路

图 3-13　例 3-4 图

[①] r_{ce} 是三极管 c-e 之间的等效电阻。由三极管的共射输出特性曲线可以看出，当三极管工作于放大区时，u_{CE} 变化，i_C 几乎不变，因此 Δu_{CE} 与 Δi_C 的比值，即 c-e 之间的等效电阻 $r_{ce} \approx \infty$。所以 r_{ce} 与 R_c 并联时可以忽略。

解：（1）画出直流通路和微变等效电路分别如图 3-13（b）和（c）所示。

（2）根据直流通路可得下式：

$$V_{CC} = I_{BQ}R_b + U_{BEQ} + I_{EQ}R_e$$

而 $I_{EQ} = (1+\beta)I_{BQ}$，所以可解出：

$$I_{BQ} = \frac{V_{CC} - U_{BEQ}}{R_b + (1+\beta)R_e} = \frac{12 - 0.6}{470 \times 10^3 + 51 \times 1 \times 10^3}\text{A} \approx \frac{12}{521 \times 10^3}\text{A} = 0.023\text{mA} \tag{3-13}$$

$$I_{CQ} \approx \beta I_{BQ} = 50 \times 0.023\text{mA} = 1.15\text{mA}$$

根据直流通路又可得到下式：

$$V_{CC} = I_{CQ}R_c + U_{CEQ} + I_{EQ}R_e$$

因为 $I_{EQ} \approx I_{CQ}$，所以

$$U_{CEQ} \approx V_{CC} - I_{CQ}(R_c + R_e) = [12 - 1.15 \times 10^{-3} \times (3.9 + 1) \times 10^3]\text{V} = 6.4\text{V} \tag{3-14}$$

所以，静态工作点为 $I_{BQ} = 23\mu\text{A}$，$U_{BEQ} = 0.6\text{V}$，$I_{CQ} = 1.15\text{mA}$，$U_{CEQ} = 6.4\text{V}$。

（3）由图 3-13（c）所示微变等效电路可以列出：

$$\dot{U}_i = \dot{I}_b r_{be} + \dot{I}_e R_e$$

式中，$\dot{I}_e = (1+\beta)\dot{I}_b$。所以

$$\dot{U}_i = [r_{be} + (1+\beta)R_e]\dot{I}_b$$

式中，$r_{be} \approx 300\Omega + (1+\beta)\dfrac{26\text{mV}}{I_{CQ}} = 300\Omega + 51 \times \dfrac{26\text{mV}}{1.15\text{mA}} = 1.45\text{k}\Omega$。

而

$$\dot{U}_o = -\dot{I}_c R'_L = -\beta \dot{I}_b R'_L$$

式中，$R'_L = R_c // R_L = \dfrac{3.9 \times 10^3 \times 3.9 \times 10^3}{3.9 \times 10^3 + 3.9 \times 10^3}\Omega = 1.95\text{k}\Omega$。

则电压放大倍数为

$$\dot{A}_u = \frac{\dot{U}_o}{\dot{U}_i} = -\beta \frac{R'_L}{r_{be} + (1+\beta)R_e} = -50 \times \frac{1.95 \times 10^3}{1.45 \times 10^3 + 51 \times 1 \times 10^3} = -1.86 \tag{3-15}$$

可见，引入发射极电阻 R_e 之后，电压放大倍数下降了。

放大电路的输入电阻为

$$R_i = [r_{be} + (1+\beta)R_e]//R_b = [(1.45 \times 10^3 + 51 \times 1 \times 10^3)//470 \times 10^3]\Omega = 47.2\text{k}\Omega \tag{3-16}$$

由计算结果可知，引入 R_e 之后，虽然电压放大倍数下降了，却提高了输入电阻。

放大电路的输出电阻为　　　　　　　　$R_o \approx R_c = 3.9\text{k}\Omega$

参照例 3-3 和例 3-4 的分析过程，请读者自行分析图 3-14（a）所示单管共射放大电路的静态和动态情况，并将分析结果与图 3-12（a）和图 3-13（a）所示单管共射放大电路进行比较。图 3-14（b）和图 3-14（c）分别是图 3-14（a）所示放大电路的直流通路和微变等效电路。

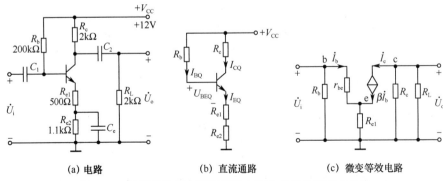

(a) 电路　　　　　　(b) 直流通路　　　　　(c) 微变等效电路

图 3-14　发射极接有电阻和旁路电容的单管共射放大电路

3.4 放大电路静态工作点的稳定

放大电路的多项重要技术指标均与静态工作点的位置有关。如果静态工作点不稳定，则放大电路的某些性能也将发生变化。因此，如何保持静态工作点稳定是一个十分重要的问题。

3.4.1 温度对静态工作点的影响

一般来说，放大电路中电源电压的变化、元器件老化引起参数的变化、三极管伏安特性随温度的变化等因素都将使静态工作点发生变化。前两种因素引起的静态工作点变化可通过采用高稳定度电源和在使用元器件前进行老化实验加以消除，因此半导体器件对温度的敏感性就成为静态工作点不稳定的主要因素。

当温度变化时，三极管的特性参数（如 I_{CBO}、U_{BE}、β 等）将随之变化。温度对工作点的影响主要体现在以下三个方面。

① 从输入特性曲线看，当温度升高时，U_{BE} 将减小。在共射基本放大电路中，由于 $I_{BQ} = (V_{CC} - U_{BEQ})/R_b$，使 I_{BQ} 增大，则 I_{CQ} 也增大。

① 从输出特性曲线看，当温度升高时，输出特性曲线间距增大，即 β 增大，在相同的 I_{BQ} 条件下，I_{CQ} 也增大。

③ 当温度升高时，三极管的反向饱和电流 I_{CBO} 增大，穿透电流 I_{CEO} 更大，使 I_{CQ} 增大。

还需要说明的是，I_{CBO}、U_{BE}、β 对硅管和锗管的影响不完全相同。硅管的 I_{CBO} 小，因此静态工作点不稳定的主要原因是 U_{BE}、β 会随温度变化。而锗管的 I_{CBO} 大，静态工作点不稳定的主要原因是 I_{CBO} 会随温度变化。因此对于同类电路，硅管的静态工作点比锗管稳定。

综上所述，温度升高对三极管的影响最终将导致集电流 I_{CQ} 增大。为此，只要能设法使 I_{CQ} 近似维持稳定，问题就可以得到解决。

3.4.2 静态工作点稳定电路

1. 电路组成

图 3-15（a）所示电路便是实现 3.4.1 节设想的电路，图 3-15（b）和图 3-15（c）分别是它的直流通路和微变等效电路。图 3-15（a）所示电路中，发射极接有电阻 R_e 和电容 C_e，直流电源 V_{CC} 经电阻 R_{b1}、R_{b2} 分压接到三极管的基极，所以称之为**分压式静态工作点稳定电路**。

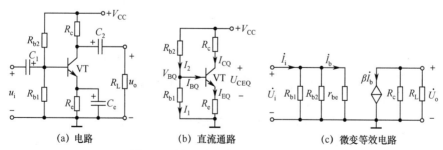

(a) 电路	(b) 直流通路	(c) 微变等效电路

图 3-15 分压式静态工作点稳定电路

由于三极管的基极静态电位 V_{BQ} 是由 V_{CC} 分压后得到的，故可以认为它不受温度变化的影响，基本是恒定的。当集电极静态电流 I_{CQ} 随温度 T 的升高而增大时，发射极静态电流 I_{EQ} 也将相应增大，此电流流过 R_e，使发射极静态电位 V_{EQ} 升高，则三极管的 b-e 间的静态电压 $U_{BEQ}=V_{BQ}-V_{EQ}$ 将降低，从而使基极静态电流 I_{BQ} 减小，于是 I_{CQ} 也随之减小，结果使静态工作点稳定。简述上面过程如下：

$$T\uparrow \rightarrow I_{CQ}(I_{EQ})\uparrow \rightarrow V_{EQ}\uparrow \text{（因为 } V_{BQ}\text{基本不变）} \rightarrow U_{BEQ}\downarrow \rightarrow I_{BQ}\downarrow$$
$$I_{CQ}\downarrow \longleftarrow$$

同理可分析出，当温度 T 降低时，各物理量与上述过程变化相反：

$$T\downarrow \rightarrow I_{CQ}(I_{EQ})\downarrow \rightarrow V_{EQ}\downarrow \text{（因为 } V_{BQ}\text{基本不变）} \rightarrow U_{BEQ}\uparrow \rightarrow I_{BQ}\uparrow$$
$$I_{CQ}\uparrow \longleftarrow$$

可见，电路通过发射极电流的**负反馈作用**牵制集电极电流的变化，使静态工作点稳定，所以此电路也称为电流反馈式静态工作点稳定电路。

显然，R_e 越大，同样的 I_{EQ} 变化量所产生的 V_{EQ} 变化量也越大，则电路的稳定性越好。但是，R_e 增大后，V_{EQ} 随之增大。为了得到同样的输出电压幅度，必须增大 V_{CC}，需兼顾考虑。

另外，接入 R_e 后，会使电压放大倍数大大下降，为此，在 R_e 两端并联一个大电容 C_e，此时电阻 R_e 和电容 C_e 的接入对电压放大倍数基本没有影响。C_e 称为**旁路电容**。

2. 电路分析

（1）静态分析。由图 3-15（b）所示的直流通路，可进行分压式电路的静态分析。首先可从估算 V_{BQ} 入手。由于电路设计使 I_{BQ} 很小，可以忽略，因此 $I_1 \approx I_2$，R_{b1} 和 R_{b2} 近似为串联，根据串联分压，可得

$$V_{BQ} \approx \frac{R_{b1}}{R_{b1}+R_{b2}}V_{CC} \tag{3-17}$$

静态发射极电流为

$$I_{EQ} = \frac{V_{EQ}}{R_e} = \frac{V_{BQ}-U_{BEQ}}{R_e} \tag{3-18}$$

静态集电极电流为

$$I_{CQ} \approx I_{EQ} = \frac{V_{BQ}-U_{BEQ}}{R_e} \tag{3-19}$$

三极管 c-e 之间的静态电压为

$$U_{CEQ} = V_{CC}-I_{CQ}R_c-I_{EQ}R_e \approx V_{CC}-I_{CQ}(R_c+R_e) \tag{3-20}$$

三极管静态基极电流为

$$I_{BQ} \approx \frac{I_{CQ}}{\beta} \tag{3-21}$$

（2）动态分析。由图 3-15（c）所示微变等效电路，可推得电压放大倍数为

$$\dot{A}_u = -\beta\frac{R'_L}{r_{be}} \tag{3-22}$$

式中，$R'_L = R_c /\!/ R_L$。

输入电阻为

$$R_i = r_{be} /\!/ R_{b1} /\!/ R_{b2} \tag{3-23}$$

输出电阻为

$$R_o \approx R_c \tag{3-24}$$

3.5 三极管单管放大电路的三种组态及性能比较

三极管的三个电极均可作为输入回路和输出回路的公共端。前面介绍的共射（CE）放大电路是以发射极为公共端的，如果以基极或集电极为公共端，则称为**共基（CB）放大电路**或**共集（CC）放大电路**。这三种放大电路也叫放大电路的三种组态，如图 3-16 所示。

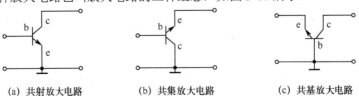

(a) 共射放大电路　　　　　(b) 共集放大电路　　　　　(c) 共基放大电路

图 3-16　三极管放大电路的三种组态

判断放大电路以哪个电极为公共端主要看交流信号的通路。

3.5.1 共集放大电路

共集放大电路的基本结构如图 3-17（a）所示，图 3-17（b）和（c）分别是它的直流通路和微变等效电路。由图 3-17（c）可以看出，对交流信号而言，集电极是输入和输出的公共端，所以称之为共集放大电路。另外，信号是通过发射极输出到负载的，因此又称之为**射极输出器**。

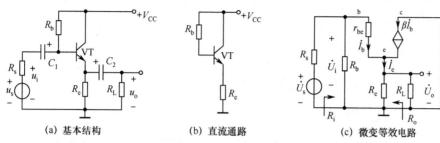

(a) 基本结构   (b) 直流通路   (c) 微变等效电路

图 3-17 共集放大电路

下面主要讨论共集放大电路的动态分析。对图 3-17（c）进行动态分析如下。

（1）电压放大倍数。由图 3-17（c）可得

$$\dot{U}_o = \dot{I}_e R_L' = (1+\beta)\dot{I}_b R_L'$$

$$\dot{U}_i = \dot{I}_b r_{be} + \dot{I}_e R_L' = \dot{I}_b r_{be} + (1+\beta)\dot{I}_b R_L'$$

因此，电压放大倍数为

$$\dot{A}_u = \frac{\dot{U}_o}{\dot{U}_i} = \frac{(1+\beta)R_L'}{r_{be} + (1+\beta)R_L'} \tag{3-25}$$

式中，$R_L' = R_e /\!/ R_L$。

从式（3-25）可以看出，共集放大电路的电压放大倍数 $\dot{A}_u$ 大于 0 且小于 1，即 $\dot{U}_o$ 与 $\dot{U}_i$ 同相且 $U_o < U_i$。当 $(1+\beta)R_L' \gg r_{be}$ 时，$\dot{A}_u \approx 1$，$\dot{U}_o \approx \dot{U}_i$，这说明输入和输出电压不仅大小近似相等，而且相位相同。所以，共集放大电路又被称为**射极跟随器**或**电压跟随器**。

（2）输入电阻。由图 3-17（c）可得输入电阻为

$$R_i = R_b /\!/ [r_{be} + (1+\beta)R_L'] \tag{3-26}$$

由于 R_b 和 $(1+\beta)R_L'$ 值都较大，因此共集放大电路的输入电阻很高，可达几十千欧到几百千欧。

（3）输出电阻。根据输出电阻的定义和输出电阻的计算方法，下面推导图 3-17（a）所示共集放大电路的输出电阻 R_o。首先，令输入信号源电压 $\dot{U}_s = 0\text{V}$，并将负载断开；然后在输出端加正弦电压 $\dot{U}_o$，求出因其产生的输出端电流 $\dot{I}_o$，则输出电阻 $R_o = \dot{U}_o / \dot{I}_o$，分析电路如图 3-18 所示。

由图 3-18 所示电路可以看出，输出电流 $\dot{I}_o$ 与发射极电流 $\dot{I}_e$ 和电阻 R_e 上的电流 $\dot{I}_{Re}$ 满足：$\dot{I}_o = \dot{I}_{Re} - \dot{I}_e$。而电阻 R_e 上的电流 $\dot{I}_{Re}$ 及发射极电流 $\dot{I}_e$ 分别满足：

$$\dot{I}_{Re} = \frac{\dot{U}_o}{R_e}, \quad \dot{I}_e = (1+\beta)\dot{I}_b$$

由图 3-18 还可得到输出电压：

$$\dot{U}_o = -(r_{be} + R_s /\!/ R_b)\dot{I}_b$$

可推得基极电流：

$$\dot{I}_b = \frac{-\dot{U}_o}{r_{be} + R_s /\!/ R_b}$$

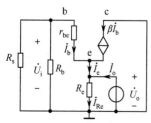

图 3-18 共集放大电路输出电阻的求解   所以输出电阻的表达式为

$$R_o = \frac{\dot{U}_o}{\dot{I}_o} = \frac{\dot{U}_o}{\dot{I}_{Re} - \dot{I}_e} = \frac{\dot{U}_o}{\dfrac{\dot{U}_o}{R_e} - (1+\beta)\dfrac{-\dot{U}_o}{r_{be} + R_s /\!/ R_b}} = \frac{1}{\dfrac{1}{R_e} + (1+\beta)\dfrac{1}{r_{be} + R_s /\!/ R_b}}$$

故

$$R_o = R_e /\!/ \frac{r_{be} + R_s'}{1+\beta} \qquad (3\text{-}27)$$

式中，$R_s' - R_b /\!/ R_s$。

通常，R_e 取值较小，r_{be} 和 R_s' 也多为几百欧到几千欧，而由式（3-27）可知，β 至少为几十，所以输出电阻 R_o 可小到几十欧。

通过以上对共集放大电路的分析可知，由于共集放大电路输入电阻大，输出电阻小，因此从信号源索取的电流小且带负载能力强，所以常用于多级放大电路的输入级和输出级；也可用它连接两个电路，以减少电路间直接相连所带来的影响，起缓冲作用。

3.5.2 共基放大电路

图 3-19（a）是共基放大电路的原理性电路。由于发射极电源 V_{EE} 的极性保证了三极管的发射结正偏，集电极电源 V_{CC} 的极性保证了三极管的集电结反偏，因此可以使三极管工作于放大区。由于输入信号与输出信号的公共端是基极，因此是共基放大电路。图 3-19（b）是共基放大电路的实际电路。用单电源 V_{CC} 取代 V_{EE}，保证电路能够正常工作。图 3-19（c）是图 3-19（b）的微变等效电路。

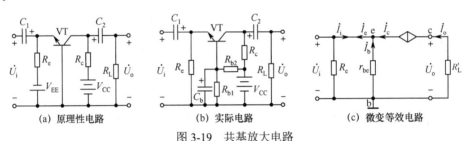

(a) 原理性电路　　　　　(b) 实际电路　　　　　(c) 微变等效电路

图 3-19　共基放大电路

对图 3-19（c）进行动态分析如下。

（1）电流放大倍数。由图 3-19（c）可得

$$\dot{I}_i = -\dot{I}_e, \quad \dot{I}_o = \dot{I}_c$$

所以电流放大倍数为

$$\dot{A}_i = \frac{\dot{I}_o}{\dot{I}_i} = -\frac{\dot{I}_c}{\dot{I}_e} = -\alpha \qquad (3\text{-}28)$$

α 是三极管的共基电流放大系数，因为 α 小于 1 而近似等于 1，所以共基放大电路没有电流放大作用。

（2）电压放大倍数。图 3-19（c）中，由于 $\dot{U}_i = -\dot{I}_b r_{be}$，$\dot{U}_o = -\beta \dot{I}_b R_L'$，式中，$R_L' = R_c /\!/ R_L$。所以电压放大倍数为

$$\dot{A}_u = \frac{\dot{U}_o}{\dot{U}_i} = \beta \frac{R_L'}{r_{be}} \qquad (3\text{-}29)$$

式（3-29）表明，共基放大电路电压放大倍数与共射放大电路电压放大倍数在数值上相等，但没有负号，表明共基放大电路的输出电压与输入电压相位一致，为同相放大。

（3）输入电阻。由图 3-19（c）可得输入电阻为

$$R_i = \frac{\dot{U}_i}{\dot{I}_i} = \frac{-\dot{I}_b r_{be}}{-(1+\beta)\dot{I}_b} = \frac{r_{be}}{1+\beta} \qquad (3\text{-}30)$$

式（3-30）说明，共基接法的输入电阻比共射接法的低，是其 $\dfrac{1}{1+\beta}$。

（4）输出电阻。由于三极管的 r_{cb} 非常大，满足 $r_{cb} \gg R_c$，所以输出电阻为

$$R_o = R_c /\!/ r_{cb} \approx R_c \tag{3-31}$$

3.5.3 三极管单管放大电路三种组态的性能比较

根据前面的分析，现对三极管单管放大电路共射、共集和共基三种组态进行性能比较，并列于表 3-1 中。

表 3-1　三极管单管放大电路三种组态的性能比较

接法	共射放大电路	共集放大电路	共基放大电路
电路图	图 3-4（b）	图 3-17（a）	图 3-19（b）
A_u	大（几十～100 以上）	小（小于 1）	大（几十～100 以上）
A_i	大（β）	大（$1+\beta$）	小（α，小于 1）
R_i	中（几百欧～几千欧）	大（几十千欧～100 千欧以上）	小（几十欧）
R_o	大（几千欧～十几千欧）	小（几十～几百欧）	大（几千欧～十几千欧）
通频带	窄	较宽	宽
u_o 与 u_i 相位关系	反相	同相	同相

从表 3-1 可以看出，共射放大电路既放大电流，又放大电压；共集放大电路只放大电流，不放大电压；共基放大电路只放大电压，不放大电流。三种放大电路中，输入电阻最大的是共集放大电路，最小的是共基放大电路；输出电阻最小的是共集放大电路；通频带最宽的是共基放大电路。使用时，应根据需求选择合适的接法。

3.6　场效应管放大电路

本节介绍由场效应管构成的基本放大电路的分析。与三极管放大电路类似，场效应管放大电路也有三种组态，即**共源（CS）组态**、**共漏（CD）组态**和**共栅（CG）组态**，如图 3-20 所示，图中给出了三种组态的输入和输出端口。同样，场效应管放大电路的分析也分静态和动态两个方面，本节首先以 N 沟道结型场效应管为例，分析场效应管放大电路的静态工作点，然后采用微变等效电路法，分析常用共源组态的动态指标。学习过程中，应注意与三极管放大电路进行比较，比较它们在分析方法和性能等方面的异同。

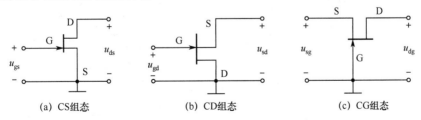

　(a) CS组态　　　　　　　(b) CD组态　　　　　　　(c) CG组态
图 3-20　场效应管放大电路的三种组态

3.6.1 静态分析

三极管是电流控制器件，组成放大电路时，应给三极管设置偏流。而场效应管是电压控制器件，故组成放大电路时，应给场效应管设置偏压，保证放大电路具有合适的静态工作点，避免输

出波形产生严重的非线性失真。常用的场效应管放大电路的直流偏置电路有两种形式，即自偏压电路和分压式自偏压电路。现以 N 沟道结型场效应管共源放大电路为例分析场效应管放大电路的静态工作点。

1. 自偏压放大电路的静态分析

自偏压放大电路如图 3-21（a）所示。场效应管的栅极通过电阻 R_G 接地，源极通过电阻 R_S 接地。电容 C_1、C_2 为耦合电容，C_S 为旁路电容。将电容开路就可得直流通路，如图 3-21（b）所示。N 沟道结型场效应管工作于恒流区时，栅源电压为负值，其值大于夹断电压 $U_{GS(off)}$ 且小于或等于零；漏源电压，即管压降应足够大。

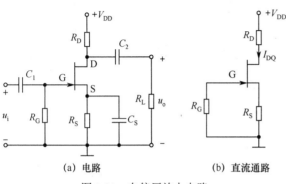

(a) 电路   (b) 直流通路

图 3-21　自偏压放大电路

从图 3-21（b）可以求出静态工作点。由于场效应管的输入电阻很大，因此栅极静态电流几乎为零，即 R_G 中电流为零，所以栅极静态电位 V_{GQ} = 0V。源极静态电位等于源极静态电流（也是漏极静态电流 I_{DQ}）在源极电阻 R_S 上的压降，即 $V_{SQ} = I_{DQ}R_S$，因此栅源静态电压为

$$U_{GSQ} = V_{GQ} - V_{SQ} = 0 - I_{DQ}R_S = -I_{DQ}R_S \qquad (3\text{-}32)$$

式（3-32）表明，在正直流电源 V_{DD} 作用下，依靠 R_S 上的电压使 G-S 之间获得负偏压，故将这种方式称为**自偏压**。

将式（3-32）与结型场效应管的式（2-7）联立，即可求出 I_{DQ} 和 U_{GSQ}。

根据电路的输出回路，可得漏源静态电压为

$$U_{DSQ} = V_{DD} - I_{DQ}(R_D + R_S) \qquad (3\text{-}33)$$

自偏压电路仅适用于耗尽型场效应管。

2. 分压式自偏压放大电路的静态分析

分压式自偏压放大电路如图 3-22（a）所示，这种电路适用于任何类型的场效应管。图 3-22（a）中场效应管为 N 沟道增强型 MOS 管，为使其工作于恒流区，应使其栅源电压 U_{GS} 大于开启电压 $U_{GS(th)}$（$U_{GS(th)}$ 为正值）；D-S 之间加正电压，且数值足够大。将耦合电容 C_1 和 C_2 以及旁路电容 C_S 断开，就得到图 3-22（b）所示的直流通路。

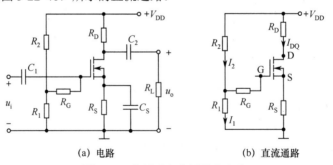

(a) 电路   (b) 直流通路

图 3-22　分压式自偏压放大电路

图 3-22（b）所示电路中，由于栅极静态电流为零，即电阻 R_G 中的电流为零；所以栅极静态电位 V_{GQ} 等于电阻 R_1 和 R_2 对电源+V_{DD} 的分压，即

$$V_{GQ} = \frac{R_1}{R_1 + R_2} \cdot V_{DD}$$

源极静态电位等于 I_{DQ} 在 R_S 上的压降，即

$$V_{SQ} = I_{DQ}R_S$$

因此，栅源静态电压

$$U_{GSQ} = V_{GQ} - V_{SQ} = \frac{R_1}{R_1 + R_2} \cdot V_{DD} - I_{DQ}R_S \qquad (3\text{-}34)$$

将式（3-34）与 MOS 管的式（2-8）联立，即可求出 I_{DQ} 与 U_{GSQ}。

漏源静态电压为

$$U_{DSQ} = V_{DD} - I_{DQ}(R_D + R_S) \qquad (3\text{-}35)$$

当实测出场效应管的转移特性曲线和输出特性曲线时，也可采用图解法分析图 3-21（a）和图 3-22（a）所示两电路的静态工作点，过程与三极管放大电路的图解法类似，这里不再介绍。

3.6.2 动态分析

场效应管放大电路中，除偏置电路元器件及电源外，还有隔直电容和旁路电容等，它们的作用与双极型三极管中的耦合电容相同。在正确偏置的基础上，根据动态信号的传输方式，场效应管放大电路也有三种基本组态，即共源、共漏和共栅。对场效应管放大电路动态工作情况的分析也可采用图解法和微变等效电路法。这里只介绍微变等效电路法。

和三极管一样，可以将场效应管看成一个共源接法的双口网络，如图 3-23（a）所示。由于场效应管的 G-S 间动态电阻很大（结型场效应管可达 $10^7\Omega$ 以上，绝缘栅型场效应管可达 $10^9\Omega$ 以上），因此在近似分析时可认为 G-S 间开路（$r_{GS} = \infty$），基本不从信号源索取电流，即 $i_G \approx 0A$。对于输出回路，当场效应管工作在恒流区时，漏极电流 i_D 几乎仅取决于栅源电压 u_{GS}，于是可将输出回路等效成一个电压控制的电流源。因此，场效应管的微变等效电路如图 3-23（b）所示。

等效电路中，两个微变参数 g_m 和 r_{DS} 的确定方法如下：

$$g_m = \frac{2}{U_{GS(th)}}\sqrt{I_{DO}I_{DQ}} \qquad (3\text{-}36)$$

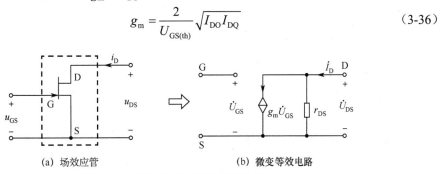

(a) 场效应管　　　　　(b) 微变等效电路

图 3-23 场效应管及其微变等效电路

r_{DS} 的数值通常为几百千欧数量级的。当放大电路中漏极电阻 R_D 比 r_{DS} 小很多时，可认为等效电路中的 r_{DS} 开路。

下面利用微变等效电路法分析共源放大电路，图 3-24（a）所示为分压式自偏压共源放大电路。分析步骤与三极管放大电路相同，用场效应管的简化模型代替器件，电路的其余部分按交流通路画出。这样，就可得到该电路的微变等效电路，如图 3-24（b）所示。

当输入电压 $\dot{U}_i$ 作用时，栅源电压为

$$\dot{U}_{GS} = \dot{U}_i$$

漏极电流 $\dot{I}_D = g_m\dot{U}_{GS} = g_m\dot{U}_i$，$\dot{I}_D$ 在漏极电阻 R_D 和负载电阻 R_L 并联总电阻上的压降就是输出电压，其极性与电路中假设的参考方向相反，即

$$\dot{U}_o = -\dot{I}_D(R_D /\!/ R_L) = -g_m\dot{U}_i R_L'$$

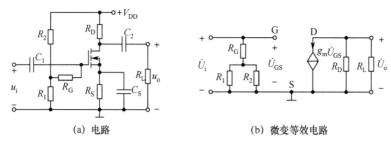

| (a) 电路 | (b) 微变等效电路 |

图 3-24 分压式自偏压共源放大电路

因此放大倍数为

$$\dot{A}_u = \frac{\dot{U}_o}{\dot{U}_i} = -g_m R'_L \quad (R'_L = R_D // R_L) \tag{3-37}$$

根据输入电阻和输出电阻的定义，可求得

$$R_i = R_G + R_1 // R_2 \tag{3-38}$$

$$R_o \approx R_D \tag{3-39}$$

【例 3-5】 在图 3-24（a）所示分压式自偏压共源放大电路中，设 V_{DD}=15V，R_D=5kΩ，R_S=2.5kΩ，R_1=200kΩ，R_2=300kΩ，R_G=10MΩ，负载电阻 R_L=5kΩ；MOS 管的 $U_{GS(th)}$= 2V，I_{DO}=2mA，并设 C_1、C_2 和 C_S 足够大。（1）求解静态工作点。（2）求解 $\dot{A}_u$、R_i 和 R_o。

解：（1）根据以上公式计算静态工作点。

$$\begin{cases} U_{GSQ} = \dfrac{R_1}{R_1 + R_2} \cdot V_{DD} - I_{DQ} R_S = \dfrac{200 \times 10^3}{200 \times 10^3 + 300 \times 10^3} \times 15 - 2.5 I_{DQ} = 6 - 2.5 I_{DQ} \\[4mm] I_{DQ} = I_{DO} \left(\dfrac{U_{GSQ}}{U_{GS(th)}} - 1 \right)^2 = 2 \times \left(\dfrac{U_{GSQ}}{2} - 1 \right)^2 \end{cases}$$

解联立方程，首先得出 U_{GSQ} 的两个解分别为+3.43V 和-0.23V，舍去负值，得出合理解为 U_{GSQ}=3.43V，I_{DQ}=1mA，则

$$U_{DSQ} = V_{DD} - I_{DQ}(R_D + R_S) = [15 - 1 \times 10^{-3} \times (5 + 2.5) \times 10^3] \text{V} = 7.5 \text{V}$$

（2）

$$g_m = \frac{2}{U_{GS(th)}} \sqrt{I_{DO} I_{DQ}} = \frac{2}{2} \times \sqrt{2 \times 10^{-3} \times 1 \times 10^{-3}} \text{S} = 1.41 \text{mS}$$

$$\dot{A}_u = -g_m R'_L = -g_m \cdot (R_D // R_L) = -1.41 \times \frac{5 \times 10^3 \times 5 \times 10^3}{5 \times 10^3 + 5 \times 10^3} = -3.53$$

$$R_i = R_G + R_1 // R_2 = \left(10 \times 10^6 + \frac{200 \times 10^3 \times 300 \times 10^3}{200 \times 10^3 + 300 \times 10^3} \right) \Omega = 10.1 \text{MΩ}$$

$$R_o = R_D = 5 \text{kΩ}$$

从例 3-5 的分析可以看出，场效应管共源放大电路的输入电阻远大于共射放大电路的输入电阻，但它的电压放大能力远不如共射放大电路，也具有倒相作用。

3.7 多级放大电路

在实际应用中，有时需要放大非常微弱的信号，单级放大电路的电压放大倍数往往不够高，因此常采取多级放大电路：将第一级的输出接到第二级的输入，第二级的输出作为第三级的输入……这样使信号逐级放大，以得到所需要的输出信号。不仅对于电压放大倍数，对于放大电路的其他性能指标，如输入电阻、输出电阻等，采用多级放大电路，也能达到所需要求。

3.7.1　多级放大电路的耦合方式

在多级放大电路中，级与级之间的连接方式称为**耦合**。多级放大电路有 4 种常见的耦合方式：**阻容耦合、直接耦合、变压器耦合和光电耦合**。

1. 阻容耦合

图 3-25 所示为一个两级阻容耦合放大电路。两级之间用电容 C_2 连接起来，C_2 称为耦合电容。前一级的输出电压经 C_2 接到下一级的输入端。耦合电容的取值较大，一般为几微法到几十微法。对交流信号而言，电容相当于短路，信号可以畅通流过；对直流信号而言，电容相当于开路，从而使前后两级的静态工作点相互独立，互不影响，给分析、设计和调试带来很大方便。但它也有局限性，因为作为耦合元件的电容对缓慢变化的信号容抗很大，不利于流畅传输，所以它不能放大缓慢变化的信号，更不能反映直流成分的变化，只能放大交流信号。另外，耦合电容不易集成化。

2. 直接耦合

图 3-26 所示为一个两级直接耦合放大电路。为了避免耦合电容对低频率信号的影响，把前一级的输出信号直接接到下一级的输入端。直接耦合的优点：既能放大交流信号，也能放大直流信号，同时还便于集成化。但直接耦合前后级之间存在直流通路，造成各级静态工作点相互影响，分析、设计和调试比较烦琐。另外，直接耦合带来的另一个问题是零点漂移问题，这是直接耦合电路最突出的问题。

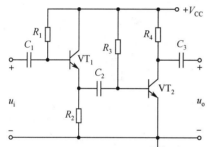

图 3-25　两级阻容耦合放大电路　　　　图 3-26　两级直接耦合放大电路

如果将一个直接耦合放大电路的输入端对地短路，即令输入电压 u_i 等于零，并调整电路使输出电压 u_o 等于零。从理论上讲，输出电压 u_o 应一直为零并保持不变，但实际上输出电压将离开零点，缓慢地发生不规则的变化，如图 3-27 所示，这种现象称为**零点漂移**，简称**零漂**。产生零漂的主要原因是，当放大电路中器件的参数受温度的影响而发生波动（因此零漂又叫**温漂**）时，会导致放大电路静态工作点不稳定，而放大级之间采用直接耦合方式，使静态工作点的变化逐级传递并放大。因此，一般来说，直接耦合放大电路的级数越多，放大倍数越高，零漂问题就会越严重。零漂对放大电路的影响主要有两个方面：① 零漂使静态工作点偏离原设计值，使放大电路无法正常工作；② 零漂信号在输出端叠加在被放大的信号上，会干扰有效信号，甚至"淹没"有效信号，使有效信号无法被判别，这时放大电路已经没有使用价值了。可见，控制多级直接耦合放大电路中第一级的零漂是至关重要的问题。通常采取的抑制零漂措施：① 采用分压式放大电路；② 利用热敏元件补偿；③ 将两个参数对称的单管放大电路接成差分放大电路的结构形式，使输出端的零漂互相抵消。第③种措施十分有效而且比较容易实现，实际上，集成运算放大电路的输入级基本上都采用差分放大电路的结构形式。

3. 变压器耦合

因为变压器能够通过磁路的耦合将一次侧的交流信号传送到二次侧，所以变压器也可以作为多级放大电路的耦合元件。图 3-28 所示为变压器耦合放大电路的一个实例，变压器 T_{r1} 将第一级的输出信号传送到第二级，T_{r2}将第二级的输出信号传送给负载并进行阻抗变换。在第二级，三极管 VT_2 和 VT_3 组成推挽式放大电路。

变压器耦合的优点：具有阻抗变换作用，能使交流信号通畅传输，还具有各级静态工作点相互独立的特点。主要缺点：体积大，笨重，有些性能较差，不易集成，而且与阻容耦合一样，只能放大交流信号，不能放大缓慢变化的信号。因此一般很少使用。

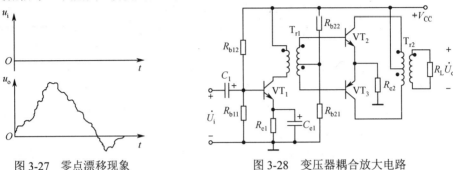

图 3-27 零点漂移现象　　　　　图 3-28 变压器耦合放大电路

4. 光电耦合

光电耦合以光信号为媒介来实现电信号的耦合和传递，因其抗干扰能力强而得到越来越广泛的应用。图 3-29 所示为光电耦合放大电路，它将发光元件（发光二极管）与光敏元件（光电三极管）相互绝缘地组合在一起构成光电耦合器，利用光电转换实现电气隔离。

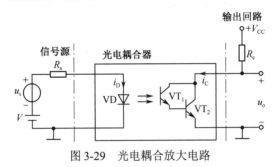

图 3-29 光电耦合放大电路

光电耦合的优点：光电耦合器可以将输入端和输出端完全电隔离开，在抗干扰、降低噪声以及电路安全性方面具有很大优越性；体积小，重量轻，便于集成。缺点：传输比较小，输出电压还需进一步放大；精度低，动态范围小。

3.7.2 多级放大电路的动态分析

多级放大电路的动态性能指标与单级放大电路的相同，即电压放大倍数、输入电阻和输出电阻。分析动态性能时，各级间是相互联系的，第一级的输出电压是第二级的输入电压，而第二级的输入电阻又是第一级的负载电阻。对于一个 n 级放大电路，其电压放大倍数为

$$\dot{A}_u = \dot{A}_{u1} \cdot \dot{A}_{u2} \cdot \dot{A}_{u3} \cdots \cdot \dot{A}_{un} \tag{3-40}$$

根据输入电阻、输出电阻的定义，多级放大电路的输入电阻等于第一级（输入级）的输入电阻，输出电阻等于最后一级（输出级）的输出电阻，即

$$R_i = R_{i1} \tag{3-41}$$

$$R_o = R_{on} \tag{3-42}$$

应当指出，当共集放大电路作为输入级时，R_i 将与第二级的输入电阻（为输入级的负载）有关；当共集放大电路作为输出级时，R_o 将与倒数第二级的输出电阻（为输出级的信号源内阻）有关。

本章小结

1. 基本共射放大电路、分压式静态工作点稳定电路和基本共集放大电路是常用的单管放大电路。它们的组成原则是，直流通路必须保证三极管有合适的静态工作点；交流通路必须保证输入信号能传送到放大电路的输入回路，同时保证放大后的信号传送到放大电路的输出端。

2. 由于放大电路中交、直流信号并存，含有非线性器件，出现受控电流（压）源，因此增加了分析电路的难度。一般分析放大电路的方法：先静态，后动态。静态分析的目的是确定静态工作点，即确定 I_{BQ}、I_{CQ}、I_{EQ} 和 U_{CEQ}；动态分析包括波形和动态指标，即 A_u、R_i 和 R_o。

3. 图解分析法是指利用在三极管的特性曲线上作图的方法求解静态工作点，分析信号的动态范围和失真情况。它直观、形象，很容易分析波形失真、输出幅度以及电路参数对静态工作点的影响等。但是，作图过程比较烦琐，容易产生作图误差，若电路稍微复杂一些，就无法用图解法直接求 A_u，也不能分析频率特性等。

4. 微变等效电路法是在小信号的条件下，把三极管等效成线性电路的分析方法。该方法只能分析动态，不能分析静态，也不能分析失真和动态范围等。场效应管放大电路的分析方法与三极管放大电路类似。

5. 多级放大电路有 4 种常见耦合方式：阻容耦合、直接耦合、变压器耦合和光电耦合。多级放大电路的电压放大倍数等于各级放大倍数之积，输入电阻为第一级电路的输入电阻，输出电阻等于末级电路的输出电阻。

习题

3-1 分别改正题图 3-1 所示各电路中的错误，使它们有可能放大正弦波信号。要求保留电路原来的共射接法和耦合方式。

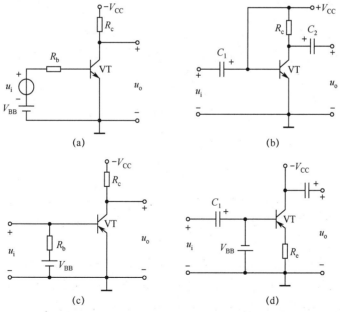

题图 3-1

3-2 电路如题图 3-2 所示，已知三极管的 $\beta = 50$，在下列情况下，用直流电压表测三极管的集电极电位，应分别为多少？设 $V_{CC} = 12V$，三极管饱和管压降 $U_{CES} = 0.5V$。

（1）正常情况　　（2）R_{b1} 短路　　（3）R_{b1} 开路　　（4）R_{b2} 开路　　（5）R_c 短路

3-3 电路如题图 3-3 所示，三极管的 $\beta = 80$，$r_{bb'} = 100\Omega$。计算 $R_L = \infty$ 时的静态工作点及 $\dot{A}_u$、R_i 和 R_o。

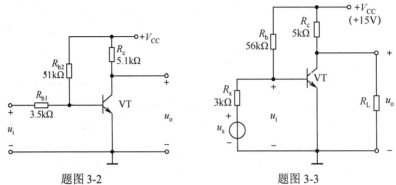

题图 3-2   题图 3-3

3-4 电路如题图 3-4（a）所示，三极管的特性曲线如题图 3-4（b）和（c）所示。已知 $V_{CC} = 18V$，$R_b = 238k\Omega$，$R_c = 1.5k\Omega$，$R_e = 500\Omega$。（1）求电路的静态工作点，设 $U_{BEQ} = 0.7V$。（2）在特性曲线上作直流负载线，并标出 Q 点的位置及有关参数。

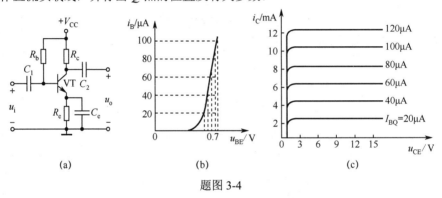

(a)   (b)   (c)

题图 3-4

3-5 在题图 3-3 所示电路中，由于电路参数不同，在信号源电压为正弦波信号时，测得输出波形分别如题图 3-5（a）、（b）、（c）所示，试说明电路分别产生了什么失真，如何消除。

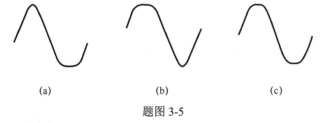

(a)   (b)   (c)

题图 3-5

3-6 已知题图 3-6 所示电路中三极管的 $\beta = 100$，$U_{BEQ} = 0.7V$，$r_{be} = 1k\Omega$。（1）现已测得静态管压降 $U_{CEQ} = 6V$，估算 R_b 的值。（2）若测得 $\dot{U}_i$ 和 $\dot{U}_o$ 的有效值分别为 1mV 和 100mV，则负载电阻 R_L 为多大？

3-7 电路如题图 3-7 所示，三极管的 $\beta = 100$，$U_{BEQ} = 0.7V$，$r_{bb'} = 100\Omega$。（1）求电路的静态工作点及 $\dot{A}_u$、R_i 和 R_o。（2）若电容 C_e 开路，将引起电路的哪些动态参数发生变化？如何变化？

3-8 电路如题图 3-8 所示，三极管的 $\beta = 60$，$U_{BEQ} = 0.7V$，$r_{bb'} = 100\Omega$。（1）求静态工作点及 $\dot{A}_u$、R_i 和 R_o。（2）设 $U_s = 10mV$（有效值），求 U_i 和 U_o。若 C_3 开路，求 U_i 和 U_o。

3-9 在题图 3-9 中所给出的两级直接耦合放大电路中，已知：$R_{b1} = 240k\Omega$，$R_{c1} = 3.9k\Omega$，$R_{c2} = 500\Omega$，稳压管 VD_Z 的工作电压 $U_Z = 4V$，三极管 VT_1 的 $\beta_1 = 45$，VT_2 的 $\beta_2 = 40$，$V_{CC} = 24V$，试计算各级的静态工作点。如果 I_{CQ1} 由于温度的升高而增大了 1%，试计算输出电压的变化是多少。

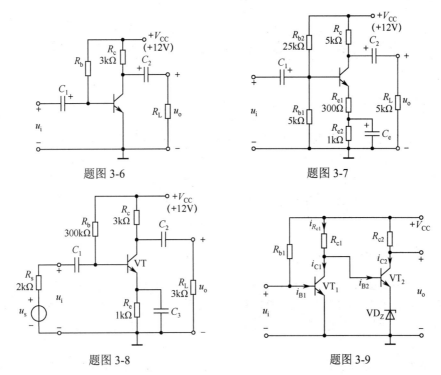

題图 3-6

題图 3-7

題图 3-8

題图 3-9

3-10 两个放大器 A 与 B，当它们空载（$R_{L1}=R_{L2}=\infty$）时，输出电压相同，其值为 $U'_{oA}=U'_{oB}=4$V。当都接上相同的负载电阻 $R_{L1}=R_{L2}=3$kΩ 时，$U_{oA}=3.9$V，$U_{oB}=3$V。试分析 A 和 B 两个放大器哪个带负载能力强，哪个放大器的输出电阻小。

3-11 有两个放大倍数相同的放大电路 A 和 B，分别对同一信号源电压 u_s 进行放大，其输出电压分别为 $U_{oA}=5.2$V，$U_{oB}=5$V。由此可得出放大电路_____优于放大电路_____。其原因是它的_____。[（a）放大倍数大；（b）输入电阻大；（c）输出电阻小。]

3-12 _____耦合放大电路各级 Q 点相互独立，_____耦合放大电路零漂小，_____耦合放大电路能放大直流信号。

3-13 现有基本放大电路如下：

（A）共射放大电路　　　　　（B）共集放大电路　　　　　（C）共基放大电路

选择正确答案填入空内，只需填（A）、（B）、（C）。

（1）输入电阻最小的电路是 _____，最大的是 _____。

（2）输出电阻最小的电路是 _____。

（3）有电压放大作用的电路是 _____。

（4）有电流放大作用的电路是 _____。

（5）输入电压与输出电压同相的电路是 _____，反相的电路是 _____。

3-14 现有基本放大电路：① 共射放大电路；② 共集放大电路；③ 共源放大电路。分别按下列要求选择合适电路形式组成两级放大电路。

（1）电压放大倍数 $|\dot{A}_u|\geqslant 4000$。

（2）输入电阻 $R_i\geqslant 5$MΩ，电压放大倍数 $|\dot{A}_u|\geqslant 400$。

（3）输入电阻 $R_i\geqslant 5$MΩ，输出电阻 $R_o\leqslant 200$Ω，电压放大倍数 $|\dot{A}_u|\geqslant 10$。

（4）输入电阻 $R_i\geqslant 100$kΩ，电压放大倍数 $|\dot{A}_u|\geqslant 100$。

第 4 章　集成运算放大电路及其应用

4.1　集成电路概述

前面介绍的都是**分立元件电路**。所谓分立元件电路，是指由单个电阻、电容、二极管、三极管等连接起来组成的电路。分立元件电路中的元器件都裸露在外，因此体积大，工作可靠性差。

电子技术发展的一个重要方向和趋势就是实现集成化，因此，集成运算放大电路是本书讨论的重点内容之一。本章首先介绍集成电路的一些基本知识，然后着重讨论模拟集成电路中发展最早、应用最广泛的集成运算放大电路（简称**集成运放或运放**）及其应用电路。

4.1.1　集成电路及其发展

集成电路（Integrated Circuit，IC）也称芯片，是 20 世纪 60 年代初期发展起来的一种半导体器件。它在半导体制造工艺的基础上，将电路的有源元件（三极管、场效应管等）、无源元件（电阻、电感、电容）及其布线集中制作在同一块半导体基片上并加以封装，形成紧密联系的一个整体电路。

人们经常以电子器件的每次重大变革作为衡量电子技术发展的标志。1904 年出现的半导体器件（如真空三极管）称为第一代，1948 年出现的半导体器件（如半导体三极管）称为第二代，1959 年出现的集成电路称为第三代，1974 年出现的大规模集成电路称为第四代。

4.1.2　集成电路的特点及分类

与分立元件电路相比，集成电路具有以下突出特点：体积小，重量轻；可靠性高，寿命长；速度高，功耗低；成本低。

按照不同的标准可将集成电路分成不同种类。

① 按集成电路制造工艺的不同可分为半导体集成电路（又分双极型集成电路和 MOS 型集成电路）、薄膜集成电路和混合集成电路。

② 按集成电路功能的不同，可分为数字集成电路、模拟集成电路和微波集成电路。

③ 集成规模又称**集成度**，是指集成电路内所含元器件的个数。按集成度的大小，集成电路可分为：小规模集成电路（SSI），内含元器件数小于 100；中规模集成电路（MSI），内含元器件数为 100～1000 个；大规模集成电路（LSI），内含元器件数为 1000～10000 个；超大规模集成电路（VLSI），内含元器件数为 10000～100000 个。集成电路的集成化程度仍在不断地提高，目前，已经出现了内含上亿个元器件的集成电路。

集成运放是应用最广泛的模拟集成电路，了解其分类对于正确选取和使用它是十分必要的。集成运放有 4 种分类方法：按供电电源分类，有双电源和单电源集成运放；按制作工艺分类，有双极型、单极型和双极-单极兼容型集成运放；按级数分类，有单运放、双运放、三运放和四运放；按用途分类，有通用型和专用型两大类。下面简要介绍通用型和专用型集成运放。

（1）通用型集成运放。通用型集成运放的参数指标比较均衡、全面，适用于一般的工程设计。一般认为，在没有特殊参数要求情况下工作的集成运放均可列为通用型。由于通用型集成运放应用范围宽、产量大，因而价格便宜。作为一般应用，首先考虑选择通用型集成运放。

（2）专用型集成运放。这类集成运放是为满足某些特殊要求而设计的，其参数中往往有一项或几项非常突出。主要有：低功耗或微功耗集成运放，电源电压在±15V 时，功耗小于 6mW，甚

至达到 μW 级；高速集成运放，在快速 A/D 和 D/A 转换器、视频放大器中使用；带宽集成运放，一般增益带宽积应大于 10MHz；高精度集成运放，其特点是高放大倍数、高共模抑制比、低偏流、低零漂、低噪声等；高电压集成运放，正常输出电压大于±22V。此外，还有功率型、高输入阻抗、电流型、跨导型、程控型、低噪声集成运放以及集成电压跟随器等。

4.1.3 集成电路制造工艺简介

集成电路的生产过程中，在直径为 3mm～10mm 的硅片上，可同时制造几百甚至几千个电路，人们称这个硅片为基片，称一块电路为一个管芯，如图 4-1 所示。

基片制成后，再经划片、压焊、测试、封装后成为产品。图 4-2（a）和（b）所示分别为圆壳式、双列直插式集成电路的外形及其剖面图。

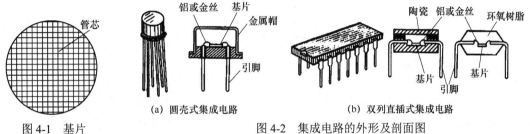

图 4-1 基片   图 4-2 集成电路的外形及剖面图

1. 主要工序

集成电路的制造工艺较为复杂，在制造过程中需要很多道工序，现将制造过程中的 5 个主要工序介绍如下。

（1）氧化：在温度为 800℃～1200℃ 的氧气中使半导体表面形成 SiO_2（二氧化硅）薄层，以防止外界杂质的污染。

（2）光刻与掩模：制作过程中所需的版图称为掩模，利用照相制版技术将掩模刻在基片上称为光刻。

（3）扩散：在 1000℃ 左右的炉温下，将磷、砷或硼等元素的气体引入扩散炉，经一定时间形成杂质浓度一定的 N 型半导体或 P 型半导体。每次扩散完毕都要进行一次氧化，以保护基片的表面。

（4）外延：在基片上形成一个与基片结晶轴同晶向的半导体薄层，称为外延生长技术。所形成的薄层称为外延层，其作用是保证半导体表面性能均匀。

（5）蒸铝：在真空中将铝蒸发，沉积在基片表面，为制造连线或引线做准备。

2. 集成电路中元器件的特点

与分立元件相比，集成电路中的元器件有如下特点。

① 具有良好的对称性。由于元器件在同一基片上采用相同的工艺制造，器件很密集且环境温度差别很小，因此元器件的性能比较一致，而且同类元器件温度对称性也较好。

② 电阻与电容的数值有一定的限制。由于集成电路中电阻和电容要占用基片的面积，且数值越大，占用面积也越大，因此不易制造大电阻和大电容。电阻一般为几十欧至几千欧，电容一般小于 100pF。

③ 用有源元件取代无源元件。由于纵向 NPN 型管占用基片面积小且性能好，而电阻和电容占用基片面积大且取值范围窄，因此，在集成电路的设计中应尽量多采用 NPN 型管，而少用电阻和电容。用 NPN 型管的发射结作为二极管和稳压管，用 NPN 型管的基区体电阻作为电阻，用 PN 结势垒电容或 MOS 管栅极与沟道间的等效电容作为电容等。

4.2　集成运算放大电路的基本组成及各部分的作用

从原理上说，集成运放的内部实质上是一个高放大倍数的、直接耦合的多级放大电路。它通常包含 4 个基本组成部分，即**输入级**、**中间级**、**输出级**和**偏置电路**，如图 4-3 所示。输入级的作用是提供与输出级成同相和反相关系的两个输入信号，通常采用差分放大电路，对其的要求是零漂要小，输入电阻要大。中间级主要完成电压放大任务，要求有较高的电压放大倍数，一般采用带有源负载的共射放大电路。输出级向负载提供一定的功率，属于功率放大，一般采用互补对称功率放大电路。偏置电路向各级提供稳定的静态工作电流，一般采用电流源。下面分别介绍。

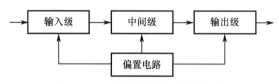

图 4-3　集成运放的基本组成部分

4.2.1　偏置电路——电流源

在电子电路中，特别是在模拟集成电路中，广泛使用不同类型的电流源。它的第一个用途是为各种基本放大电路提供稳定的偏置电流，第二个用途是作为放大电路的有源负载。下面讨论几种常见的电流源。

1. 镜像电流源

图 4-4 所示为镜像电流源的结构图。图 4-4 中 VT_1 和 VT_2 具有完全相同的输入特性和输出特性，且由于两管的 b、e 极分别相连，$U_{BE1}=U_{BE2}$，$I_{B1}=I_{B2}$，$I_{C1}=I_{C2}$，因此就像照镜子一样，VT_2 的集电极电流

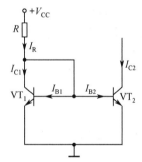

图 4-4　镜像电流源

和 VT_1 的相等，所以该电路称为**镜像电流源**。由图 4-4 可知，VT_1 的 b、c 极相连，VT_1 处于临界放大状态，电阻 R 中的电流 I_R 为基准电流，表达式为

$$I_R = \frac{V_{CC}-U_{BEQ}}{R} \tag{4-1}$$

且 $I_R = I_{C1} + I_{B1} + I_{B2} = I_{C2} + 2I_{B2} = (1+2/\beta)I_{C2}$，所以当 $\beta \gg 2$ 时，有

$$I_{C2} \approx I_R = \frac{V_{CC}-U_{BEQ}}{R} \tag{4-2}$$

I_{C2} 便是电流源的输出电流。由式（4-2）可以看出，只要电源电压 V_{CC} 和电阻 R 确定，则 I_{C2} 确定。恒定的 I_{C2} 可作为提供给某个放大级的静态偏置电流。另外，在镜像电流源中，VT_1 的发射结对 VT_2 具有温度补偿作用，可有效地抑制 I_{C2} 的零漂。例如，在温度升高使 VT_2 的 I_{C2} 增大的同时，也使 VT_1 的 I_{C1} 增大，从而使 U_{BE1}（U_{BE2}）减小，致使 I_{B2} 减小，从而抑制了 I_{C2} 的增大。

2. 微电流源

图 4-5 所示为模拟集成电路中常用的微电流源。与镜像电流源相比，在 VT_2 的射极接入电阻 R_e，当基准电流 I_R 一定时，I_{C2} 可确定如下。

因为 $\qquad U_{BE1}-U_{BE2} = \Delta U_{BE} = I_{E2}R_e$

所以 $\qquad\qquad I_{C2} \approx I_{E2} = \frac{\Delta U_{BE}}{R_e} \tag{4-3}$

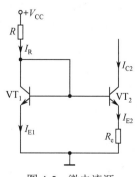

图 4-5　微电流源

由式（4-3）可知，利用两管发射结电压差 ΔU_{BE} 可以控制 I_{C2}。由于 ΔU_{BE} 的数值较小，这样，用阻值不大的 R_e 即可获得微小的工作电流，故称此电流源为**微电流源**。在该电路中，VT_1、VT_2 是对称管，

两管基极连在一起，当 V_{CC}、R 和 R_e 已知时，$I_R \approx V_{CC}/R$，当 U_{BE1}、U_{BE2} 一定时，I_{C2} 也就确定了。在电路中，当 V_{CC} 发生变化时，I_R 以及 ΔU_{BE} 也将发生变化，由于 R_e 的值一般为数千欧，使 $U_{BE2} \ll U_{BE1}$，以致 VT_2 的 U_{BE2} 很小，因而工作于输入特性的弯曲部分，则 I_{C2} 的变化远小于 I_R 的变化，故 V_{CC} 的波动对工作电流 I_{C2} 的影响不大。

4.2.2　输入级——差分放大电路

集成运放的输入级采用**差分放大电路**(也称**差动放大电路**)，其功能是放大两个输入信号之差。

由于集成运放的内部实质上是一个高放大倍数的直接耦合的多级放大电路，因此必须解决零漂问题，电路才实用。虽然集成电路中元器件参数分散性大，但是相邻元器件参数的对称性比较好。差分放大电路利用这一特点，采用参数相同的三极管来进行补偿，从而有效地抑制零漂。差分放大电路常见的形式有三种：基本形式、长尾式和恒流源式。

1. 基本形式差分放大电路

(1) 输入信号类型。将两个电路结构、参数均相同的单管放大电路组合在一起，就成为差分放大电路的基本形式，如图 4-6 所示。

差分放大电路的两个输入端可以分别加上两个电压信号 u_{i1} 和 u_{i2}。如果两个输入电压大小相等，极性相反，即 $u_{i1} = -u_{i2}$，则这样的输入电压称为**差模输入电压**，用 u_{id} 表示，u_{id} 等于两个输入端输入电压之差：

$$u_{id} = u_{i1} - u_{i2} \tag{4-4}$$

或者

$$u_{i1} = -u_{i2} = \frac{1}{2} u_{id} \tag{4-5}$$

差模输入电路如图 4-7 所示。

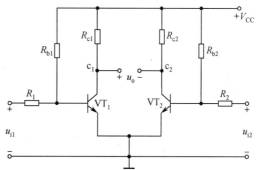

图 4-6　基本形式差分放大电路

在差分放大电路的两个输入端分别加上大小相等、极性相同的电压信号，即 $u_{i1} = u_{i2}$，这样的输入电压称为**共模输入电压**，用 u_{ic} 表示。u_{ic} 与两个输入端的输入电压有以下关系：

$$u_{ic} = u_{i1} = u_{i2} \tag{4-6}$$

共模输入电路如图 4-8 所示。

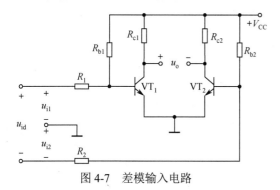

图 4-7　差模输入电路

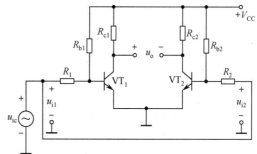

图 4-8　共模输入电路

实际上，在差分放大电路的两个输入端加上任意大小、任意极性的输入电压 u_{i1} 和 u_{i2}，都可以将它们认为是某个差模输入电压与某个共模输入电压的组合，其中差模输入电压 u_{id} 和共模输入电压 u_{ic} 的值分别为

$$u_{id} = u_{i1} - u_{i2}, \quad u_{ic} = \frac{u_{i1} + u_{i2}}{2} \tag{4-7}$$

于是，加在两个输入端上的电压可分解为

$$u_{i1} = u_{ic} + \frac{u_{id}}{2}, \quad u_{i2} = u_{ic} - \frac{u_{id}}{2} \qquad (4\text{-}8)$$

例如，$u_{i1} = 8\text{mV}$，$u_{i2} = 2\text{mV}$，则有

$$u_{id} = u_{i1} - u_{i2} = 6\text{mV}, \quad u_{ic} = \frac{u_{i1} + u_{i2}}{2} = 5\text{mV}$$

因此，只要分析清楚差分放大电路对差模输入电压和共模输入电压的响应，利用叠加定理即可完整地描述差分放大电路对所有各种输入电压的响应。

（2）电压放大倍数。差分放大电路对差模输入电压的放大倍数称为**差模电压放大倍数**，用 A_{ud} 表示。以图 4-7 所示差模输入电路为例，假设两边单管放大电路完全对称，且每边单管放大电路的电压放大倍数均为 A_{u1}，可以推出，当输入差模电压时，A_{ud} 为

$$A_{ud} = \frac{u_o}{u_{id}} = \frac{u_{c1} - u_{c2}}{u_{i1} - u_{i2}} = \frac{2u_{c1}}{2u_{i1}} = \frac{u_{c1}}{u_{i1}} = A_{u1} \qquad (4\text{-}9)$$

式（4-9）表明，差分放大电路的差模电压放大倍数和单管放大电路的电压放大倍数相同。差分放大电路多用一个放大管后，虽然电压放大倍数没有增加，但是换来了对零漂的抑制。

差分放大电路对共模输入电压的放大倍数称为**共模电压放大倍数**，用 A_{uc} 表示。以图 4-8 所示共模输入电路为例，可以推出，当输入共模电压时，A_{uc} 为

$$A_{uc} = \frac{u_o}{u_{ic}} = \frac{u_{c1} - u_{c2}}{u_{i1}} = \frac{0}{u_{i1}} = 0 \qquad (4\text{-}10)$$

式（4-10）表明，差分放大电路对共模电压没有放大作用，这正是我们所希望的结果。因为共模信号是由外界干扰而产生的有害信号，如零漂信号，所以必须加以抑制。这里可以这样解释，差分放大电路具有对称结构，当有外界干扰时，如温度变化，对两只管子的影响完全相同，因此在两个输入端产生的输入信号也完全相同，这就是共模输入信号。

综上所述，差分放大电路对有效的差模信号有放大作用，而对无效的共模信号有抑制作用，也就是说，要想放大输入信号，必须使两个输入端的信号有差别，正所谓"输入有差别，输出才有变动"，差分放大电路由此得名。

（3）共模抑制比。差分放大电路的**共模抑制比**用符号 K_{CMR} 表示，它定义为差模电压放大倍数与共模电压放大倍数之比，一般用对数表示，单位为分贝（dB），即

$$K_{CMR} = 20\lg \left| \frac{A_{ud}}{A_{uc}} \right| \qquad (4\text{-}11)$$

共模抑制比描述差分放大电路对共模电压即零漂的抑制能力。K_{CMR} 越大，说明抑制零漂的能力越强。在理想情况下，差分放大电路两侧的参数完全对称，两管输出端的零漂完全抵消，则共模电压放大倍数 $A_{uc} = 0$，共模抑制比 $K_{CMR} = \infty$。

对于基本形式的差分放大电路而言，由于内部参数不可能绝对匹配，因此输出电压 u_o 仍然存在零漂，降低了共模抑制比。而且从每个三极管的集电极对地电压来看，其零漂与单管放大电路的相同，丝毫没有改善。因此，在实际工作中一般不采用这种基本形式的差分放大电路，而是在此基础上稍加改进，组成长尾式差分放大电路。

2. 长尾式差分放大电路

（1）电路组成。在图 4-6 基本形式差分放大电路的基础上，在两个放大管的发射极接入一个发射极电阻 R_e，如图 4-9 所示。这个电阻像一条"长尾"，所以这种电路称为**长尾式差分放大电路**。

长尾电阻 R_e 对共模信号具有抑制作用。假设在电路输入端加上正的共模信号，则两个管子的集电极电流 i_{C1}、i_{C2} 同时增大，使流过发射极电阻 R_e 的电流 i_E 增大，于是发射极电位 v_E 升高，从

而使两管的 u_{BE1}、u_{BE2} 降低，进而限制了 i_{C1}、i_{C2} 的增大。

但是对于差模信号，由于两管输入信号的幅度相等而极性相反，因此 i_{C1} 增大多少，i_{C2} 就减小同样的数量，所以流过 R_e 的电流总量保持不变，即 $\Delta i_E = 0$，所以 R_e 的接入对差模信号无影响。

由以上分析可知，长尾电阻 R_e 的接入使共模电压放大倍数减小，降低了每个管子的零漂，但对差模电压放大倍数没有影响，因此提高了电路的共模抑制比。R_e 越大，抑制零漂的效果越好。但是，随着 R_e 的增大，R_e 上的直流压降将越来越大。因此，在电路中引入一个负电源 V_{EE} 来补偿 R_e 上的直流压降，以免输出电压变化范围太小。引入 V_{EE} 后，静态基极电流可由 V_{EE} 提供，因此可以不接基极电阻 R_b，如图 4-9 所示。

（2）静态分析。当输入电压等于零时，由于电路结构对称，故设 $I_{BQ1} = I_{BQ2} = I_{BQ}$，$I_{CQ1} = I_{CQ2} = I_{CQ}$，$U_{BEQ1} = U_{BEQ2} = U_{BEQ}$，$V_{CQ1} = V_{CQ2} = V_{CQ}$，$\beta_1 = \beta_2 = \beta$。由三极管的基极回路可得

$$I_{BQ}R + U_{BEQ} + 2I_{EQ}R_e = V_{EE}$$

则静态基极电流为

$$I_{BQ} = \frac{V_{EE} - U_{BEQ}}{R + 2(1+\beta)R_e} \qquad (4-12)$$

静态集电极电流和电位为

$$I_{CQ} \approx \beta I_{BQ} \qquad (4-13)$$

$$V_{CQ} = V_{CC} - I_{CQ}R_c（对地） \qquad (4-14)$$

静态基极电位为

$$V_{BQ} = -I_{BQ}R（对地） \qquad (4-15)$$

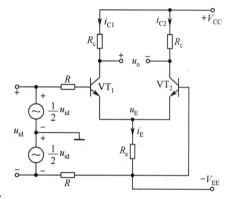

图 4-9　长尾式差分放大电路

（3）动态分析。当输入差模信号时，由于两管的输入电压大小相等、方向相反，流过两管的电流也大小相等、方向相反，结果使得长尾电阻 R_e 上的电流 $\Delta i_e = 0A$，则 $\Delta u_E = 0V$。可以认为 R_e 对差模信号呈短路状态。长尾式差分放大电路的交流通路和微变等效电路如图 4-10 所示。

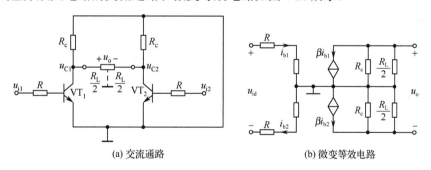

(a) 交流通路　　　　　　　　　　(b) 微变等效电路

图 4-10　长尾式差分放大电路的交流通路和微变等效电路

图 4-10 中，R_L 为接在两个三极管集电极之间的负载电阻。当输入差模信号时，一管的集电极电位降低，另一管的集电极电位升高，而且升高与降低的数值相等，于是可以认为 R_L 中点处的电位为零。也就是说，在 $R_L/2$ 处相当于交流接地。

根据图 4-10（b）可得差模电压放大倍数为

$$A_{ud} = \frac{u_o}{u_{id}} = \frac{u_{c1} - u_{c2}}{u_{i1} - u_{i2}} = \frac{2u_{c1}}{2u_{i1}} = A_{u1} = -\frac{\beta R_L'}{r_{be} + R} \qquad (4-16)$$

式中，$R_L' = R_c // (R_L/2)$。

从两管输入端向里看，差模输入电阻为

$$R_{id} = 2(R + r_{be}) \qquad (4-17)$$

两管集电极之间的输出电阻为

$$R_o = 2R_c \tag{4-18}$$

实际的长尾式差分放大电路在使用时，为了在两个参数不完全对称的情况下能使静态时的 u_o 为零，常常在两管发射极之间接入调零电位器 R_P，如图 4-11 所示。参见下面的例题。

【例 4-1】 在图 4-11 所示差分放大电路中，已知 $V_{CC} = V_{EE} = 12V$，三极管的 $\beta = 50$，$U_{BEQ} = 0.7V$，$R_c = 30k\Omega$，$R_e = 27k\Omega$，$R = 10k\Omega$，$R_P = 500\Omega$，设 R_P 的抽头调在中间位置，负载电阻 $R_L = 20k\Omega$。试估算该放大电路的静态工作点、差模电压放大倍数 A_{ud}、差模输入电阻 R_{id} 和输出电阻 R_o。

解： 由三极管的基极回路可知

$$I_{BQ} = \frac{V_{EE} - U_{BEQ}}{R + (1+\beta)(2R_e + \frac{R_P}{2})} = \frac{12 - 0.7}{10 \times 10^3 + 51 \times (2 \times 27 \times 10^3 + 0.5 \times 500)} A = 4\mu A$$

则

$$I_{CQ} \approx \beta I_{BQ} = 50 \times 4 \times 10^{-6} A = 0.2mA$$

$$V_{CQ} = V_{CC} - I_{CQ}R_c = [12 - 0.2 \times 10^{-3} \times 30 \times 10^3]V = 6V$$

$$V_{BQ} = -I_{BQ}R = -4 \times 10^{-6} \times 10 \times 10^3 V = -40mV$$

放大电路中引入 R_e 对差模电压放大倍数没有影响，但调零电位器 R_P 中只流过一个三极管的电流，因此将使差模电压放大倍数降低。放大电路的交流通路如图 4-12 所示。

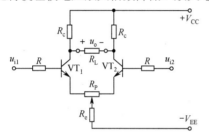

图 4-11　接有调零电位器的长尾式差分放大电路　　　图 4-12　图 4-11 电路的交流通路

根据图 4-12 可求得差模电压放大倍数为

$$A_{ud} = -\frac{\beta R_L'}{R + r_{be} + (1+\beta)\frac{R_P}{2}}$$

式中，

$$R_L' = R_c // \frac{R_L}{2} = \frac{30 \times (20/2)}{30 + (20/2)} k\Omega = 7.5k\Omega$$

$$r_{be} = r_{bb'} + (1+\beta)\frac{26mV}{I_{EQ}} = 300\Omega + 51 \times \frac{26mV}{0.2mA} = 6.93k\Omega$$

则

$$A_{ud} = -\frac{50 \times 7.5 \times 10^3}{10 \times 10^3 + 6.93 \times 10^3 + 51 \times \frac{500}{2}} = -12.6$$

差模输入电阻为

$$R_{id} = 2\left[R + r_{be} + (1+\beta)\frac{R_P}{2}\right] = 2 \times (10 \times 10^3 + 6.93 \times 10^3 + 51 \times \frac{500}{2})\Omega = 59k\Omega$$

输出电阻为

$$R_o = 2R_c = 60k\Omega$$

3. 恒流源式差分放大电路

在长尾式差分放大电路中，R_e 越大，抑制零漂的能力越强。但 R_e 的增大是有限的，原因有两个：① 在集成电路中难于制作大电阻；② 在同样的工作电流下，R_e 越大，所需 V_{EE} 将越高。因此，可以考虑采用一个三极管代替原来的长尾电阻 R_e。

在三极管输出特性曲线的恒流区，当 c-e 间电压有一个较大的变化量 Δu_{CE} 时，集电极电流 i_C

基本不变。此时三极管 c-e 间的等效电阻 $r_{ce} = \dfrac{\Delta u_{CE}}{\Delta i_C}$ 的值很大。用恒流三极管充当一个阻值很大的长尾电阻 R_e，既可在不用大电阻的条件下有效地抑制零漂，又适合集成电路制造工艺中用三极管代替大电阻的特点，因此，这种方法在集成运放中被广泛采用。

恒流源式差分放大电路如图 4-13 所示。由图 4-13 可见，恒流管 VT_3 的基极电位由 R_{b1}、R_{b2} 分压后得到，可认为其基本不受温度变化的影响，因此当温度变化时，VT_3 的发射极电位和发射极电流也基本保持稳定，而两个放大管的集电极电流 i_{C1} 与 i_{C2} 之和近似等于 i_{C3}，所以 i_{C1} 和 i_{C2} 将不会因温度的变化而同时增大或减小，可见，接入恒流管后，抑制了共模信号的变化。

有时，为了简化起见，常常不把恒流源式差分放大电路中恒流管 VT_3 的具体电路画出，而采用一个简化的恒流源符号来表示，如图 4-14 所示。

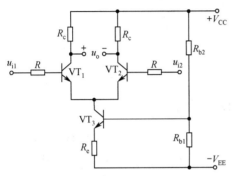 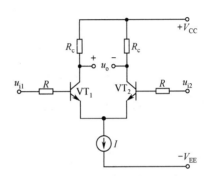

图 4-13　恒流源式差分放大电路　　图 4-14　图 4-13 的简化画法

4. 差分放大电路的 4 种接法

差分放大电路有两个放大管，它们的基极和集电极分别是放大电路的两个输入端和两个输出端。差分放大电路的输入、输出端可以有 4 种不同的接法，即双端输入-双端输出、双端输入-单端输出、单端输入-双端输出、单端输入-单端输出。当采用单端输入时，一个输入端（基极）加输入电压，另一个输入端（基极）通过电阻接地；当采用单端输出时，一个输出端（集电极）负责输出电压，而另一个输出端（集电极）悬空即可。图 4-15 所示为长尾式差分放大电路的 4 种接法。

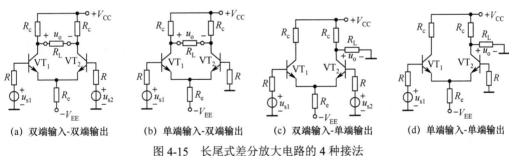

(a) 双端输入-双端输出　　(b) 单端输入-双端输出　　(c) 双端输入-单端输出　　(d) 单端输入-单端输出

图 4-15　长尾式差分放大电路的 4 种接法

根据前面对长尾式差分放大电路双端输入-双端输出的分析，读者可自行分析其他三种接法的差分放大电路。当输入、输出的接法不同时，放大电路的性能、特点也不尽相同，其性能指标比较见表 4-1。

由表 4-1 可以看出，差分放大电路的主要性能指标仅与输出方式有关，而与输入方式无关。差分放大电路双端输出时，差模电压放大倍数就是半边差模等效电路的电压放大倍数，而单端输出时，则是半边差模等效电路电压放大倍数的一半（不接负载电阻）。差模输入电阻不管是双端输入还是单端输入，都是半边差模等效电路输入电阻的两倍。而输出电阻在单端输出时，$R_o = R_c$；在双端输出时，$R_o = 2R_c$。

表 4-1　差分放大电路 4 种接法之性能指标比较

性能指标	接法			
	双端输入-双端输出	双端输入-单端输出	单端输入-双端输出	单端输入-单端输出
A_{ud}	$-\dfrac{\beta\left(R_c // \dfrac{R_L}{2}\right)}{r_{be}+R}$	$\dfrac{1}{2}\times\dfrac{\beta(R_c // R_L)}{r_{be}+R}$	$-\dfrac{\beta\left(R_c // \dfrac{R_L}{2}\right)}{r_{be}+R}$	$\dfrac{1}{2}\times\dfrac{\beta(R_c // R_L)}{r_{be}+R}$
R_{id}	$2(R+r_{be})$	$2(R+r_{be})$	$\approx 2(R+r_{be})$	$\approx 2(R+r_{be})$
R_o	$2R_c$	R_c	$2R_c$	R_c
K_{CMR}	很高	较高	很高	较高
特点	A_{ud} 与单管放大电路的 A_u 基本相同，适用于输入端和负载的两端均不接地的情况	A_{ud} 约为双端输出时的一半，适用于将双端输入转换为单端输出的情况	A_{ud} 与单管放大电路的 A_u 基本相同，适用于将单端输入转换为双端输出的情况	A_{ud} 约为双端输出时的一半，适用于输入端、输出端均要求接地的情况，选择从不同的管子输出，可使输出、输入电压反相或同相

4.2.3　中间级——带有源负载的共射放大电路

中间级的主要任务是提供足够大的电压放大倍数，因此，不仅要求中间级本身具有较高的电压放大倍数，同时为了减少对前级的影响，中间级还应具有较高的输入电阻。共射放大电路（或共源放大电路，此处以共射放大电路为例）具有较高的电压放大倍数，而且为了提高电压放大倍数，比较有效的方法是增大集电极电阻 R_c。然而，一方面，集成电路中不便于制作大电阻；另一方面，为了维持放大管的静态电流不变，在增大 R_c 的同时必须增大电源电压，当电源电压增大到一定程度时，电路的设计就变得不合理了。由前面对恒流源式差分放大电路的介绍可知，当三极管工作于放大区（也称恒流区）时，c-e 之间的等效电阻 r_{ce} 的值很大。因此，在集成运放中，常采用由三极管构成的电流源取代 R_c 的方法，这样在电源电压不变的情况下，既可获得合适的静态电流，对于交流信号，又可得到很大的等效电阻 R_c。由于三极管和场效应管均为有源元件，而上述电路中又以它们作为负载，故称之为**有源负载**。

另外，中间级的放大管有时采用**复合管**的结构形式，这样不仅可以得到很高的电流放大系数 β，以便提高本级的电压放大倍数，而且能够大大提高本级的输入电阻，以免对前级电压放大倍数产生不良的影响，特别是在前级采用有源负载时，其效果是提高了集成运放总的电压放大倍数。

1. 复合管的接法及其 β 和 r_{be}

复合管可由两个或两个以上三极管组合而成，也可由三极管和场效应管组合而成，此处以复合三极管为例。复合管的接法有多种，它们可以由相同类型的三极管组成，也可以由不同类型的三极管组成。例如，在图 4-16 中，图 4-16（a）和图 4-16（b）分别由两个同为 NPN 型和两个同为 PNP 型的三极管组成，而图 4-16（c）和图 4-16（d）中的复合管由不同类型的三极管组成。

对于由相同或不同类型的三极管组成的复合管，首先，在前、后两个三极管的连接关系上，应保证前级管的输出电流与后级管的输入电流的实际方向一致，以便形成适当的电流通路，否则电路不能形成通路，复合管无法正常工作。其次，为了实现电流放大，应将前级管的集电极电流或发射极电流作为后级管的基极电流，外加电压的极性应保证前、后两个三极管均为发射结正向偏置，集电结反向偏置，使两管都工作于放大区。

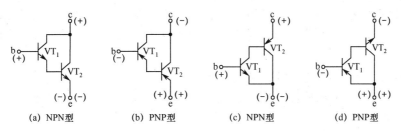

(a) NPN型 (b) PNP型 (c) NPN型 (d) PNP型

图 4-16　复合管的接法

例如，在图 4-16（a）和（b）中，前级的 i_{E1} 就是后级的 i_{B2}，二者的实际方向一致。而在图 4-16（c）和（d）中，前级的 i_{C1} 就是后级的 i_{B2}，二者的实际方向也一致。至于基极回路和集电极回路的外加电压，应为如图 4-16 所示括号内的正、负极性，则前、后两个三极管均工作于放大区。

综合图 4-16 所示的 4 种复合管，可以得出以下结论。

① 由两个相同类型的三极管组成的复合管，其类型与原来的相同。复合管的 $\beta \approx \beta_1 \beta_2$，复合管的 $r_{be} = r_{be1} + (1 + \beta_1) r_{be2}$。

② 由两个不同类型的三极管组成的复合管，其类型与前级管的相同。复合管的 $\beta = \beta_1(1 + \beta_2) \approx \beta_1 \beta_2$，复合管的 $r_{be} = r_{be1}$。

通过介绍可以看出，复合管与单个三极管相比，其电流放大系数 β 大大提高，因此，复合管常用于运放的中间级，以提高整个电路的电压放大倍数。不仅如此，复合管也常常用于输入级和输出级。

2. 由复合管构成的带有源负载的共射放大电路

图 4-17 所示为利用复合管构成的**带有源负载的共射放大电路**。其中三极管 VT_1 和 VT_2 组成的 NPN 型复合管是放大管，VT_3 是复合管的有源负载。VT_3 与 VT_4 组成镜像电流源，作为偏置电路，负责为放大管提供合适的集电极静态电流 I_{CQ}。由图 4-17 可得，基准电流 I_{REF} 由 V_{CC}、VT_4 和 R 支路产生，其表达式为

$$I_{REF} = \frac{V_{CC} - U_{BE4}}{R}$$

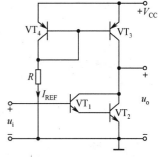

图 4-17　带有源负载的共射放大电路

根据基准电流 I_{REF}，即可确定放大管的集电极静态电流 I_{CQ}。当 $\beta \gg 2$ 时，$I_{CQ} \approx I_{REF}$。

4.2.4　输出级——功率放大电路

集成运放的输出级向负载提供一定的功率，属于功率放大，一般采用**互补对称功率放大电路**。

1. 功率放大电路的特点

① 因为信号的幅度放大在前置电路中已经完成，所以功率放大电路对电压放大倍数并无要求。由于发射极输出器的输出电流较大，能使负载获得较大的输出功率，并且它的输出电阻小，带负载能力强，因此通常采用发射极输出器作为基本的功率放大电路。不过单个的发射极输出器对信号正、负半周的跟随能力不同，在实际的功率放大电路中大多采用双管的互补对称形式。

② 为了能获得足够大的不失真输出功率，功率放大电路中的电压、电流幅度都很大，输出信号容易产生非线性失真，这就需要根据负载要求规定允许的失真度范围，一般也不采用微变等效电路法进行分析。

③ 为了提高功率放大电路的工作效率，需要尽可能降低其静态电流。但静态电流太小容易引起输出信号的失真，互补对称形式的功率放大电路可以克服因不适合的静态工作点而引起的非线性失真。

2. 功率放大电路的三种工作状态

低频功率输出级按功率放大电路的工作状态，可分为**甲类、乙类、甲乙类**三种。三种功率放大电路的特点如下。

甲类功率放大电路的静态工作点设置在放大区的中间，这种电路的优点是，在输入信号的整个周期内，三极管都处于导通状态，输出信号失真小（前面讨论的电压放大电路都工作于这种状态）。其缺点是，三极管有较大的集电极静态电流 I_{CQ}，这时管耗 P_C 大，而且甲类功率放大时，不管有无输入信号，电源供给的功率都是不变的。可以证明，即使在理想情况下，甲类功率放大电路的效率最高只有50%。那些对输出功率及效率要求不高的功率放大电路可以采用甲类。

如果在甲类功率放大电路的基础上，把静态工作点向下移动，使集电极静态电流 I_{CQ} 等于零，这样就能改变甲类功率放大时效率低的状况，这种工作方式下的电路称为乙类功率放大电路。乙类功率放大电路的静态工作点设置在截止区。乙类功率放大电路提高了能量的转换效率，在理想情况下，其效率可达 78.5%，但此时出现了严重的波形失真。在输入信号的整个周期，仅在半个周期内三极管导通，有电流流过，只能对半个周期的输入信号进行放大。

如果将静态工作点设在放大区但接近截止区，使三极管的导通时间大于输入信号的半个周期，且小于一个周期，这类工作方式下的电路称为甲乙类功率放大电路。目前，常用的音频功率放大电路中，功率放大管多数工作于甲乙类功率放大状态。这种电路的效率略低于乙类功率放大电路，但它克服了乙类功率放大电路的失真问题，目前使用较广泛。

3. OCL 互补对称功率放大电路

（1）乙类 OCL（Output Capacitor-Less）互补对称功率放大电路。图 4-18 所示为双电源乙类互补对称功率放大电路。它采用由两个不同类型的管子构成的发射极输出器组合而成。VT_1 是 NPN 型管，VT_2 是 PNP 型管，VT_1 和 VT_2 的基极连在一起作为输入端，发射极连在一起作为输出端，R_L 为负载。电路中正、负电源对称，两管参数对称。

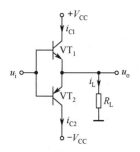

图 4-18 双电源乙类互补对称
功率放大电路

电路的工作原理可简述如下：由于两管都没有偏置电阻，故静态（$u_i = 0V$）时，两管都截止，此时 I_{BQ}、I_{CQ}、I_{EQ} 均为零，负载电阻上无电流通过，输出电压 $u_o = 0V$。动态时，当输入信号 u_i 为正半周时，$u_i > 0V$，两管的基极电位为正，故 VT_1 导通，VT_2 截止，电流 i_{C1} 从 $+V_{CC}$ 流出，经 VT_1 后流过负载电阻 R_L，在 R_L 上形成正半周输出电压 $u_o > 0V$。当输入信号 u_i 为负半周时，$u_i < 0V$，两管的基极电位为负，故 VT_2 导通，VT_1 截止，i_{C2} 从 $-V_{CC}$ 通过 VT_2 流过 R_L，在 R_L 上形成负半周输出电压 $u_o < 0V$。

不难看出，在输入信号 u_i 的一个周期内，VT_1、VT_2 轮流导通，而且 i_{C1}、i_{C2} 流过负载电阻的方向相反，从而形成完整的正弦波。由于静态时两管的静态偏置电流均为零，因此这种工作方式称为乙类功率放大电路。这种电路中的三极管交替工作，组成**推挽式电路**，两个管子互补对方缺少的另一个半周，且互相对称，故称为互补对称功率放大电路。这种电路又称为**无输出电容的互补对称功率放大电路**，即 OCL 互补对称功率放大电路。

乙类功率放大电路中由于静态电流为零，因此效率较高，但是它会产生严重的波形失真，这是因为当输入电压 u_i 小于管子的死区电压时，两个管子均是截止的，这段范围里的输出电压 $u_o = 0V$，从而在输出电压的交越处产生不连续的间断点，这种失真称为**交越失真**，如图 4-19 所示。

（2）甲乙类 OCL 互补对称功率放大电路。交越失真是由于管子工作于乙类功率放大状态引起的。为了克服这个缺点，实用电路都采用甲乙类 OCL 互补对称功率放大电路，如图 4-20 所示。图 4-20 中通过电阻 R_1 和 R_2 及两个二极管为三极管 VT_1 和 VT_2 建立了较小的基极静态电流，使它们在静态时已处于微导通状态，这种偏置方式的电路为甲乙类功率放大电路。由于三极管已经导通，当加入输入电压 u_i 后，立即会有输出电流流过负载电阻，负载电阻上得到的输出电压在正负交替处比较平滑，因此输出波形将是较为理想的正弦波。

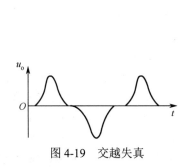

图 4-19 交越失真

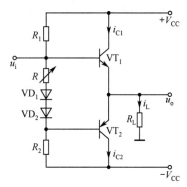

图 4-20 甲乙类 OCL 互补对称功率放大电路

（3）主要参数的估算。下面根据图 4-20 估算 OCL 互补对称功率放大电路的主要参数。

① **最大输出功率**。当输入信号足够大时，可使负载获得最大输出功率。负载电压为正弦波，若忽略管子的饱和压降，其幅值（最大值）为 $U_{om} = V_{CC}$，则负载电流的幅值为 $I_{om} = \dfrac{U_{om}}{R_L} = \dfrac{V_{CC}}{R_L}$。

于是可得最大输出功率为

$$P_{om} = \frac{U_{om}}{\sqrt{2}} \times \frac{I_{om}}{\sqrt{2}} = \frac{1}{2} \times \frac{V_{CC}^2}{R_L} \tag{4-19}$$

如果考虑管子的饱和压降 U_{CES}，则最大输出功率为

$$P_{om} = \frac{1}{2R_L}(V_{CC} - U_{CES})^2 \tag{4-20}$$

② **电源提供的平均功率**。直流电源的电压为 V_{CC}，电流即为管子中的集电极电流。因此，在一个周期里两个电源提供的平均功率为

$$P_{Vm} = 2 \times \frac{1}{2\pi} \int_0^\pi V_{CC} I_{Cm} \sin \omega t \, d(\omega t) \approx \frac{2}{\pi} \times \frac{V_{CC}^2}{R_L} \tag{4-21}$$

③ **效率**。由于放大电路的输出能量是由直流电源提供的，因此电路的工作效率是指最大输出功率和电源提供的平均功率的比值。当输入信号足够大，并忽略管子的饱和压降 U_{CES} 时，其效率为

$$\eta = \frac{P_{om}}{P_{Vm}} \times 100\% = \frac{\pi}{4} \times 100\% = 78.5\% \tag{4-22}$$

这是理想状态的效率，实际效率要比这个数值小。

④ **集电极最大允许电流**。互补对称功率放大电路中，流过三极管的最大集电极电流为

$$I_{CM} = \frac{V_{CC} - U_{CES}}{R_L} \approx \frac{V_{CC}}{R_L} \tag{4-23}$$

⑤ **集电极最大允许反向电压**。集电极最大允许反向电压为

$$U_{(BR)CEO} = 2V_{CC} - U_{CES} \approx 2V_{CC} \tag{4-24}$$

⑥ **每个管子的最大管耗**。直流电源提供的功率与输出功率之差就是消耗在三极管上的功率，即

管耗 P_T。可求得，当 $U_{om}=\dfrac{2}{\pi}V_{CC}\approx 0.63V_{CC}$ 时，三极管的管耗最大，此时，每个三极管的最大管耗为

$$P_{T1m}=P_{T2m}\approx 0.2P_{om} \qquad (4\text{-}25)$$

以上对三极管极限参数 I_{CM}、$U_{(BR)CEO}$ 和 P_{Tm} 的估算结果是在理想情况下得出的。在实际工作中选用三极管时，应留有适当的余地。另外，有些大功率的三极管，还必须根据手册上的要求，安装规定尺寸的散热片。

由于甲乙类功率放大电路中为了减小静态损耗，提高效率，通常静态工作点选得很低，因此，甲乙类功率放大电路的工作状况和乙类的基本相似。上述各参数对乙类功率放大电路和甲乙类功率放大电路都适用。

4. OTL 互补对称功率放大电路

图 4-20 所示的双电源互补对称功率放大电路中，由于静态时 VT_1、VT_2 两管的发射极电位为零，故负载电阻可直接连接发射极，而不必采用耦合电容。其特点是低频效应好，便于集成。但缺点是需要两个独立电源，使用很不方便。为了简化电路，可采用单电源互补对称功率放大电路，如图 4-21 所示。与图 4-20 相比，省去了一个负电源（$-V_{CC}$），在两管的发射极与负载之间增加了电容 C，这种电路通常称为**无输出变压器的互补对称功率放大电路**，即 OTL（Output Transformer-Less）互补对称功率放大电路。

OTL 电路与 OCL 电路的区别是，除用单电源方式外，它在电路的输出端通过较大的耦合电容 C 与负载相连。该电容一方面传递信号，另一方面起到了在信号负半周时向负载供电的作用。

图 4-21 电路中，R_1、R_2 为偏置电阻，适当选择 R_1、R_2 阻值，可使两管静态时发射极电位 V_E 为 $V_{CC}/2$，电容两端电压也稳定在 $V_{CC}/2$，这样 VT_1、VT_2 两管的 c-e 之间如同分别加上了 $+V_{CC}/2$ 和 $-V_{CC}/2$ 的电源电压。

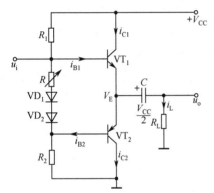

图 4-21 单电源互补对称功率放大电路

在输入信号正半周，VT_1 导通，VT_2 截止，VT_1 以发射极输出器的形式将正信号传送给负载电阻，同时对电容 C 充电；在输入信号负半周，VT_1 截止，VT_2 导通，电容 C 放电，相当于 VT_2 的直流工作电源，此时 VT_2 也以发射极输出器的形式将负向信号传送给负载电阻。这样，在负载电阻 R_L 上得到一个完整的信号波形。

对 OTL 电路各主要参数的估算，可参照前面对 OCL 电路的分析方法进行分析。实际上，根据 OTL 和 OCL 电路的结构特点，将前述 OCL 电路各参数估算公式中的 V_{CC} 用 $V_{CC}/2$ 代替，即可得到 OTL 电路各参数的估算公式。

由于 OTL 电路和负载的连接是阻容耦合，因此它不能放大频率较低的信号。而 OCL 电路和负载是直接耦合，对信号频率没有限制，且易于集成，因此获得广泛应用。

5. 由复合管组成的互补对称功率放大电路

如果集成运放输出端的负载电流比较大，则必须要求互补对称管 VT_1 和 VT_2 是能输出大电流的三极管。但是，由于输出大电流的三极管 β 值一般较低，因此就需要中间级输出大的推动电流提供给输出级。在集成运放中，中间级一般用于电压放大，很难输出大的电流。为了解决这一矛盾，一般输出级采用由复合管构成的互补对称功率放大电路，如图 4-22 所示。这种互补对称功率放大电路有一个缺点，大功率三极管 VT_3 为 NPN 型，而 VT_4 为 PNP 型，它们的类型不同，很难做到特性互补对称。

为了克服这个缺点，可使 VT_3 和 VT_4 采用同一类型甚至同一型号的三极管，例如，二者均为

NPN 型，而 VT$_2$ 则用另一类型的三极管，如 PNP 型，如图 4-23 所示。此时 VT$_2$ 和 VT$_4$ 组成的复合管为 PNP 型，可与 VT$_1$ 和 VT$_3$ 组成的 NPN 型复合管实现互补。这种电路称为准互补对称功率放大电路。图 4-23 中接入电阻 R_{e1} 和 R_{c2} 是为了调整功率管 VT$_3$ 和 VT$_4$ 的静态工作点。

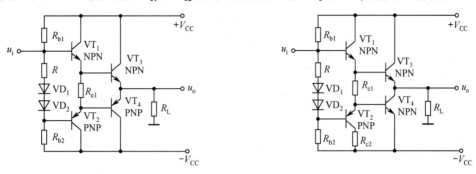

图 4-22　由复合管组成的互补对称功率放大电路　　图 4-23　由复合管组成的准互补对称功率放大电路

4.3　集成运算放大电路的典型电路及性能指标

在了解集成运放基本组成部分的基础上，本节将简要介绍一种典型的集成运放。

4.3.1　双极型集成运算放大电路 F007

F007 属于第二代通用型集成运放，目前应用比较广泛。常见的 F007 外形为圆壳式，共有 12 个引脚。图 4-24 所示为 F007 的电路原理图，电路包括 4 个部分：偏置电路、输入级、中间级和输出级。

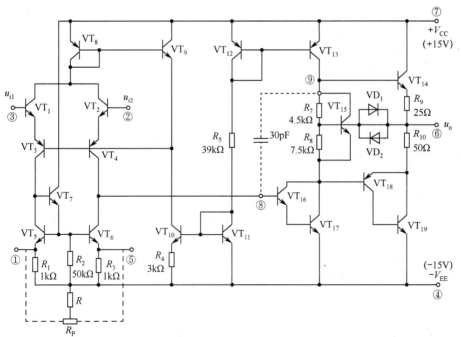

图 4-24　F007 的电路原理图

（1）偏置电路。由 VT$_8$～VT$_{13}$ 以及电阻 R_4、R_5 等组成，其作用是为各级放大电路设置合适的静态工作点。

（2）输入级。包括由 VT$_1$、VT$_2$、VT$_3$ 和 VT$_4$ 组成的共集-共基差分放大电路，以及由 VT$_5$ 和

VT_6 组成的有源负载（以代替负载电阻 R_c）。差分输入信号由 VT_1、VT_2 的基极送入，从 VT_4 的集电极送出单端输出信号至中间级。输入级的主要作用是减小零漂，提高共模抑制比。

（3）中间级。中间级的放大管是由 VT_{16}、VT_{17} 组成的复合管，VT_{13} 作为其有源负载。所以中间级不仅能提供很高的电压放大倍数，还具有很高的输入电阻，避免降低前级的电压放大倍数。

（4）输出级。由 VT_{14}、VT_{18} 和 VT_{19} 组成。NPN 型三极管 VT_{14} 与由 VT_{18} 和 VT_{19} 组成的 PNP 型复合管构成准互补对称功率放大电路，特性比较容易匹配。输出级采用这种准互补对称结构，主要是为了提高集成运放的输出功率和带负载能力。

4.3.2 性能指标

集成运放性能的好坏，可用其性能指标来衡量。为了正确、合理地选择和使用集成运放，必须明确其性能指标的意义。

（1）开环差模电压放大倍数 A_{od}。A_{od} 是集成运放在无外加反馈情况下的直流差模电压放大倍数。一般用对数表示，即 $20\lg A_{od}$，单位为分贝（dB），称为开环差模电压增益。A_{od} 是频率的函数，也是影响运算精度的重要参数。一般集成运放的开环差模电压增益为 60dB～120dB，性能较好的集成运放，其开环差模电压增益大于 140dB。

（2）共模抑制比。共模抑制比是指集成运放的差模电压放大倍数 A_{ud} 与共模电压放大倍数 A_{uc} 之比，一般也用对数表示。一般集成运放的 K_{CMR} 为 80dB～160dB，该指标用于衡量集成运放抑制零漂的能力。

（3）差模输入电阻 R_{id}。该指标是指在开环情况下，输入差模信号时集成运放的输入电阻。其定义为差模输入电压 U_{id} 与相应的输入电流 I_{id} 的变化量之比。R_{id} 用于衡量集成运放向信号源索取电流的大小。该指标越大越好，一般集成运放的 R_{id} 为 10kΩ～3MΩ。

（4）输入失调电压 U_{io}。它的定义是，为了使集成运放在零输入时零输出，在输入端所需要加的补偿电压。U_{io} 实际上就是输出失调电压折合到输入端电压的负值，其大小反映了集成运放电路的对称程度。U_{io} 越小越好，一般为 ±(0.1～10)mV。

（5）最大差模输入电压 U_{idm}。这是集成运放反相输入端与同相输入端之间能够承受的最大电压。若超过这个限度，输入级差分对管中的一个管子的发射结可能被反向击穿。若输入级由 NPN 型管构成，则其 U_{idm} 约为 ±5V；若输入级含有横向 PNP 型管，则 U_{idm} 可达 ±30V 以上。

（6）单位增益带宽 BW_G 和开环带宽 BW_{Hf}。BW_G 指开环差模电压增益下降到 0dB（$A_{od} = 1$）时的信号频率，它与三极管的特征频率相类似。BW_G 用来衡量集成运放的一项重要品质因素——增益带宽积的大小。BW_{Hf} 则指开环差模电压增益下降 3dB 时的信号频率。BW_{Hf} 一般不高，约几十赫兹至几百千赫兹，低的只有几赫兹。

除上述指标外，还有转换速率 S_R、输入偏置电流 I_{iB}、静态功耗 P_C、最大输出电压 U_{omax} 等，这里不再一一介绍。

4.4 理想运算放大电路

在分析集成运放的各种应用电路时，常常将其中的集成运放看成一个理想运算放大电路（简称**理想运放**）。理想运放是一个重要的概念，也是分析集成运放应用电路的有力工具。

4.4.1 什么是理想运算放大电路

所谓理想运放，就是将集成运放的各项性能指标理想化，即认为集成运放的各项主要性能指标如下：

开环差模电压放大倍数 $A_{\text{od}} = \infty$；

差模输入电阻 $R_{\text{id}} = \infty$；

输出电阻 $R_{\text{o}} = 0$；

共模抑制比 $K_{\text{CMR}} = \infty$；

输入失调电压 U_{io}、失调电流 I_{io} 以及它们的零漂均为零。

实际的集成运放当然达不到上述理想化的性能指标。但由于制造集成运放的工艺水平不断提高，集成运放产品的各项性能指标越来越好。在一般情况下，在分析估算集成运放的应用电路时，将实际运放看成理想运放所造成的误差，在工程上是允许的。后面的分析中，如无特别说明，均将集成运放作为理想运放进行讨论。

4.4.2 运算放大电路的两种工作状态及理想运算放大电路的特点

1.运放的两种工作状态

在各种应用电路中，运放的工作状态有**线性状态**和**非线性状态**两种，在其电压传输特性曲线上对应两个区域，即**线性区**和**非线性区**。运放的电路符号和电压传输特性曲线分别如图 4-25（a）和（b）所示。由图 4-25（a）所示的电路符号可以看出，运放有同相和反相两个输入端，分别对应其内部差分输入级的两个输入端，u_+ 代表同相输入端电压，u_- 代表反相输入端电压，输出电压 u_{o} 与 u_+ 具有同相关系，与 u_- 具有反相关系。运放的差模输入电压 $u_{\text{id}} = (u_+ - u_-)$。图 4-25（b）中，虚线代表实际运放的电压传输特性曲线，实线代表理想运放的电压传输特性曲线。可以看出，线性区非常窄，若输入电压的幅度稍有增加，运放的工作范围将超出线性区而到达非线性区。运放工作于不同状态，其表现出的特性也不同，下面分别讨论。

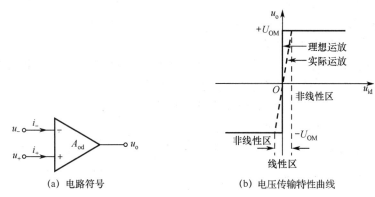

(a) 电路符号　　　　　　　(b) 电压传输特性曲线

图 4-25　运放的电路符号及电压传输特性曲线

（1）线性工作状态。当运放工作于线性状态时，输出电压与两个输入电压之间存在着线性放大关系，即

$$u_{\text{o}} = A_{\text{od}} u_{\text{id}} = A_{\text{od}}(u_+ - u_-) \qquad (4\text{-}26)$$

（2）非线性工作状态。如果运放的工作信号超出了线性放大的范围，则输出电压与输入电压不再满足式（4-26），即 u_{o} 不再随差模输入电压 u_{id} 线性增长，u_{o} 将达到饱和，处于如图 4-25（b）所示的非线性区。

2. 理想运放在两种工作状态下的特点

（1）理想运放工作于线性状态的特点

① 理想运放的差模输入电压 u_{id} 等于零，即 $u_+ = u_-$。由于理想运放工作于线性区，故输出、输入电压之间的关系符合式（4-26）。而且，因为理想运放的 $A_{\text{od}} = \infty$，所以由式（4-26）可得

$$u_{\text{id}} = u_+ - u_- = u_{\text{o}} / A_{\text{od}} = 0$$

即 $$u_+ = u_- \qquad (4\text{-}27)$$

式（4-27）表明，同相输入端与反相输入端的电位相等，如同将该两点短路一样，但实际上该两点并未真正被短路，因此常将此特点简称为**虚短**。

实际运放的 $A_{od} \neq \infty$，因此 u_+ 与 u_- 不可能完全相等。但是当 A_{od} 足够大时，运放的差模输入电压 $(u_+ - u_-)$ 的值很小，可以忽略。例如，在线性区内，当 $u_o = 10V$ 时，若 $A_{od} = 10^5$，则 $u_+ - u_- = 0.1mV$；若 $A_{od} = 10^7$，则 $u_+ - u_- = 1\mu V$。可见，在 u_o 定的情况下，运放的 A_{od} 越大，则 u_+ 与 u_- 的差值越小，将两点视为短路所带来的误差也越小。

② 理想运放的输入电流等于零。由于理想运放的差模输入电阻 $R_{id} = \infty$，因此在其两个输入端均没有电流，即在图 4-25（a）中，有

$$i_+ = i_- = 0 \qquad (4\text{-}28)$$

此时，运放的同相输入端和反相输入端的电流都等于零，如同该两点间被断开一样，将此特点简称为**虚断**。

虚短和虚断是理想运放工作于线性区时的两个重要特点。这两个特点常常作为今后分析运放线性应用电路的重要依据，因此必须牢固掌握。

（2）理想运放工作于非线性状态的特点

① 理想运放的输出电压 u_o 只有两种取值：或者等于正向最大输出电压 $+U_{OM}$，或者等于负向最大输出电压 $-U_{OM}$，如图 4-25（b）中的实线所示。具体表述如下：

$$\begin{cases} 当 u_+ > u_- 时，\ u_o = +U_{OM} \\ 当 u_+ < u_- 时，\ u_o = -U_{OM} \end{cases} \qquad (4\text{-}29)$$

在非线性区，差模输入电压 u_{id} 可能很大，即 $u_+ \neq u_-$。也就是说，此时虚短现象不复存在。

② 理想运放的输入电流等于零。因为理想运放的 $R_{id} = \infty$，所以在非线性区仍满足输入电流等于零，即 $i_+ = i_- = 0$ 对非线性区仍然成立。

如上所述，理想运放工作于不同状态时，其表现出的特点也不相同。因此，在分析各种应用电路时，首先必须判断其中的运放究竟工作于哪种状态。

运放的开环差模电压放大倍数 A_{od} 通常很大，如果不采取适当措施，即使在输入端加一个很小的电压，仍有可能使运放超出线性工作范围。为了保证运放工作于线性区，在一般情况下，必须在电路中引入深度负反馈，以减小直接施加在两个输入端的净输入电压。

4.5 放大电路中的反馈

在运放的各种应用电路中，几乎无一例外地引用了反馈。反馈不仅是改善放大电路性能的重要手段，也是电子技术和自动调节原理中的一个基本概念。

4.5.1 反馈的基本概念、分类及判别方法

1. 反馈的基本概念

在第 3 章介绍分压式静态工作点稳定电路时曾经提出过反馈的概念。在该电路中引入反馈起到稳定静态工作点的作用。

所谓**反馈**，就是将放大电路的输出量（电压或电流）的一部分或全部，通过一定的电路形式（反馈网络）引回到它的输入端来影响输入信号（电压或电流）的连接方式。

为了更好地理解反馈的概念，我们将引入反馈的放大电路用一个框图表示，如图 4-26 所示。为了表示一般情况，图 4-26 所示框图中的输入信号、输出信号和反馈信号都用正弦相量表示，它

们可能是电压量，也可能是电流量。其中，上面的框表示**放大网络**，无反馈时放大网络的放大倍数为 $\dot{A}$；下面的框表示能够把输出信号的一部分或者全部送回输入端的电路，称为**反馈网络**，反馈系数用 $\dot{F}$ 表示；箭头线表示信号传输的方向，信号在放大网络中为正向传递，在反馈网络中为反向传递；符号 ⊗ 表示信号叠加，输入信号 $\dot{X}_i$ 由前级电路提供；反馈信号 $\dot{X}_f$ 是反馈网络从输出端

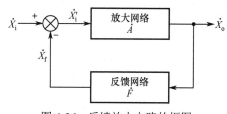

图 4-26　反馈放大电路的框图

取样后送回输入端的信号；$\dot{X}_i'$ 是 $\dot{X}_i$ 与 $\dot{X}_f$ 在输入端叠加后的净输入信号，"+" 和 "−" 表明 $\dot{X}_i$、$\dot{X}_f$ 和 $\dot{X}_i'$ 之间的关系为 $\dot{X}_i - \dot{X}_f = \dot{X}_i'$；$\dot{X}_o$ 为输出信号。通常，把从输出端取出信号的过程称为取样，把 $\dot{X}_i$ 与 $\dot{X}_f$ 的叠加过程称为比较。

引入反馈后，放大网络与反馈网络构成一个闭合环路，所以有时把引入了反馈的放大电路称为闭环放大电路（或称**闭环系统**），而未引入反馈的放大电路称为开环放大电路（或称**开环系统**）。

2. 反馈的分类及判别方法

介绍反馈的分类之前，首先应搞清如何判断电路中是否引入了反馈。

若放大电路中存在将输出回路与输入回路相连接的通路，即反馈网络，并由此影响了放大电路的净输入信号，则表明电路中引入了反馈；否则电路中便没有反馈。

图 4-27（a）所示电路中，运放的输出端与同相输入端、反相输入端均无通路，故电路中没有引入反馈。图 4-27（b）所示电路中，由于电阻 R_2 将运放的输出端与反相输入端相连接，因此运放的净输入信号不仅取决于输入信号，还与输出信号有关，所以该电路中引入了反馈。图 4-27（c）所示电路中，虽然电阻 R 跨接在运放的输出端与同相输入端之间，但是因为同相输入端接地，所以 R 只不过是运放的负载，而不会使 u_o 作用于输入回路，可见电路中没有引入反馈。

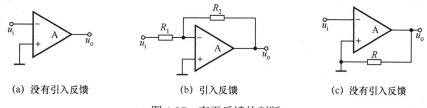

(a) 没有引入反馈　　　　(b) 引入反馈　　　　(c) 没有引入反馈

图 4-27　有无反馈的判断

由以上分析可知，寻找电路中有无反馈通路是判断电路中是否引入反馈的主要方法。只有首先判断出电路中存在反馈，继而才能进一步分析反馈的类型。

（1）**正反馈和负反馈**。按照反馈信号极性分类，有正反馈和负反馈。对照图 4-26，如果反馈信号 $\dot{X}_f$ 增强了净输入信号 $\dot{X}_i'$，使输出信号有所增大，则称为正反馈。反之，如果反馈信号 $\dot{X}_f$ 削弱了净输入信号 $\dot{X}_i'$，使输出信号有所减小，则称为负反馈。

判断正、负反馈，一般用**瞬时极性法**。具体方法如下。

① 假设输入信号某一时刻的瞬时极性为正（用 "+" 号表示）或负（用 "−" 号表示），"+" 号表示该瞬间信号有增大的趋势，"−" 则表示有减小的趋势。

② 根据输入信号与输出信号的相位关系，逐步推断电路有关各点此时的极性，最终确定输出信号和反馈信号的瞬时极性。

③ 根据反馈信号与输入信号的连接（串联或并联）情况，分析净输入信号的变化，如果反馈信号使净输入信号增强，即为正反馈，反之为负反馈。

例如，图 4-28（a）、（b）所示为由运放构成的闭环系统，图 4-28（a）中通过电阻 R_2 和 R_1 在运放的反相输入端引入了负反馈；图 4-28（b）中通过电阻 R_2 和 R_1 在运放的同相输入端引入了正

反馈。由此可知，对于单个运放，若通过纯电阻网络将反馈引到反相输入端，则为负反馈；若引到同相输入端，则为正反馈。

图 4-28（c）所示为由分立元件构成的闭环系统，根据瞬时极性法，假设交流信号源 u_s 瞬时极性为"+"，则基极电位瞬时极性也为"+"，i_b 电流方向如图 4-28（c）所示，集电极电位对地瞬时极性为"－"，所以 u_o 在电阻 R_F 上产生的电流 i_f 的方向是从基极流向集电极的，且有增大的趋势，而净输入电流 $i_b = i_i - i_f$，显然反馈的结果使净输入电流减小，所以此电路引入的是负反馈。

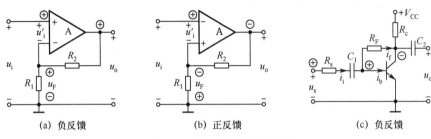

图 4-28　正、负反馈的判断

（2）**直流反馈**和**交流反馈**。按照反馈信号中包含交、直流成分的不同，有直流反馈和交流反馈之分。如果反馈信号中只含有直流成分，则称为直流反馈。如果反馈信号中只含有交流成分，则称为交流反馈。在运放反馈电路中，往往是两者兼有。直流负反馈的主要作用是稳定静态工作点，交流负反馈则能够改善电路的动态性能。

关于交、直流反馈的判断方法，主要看交流通路或直流通路中有无反馈通路，若存在反馈通路，则必有对应的反馈。

（3）**电压反馈**和**电流反馈**。按照反馈信号在放大电路输出端取样方式的不同，可分为电压反馈和电流反馈。如果反馈信号取自输出电压，则称为电压反馈；如果反馈信号取自输出电流，则称为电流反馈。放大电路中引入电压负反馈，将使输出电压保持稳定，其效果是减小电路的输出电阻；而电流负反馈将使输出电流保持稳定，因而会提高输出电阻。

判断电压、电流反馈主要看取样端反馈信号是取自输出电压还是输出电流。通常有两种判断方法。

方法 1：输出端短路法。将反馈放大电路的负载短路（令输出电压 $u_o = 0V$），观察此时是否仍有反馈信号。如果反馈信号不复存在，则为电压反馈；否则是电流反馈。

方法 2：根据电路结构判定。在交流通路中，若放大电路的输出端和反馈网络的取样端处在同一个放大器件的同一个电极上，则为电压反馈；否则是电流反馈。

按上述方法可以判定，图 4-29 中引入的是电压反馈，图 4-30 中引入的是电流反馈。

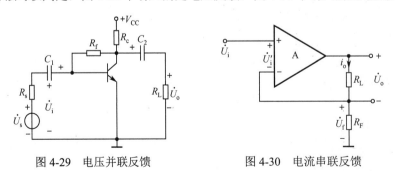

图 4-29　电压并联反馈　　　　图 4-30　电流串联反馈

（4）**串联反馈**和**并联反馈**。串联反馈和并联反馈是指反馈信号在放大电路的输入端和输入信号的连接形式。

反馈信号可以是电压量或电流量，输入信号也可以是电压量或电流量。如果反馈信号和输入信号都是电压量，那么它们在输入回路中必定以串联的方式连接，这就是串联反馈；如果反馈信号和输入信号都是电流量，那么它们在输入回路中必定以并联的方式连接，这就是并联反馈。

判断串、并联反馈的方法：对于交流分量而言，如果输入信号和反馈信号分别接到同一放大器件的同一个电极上，则为并联反馈；如果两个信号接到不同电极上，则为串联反馈。按此方法可以判定，图 4-29 中引入的是并联反馈，图 4-30 中引入的是串联反馈。

以上介绍了几种常见的反馈分类方法。除此之外，反馈还可以从其他方面分类。例如，在多级放大电路中，可以分为局部反馈（本级反馈）和级间反馈；又如，在差分放大电路中，可以分为差模反馈和共模反馈等，此处不再一一列举。

根据以上分析可知，实际放大电路中的反馈形式是多种多样的，本章将着重分析各种形式的交流负反馈。对于交流负反馈来说，根据反馈信号在输出端取样方式以及在输入回路中叠加形式的不同，共有 **4 种反馈组态：电压串联负反馈、电压并联负反馈、电流串联负反馈、电流并联负反馈**。

反馈放大电路中，由于输入信号 $\dot{X}_i$、输出信号 $\dot{X}_o$、反馈信号 $\dot{X}_f$ 以及净输入信号 $\dot{X}_i'$ 可能是电压量，也可能是电流量，因此对于不同组态的反馈，其开环放大倍数 $\dot{A}$（$\dot{A}=\dfrac{\dot{X}_o}{\dot{X}_i'}$）、反馈系数 $\dot{F}$（$\dot{F}=\dfrac{\dot{X}_f}{\dot{X}_o}$）和闭环放大倍数 $\dot{A}_f$（$\dot{A}_f=\dfrac{\dot{X}_o}{\dot{X}_i}$）的物理意义及量纲也不同。为了便于比较和记忆，现将交流负反馈 4 种组态进行比较并列于表 4-2 中。

表 4-2　交流负反馈 4 种组态的比较

反馈组态	$\dot{X}_i,\dot{X}_f,\dot{X}_i'$	$\dot{X}_o$	$\dot{A}$	$\dot{F}$	$\dot{A}_f$	功　能
电压串联	$\dot{U}_i,\dot{U}_f,\dot{U}_i'$	$\dot{U}_o$	$\dot{A}_{uu}=\dfrac{\dot{U}_o}{\dot{U}_i'}$	$\dot{F}_{uu}=\dfrac{\dot{U}_f}{\dot{U}_o}$	$\dot{A}_{uuf}=\dfrac{\dot{U}_o}{\dot{U}_i}$	$\dot{U}_i$ 控制 $\dot{U}_o$ 电压放大
电流串联	$\dot{U}_i,\dot{U}_f,\dot{U}_i'$	$\dot{I}_o$	$\dot{A}_{iu}=\dfrac{\dot{I}_o}{\dot{U}_i'}$	$\dot{F}_{ui}=\dfrac{\dot{U}_f}{\dot{I}_o}$	$\dot{A}_{iuf}=\dfrac{\dot{I}_o}{\dot{U}_i}$	$\dot{U}_i$ 控制 $\dot{I}_o$ 电压转换成电流
电压并联	$\dot{I}_i,\dot{I}_f,\dot{I}_i'$	$\dot{U}_o$	$\dot{A}_{ui}=\dfrac{\dot{U}_o}{\dot{I}_i'}$	$\dot{F}_{iu}=\dfrac{\dot{I}_f}{\dot{U}_o}$	$\dot{A}_{uif}=\dfrac{\dot{U}_o}{\dot{I}_i}$	$\dot{I}_i$ 控制 $\dot{U}_o$ 电流转换成电压
电流并联	$\dot{I}_i,\dot{I}_f,\dot{I}_i'$	$\dot{I}_o$	$\dot{A}_{ii}=\dfrac{\dot{I}_o}{\dot{I}_i'}$	$\dot{F}_{ii}=\dfrac{\dot{I}_f}{\dot{I}_o}$	$\dot{A}_{iif}=\dfrac{\dot{I}_o}{\dot{I}_i}$	$\dot{I}_i$ 控制 $\dot{I}_o$ 电流放大

【例 4-2】 试分析图 4-31 所示电路中引入的反馈的极性和组态。

解： 根据瞬时极性法，假设输入电压 u_i 瞬时极性为 "+"，依次可判断出电路中相关各点电位的瞬时极性，参见图 4-31 中的标注，最终在电阻 R_2 上获得的反馈电压 u_f 为 "+"，即 u_f 有增大的趋势，这个增大的趋势将会使电路的净输入电压 u_i'（差模输入电压 $u_{id}=u_i-u_f$）变小，故电路中引入的是负反馈。

接下来判断反馈的组态。令输出电压 $u_o=0\text{V}$，即将 VT_3 的集电极接地，这将使反馈电压 $u_f=0\text{V}$，故引入的是电压反馈。又因为输入电压 u_i 是从 VT_1 的基极

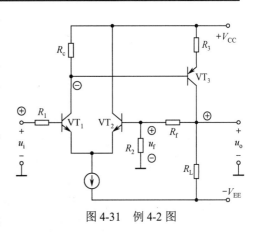

图 4-31　例 4-2 图

输入的，而反馈电压 u_f 接的是 VT$_2$ 的基极，两者的接入端不是同一个电极，因此是串联反馈。

综上判断可知，该电路中引入的是电压串联负反馈。

4.5.2 负反馈放大电路的一般表达式和分析计算

1. 负反馈放大电路的一般表达式

下面借助图 4-26 所示反馈放大电路的框图进一步分析放大电路中反馈的一般规律，并写出反馈放大电路的一般表达式。框图中各物理量的含义前面已经做了说明，此处为了分析和书写方便，假定放大电路工作于中频段，并且反馈网络中无电抗元件，则图 4-26 中各物理量均为实数。下面分析引入反馈后放大电路中各变量之间的关系。

由图 4-26 所示框图可以写出，放大网络的放大倍数 A（又称**开环放大倍数**）和反馈网络的反馈系数 F 分别为

$$A = \frac{X_o}{X_i'}, \quad F = \frac{X_f}{X_o} \tag{4-30}$$

又因为净输入信号 $X_i' = X_i - X_f$，由以上各式可推出输出信号为

$$X_o = AX_i' = A(X_i - X_f) = A(X_i - FX_o)$$

整理后可以得到反馈放大电路的放大倍数，即**闭环放大倍数**的一般表达式为

$$A_f = \frac{X_o}{X_i} = \frac{A}{1+AF} \tag{4-31}$$

式（4-31）即为反馈放大电路闭环放大倍数的一般表达式。其中，$1+AF$ 称为**反馈深度**，表示引入反馈后放大电路的放大倍数与无反馈时相比所变化的值。反馈深度是一个非常重要的参数，通过后面的分析将会看到，当放大电路引入负反馈后，其中各项性能的改善程度皆与 $1+AF$ 的大小有关。下面针对式（4-31）分三种情况进行讨论。

① 若 $(1+AF)>1$，则 $A_f < A$，说明引入反馈后使放大倍数减小，这种反馈称为负反馈。负反馈虽然降低了放大倍数，却换来了放大电路性能的稳定，可以说，负反馈放大电路以牺牲放大倍数为代价换来整个电路性能的改善。

在负反馈情况下，如果反馈深度 $(1+AF) \gg 1$，则式（4-31）可简化为

$$A_f \approx \frac{1}{F} \tag{4-32}$$

式（4-32）表明，当反馈深度 $(1+AF) \gg 1$ 时，闭环放大倍数 A_f 基本上等于反馈系数 F 的倒数，而与放大网络的放大倍数 A 无关。因此，即使由于温度等因素变化而导致放大网络的放大倍数 A 发生变化，只要 F 的值一定，就能保证闭环放大倍数 A_f 稳定，这是深度负反馈放大电路的一个突出优点。实际的反馈网络常由电阻等组成，反馈系数 F 通常取决于某些电阻值之比，基本上不受温度的影响。实际在设计放大电路时，为了提高稳定性，往往选用开环差模电压放大倍数 A_{od} 很高的运放，以便引入**深度负反馈**。

② 若 $(1+AF)<1$，则 $A_f > A$，即引入反馈后使放大倍数增大，因此这种反馈称为正反馈。正反馈虽然可以提高增益，但会使放大电路的性能不稳定，所以很少使用。

③ 若 $(1+AF) = 0$，即 $AF = -1$，则 $A_f \rightarrow \infty$。说明当 $X_i = 0$ 时，$X_o \neq 0$，此时放大电路虽然没有外加输入信号，但有一定的输出信号，放大电路的这种状态称为**自激振荡**。当反馈放大电路发生自激振荡时，输出信号将不受输入信号的控制，也就是说，放大电路失去了放大作用，这是我们所不希望的。但是，有时为了产生正弦波或其他波形信号，会有意识地在放大电路中引入正反馈，

并使之满足自激振荡的条件。

2. 负反馈放大电路的分析计算

本节讨论负反馈放大电路的分析计算，主要是近似估算其闭环电压放大倍数，即输出电压 U_o 与输入电压 U_i 的比值。然而，根据反馈的分类可以知道，闭环放大系统中的输入、输出及反馈信号均可以是电压或电流，这就使得闭环放大倍数 $A_f = X_o/X_i \approx 1/F$ 只是广义的放大倍数。因此 A_f 的含义和量纲与反馈组态有关，并非专指闭环电压放大倍数。

由表 4-2 可知，只有电压串联负反馈的闭环放大倍数 A_f 才代表闭环电压放大倍数，即 A_{uuf}。而电压并联、电流串联和电流并联负反馈的闭环放大倍数 $A_f = X_o/X_i$ 分别是 A_{uif}、A_{iuf} 和 A_{iif}，它们的物理意义分别为负反馈放大电路的闭环转移电阻、闭环转移电导和闭环电流放大倍数。

为此，在分析估算负反馈放大电路的闭环电压放大倍数时，应采取以下两种不同的方法。

（1）对于电压串联负反馈，直接利用关系式 $A_f \approx \dfrac{1}{F}$，此时，$A_f \approx \dfrac{1}{F}$ 的具体含义是 $A_{uuf} \approx \dfrac{1}{F_{uu}}$，因此，只要求出 F_{uu}，即可得到 A_{uuf}。

（2）对于其他三种负反馈组态，可利用关系式 $X_i \approx X_f$ 估算闭环电压放大倍数。这是因为，$A_f = X_o/X_i$，$F = X_f/X_o$，在深度负反馈时 $A_f \approx 1/F$，由此可以得到 $X_i \approx X_f$。$X_i \approx X_f$ 又分别表示为以下两种形式：

① 对于深度串联负反馈，净输入电压近似为零，可认为 $U_i \approx U_f$；

② 对于深度并联负反馈，净输入电流近似为零，可认为 $I_i \approx I_f$。

由此可知，在估算闭环电压放大倍数之前，首先需判断负反馈组态是串联还是并联，以便在 $U_i \approx U_f$ 和 $I_i \approx I_f$ 中选择其中一个，再根据反馈放大电路的具体结构列出 U_i 和 U_f（或 I_i 和 I_f）的表达式，并令其相等，即可估算出闭环电压放大倍数。

【例 4-3】 假设图 4-32 中的运放均为理想运放，并设各电路均满足深度负反馈条件，试估算各电路的闭环电压放大倍数。

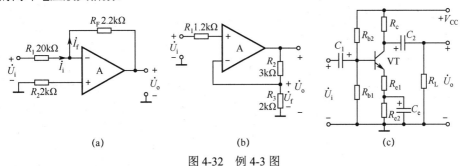

（a）　　　　　　　　　（b）　　　　　　　　　（c）

图 4-32　例 4-3 图

解： 为了估算闭环电压放大倍数，首先应判断各电路的组态。

图 4-32（a）中引入的是电压并联负反馈。根据虚短和虚断两个特点，可认为其反相输入端的电压等于零，则由电路可分别求得 $\dot{I}_i = \dfrac{\dot{U}_i}{R_1}$，$\dot{I}_f = -\dfrac{\dot{U}_o}{R_F}$。由于 $\dot{I}_i \approx \dot{I}_f$，可得 $-\dfrac{\dot{U}_o}{R_F} = \dfrac{\dot{U}_i}{R_1}$，则闭环电压放大倍数为

$$\dot{A}_{uuf} = \frac{\dot{U}_o}{\dot{U}_i} \approx -\frac{R_F}{R_1} = -\frac{2.2 \times 10^3}{20 \times 10^3} = -0.11$$

图 4-32（b）中引入的是电压串联负反馈。可先求出反馈系数 $\dot{F}_{uu}$，然后由 $\dot{A}_{uuf} \approx 1/\dot{F}_{uu}$ 直接估算闭环电压放大倍数。分析电路结构可得 $\dot{U}_f = \dfrac{R_3}{R_2 + R_3}\dot{U}_o$，则 $\dot{F}_{uu} = \dfrac{\dot{U}_f}{\dot{U}_o} = \dfrac{R_3}{R_2 + R_3}$。所以

$$\dot{A}_{uuf} \approx \frac{1}{\dot{F}_{uu}} = 1 + \frac{R_2}{R_3} = 1 + \frac{3 \times 10^3}{2 \times 10^3} = 2.5$$

图 4-32（c）中负反馈组态为电流串联，故 $\dot{U}_i \approx \dot{U}_f$。由电路可得 $\dot{U}_f = \dot{I}_e R_{e1} \approx \dot{I}_c R_{e1} \approx \dot{U}_i$，而输出电压 $\dot{U}_o = -\dot{I}_c R'_L$（其中 $R'_L = R_c // R_L$），所以电压放大倍数为

$$\dot{A}_{uuf} = \frac{\dot{U}_o}{\dot{U}_i} \approx \frac{-\dot{I}_c R'_L}{\dot{I}_c R_{e1}} = -\frac{R'_L}{R_{e1}}$$

4.5.3　负反馈对放大电路性能的影响

放大电路引入交流负反馈虽然降低了放大倍数，却能改善多方面的性能，例如，提高放大倍数的稳定性，改变输入、输出电阻，展宽通频带，减小非线性失真等。下面分别加以说明。

1. 提高放大倍数的稳定性

交流负反馈可以提高放大倍数的稳定性，其稳定程度可用 $\frac{\mathrm{d}A_f}{A_f} = \frac{1}{1+AF} \cdot \frac{\mathrm{d}A}{A}$ 表示。此式表明，闭环放大倍数 A_f 的相对变化量 $\frac{\mathrm{d}A_f}{A_f}$ 仅为其开环放大倍数 A 的相对变化量 $\frac{\mathrm{d}A}{A}$ 的 $1/(1+AF)$，也就是说，A_f 的稳定性是 A 的 $(1+AF)$ 倍。例如，当 A 变化 10% 时，若 $1+AF = 100$，则 A_f 仅变化 0.1%。

应当指出，A_f 的稳定性是以损失放大倍数作为代价的，即 A_f 减小到 A 的 $1/(1+AF)$，才使其稳定性提高到 A 的 $(1+AF)$ 倍。

2. 减小非线性失真

可以证明，在输出信号基波不变的情况下，引入负反馈后，电路的非线性失真减小到原来的 $1/(1+AF)$。

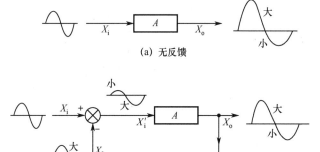

(a) 无反馈

(b) 引入反馈

图 4-33　利用负反馈减小非线性失真

例如，在图 4-33（a）中，放大电路无反馈，当输入信号为正弦波时，由于放大电路的非线性，因此使输出信号变为幅值上大下小、正半周与负半周不对称的失真波形。但是，当电路中引入负反馈后，由于反馈信号取自输出信号，因此也呈现上大下小的波形，这样，净输入信号就会呈现上小下大的波形（因为净输入信号 $X'_i = X_i - X_f$），如图 4-33（b）所示。经过放大电路非线性的校正，使得输出信号幅值正、负半周趋于对称，近似为正弦波，改善了输出波形，即减小了非线性失真。

3. 展宽通频带

引入负反馈后，电压放大倍数下降到原来的几分之一，相应地，通频带就会展宽几倍。可见，引入负反馈可以展宽通频带，但这也是以降低放大倍数作为代价的。

4. 改变输入、输出电阻

（1）串联负反馈使输入电阻增大。在串联负反馈中，由于在放大电路的输入端，反馈网络和放大网络是串联的，因此输入电阻的增大不难理解。通过分析可知，串联负反馈放大电路的输入电阻 $R_{if} = (1+AF) R_i$。

（2）并联负反馈使输入电阻减小。在并联负反馈中，由于在放大电路的输入端，反馈网络和放大网络是并联的，势必造成输入电阻的减小。通过分析可得，并联负反馈放大电路的输入电阻 $R_{if} = \dfrac{1}{1+AF}R_i$。

（3）电压负反馈使输出电阻减小。电压负反馈具有稳定输出电压的作用，即当负载变化时，输出电压的变化很小，这意味着电压负反馈放大电路的输出电阻减小了。放大网络的输出电阻为 R_o，可以证明，电压负反馈放大电路的输出电阻 $R_{of} = \dfrac{R_o}{1+AF}$。

（4）电流负反馈使输出电阻增大。电流负反馈具有稳定输出电流的作用，即当负载变化时，输出电流的变化很小，这意味着电流负反馈放大电路的输出电阻增大了。放大网络的输出电阻为 R_o，可以证明，电流负反馈放大电路的输出电阻 $R_{of} = (1+AF)R_o$。

4.6　集成运算放大电路的应用

集成运放作为通用器件，它的应用十分广泛。以集成运放为核心部件，在其外围加上一定形式的外接电路，即可构成各种功能的电路，例如，模拟信号运算电路、滤波电路、电压比较电路以及波形产生和变换电路等。

在 4.4 节中已经讨论过，集成运放有线性和非线性两种工作状态，因此在分析具体的集成运放应用电路时，首先判断集成运放工作于线性还是非线性状态，再运用线性和非线性状态的特点分析电路的工作原理。如无特别说明，本节讨论的集成运放均视为理想运放。

一般而言，判断集成运放工作状态的最直接的方法是看电路中引入反馈的极性：若为负反馈，则工作于线性状态；若为正反馈或者没有引入反馈（开环状态），则工作于非线性状态。

4.6.1　模拟信号运算电路

在集成运放中加入负反馈，可以实现比例、加法、减法、积分、微分、对数、指数、乘法、除法等数学运算功能，实现这些运算功能的电路统称为模拟信号运算电路，简称运算电路。在运算电路中，集成运放工作于线性状态，在分析各种运算电路时，要注意输入方式，利用虚短和虚断的特点进行工作原理的分析。

1. 比例运算电路

比例运算电路是最基本的运算电路，它是构成其他各种运算电路的基础。本章随后将介绍的各种运算电路，都是在比例运算电路的基础上加以扩展或演变以后得到的。

根据输入信号接法的不同，比例运算电路有三种基本形式：反相输入、同相输入以及差分输入。

（1）反相比例运算电路。图 4-34 所示为反相比例运算电路。输入电压 u_i 通过电阻 R_1 接入运放的反相输入端。R_F 为反馈电阻，引入了电压并联负反馈。同相输入端电阻 R_2 接地，为保证运放输入级差分放大电路的对称性，要求 $R_2 = R_1 // R_F$。

根据前面的分析，该电路的运放工作于线性状态，并具有虚短和虚断的特点。由于虚断，故 $i_+ = 0A$，即 R_2 上没有压降，则 $u_+ = 0V$；又因为虚短，可得 $u_+ = u_- = 0V$。这说明在反相比

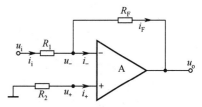

图 4-34　反相比例运算电路

例运算电路中，运放的反相输入端与同相输入端的电位不仅相等，而且均等于零，如同该两点接地一样，这种现象称为**虚地**。虚地是反相比例运算电路的一个重要特点，由于虚地，使得加在运放输入端的共模输入电压很小。

由于 $i_- = 0A$，因此 $i_i = i_F$，即 $\dfrac{u_i - u_-}{R_1} = \dfrac{u_- - u_o}{R_F}$，则输出电压与输入电压的关系为

$$u_o = -\frac{R_F}{R_1} u_i \qquad (4\text{-}33)$$

由式（4-33）可以看出，u_o 与 u_i 的比值总为负，表示输出电压与输入电压反相。另外，该比值的绝对值可以大于、等于或小于 1。若 $R_F = R_1$，则 $u_o = -u_i$，输出电压与输入电压大小相等，相位相反。这时，反相比例运算电路只起反相作用，称为**反相器**。

由于反相输入端虚地，故该电路的输入电阻为 $R_{if} = R_1$。反相比例运算电路的输入电阻不高，这是电路中接入了电压并联负反馈的缘故。我们已经知道，并联负反馈将降低输入电阻。反相比例运算电路中引入了深度的电压并联负反馈，该电路输出电阻很小，具有很强的带负载能力。

（2）同相比例运算电路。图 4-35 所示为同相比例运算电路，运放的反相输入端通过电阻 R_1 接地，同相输入端通过补偿电阻 R_2 接输入信号，$R_2 = R_1 /\!/ R_F$。电路通过电阻 R_F 引入了电压串联负反馈，运放工作于线性状态。同样，根据虚短和虚断的特点可知，$i_+ = i_- = 0A$，故 $u_- = \dfrac{R_1}{R_1 + R_F} u_o$，

而且 $u_+ = u_- = u_i$。由此可得输出电压与输入电压的关系为

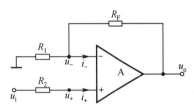

图 4-35 同相比例运算电路

$$u_o = \left(1 + \frac{R_F}{R_1}\right) u_i \qquad (4\text{-}34)$$

由式（4-34）可以看出，u_o 与 u_i 的比值总为正，表示输出电压与输入电压同相。另外，该比值总是大于或等于 1，不可能小于 1。如果比值等于 1，则从式（4-34）可以得到 $u_o = u_i$，此时输入电压 u_i 与输出电压 u_o 不仅大小相等，而且相位相同，故称这一电路为**电压跟随器**。理想运放的开环差模电压放大倍数为无穷大，因而电压跟随器具有比射极输出器好得多的跟随特性。

集成电压跟随器具有多方面的优良性能。例如，型号为 AD9620 的芯片，电压放大倍数为 0.994，输入电阻为 0.8MΩ，输出电阻为 40Ω，带宽为 600MHz，转换速率为 2000V/μs。

同相比例运算电路引入的是电压串联负反馈，具有较高的输入电阻和很低的输出电阻，这是其主要优点。

（3）差分比例运算电路。前面介绍的反相和同相比例运算电路，都是单端输入放大电路。差分比例运算电路属于双端输入放大电路，其电路如图 4-36 所示。为了保证运放两个输入端对地的电阻平衡，同时为了避免降低共模抑制比，通常要求 $R_1 = R_2$，$R_F = R_F'$。根据叠加定理以及虚短和虚断的特点，可以推得输出电压与输入电压关系为

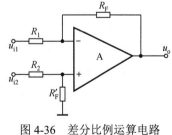

图 4-36 差分比例运算电路

$$u_o = -\frac{R_F}{R_1}(u_{i1} - u_{i2}) \qquad (4\text{-}35)$$

在电路参数对称的条件下，差分比例运算电路的差模输入电阻为 $R_{if} = 2R_1$。

由以上分析可见，差分比例运算电路的输出电压与两个输入电压之差成正比，实现了差分比例运算，或者说实现了减法运算。

2. 加减电路

实现多个输入信号按各自不同的比例求和或求差的电路统称为加减电路。若所有输入信号均作用于运放的同一个输入端，则实现加法运算；若一部分输入信号作用于运放的同相输入端，而另一部分输入信号作用于反相输入端，则实现加减运算。

（1）加法电路。加法电路的输出信号反映了多个模拟输入信号相加的结果。用运放实现加法时，可以采用反相输入方式，也可采用同相输入方式。

① 反相加法电路。图 4-37 所示为反相加法电路，$R' = R_1 \parallel R_2 \parallel R_3 \parallel R_F$。由虚短和虚断的概念可以推得输出电压与输入电压的关系为

$$u_o = -i_F R_F = -\left(\frac{R_F}{R_1} u_{i1} + \frac{R_F}{R_2} u_{i2} + \frac{R_F}{R_3} u_{i3} \right) \qquad (4-36)$$

图 4-37 所示反相加法电路的优点：当改变某个输入支路中的电阻时，仅仅改变输出电压与该支路输入电压之间的比例关系，对其他各支路没有影响，因此调节比较灵活方便。另外，该电路具有虚地的特点，使得加在运放输入端的共模电压很小。在实际工作中，反相输入方式的加法电路应用比较广泛。

② 同相加法电路。图 4-38 所示为同相加法电路，各输入电压加在运放的同相输入端。同样，利用理想运放线性区的两个特点，可以推得输出电压与各输入电压之间的关系为

$$u_o = \left(1 + \frac{R_F}{R_1} \right)\left(\frac{R_+}{R_1'} u_{i1} + \frac{R_+}{R_2'} u_{i2} + \frac{R_+}{R_3'} u_{i3} \right) \qquad (4-37)$$

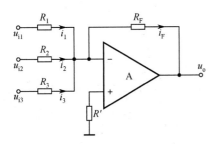
图 4-37 反相加法电路

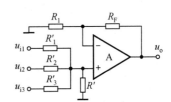
图 4-38 同相加法电路

式（4-37）中，$R_+ = R_1' \parallel R_2' \parallel R_3' \parallel R'$。也就是说，$R_+$ 与接在运放同相输入端所有各路的输入电阻及反馈电阻有关，要改变某一路输入电压与输出电压的比例关系，在调节该路输入端电阻时，也将改变其他各路的比例关系，故常常需要反复调整，才能最后确定电路的参数，因此估算和调整的过程不太方便。另外，由于运放两个输入端不虚地，因此对运放的最大共模输入电压的要求比较高。在实际工作中，同相加法电路不如反相加法电路应用广泛。

另外，同相加法电路也可由反相加法电路与反相比例运算电路共同实现。通过前面的分析可以看出，反相与同相加法电路的 u_o 计算公式只差一个负号，因此，若在图 4-37 所示反相加法电路的基础上再加一级反相器，则可消除负号，变为同相加法电路。

【例 4-4】 假设一个控制系统中的温度、压力和速度等物理量经传感器后分别转换成为模拟电压 u_{i1}、u_{i2}、u_{i3}，要求该系统的输出电压与上述各物理量之间的关系为

$$u_o = -3u_{i1} - 10u_{i2} - 0.53\,u_{i3}$$

试设计出实现该关系式的电路图，并选取合适的参数以满足上式要求。

解： 由已知关系式可知，输出电压 u_o 与各输入电压之间实现的是反相加法运算，故可采用如图 4-37 所示的电路结构加以实现。将题目给定的关系式与式（4-36）比较，可得 $\frac{R_F}{R_1} = 3$，$\frac{R_F}{R_2} = 10$，$\frac{R_F}{R_3} = 0.53$。为了避免电路中的电阻值过大或过小，可先选 $R_F = 100\text{k}\Omega$，则

$$R_1 = \frac{R_F}{3} = \frac{100}{3}\text{k}\Omega = 33.3\text{k}\Omega , \qquad R_2 = \frac{R_F}{10} = \frac{100}{10}\text{k}\Omega = 10\text{k}\Omega$$

$$R_3 = \frac{R_F}{0.53} = \frac{100}{0.53}\text{k}\Omega = 188.7\text{k}\Omega, \qquad R' = R_1 \;//\; R_2 \;//\; R_3 \;//\; R_F$$

为了保证精度，以上电阻应选用精密电阻。

（2）加减电路。前面介绍的差分比例运算电路实际上就是一个简单的加减电路。如果在差分比例运算电路的同相输入端和反相输入端各输入多个信号，就变成了一般的加减电路，如图 4-39 所示。因为它综合了反相加法电路和同相加法电路的特点，所以也可称为双端输入求和电路。令 $R_- = R_1 \;//\; R_2 \;//\; R_F$，$R_+ = R_3 \;//\; R_4 \;//\; R_5$，取 $R_- = R_+$，使电路参数对称，利用叠加定理可以推得输出电压与输入电压的关系为

$$u_o = \frac{R_F}{R_3}u_{i3} + \frac{R_F}{R_4}u_{i4} - \frac{R_F}{R_1}u_{i1} - \frac{R_F}{R_2}u_{i2} \tag{4-38}$$

要利用图 4-39 实现加减运算，需要保证 $R_- = R_+$，有时选择参数比较困难，这时可考虑用两级电路实现。图 4-40 所示便是采用两级反相加法电路实现的加减电路。根据式（4-36）可以推得图 4-40 电路输出电压与各输入电压的关系为

$$u_o = \frac{R_{F2}}{R_4}\left(\frac{R_{F1}}{R_1}u_{i1} + \frac{R_{F1}}{R_2}u_{i2}\right) - \frac{R_{F2}}{R_3}u_{i3}$$

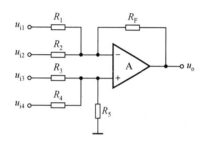
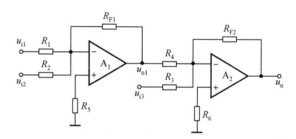

图 4-39　加减电路　　　　　　　　图 4-40　采用两级反相加法电路实现的加减电路

3. 积分和微分电路

我们知道，电容上的电压和电流之间满足微分或积分关系。为此，以运放作为放大网络，利用电阻和电容作为反馈网络，即可实现积分电路和微分电路。

（1）积分电路。积分电路如图 4-41 所示，由虚断和虚短的概念可得 $i_i = i_C = u_i/R$，所以输出电压 u_o 为

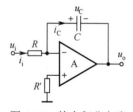

$$u_o = -u_C = -\frac{1}{C}\int i_C\,\mathrm{d}t = -\frac{1}{RC}\int u_i\,\mathrm{d}t \tag{4-39}$$

从而实现了输出电压与输入电压之间的积分运算。通常将式（4-39）中电阻 R 与电容 C 的乘积称为**积分时间常数**，用符号 τ 表示。

当求解 $t_1 \sim t_2$ 时间段的积分值时，输出电压为

图 4-41　基本积分电路

$$u_o = -\frac{1}{RC}\int_{t_1}^{t_2} u_i\,\mathrm{d}t + u_o(t_1) \tag{4-40}$$

式中，$u_o(t_1)$ 为积分起始时刻的输出电压。

积分电路的用途很多，例如，在自动控制系统中用于延缓过渡过程的冲击，使被控制电动机的外加电压缓慢上升，避免其机械转矩猛增造成传动机械的损坏。此外，积分电路还可用于波形变换，如图 4-42 所示。当输入为阶跃信号时，若 t_0 时刻电容上的电压为零，则输出电压波形如图 4-42（a）所示。当输入为矩形波和正弦波信号时，输出电压波形分别如图 4-42（b）和（c）所示。

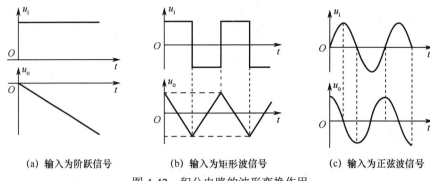

(a) 输入为阶跃信号　　　(b) 输入为矩形波信号　　　(c) 输入为正弦波信号

图 4-42　积分电路的波形变换作用

【例 4-5】　在图 4-41 所示积分电路中，已知电阻 $R = 10\text{k}\Omega$，电容 $C = 0.05\mu\text{F}$，输入电压是周期为 4ms、幅值为 ±3V 的矩形波信号，在 $t = 0$ 时 $u_\text{i} = -3\text{V}$，在 $t = 1\text{ms}$ 时 u_i 跃变为 +3V，在 $t = 3\text{ms}$ 时 u_i 又跃变为 -3V，其余类推，输入电压波形如图 4-43（a）所示。设电容初始电压为零。试求输出电压 u_o 的波形。

解：在 $t = 0 \sim 1\text{ms}$ 期间，$u_\text{i} = -3\text{V}$，且 $t_0 = 0$ 时输出电压的初始值 $u_\text{o}(t_0)$ 为零，则输出电压为

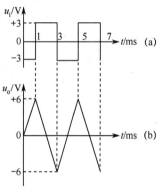

$$u_\text{o} = -\frac{1}{RC}u_\text{i} \cdot (t - t_0) + u_\text{o}(t_0) = -\frac{-3}{10 \times 10^3 \times 0.05 \times 10^{-6}}t\text{ V} = 6000t\text{ V}$$

即 u_o 以 6000V/s 的速度，从零开始向正方向增大，当 $t = 1\text{ms}$ 时，$u_\text{o} = 6\text{V}$。

在 $t = 1 \sim 3\text{ms}$ 期间，$u_\text{i} = +3\text{V}$，$t_0 = 1\text{ms}$，$u_\text{o}(t_0) = 6\text{V}$，则

$$u_\text{o} = -\frac{1}{RC}u_\text{i} \cdot (t - t_0) + u_\text{o}(t_0)$$

$$= -\frac{3\text{V}}{10 \times 10^3 \times 0.05 \times 10^{-6}}(t - 1 \times 10^{-3}\text{s}) + 6\text{V}$$

$$= \left[-6000(t - 1 \times 10^{-3}\text{s}) + 6\right]\text{V}$$

图 4-43　例 4-5 图

即 u_o 以 6000V/s 的速度，从 +6V 开始向负方向增大，当 $t = 3\text{ms}$ 时，$u_\text{o} = -6\text{V}$。

在 $t = 3 \sim 5\text{ms}$ 期间，$u_\text{i} = -3\text{V}$，u_o 从 -6V 开始，又以 6000V/s 的速度向正方向增大。之后重复上述过程。输出电压波形如图 4-43（b）所示。

由例 4-5 可知，输入端的方波变成了输出端的三角波，积分电路实现了波形变换。

（2）微分电路。微分是积分的逆运算。将基本积分电路中 R 和 C 的位置互换，即可组成基本微分电路，如图 4-44 所示。由虚断和虚短的概念可得 $i_\text{C} = i_\text{R}$，则输出电压为

$$u_\text{o} = -i_\text{R}R = -i_\text{C}R = -RC\frac{\text{d}u_\text{C}}{\text{d}t} = -RC\frac{\text{d}u_\text{i}}{\text{d}t} \tag{4-41}$$

可见，输出电压正比于输入电压的微分。

微分电路的波形变换作用如图 4-45 所示，可将矩形波变成尖脉冲输出。微分电路在自动控制系统中可用于加速环节，例如，当电动机出现短路故障时，起加速保护作用，迅速降低其供电电压。

工程上，常把比例（P）、积分（I）和微分（D）电路结合起来构成 PID 校正电路，用于自动控制系统中的信号调节，如图 4-46 所示。PID 校正电路也称 PID 调节器，它实际上是一个运算控制器，在自动控制系统中实现对输入信号的比例、积分和微分等运算控制，比例积分运算用来提高调节精度，微分运算用来加速过渡过程。

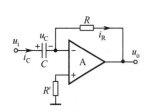
图 4-44　基本微分电路

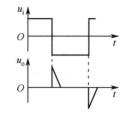
图 4-45　微分电路的波形变换作用

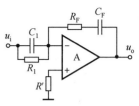
图 4-46　PID 校正电路

4. 对数和指数运算电路

通过第 2 章学习已经知道，二极管在一定条件下，其电流与电压之间存在对数或指数的运算关系，因此将二极管或三极管接入运放的反馈回路和输入回路，即可构成对数和指数运算电路。

（1）对数运算电路。图 4-47 所示为采用二极管构成的对数运算电路，为使二极管正偏导通，输入电压 u_i 应大于零。根据虚短和虚断的概念可得

$$u_o = -u_D \approx -U_T \ln \frac{i_D}{I_s} = -U_T \ln \frac{i_R}{I_s} = -U_T \ln \frac{u_i}{I_s R} \tag{4-42}$$

即输出电压与输入电压之间满足对数运算关系。

图 4-47 仅在一定电流范围内才能实现对数运算。为了扩大输入电压的动态范围，实际中常用三极管取代二极管。图 4-48 便是利用三极管构成的对数运算电路，该电路同样能实现式（4-42）的对数运算关系。

（2）指数运算电路。指数与对数互为逆运算。只需将对数运算电路中的二极管（或三极管）与电阻 R 的位置互换，即可构成指数运算电路，如图 4-49 所示，输入电压 u_i 应大于零。根据虚短和虚断的特点，可以推得输出电压为

$$u_o = -i_R R = -I_s R e^{\frac{u_i}{U_T}} \tag{4-43}$$

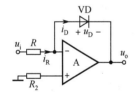
图 4-47　采用二极管的对数运算电路

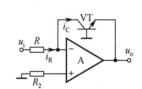
图 4-48　采用三极管的对数运算电路

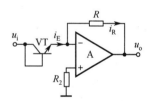
图 4-49　指数运算电路

5. 乘法和除法电路

利用对数和指数运算电路可实现乘法和除法，其实现框图分别如图 4-50 和图 4-51 所示。

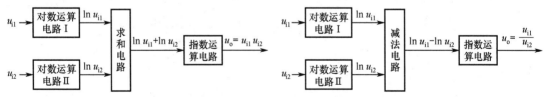
图 4-50　由对数和指数运算电路实现的乘法电路　　　图 4-51　由对数和指数运算电路实现的除法电路

6. 模拟乘法器及其应用

模拟乘法器是一种完成两个模拟信号相乘运算的电子器件。近年来，单片的集成模拟乘法器发展十分迅速。因为其技术性能不断提高，价格比较低廉，使用比较方便，所以应用十分广泛，不仅用于模拟信号的运算，而且已经扩展到电子测量仪表、无线电通信等领域。

（1）模拟乘法器的电路符号和运算关系。模拟乘法器的输入和输出信号可以是连续的电流信号，也可以是连续的电压信号。这里以输入电压信号为例，其电路符号如图 4-52 所示，它有两个

输入电压信号 u_X、u_Y 和一个输出电压信号 u_o。对于一个理想的模拟乘法器，其输出端的电压 u_o 仅与两个输入端的电压 u_X、u_Y 的乘积成正比，故乘法器的输出电压与输入电压关系为

$$u_o = ku_X u_Y \qquad (4\text{-}44)$$

式中，k 为比例系数，其值可正可负。若 k 大于 $0V^{-1}$，则为同相乘法器；若 k 小于 $0V^{-1}$，则为反相乘法器。k 通常为 $+0.1V^{-1}$ 或 $-0.1V^{-1}$。

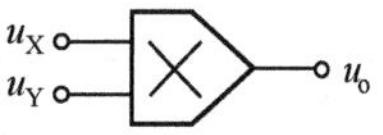

图 4-52 模拟乘法器的电路符号

模拟乘法器的两个输入电压 u_X 和 u_Y 的极性可以有正、负不同的组合，在 u_X 和 u_Y 的坐标平面上分为 4 个区域，即 4 个象限。如果允许两个输入电压均可有正、负两种极性，则乘法器可以在 4 个象限内工作，称为四象限乘法器。如果只允许其中一个输入电压有两种极性，而另一个输入电压为一种单极性，则乘法器只能在两个象限内工作，称为二象限乘法器。如果两个输入电压分别只允许为一种单极性，则乘法器只能在某个象限内工作，称为单象限乘法器。

（2）模拟乘法器的应用。模拟乘法器的用途十分广泛，除用于模拟信号的运算（如乘法、平方、除法及开方等）以外，还在电子测量及无线电通信等领域用于振幅调制、混频、倍频、同步检测、鉴相、鉴频、自动增益控制及功率测量等。下面举几个例子。

① 乘方运算电路。从理论上讲，可以用多个模拟乘法器串联组成 u_i 的任意次幂的运算电路，图 4-53（a）、（b）和（c）分别为平方、3 次方和 4 次方运算电路，其表达式分别如下：

$$u_{o1} = ku_i^2, \quad u_{o2} = k^2 u_i^3, \quad u_{o3} = k^4 u_i^4$$

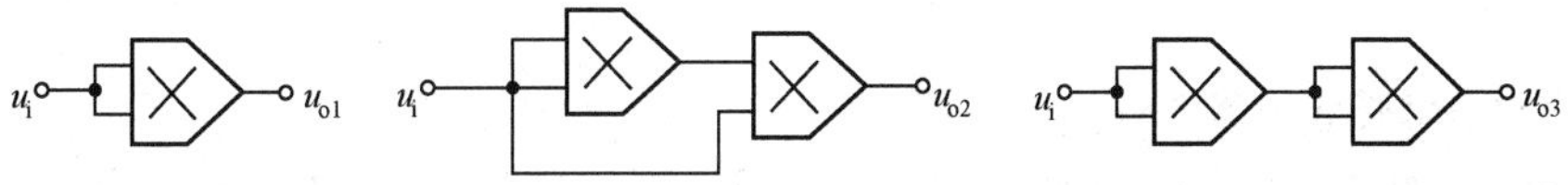

(a) 平方运算电路　　(b) 3次方运算电路　　(c) 4次方运算电路

图 4-53 乘方运算电路

但是实际上，当串联的模拟乘法器超过 3 个时，运算误差的积累会使得电路的精密程度变差，不适用于精度要求较高的场合。因此，在实现高次幂的乘方运算时，可以考虑采用模拟乘法器与对数运算电路和指数运算电路的组合，如图 4-54 所示。

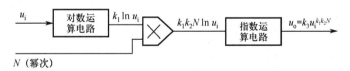

图 4-54 N 次幂运算电路

② 除法电路。图 4-55 所示为除法电路，模拟乘法器放在反馈回路中，并形成深度负反馈，可以推得

$$u_o = -\frac{R_2}{kR_1} \cdot \frac{u_{i1}}{u_{i2}} \qquad (4\text{-}45)$$

从而实现了 u_{i1} 对 u_{i2} 的除法运算，$-\dfrac{1}{k}$ 是其比例系数。

必须指出，u_{i1} 和 u_{o1} 极性必须相反，才能保证运放工作于深度负反馈状态，因此要求 u_{i2} 必须为正，u_{i1} 的极性可以是任意的，故图 4-55 所示电路属二象限除法电路。

③ 开方运算电路。在图 4-55 所示除法电路中，如果将 u_{i2} 端也接到 u_o 端，则除法电路变成了开方运算电路，如图 4-56 所示，可得

$$u_o = \sqrt{-\frac{u_i}{k}} \qquad (4\text{-}46)$$

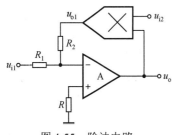

图 4-55　除法电路

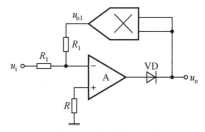

图 4-56　开方运算电路

由式（4-46）可以看出，只有当 u_i 为负值时，才能满足负反馈条件。图 4-56 中，当 u_i 由于受干扰等影响变为正值时，u_{o1} 与 u_i 都为正值，放大电路变为正反馈，电路不能正常工作，出现锁定现象。加了二极管后，可避免锁定现象的发生。

以上是模拟乘法器在信号运算方面的应用举例。此外，模拟乘法器在电子测量和无线通信等领域也有广泛的应用，如用模拟乘法器可以构成倍频电路、功率测量电路、自动增益控制电路等。

4.6.2　滤波电路

滤波电路简称**滤波器**，它是一种信号处理电路。按照结构的不同，滤波器分为无源滤波器和有源滤波器。有源滤波器是以集成运放为核心构成的一种滤波器。在有源滤波器中，运放工作于线性区。

1. 滤波的概念及滤波器的分类

在电子电路中传输的信号，往往会包含多种频率的正弦波分量，其中除有用的频率分量外，还有无用的甚至对电子电路工作有害的频率分量，如高频干扰和噪声。滤波器的作用就是允许一定频率范围内的信号顺利通过，而抑制或削弱那些不需要的频率分量，即实现**滤波**。

根据滤波器输出信号中所保留的频率成分不同，可将滤波器分为低通滤波器（LPF）、高通滤波器（HPF）、带通滤波器（BPF）和带阻滤波器（BEF）四大类。它们的幅频特性曲线如图 4-57 所示，被保留的频段称为**通带**，被抑制的频段称为**阻带**。图 4-57 中虚线为实际滤波特性曲线，实线为理想滤波特性曲线。

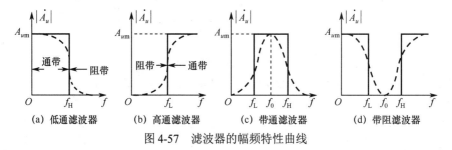

(a) 低通滤波器　　　(b) 高通滤波器　　　(c) 带通滤波器　　　(d) 带阻滤波器

图 4-57　滤波器的幅频特性曲线

滤波电路的理想特性：① 通带范围内信号无衰减地通过，阻带范围内无信号输出；② 通带与阻带之间的过渡带宽度为零。

2. 无源滤波器

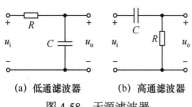

(a) 低通滤波器　　(b) 高通滤波器

图 4-58　无源滤波器

图 4-58 所示 RC 电路是简单的**无源滤波器**。图 4-58（a）中，电容 C 上的电压为输出电压，由于电容的容抗 X_C 对输入电压中的高频信号而言很小，因此输出电压中高频信号的幅值很小，受到抑制，而低频信号的幅值很大，能顺利通过，为无源低通滤波电路。图 4-58（b）中，电阻 R 上的电压为输出电压，由于高频时电容的容抗很小，因此电容两端电压中高频信

号的幅值很小，使得输出电压中的高频信号幅值很大，能顺利通过，而低频信号被抑制，因此为高通滤波电路。其幅频特性曲线分别如图 4-57（a）、（b）所示。

无源滤波电路结构简单，但存在诸多缺点，如通带电压放大倍数低、带负载能力差、滤波特性受负载影响、过渡带较宽、幅频特性不理想等。

为了克服无源滤波器的缺点，可将无源滤波器接到运放的同相输入端。因为运放为有源器件，故称这种滤波电路为**有源滤波器**。

3. 有源滤波器

（1）有源低通滤波器。图 4-59（a）所示为一阶有源低通滤波器，其中 RC 环节为无源低通滤波电路，输入信号通过它加到同相比例运算电路的输入端，即运放的同相输入端，因此电路中引入了深度电压负反馈。图 4-59（a）电路的电压放大倍数为

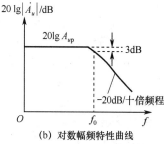

(a) 电路

$$\dot{A}_u = \frac{\dot{U}_o}{\dot{U}_i} = \left(1 + \frac{R_F}{R_1}\right)\frac{\dot{U}_+}{\dot{U}_i} = \frac{1 + \frac{R_F}{R_1}}{1 + j\frac{f}{f_0}} = \frac{A_{up}}{1 + j\frac{f}{f_0}} \qquad (4\text{-}47)$$

式中

$$A_{up} = 1 + \frac{R_F}{R_1} \qquad (4\text{-}48)$$

$$f_0 = \frac{1}{2\pi RC} \qquad (4\text{-}49)$$

(b) 对数幅频特性曲线

图 4-59 一阶有源低通滤波器

A_{up} 和 f_0 分别称为**通带电压放大倍数**和**通带截止频率**。

图 4-59（a）中，当 $f = 0$ 时，电容 C 相当于开路，此时的通带电压放大倍数 A_{up} 即为同相比例运算电路的电压放大倍数。在一般情况下，$A_{up} > 1$，所以与无源滤波器相比，合理选择 R_1 和 R_F 就可得到所需的放大倍数。由于电路引入了深度电压负反馈，输出电阻近似为零，因此电路带负载后，$\dot{U}_o$ 与 $\dot{U}_i$ 关系不变，即负载不影响电路的频率特性。当信号频率 f 为通带截止频率 f_0 时，$|\dot{A}_u| = A_{up}/\sqrt{2}$；因此在图 4-59（b）所示的对数幅频特性曲线中，$f = f_0$ 时的电压增益比通带电压增益 $20\lg A_{up}$ 下降 3dB。当 $f > f_0$ 时，电压增益以 -20dB/十倍频程的斜率下降，这是**一阶有源低通滤波器**的特点。而理想的有源低通滤波器在 $f > f_0$ 时，其电压增益将会立刻降到零。

为了改善一阶有源低通滤波器的特性，使之更接近于理想情况，可利用多个 RC 环节构成多阶有源低通滤波器。具有两个 RC 环节的电路，称为**二阶有源低通滤波器**；具有三个 RC 环节的电路，称为**三阶有源低通滤波器**；依次类推，阶数越多，$f > f_0$ 时，$|\dot{A}_u|$ 下降越快，$\dot{A}_u$ 的频率特性越接近理想情况。图 4-60（a）所示就是一种二阶有源低通滤波器，图 4-60（b）所示为其不同 Q（品质因数）值下的对数幅频特性曲线。由图 4-60（b）可以看出，二阶有源低通滤波器的幅频特性比一阶的好。

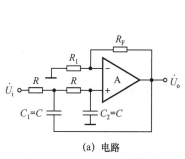

(a) 电路

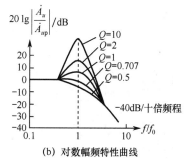

(b) 对数幅频特性曲线

图 4-60 二阶有源低通滤波器

（2）有源高通滤波器。将图 4-59（a）所示一阶有源低通滤波器中 R 和 C 的位置调换，就成为**一阶有源高通滤波器**，如图 4-61（a）所示。在图 4-61（a）中，滤波电容接在运放输入端，它将阻隔、衰减低频信号，而让高频信号顺利通过。

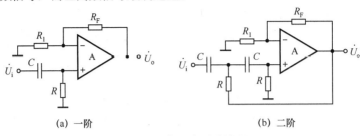

(a) 一阶   (b) 二阶

图 4-61 有源高通滤波器

同有源低通滤波器的分析类似，可以得出有源高通滤波器的通带截止频率 $f_0 = 1/(2\pi RC)$，对于低于截止频率的低频信号，$|A_u| < 0.707|A_{um}|$。

一阶有源高通滤波器的带负载能力强，并能补偿 RC 环节上压降对通带电压增益的损失，但存在过渡带较宽、滤波性能较差的缺点。采用二阶有源高通滤波电路，可以明显改善滤波性能。将图 4-60（a）所示二阶有源低通滤波器中 R 和 C 的位置调换，就成为二阶有源高通滤波电路，如图 4-61（b）所示。

（3）有源带通滤波器。将有源低通滤波器（LPF）和有源高通滤波器（HPF）串联，就可得到**有源带通滤波器**，框图如图 4-62 所示。设前者的通带截止频率为 f_{01}，后者的通带截止频率为 f_{02}，f_{02} 应小于 f_{01}，则通带为 f_{01}-f_{02}。在实用电路中，常采用单个运放构成压控电压源二阶带通滤波器，如图 4-63（a）所示，图 4-63（b）是它的对数幅频特性曲线。Q 值越大，通带电压放大倍数越大，通带越窄，选频特性越好。调整电路的 A_{up} 能够改变通带宽度。

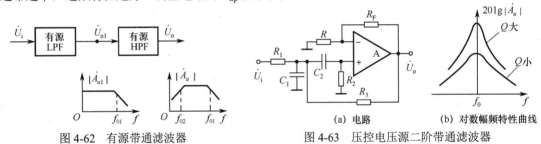

(a) 电路   (b) 对数幅频特性曲线

图 4-62 有源带通滤波器   图 4-63 压控电压源二阶带通滤波器

（4）有源带阻滤波器。将输入电压同时作用于有源低通滤波器和有源高通滤波器，再将两个电路的输出电压求和，就可得到**有源带阻滤波器**，框图如图 4-64 所示。其中有源低通滤波器的通带截止频率 f_{01} 应小于有源高通滤波器的通带截止频率 f_{02}，因此电路的阻带为 f_{02}-f_{01}。

实用电路常利用无源低通滤波器和无源高通滤波器并联构成无源带阻滤波器，然后接同相比例运算电路，从而得到有源带阻滤波器，如图 4-65 所示。由于两个无源滤波器均由三个元件构成T 形，故称之为双 T 网络。

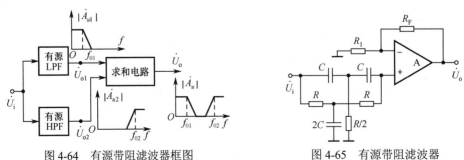

图 4-64 有源带阻滤波器框图   图 4-65 有源带阻滤波器

需要说明的是，关于滤波器，有些教材中还提到全通滤波器（APF）的概念。与前面介绍的 4 种滤波器不同，全通滤波器具有平坦的幅频响应，也就是说，全通滤波器并不衰减任何频率的信号。由此可见，全通滤波器虽然也叫滤波器，但它并不具有通常所说的滤波作用，也正因为如此，全通滤波器更多地被称为全通网络。图 4-66（a）所示为一种一阶全通滤波器，图 4-66（b）是它的相频特性曲线。

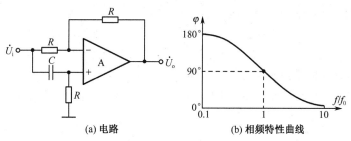

(a) 电路　　　　(b) 相频特性曲线

图 4-66　一阶全通滤波器

由图 4-66（a）可以推得，电路的电压放大倍数为

$$\dot{A}_u = -\frac{1 - \mathrm{j}\omega RC}{1 + \mathrm{j}\omega RC} = |\dot{A}_u| \angle \varphi \tag{4-50}$$

则幅度和相位分别为

$$|\dot{A}_u| = 1 \tag{4-51a}$$

$$\varphi = 180° - 2\arctan\frac{f}{f_0} \tag{4-51b}$$

由相频特性曲线可以看出，当 $f = f_0$ 时，$\varphi = 90°$；当 f 趋于零时，φ 趋于 $180°$；当 f 趋于无穷大时，φ 趋于 $0°$。也就是说，全通滤波器虽然不改变输入信号的幅度，但它会改变输入信号的相位。利用这个特性，全通滤波器可以作为延时器、延迟均衡器等。实际上，前面介绍的 4 种常规滤波器也能改变输入信号的相位，但其幅频特性和相频特性很难兼顾。全通滤波器和其他滤波器组合起来使用，能够很方便地解决这个问题。

在通信系统中，尤其是数字通信领域，延迟均衡是非常重要的。可以说，没有延迟均衡，就没有现在广泛使用的宽带数字网络。延迟均衡是全通滤波器最主要的用途。超过 90%的全通滤波器产品用于相位校正。

4.6.3　电压比较器

电压比较器是信号处理电路，其功能是比较两个输入电压的大小，通过输出电压的高电平或低电平来表示两个输入电压的大小关系。在自动控制和电子测量中，它常用于鉴幅、模数转换，以及各种非正弦波形的产生和变换电路。

电压比较器的输入信号通常是两个模拟量，在一般情况下，其中一个输入信号是固定不变的参考电压 U_{REF}，另一个输入信号则是变化的模拟电压 u_i。输出电压只有两种可能的状态：正饱和值 $+U_{\mathrm{OM}}$ 或负饱和值 $-U_{\mathrm{OM}}$。可以认为，电压比较器的输入信号是连续变化的模拟量，而输出信号则是数字量，即 **0 或 1**。

电压比较器中，运放通常工作于非线性区，即满足以下条件：当 $u_- < u_+$ 时，$U_o = +U_{\mathrm{OM}}$，正向饱和；当 $u_- > u_+$ 时，$U_o = -U_{\mathrm{OM}}$，负向饱和；当 $u_- = u_+$ 时，$-U_{\mathrm{OM}} < U_o < +U_{\mathrm{OM}}$，状态不定。

上述关系表明，工作于非线性区的运放，当 $u_- < u_+$ 或 $u_- > u_+$ 时，其输出状态都保持不变；只有当 $u_- = u_+$ 时，输出状态才能够发生跳变。也就是说，若输出状态发生跳变，必定发生在 $u_- = u_+$ 的时刻，这是分析电压比较器的重要依据。通常，把电压比较器输出状态发生跳变的时刻所对应的输入电压称为**阈值电压**（简称阈值）或**门限电压**（简称门限），记作 U_T。

常用的电压比较器有单限电压比较器、滞回电压比较器和双限电压比较器。

1. 单限电压比较器

单限电压比较器只有一个阈值电压，输入电压变化（增大或减小）经过阈值电压时，输出电压发生跃变。单限电压比较器的基本电路如图 4-67（a）所示，运放处于开环状态，工作于非线性区，输入信号 u_i 加在反相端，参考电压 U_{REF} 接在同相端。当 $u_i > U_{REF}$，即 $u_- > u_+$ 时，$U_o = -U_{OM}$；当 $u_i < U_{REF}$，即 $u_- < u_+$ 时，$U_o = +U_{OM}$。电压传输特性曲线如图 4-67（b）所示。

若希望当 $u_i > U_{REF}$ 时，$U_o = +U_{OM}$，只需将 u_i 输入端与 U_{REF} 输入端调换即可，如图 4-67（c）所示，其电压传输特性曲线如图 4-67（d）所示。若 $U_{REF} = 0V$，则当输入电压过零时，输出电压发生跳变，称为**过零电压比较器**，如图 4-67（e）所示，其电压传输特性曲线如图 4-67（f）所示。过零电压比较器可将正弦波转换为矩形波。

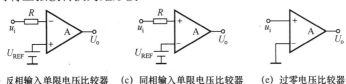

(a) 反相输入单限电压比较器　(c) 同相输入单限电压比较器　(e) 过零电压比较器

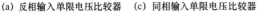

(b) 图(a)的电压传输特性曲线　(d) 图(c)的电压传输特性曲线　(f) 图(e)的电压传输特性曲线

图 4-67　单限电压比较器

图 4-68（a）所示为具有输出限幅的单限电压比较器，其输出端接有背靠背的稳压管，可以对运放的输出电压起限幅作用。稳压管的稳定电压 U_Z 小于运放的输出饱和值 U_{OM}。当运放输出为高电平时，下面的稳压管起稳压作用，输出电压 $U_o = +U_Z$；当运放输出为低电平时，上面的稳压管起稳压作用，输出电压 $U_o = -U_Z$。

图 4-68（a）所示电路中，令 $u_- = u_+$，求出此时的输入电压 u_i 就是阈值电压，即 $U_T = -\dfrac{R_2}{R_1}U_{REF}$。

这表明，只要改变参考电压的大小和极性，或者改变电阻 R_1 和 R_2 的阻值，就可以改变阈值电压的大小和极性。因此，图 4-68（a）所示电路实际上是一个阈值电压可调的单限电压比较器，图 4-68（b）是图 4-68（a）的电压传输特性曲线。

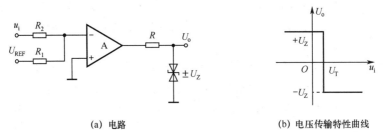

(a) 电路　　　　　　　　　　　(b) 电压传输特性曲线

图 4-68　具有输出限幅的单限电压比较器

2. 滞回电压比较器

单限电压比较器只有一个阈值电压，只要输入电压经过阈值电压，输出电压就会产生跃变。若输入电压受到干扰或噪声的影响，在阈值电压上下波动，即使其幅值很小，输出电压也会在正、负饱和电压之间反复跃变。若发生在自动控制系统中，这种过分灵敏的动作将会对执行机构产生不利的影响，甚至干扰其他设备，使之不能正常工作。为了克服这个缺点，可在电压比较器的输出端与输入端之间引入由 R_F 和 R_2 构成的电压串联正反馈，使得运放同相输入端的电压随着输出电压而改变；输入电压接在运放的反相输入端，参考电压 U_{REF} 经 R_2 接在运放的同相输入端，构成**滞回电压比较器**，电路结构如图 4-69（a）所示，图 4-69（b）是其电压传输特性曲线。

图 4-69（a）所示为具有输出限幅的反相输入滞回电压比较器，如果将输入电压 u_i 从运放的同相端输入，而将反相端通过电阻接到参考电压 U_{REF} 上，则会构成同相输入滞回电压比较器。读者可以参照图 4-69（b），练习画出同相滞回电压比较器的电压传输特性曲线。

滞回电压比较器有两个阈值电压 U_{T1} 和 U_{T2}，且 $U_{T1} > U_{T2}$。它与单限电压比较器的相同之处是，在输入电压向单一方向的变化过程中，输出电压只跃变一次，根据这一特点可以将滞回电压比较器视为两个不同的单限电压比较器的组合。

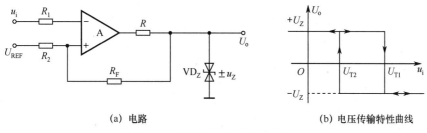

(a) 电路　　　　　　　　　　(b) 电压传输特性曲线

图 4-69　反相输入滞回电压比较器

3. 双限电压比较器

单限电压比较器和滞回电压比较器在输入电压向单一方向变化时，由于输出电压只跃变一次，因此不能检测出输入电压是否在两个给定电压之间，而**双限电压比较器**具有这一功能。图 4-70（a）所示为一种双限电压比较器，它由两个运放 A_1 和 A_2 组成。输入电压分别接到 A_1 的同相端和 A_2 的反相端，两个参考电压 U_{REFH} 和 U_{REFL} 分别接到 A_1 的反相端和 A_2 的同相端，并且 $U_{REFH} > U_{REFL}$，这两个参考电压就是电压比较器的两个阈值电压 U_{T1} 和 U_{T2}，$U_{T1} = U_{REFH}$，$U_{T2} = U_{REFL}$。电阻 R 和稳压管 VD_Z 构成限幅电路。图 4-70（b）是其电压传输特性曲线。

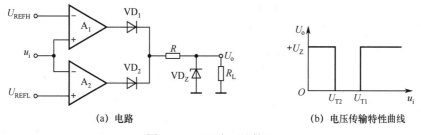

(a) 电路　　　　　　　　　　(b) 电压传输特性曲线

图 4-70　双限电压比较器

本章小结

1. 利用半导体工艺将各种元器件集成在同一个硅片上组成的电路就是集成电路。集成电路具有体积小、成本低、可靠性高等优点，是现代电子系统中常见的器件之一。

2. 集成运放的内部实质上是一个高放大倍数的多级直接耦合放大电路。它通常包含 4 个基本组成部分，即输入级、中间级、输出级和偏置电路。为了有效地抑制零漂，集成运放的输入级常采用差分放大电路。集成运放的输出级基本上采用各种形式的互补对称功率放大电路，以降低输出电阻，提高电路的带负载能力。同时，也希望有较高的输入电阻，以免影响中间级共射放大电路的电压放大倍数。

3．在分析集成运放的各种应用电路时，常常将其中的集成运放看成一个理想运放。理想运放有两种工作状态，即线性和非线性状态，在其传输特性曲线上对应两个工作区域。当运放工作于线性区时，满足虚短和虚断特点。

4．在各种放大电路中普遍采用了负反馈。按照不同的分类标准，反馈可分为正、负反馈，交、直流反馈，串、并联反馈，以及电压、电流反馈。负反馈有 4 种组态。负反馈虽然降低了放大电路的放大倍数，却提高了放大倍数的稳定性，展宽了通频带，减小了非线性失真，改变了输入、输出电阻。

5．集成运放作为通用性的器件，它的应用十分广泛。其优越性在于，以集成运放为核心，在其外围接上不同的阻容元件，就可构成不同功能的电子电路。例如，模拟信号的运算电路、滤波器、电压比较器等。

习题

4-1 选择填空。

（1）电路的 A_{ud} 越大表示_____，A_{uc} 越大表示_____，K_{CMR} 越大表示_____。

（A）零漂越大　　（B）抑制零漂能力越强　　（C）对差模信号的放大能力越强

（2）集成运放有_____个输入端和_____个输出端。

（A）1　　　　　　（B）2　　　　　　　　　（C）3

（3）复合管组成的电路可以_____。

（A）展宽通频带　　（B）提高电流放大系数　　（C）减小零漂　　（D）改变管子类型

（4） a．为了稳定输出电压，应在放大电路中引入_____。

b．为了稳定输出电流，应在放大电路中引入_____。

c．为了减小输出电阻，应在放大电路中引入_____。

d．为了增大输出电阻，应在放大电路中引入_____。

e．为了展宽通频带，应在放大电路中引入_____。

f．为了稳定静态工作点，应在放大电路中引入_____。

（A）直流负反馈　　（B）交流负反馈　　　　（C）电压负反馈

（D）电流负反馈　　（E）串联负反馈　　　　（F）并联负反馈

（5）集成运放引入正反馈后将工作于_____区，若 $u_+ < u_-$，则 u_o = _____；若 $u_+ > u_-$，则 u_o = _____。

（A）线性　　　　　（B）非线性　　　　　　　　（C）$+U_{OM}$　　　　　　　　（D）$-U_{OM}$

4-2 在题图 4-1 所示电路中，试说明存在哪些反馈支路，并判断哪些是正反馈，哪些是负反馈，哪些是直流反馈，哪些是交流反馈。如果为交流负反馈，请判断反馈的组态。

4-3 在题图 4-2 所示电路中，试问：（1）电路中有哪些反馈（包括级间反馈和局部反馈）？分别说明它们的极性和组态。（2）如果要求 R_{F1} 只引入交流反馈，R_{F2} 只引入直流反馈，应该如何改变？请画在图上。（3）在第（2）小题情况下，上述两路反馈各对电路产生什么影响？

4-4 在题图 4-3 所示电路中，要求达到以下效果，应该引入什么反馈？

（1）提高从 b_1 端看进去的输入电阻：应接 R_F 从_____到_____；

（2）减小输出电阻：应接 R_F 从_____到_____；

（3）若 R_{c3} 改变时，其上的 I_O（在给定 u_i 情况下输出电流的有效值）基本不变：应接 R_F 从_____到_____；

（4）若令各级静态工作点基本稳定：应接 R_F 从_____到_____；

（5）若在输出端接上负载电阻 R_L 后，U_O（在给定 u_i 情况下输出电压的有效值）基本不变，应接 R_F 从_____到_____。

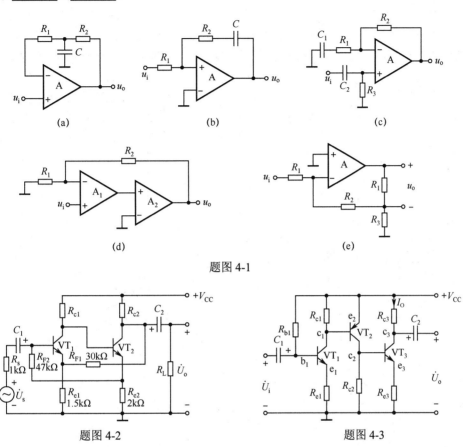

题图 4-1

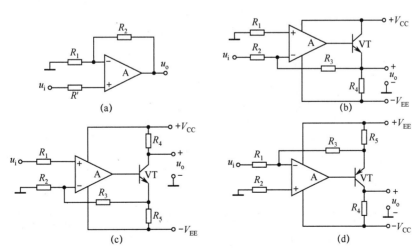

题图 4-2　　　　　　　　　　题图 4-3

4-5　在题图 4-4 所示各电路中，假设所有运放均为理想运放，试分别估算其电压放大倍数 $\dot{A}_{uuf}$。

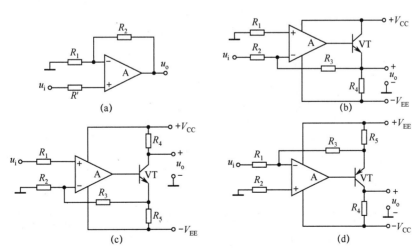

题图 4-4

4-6　电路如题图 4-5 所示，已知运放输出电压的最大幅值为+14V，试填题表 4-1。

4-7　在题图 4-6 所示的放大电路中，已知 $R_1 = R_2 = R_5 = R_7 = R_8 = 10\text{k}\Omega$，$R_6 = R_9 = R_{10} = 20\text{k}\Omega$。

试问：（1）R_3 和 R_4 分别应选用多大电阻？（2）列出 u_{o1}、u_{o2} 和 u_o 的表达式。（3）设 $u_{i1} = 0.3V$，$u_{i2} = 0.1V$，则输出电压为多大？

4-8 电路如题图 4-7 所示。（1）写出 u_o 与 u_{i1}、u_{i2} 的关系式。（2）当 R_P 抽头在最上端时，若 $u_{i1} = 10mV$，$u_{i2} = 20mV$，求 u_o。（3）若 u_o 的最大幅值为±14V，输入电压最大值 $U_{i1max} = 10mV$，$U_{i2max} = 20mV$，最小值均为 0V，为了保证集成运放工作于线性区，R_2 的最大值应为多少？

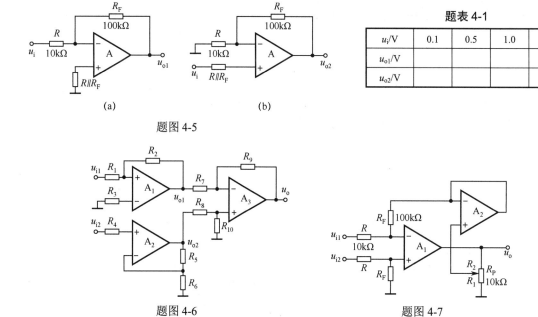

题表 4-1

u_i/V	0.1	0.5	1.0	1.5
u_{o1}/V				
u_{o2}/V				

题图 4-5

题图 4-6　　　　　　　　　题图 4-7

4-9 试求题图 4-8 所示各电路输出电压与输入电压的关系式。

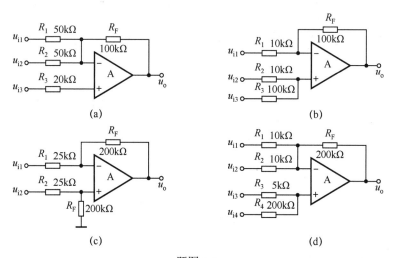

题图 4-8

4-10 电路如题图 4-9 所示，已知运放为理想运放，最大输出电压幅值为+14V，填空：

电路引入了_____（反馈组态）交流负反馈，电路的输入电阻趋近于_____，电压放大倍数 $A_{uf} = \Delta u_o/\Delta u_i =$_____。设 $u_i = 1V$，则 $u_o =$ _____V；若 R_1 开路，则 u_o 变为_____V；若 R_1 短路，则 u_o 变为_____V；若 R_2 开路，则 u_o 变为_____V；若 R_2 短路，则 u_o 变为_____V。

4-11 在题图 4-10（a）所示电路中，已知输入电压 u_i 的波形如题图 4-10（b）所示，在 $t = 0$ 时刻，$u_o = 0V$。试画出输出电压 u_o 的波形。

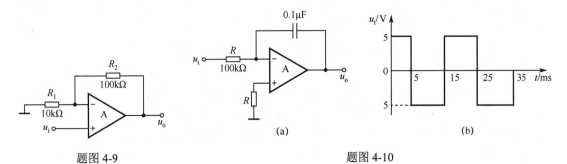

题图 4-9   (a)   (b)   题图 4-10

4-12 写出题图 4-11 所示各电路中输入、输出电压的关系。

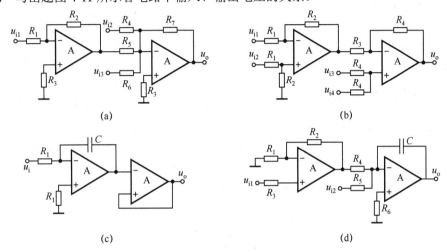

(a)   (b)

(c)   (d)

题图 4-11

4-13 试设计一个比例电压放大器，实现以下运算关系：

$$A_{uf} = \frac{u_o}{u_i} = 0.5$$

4-14 试用集成运放组成一个运算电路，实现以下运算关系：

$$u_o = 2u_{i1} - 5u_{i2} + 0.1 u_{i3}$$

4-15 在下列各种情况下，应分别采用哪种类型（低通、高通、带通、带阻）的滤波器？
（1）抑制 50Hz 交流电源的干扰；   （2）处理具有 1Hz 固定频率的有用信号；
（3）从输入信号中取出低于 2kHz 的信号；   （4）抑制频率在 100kHz 以上的高频干扰。

4-16 设一阶 LPF 和二阶 HPF 的通带电压放大倍数均为 2，通带截止频率分别为 2kHz 和 100Hz。试用它们构成一个带通滤波器，并画出幅频特性曲线。

4-17 已知单限电压比较器、滞回电压比较器和双限电压比较器的电压传输特性曲线如题图 4-12（a）所示，它们的输入电压均为如题图 4-12（b）所示的三角波，试画出 u_{o1}、u_{o2}、u_{o3} 的波形。

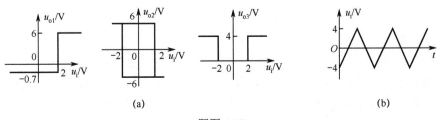

(a)   (b)

题图 4-12

第5章 波形发生电路

波形发生电路又称**波形振荡电路**。正弦波和各种非正弦波作为信号源在自动控制、电子测量、工业加工、通信、家用电器等技术领域得到了广泛的应用。本章首先阐明 RC、LC、石英晶体等正弦波振荡电路的振荡条件、基本组成和判断方法；然后讲述矩形波、三角波、锯齿波等非正弦波振荡电路的工作原理、振荡条件和输出波形。

5.1 正弦波振荡电路

正弦波振荡电路能够在不加任何输入信号的情况下，由电路自行产生一定频率、一定幅值的正弦波电压信号并输出，因此称为"自激振荡"电路。

5.1.1 正弦波振荡电路的基础知识

1. 产生正弦波振荡的条件

在第 4 章讲述的负反馈放大电路中，也会发生自激振荡，其原因是，放大电路和反馈网络所产生的附加相移会使中频情况下的负反馈在高频或低频情况下变成正反馈。可见，正反馈是自激振荡的必要条件和重要标志。负反馈放大电路中的自激振荡是有害的，必须加以消除。但是，正弦波振荡电路的目的就是产生一定频率和幅值的正弦波，因此要在放大电路中有意引入正反馈，并创造条件，使之产生稳定可靠的振荡，如图 5-1 所示。

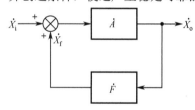

图 5-1 中，在放大电路的输入端加入正弦波信号 $\dot{X}_i$，在它的输出端可输出正弦波信号 $\dot{X}_o = \dot{A}\dot{X}_i$。如果通过反馈网络引入正反馈信号 $\dot{X}_f$，使 $\dot{X}_f$ 的相位和幅值都与 $\dot{X}_i$ 的相同，即 $\dot{X}_f = \dot{X}_i$，那么这时即使去掉输入信号 $\dot{X}_i$，电路仍能继续输出正弦波信号 $\dot{X}_o$。这种用 $\dot{X}_f$ 代替 $\dot{X}_i$ 的方法构成了振荡电路的自激振荡原理。

图 5-1 正反馈连接方框图

由图 5-1 可以看出，$\dot{X}_o = \dot{A}\dot{X}_i$，$\dot{X}_f = \dot{F}\dot{X}_o$，所以，$\dot{X}_f = \dot{A}\dot{F}\dot{X}_i$。又根据上面对自激振荡原理的分析可知 $\dot{X}_f = \dot{X}_i$，于是可以得到以下关系式：

$$\dot{A}\dot{F} = 1 \tag{5-1}$$

式（5-1）便是产生正弦波振荡的条件。也可把式（5-1）分解为**幅值平衡条件**和**相位平衡条件**。

① 幅值平衡条件：

$$|\dot{A}\dot{F}| = AF = 1 \tag{5-2}$$

幅值平衡条件表明，放大电路的开环放大倍数与正反馈网络的反馈系数之积应等于 1，即反馈电压的大小必须和输入电压相等。

② 相位平衡条件：

$$\varphi_A + \varphi_F = 2n\pi \quad （n \text{ 为整数}） \tag{5-3}$$

式中，φ_A 是基本放大电路的输出信号 $\dot{X}_o$ 和净输入信号 $\dot{X}_i'$ 的相位差，φ_F 是反馈网络的输出信号 $\dot{X}_f$ 和输入信号 $\dot{X}_o$ 的相位差。式（5-3）表明，基本放大电路的相位差与反馈网络的相位差之和等于 0 或 2π 的整数倍，即电路必须引入正反馈。

2. 正弦波振荡的起振和稳幅

实际上，振荡电路开始建立振荡（起振）时，并不需要借助外加的输入信号，它本身就能起振，电路由自行起振到稳定需要一个建立的过程。例如，当电路接通电源时，将有电扰动信号作用于电路，这个电扰动信号就可以作为振荡电路的起振信号。根据频谱分析，这种扰动信号是由多种频率的分量组成的，其中必然包含频率为 f_0 的正弦波信号。用一个选频网络将频率为 f_0 的信号"挑选"出来，使它满足振荡的相位平衡条件和幅值平衡条件，其他频率成分的信号则因为不符合振荡条件而衰减为零，所以电路将维持频率为 f_0 的正弦波振荡并最终输出。

振荡初始，输出信号由小逐渐变大，要求电路具有放大作用，所以电路的**起振条件**为 $|\dot{A}\dot{F}|>1$。当然电路应首先满足式（5-3）中的相位平衡条件。如果 $|\dot{A}\dot{F}|$ 始终大于 1，则输出信号会一直增大，将使输出波形失真，显然这是应当避免的。因此，振荡电路还必须有稳幅环节，其作用是在输出信号幅值增大到一定数值后，设法减小放大倍数或减小反馈系数，使得 $|\dot{A}\dot{F}|=1$，从而获得幅值稳定且基本不失真的正弦波输出信号。

3. 正弦波振荡电路的基本组成和分析方法

由以上分析可知，正弦波振荡电路必须有以下 4 个基本组成部分。

① 放大电路。使 $f=f_0$ 的正弦波输出信号能够从小逐渐增大，直到达到稳定的幅值，而且通过它将直流电源提供的能量转换成交流功率。

② 正反馈网络。它使电路满足相位平衡条件，否则不可能产生正弦波振荡。

③ 选频网络。它保证电路只产生单一频率 f_0 的正弦波振荡。在多数电路中，它和正反馈网络合而为一。

④ 稳幅环节。保证输出波形具有稳定的幅值。

正弦波振荡电路常以选频网络所用元件来命名，分为 RC、LC 和石英晶体正弦波振荡电路。RC 正弦波振荡电路的输出波形较好，振荡频率较低，一般在几百千赫兹以下；LC 正弦波振荡电路的振荡频率较高，一般在几百千赫兹以上；石英晶体正弦波振荡电路的振荡频率极其稳定。

分析电路是否会产生正弦波振荡，首先要观察其是否具有上述 4 个必要的基本组成部分，然后判断它是否满足正弦波振荡的条件。具体方法如下。

① 观察电路是否存在放大电路、正反馈网络、选频网络和稳幅环节这 4 个部分。

② 检查放大电路是否有合适的静态工作点，能否正常放大。

③ 判断电路是否在 $f=f_0$ 时引入了正反馈，即是否满足相位平衡条件。在产生正弦波振荡的两个条件中，一般而言，相位平衡条件是主要的，幅值平衡条件相对来说比较容易满足。只有在电路满足相位平衡条件的情况下，判断幅值平衡条件是否满足才有意义。

判断相位平衡条件可以采用**瞬时极性法**，具体做法：假设在适当的位置断开反馈回路，在断开处给放大电路加上频率为 f_0 的输入电压 $\dot{U}_i$，并给定其瞬时极性，例如，瞬时极性为"+"，然后以 $\dot{U}_i$ 的极性为依据判断输出电压 $\dot{U}_o$ 的极性，从而得到反馈电压 $\dot{U}_f$ 的极性，若 $\dot{U}_f$ 和 $\dot{U}_i$ 的极性相同，则说明电路引入的是正反馈，即满足相位平衡条件。

④ 判断电路能否满足起振条件和幅值平衡条件。

5.1.2 RC 正弦波振荡电路

RC 正弦波振荡电路的选频网络由电阻和电容组成。其中，RC 串并联网络正弦波振荡电路是一种应用十分广泛的电路，主要用于产生低频正弦波信号。

1. RC 串并联网络正弦波振荡电路的原理

RC 串并联网络正弦波振荡电路的原理图如图 5-2 所示。它包括三部分：① 集成运算放大器 A；② RC 串并联正反馈选频网络；③ 由电阻 R_1、R_2 组成的负反馈稳幅网络。由图 5-2 可见，RC

串并联网络中的电阻 R、电容 C 以及负反馈稳幅网络中的电阻 R_1、R_2 正好组成一个电桥的 4 个臂，因此这种电路又称为**文氏桥振荡电路**。

以下首先分析 RC 串并联网络的选频特性，然后由相位平衡条件和幅值平衡条件估算电路的振荡频率和起振条件。

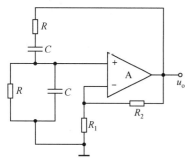

图 5-2　RC 串并联网络正弦波振荡电路

2. RC 串并联网络的选频特性

RC 串并联网络如图 5-3 所示，其中 $\dot{U}_1$ 为网络的输入电压，也就是放大电路的输出电压 $\dot{U}_o$；$\dot{U}_2$ 为网络的输出电压，也就是放大电路的正反馈电压 $\dot{U}_f$。RC 串并联网络的反馈系数为

$$\dot{F} = \frac{\dot{U}_2}{\dot{U}_1} = \frac{\dfrac{R}{1+\mathrm{j}\omega RC}}{R + \dfrac{1}{\mathrm{j}\omega C} + \dfrac{R}{1+\mathrm{j}\omega RC}} = \frac{1}{3 + \mathrm{j}\left(\omega RC - \dfrac{1}{\omega RC}\right)} \quad (5\text{-}4)$$

令 $\omega_0 = 1/(RC)$，则式（5-4）可化简为

$$\dot{F} = \frac{1}{3 + \mathrm{j}\left(\dfrac{\dot{\omega}}{\omega_0} - \dfrac{\omega_0}{\omega}\right)} \quad (5\text{-}5)$$

因此，幅频特性为

$$F = \frac{1}{\sqrt{3^2 + \left(\dfrac{\omega}{\omega_0} - \dfrac{\omega_0}{\omega}\right)^2}} \quad (5\text{-}6)$$

相频特性为

$$\varphi_{\mathrm{F}} = -\arctan\frac{\left(\dfrac{\omega}{\omega_0} - \dfrac{\omega_0}{\omega}\right)}{3} \quad (5\text{-}7)$$

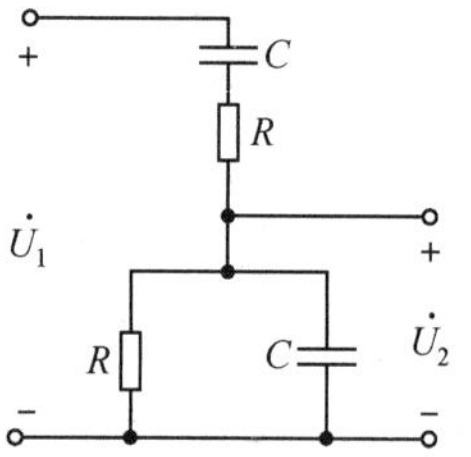

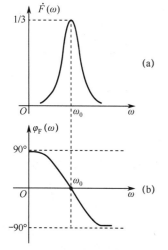

图 5-3　RC 串并联网络

由式（5-6）和式（5-7）可以画出 RC 串并联网络的幅频特性曲线和相频特性曲线，分别如图 5-4（a）和（b）所示。从图 5-4 可以看出，当 $\omega = \omega_0$ 时，反馈系数的幅值最大，$F = 1/3$，即输出电压 $\dot{U}_2$ 最大，并且与输入电压 $\dot{U}_1$ 同相位，$\varphi_{\mathrm{F}}(\omega_0) = 0$。而当 $\omega \neq \omega_0$ 时，输出电压被大幅度衰减，即 RC 串并联网络具有选频特性。ω_0 称为 RC 串并联网络的固有角频率。

3. RC 串并联网络振荡电路的振荡频率与起振条件

（1）振荡频率。为了满足相位平衡条件，要求 $\varphi_{\mathrm{A}} + \varphi_{\mathrm{F}} = 2n\pi$。以上分析说明，当 $f = f_0 = \dfrac{\omega_0}{2\pi} = \dfrac{1}{2\pi RC}$ 时，RC 串并联网络的 $\varphi_{\mathrm{F}} = 0$，如果在此频率下能使放大电路的 $\varphi_{\mathrm{A}} = 2n\pi$，即放大电路的输出电压与输入电压同相，可达到相位平衡条件。在图 5-2 所示原理图中，放大电路是集成运算放大器，采用同相输入方式，则在中频范围内，φ_{A} 近似等于零。因此，电路只有在频率为 f_0 时，才有 $\varphi_{\mathrm{A}} + \varphi_{\mathrm{F}} = 0$，而对于其他任何频率，均不满足振荡的相位平衡条件，所以电路的**振荡频率**为

$$f_0 = \frac{1}{2\pi RC} \quad (5\text{-}8)$$

图 5-4　RC 串并联网络的频率特性曲线

（2）起振条件。已知当 $f = f_0$ 时，$|\dot{F}| = 1/3$。为了满足幅值平衡条件，必须使 $|\dot{A}\dot{F}| > 1$，由此可以求得放大电路的放大倍数必须满足 $|\dot{A}| > 3$。又由于图 5-2 中的集成运算放大器 A 和负反馈稳幅网络电阻 R_1、R_2 构成了同相比例运算电路，因此电压放大倍数为 $A_{uf} = 1 + (R_2/R_1)$，为了使 $|\dot{A}| = A_{uf} > 3$，则只要满足 $R_2 > 2R_1$ 即可。

在 RC 串并联网络中，为了使振荡频率 f_0 连续可调，常用同轴波段开关接不同的电容实现 f_0 的粗调，用同轴电位器 R_P 实现 f_0 的细调，如图 5-5 所示。

图 5-5 所示的 RC 串并联网络，实际上是某正弦波发生器文氏桥振荡电路选频网络部分。如果已知电容 C_1、C_2、C_3 及电阻 R 和电位器 R_P 的参数值，那么便可估算出该波形发生器三个挡位频率的调节范围。

由振荡频率 f_0 的表达式可以看出，各种 RC 正弦波振荡电路的振荡频率均与 R、C 的乘积成反比，若要产生振荡频率很高的正弦波信号，势必要求电阻或电容很小，这无论在电路制造和实现方面都将有较大的困难。因此，RC 正弦波振荡电路一般只能用来产生几赫兹至几百千赫兹的低频信号，若要产生更高频率的正弦波信号，可以考虑采用 LC 正弦波振荡电路。

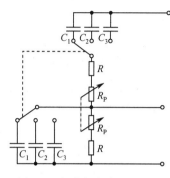

图 5-5　振荡频率连续可调的 RC 串并联网络

5.1.3　LC 正弦波振荡电路

LC 正弦波振荡电路利用 LC 并联回路作为正反馈选频网络，该电路产生的振荡频率较高，可以达到几十兆赫兹以上。LC 正弦波振荡电路按照反馈方式的不同可分为变压器反馈式、电感反馈式、电容反馈式等几种类型。下面首先分析 LC 并联回路的选频特性。

1. LC 并联回路的谐振特性

LC 并联回路如图 5-6 所示，回路中的电阻 R 为电感线圈及回路其他损耗的等效电阻，通常满足 $R \ll \omega L$，为此电路的等效复阻抗近似为

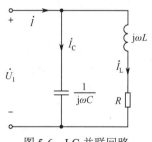

图 5-6　LC 并联回路

$$Z = \frac{L/C}{R + j\left(\omega L - \dfrac{1}{\omega C}\right)}$$

当信号频率 f 为某一特定频率 f_0，即 $f = f_0$ 时，LC 并联回路产生谐振，此时电路阻抗的绝对值 $|Z|$ 最大；而当 $f > f_0$ 或者 $f < f_0$ 时，电路的阻抗都小于最大阻抗。因此，LC 并联回路具有选频特性，其谐振频率表示为 $f_0 = \dfrac{1}{2\pi\sqrt{LC}}$。

2. 变压器反馈式 LC 正弦波振荡电路

（1）工作原理。图 5-7 所示为变压器反馈式 LC 正弦波振荡电路，它由共射放大电路、LC 并联回路（选频网络）和变压器反馈电路三部分组成。LC 并联回路由电容 C 与变压器一次侧线圈 L_1 组成。谐振时，LC 并联回路呈电阻性，在 $f = f_0$ 时，放大电路的输出与输入信号反相，即 $\varphi_A = 180°$。变压器二次侧线圈 L_3 是反馈线圈，利用变压器的耦合作用，反馈线圈产生反馈电压。因为变压器同名端的电压极性相同，所以反馈电压与输出电压反相，$\varphi_F = 180°$，由此可得，$\varphi_A + \varphi_F = 360°$，满足谐振的相位平衡条件。调节变压器的变压系数，可改变反馈量的大小，一般都能满足振荡电路的起振条件 $|\dot{A}\dot{F}| > 1$。

（2）谐振频率。该电路的振荡频率近似等于 LC 并联回路的谐振频率，即

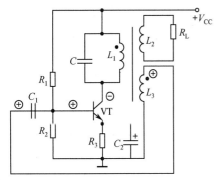

$$f_0 \approx \frac{1}{2\pi\sqrt{LC}} \qquad (5\text{-}9)$$

式中，L 是 LC 并联回路的等效电感。

（3）振幅的稳定。振幅的稳定是利用三极管的非线性特性来实现的。在振荡初期，输出信号和反馈信号都很小，放大电路工作于线性放大区，使输出电压的幅值不断增大。当幅值达到某一数值后，放大电路的工作状态进入饱和区，使得集电极电流 i_C 失真，其基波分量减小，再经过 LC 正弦波并联回路选频，输出稳定的正弦波信号。

图 5-7　变压器反馈式 LC 正弦波振荡电路

变压器反馈式 LC 正弦波振荡电路的特点：电路容易起振，改变电容可调整谐振频率，但输出波形不好，常用于对波形要求不高的设备。

3. 电感反馈式 LC 正弦波振荡电路

（1）工作原理。电感反馈式 LC 正弦波振荡电路如图 5-8 所示，电路由一个带抽头的电感线圈和电容组成 LC 并联回路，该回路作为选频与反馈网络。其中 L_2 为反馈线圈，作用是实现正反馈（可用瞬时极性法判断）。由于电感线圈的三个端分别与三极管的三个电极相连，故电感反馈式 LC 正弦波振荡电路又称为电感三端式振荡电路。

反馈量的大小可以通过改变电感线圈抽头的位置来调整。为了有利于起振，通常反馈线圈 L_2 的匝数占总匝数的 $1/8 \sim 1/4$。

（2）振荡频率。电感反馈式 LC 正弦波振荡电路的振荡频率为

$$f_0 = \frac{1}{2\pi\sqrt{(L_1 + L_2 + 2M)C}} \qquad (5\text{-}10)$$

式中，M 是线圈 L_1 和 L_2 的互感系数。

电感反馈式 LC 正弦波振荡电路的特点：由于存在互感，因此电路更容易起振；改变电容 C 可在较大范围内调节振荡频率，一般从几百千赫兹到几十兆赫兹，但输出波形较差。

4. 电容反馈式 LC 正弦波振荡电路

（1）工作原理。电容反馈式 LC 正弦波振荡电路如图 5-9（a）所示。由 C_1、C_2 和 L 组成并联选频和反馈网络。正反馈电压取自 C_2 的两端。谐振时，选频网络呈电阻性，满足自激振荡的相位平衡条件。由于三极管的 β 值足够大，通过调节 C_1、C_2 的比值可得到合适的反馈电压，因此电路满足幅值平衡条件。一般电容的比值取为 $C_1/C_2 = 0.01 \sim 0.5$。

图 5-9（a）所示电路中，由于 C_1、C_2 两个电容串联后的三个端分别与三极管的三个电极相连，因此这种电容反馈式 LC 正弦波振荡电路也称为电容三端式振荡电路。

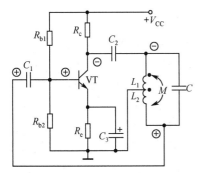

图 5-8　电感反馈式 LC 正弦波振荡电路

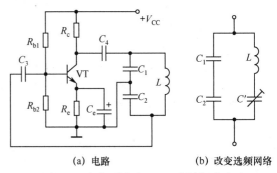

(a) 电路　　　　　(b) 改变选频网络

图 5-9　电容反馈式 LC 正弦波振荡电路

（2）振荡频率。电容反馈式 LC 正弦波振荡电路的振荡频率为

$$f_0 = \frac{1}{2\pi\sqrt{L\left(\dfrac{C_1 C_2}{C_1 + C_2}\right)}} \tag{5-11}$$

该频率近似等于 LC 并联回路的谐振频率。

电容反馈式 LC 正弦波振荡电路的特点：电路的反馈电压取自 C_2 的两端，高次谐波分量小，振荡输出波形较好；C_1 和 C_2 较小时，电路的振荡频率较高，一般可达 100MHz 以上；振荡频率的调节范围小，通常用容量较小的可变电容与电感线圈串联来实现频率的连续可调。

为了方便地调节振荡频率和提高振荡频率的稳定性，可把图 5-9（a）中的选频网络变成图 5-9（b）所示形式，该选频网络的振荡频率为 $f_0' \approx \dfrac{1}{2\pi\sqrt{LC'}}$，式中，$\dfrac{1}{C'} = \dfrac{1}{C_1} + \dfrac{1}{C_2} + \dfrac{1}{C_4}$。由于 $C_1 \gg C_4$，$C_2 \gg C_4$，因此 f_0' 主要由 LC' 决定。通过调节 C' 可以方便地调节振荡频率。

【例 5-1】 图 5-10 所示为某超外差收音机的本机振荡电路，电感线圈一、二次侧的同名端如图中圆点所示。

（1）判断电路中的放大电路是共射、共基、共集接法中的哪一种；

（2）判断电路是否满足相位平衡条件；

（3）说明电容 C_1 和 C_2 起何作用；

（4）说明 C_2 断开后电路还能否维持振荡，并简述原因；

（5）计算当 $C_4 = 20\text{pF}$ 时，在 C_5 的变化范围内，振荡频率的可调范围。

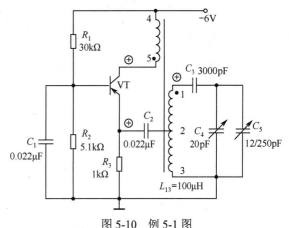

图 5-10 例 5-1 图

解：（1）此电路为共基调谐型变压器反馈式 LC 正弦波振荡电路。

（2）用瞬时极性法，断开 C_2 左端，假设从发射极输入对地为 "+"、频率为 f_0 的信号 $\dot{U}_i$，则集电极电位为 "+"（共基放大电路输出与输入同相）。电感线圈的 1 端对地也为 "+"，3 端对地为 "−"，2 端对地为 "+"，因此将 2、3 端的电压反馈到发射极，正好与所加输入信号 $\dot{U}_i$ 极性相同，所以电路满足相位平衡条件。

（3）电容 C_1、C_2 的值比 LC 并联回路里的电容 C_3、C_4、C_5 大很多，因此 C_1 为旁路电容，C_2 为耦合电容。

（4）若 C_2 断开，则电路失去了正反馈通路，所以不能维持振荡。

（5）振荡频率为

$$f_0 \approx \frac{1}{2\pi\sqrt{L_{13} \cdot \dfrac{(C_4 + C_5)C_3}{C_4 + C_5 + C_3}}}$$

因为当 $C_5 = 250\text{pF}$ 时 $f_0 \approx 1.33\text{MHz}$，当 $C_5 = 12\text{pF}$ 时 $f_0 \approx 2.96\text{MHz}$，所以振荡频率调节范围为 1.33MHz～2.96MHz。

5.1.4 石英晶体正弦波振荡电路

在实际应用中，一般对振荡频率的稳定度要求较高。例如，在无线电通信中，为了减小各电台之间的相互干扰，频率的稳定度必须达到一定的标准。频率的稳定度通常以频率的相对变化量

来表示，即 $\Delta f_0 / f_0$，其中 f_0 为频率的标称值，Δf_0 为频率的绝对变化量。该比值越小，表明频率越稳定。

在 LC 正弦波振荡电路中，频率的稳定度相对较差。利用石英晶体代替 LC 并联回路作为选频网络，就构成了石英晶体正弦波振荡电路，它可使振荡频率的稳定度提高几个数量级，目前已广泛应用于各种通信系统以及雷达、导航等电子设备中。

1. 石英晶体简介

（1）石英晶体的基本特性。将 SiO_2 结晶体按一定的方向切割成很薄的晶片，再将晶片两个对应的表面抛光并涂敷银层，作为两个电极引出引脚，最后加以封装，构成石英晶体。石英晶体的结构示意图和符号如图 5-11 所示。

石英晶体具有"压电效应"，即在晶片两面加上电场，晶片就会产生形变。相反，若在晶片上施加机械压力，则在晶片的相应方向会产生一定的电场。因此，当晶片的两极加上交变电压时，晶片会产生机械振动，同时晶片的机械振动又会产生交变电场。若从外电路来看，这就相当于有交变电流通过晶片。在一般情况下，石英晶体机械振动的振幅非常微小，只有在外加交变电压的频率等于晶片的固有振荡频率时，其振幅和交变电流才会突然增至最大，这种现象称为压电谐振。因此，石英晶体又称为石英振荡器。

（2）石英晶体的等效电路。石英晶体的等效电路如图 5-12 所示。当石英晶体不振动时，它相当于一个平行板电容 C_0，称为静态电容，其值仅与晶片的尺寸有关，一般为几皮法到几十皮法。当晶片振动时，其等效电路应包含等效电感 L_g、等效电容 C_g 和晶片振动时摩擦损耗的等效电阻 R_g，它们的值分别为 $L_g \approx 10^{-3}\mathrm{H} \sim 10^2\mathrm{H}$，$C_g \approx 10^{-4}\mathrm{pF} \sim 10^{-1}\mathrm{pF}$，$R_g \approx 10^2\Omega$。由于晶片的 L_g 很大，C_g、R_g 都很小，故品质因数 $Q = \dfrac{\omega L_g}{R_g}$ 极高，可达 $10^4 \sim 10^6$，比一般 LC 并联回路的 Q 值高出 2～4 个数量级。此外，由于石英晶体本身的固有振荡频率很稳定，因此用它做成的振荡器可获得很高的频率稳定度。

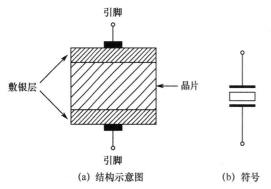

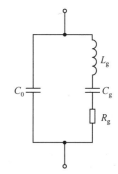

图 5-11　石英晶体的结构示意图和符号　　　图 5-12　石英晶体的等效电路

2. 石英晶体正弦波振荡电路

常用的石英晶体正弦波振荡电路分为两类：一类是石英晶体在电路中以并联谐振形式出现，称为并联型石英晶体振荡电路；另一类是石英晶体在电路中以串联谐振形式出现，称为串联型石英晶体振荡电路。

（1）并联型石英晶体振荡电路。并联型石英晶体振荡电路如图 5-13 所示。石英晶体呈感性，可把它等效为一个电感。选频网络由石英晶体与外接电容 C_1、C_2 组成，振荡器实质上可看作电容三端式振荡电路。

（2）串联型石英晶体振荡电路。图 5-14 所示为一种串联型石英晶体振荡电路，图中 VT_1 和 VT_2 组成两级放大器，该放大器的输出与输入电压反相，经石英晶体与 R_e 和电位器 R_p 形成正反馈网络。R_P 的作用是调节反馈量的大小，使电路既能起振，又能输出良好的正弦波信号。

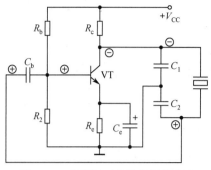

图 5-13　并联型石英晶体振荡电路

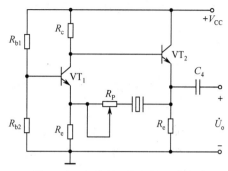

图 5-14　串联型石英晶体振荡电路

5.2　非正弦波振荡电路

在电子设备中，常用到一些非正弦波信号，例如，数字电路中用到的矩形波，示波器和电视机扫描电路中用到的锯齿波等。本节将介绍常见的矩形波、三角波、锯齿波发生电路。

5.2.1　矩形波发生电路

图 5-15（a）所示为一种能产生矩形波的基本电路，由图可见，它在滞回电压比较器的基础上增加了一条 RC 充、放电负反馈支路。

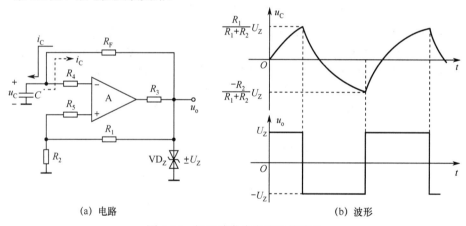

(a) 电路　　　　　　　　　　　　(b) 波形

图 5-15　矩形波发生电路及其波形

1. 工作原理

在图 5-15（a）中，运放 A 工作于非线性区，输出只有两个值 $+U_Z$ 和 $-U_Z$。电容上的电压加在运放的反相端，用以控制滞回电压比较器的工作状态。

设在刚接通电源时，电容上的电压为零，输出为正饱和电压 $+U_Z$，同相端的电压为 $u_+ = \dfrac{R_2}{R_1 + R_2} U_Z$，电容在输出电压 $+U_Z$ 的作用下开始充电，充电电流 i_C 经过电阻 R_F，如图 5-15（a）中实线所示。当电容电压 u_C 升至 u_+ 时，由于运放输入端 $u_- > u_+$，于是电路翻转，输出电压由 $+U_Z$ 翻转至 $-U_Z$，同相端电压变为 $u'_+ = -\dfrac{R_2}{R_1 + R_2} U_Z$，电容开始放电，$u_C$ 开始下降，放电电流 i_C 如图 5-15（a）中虚线所示。当电容电压 u_C 降至 u'_+ 时，由于 $u_- < u_+$，因此输出电压又翻转至 $+U_Z$。如此周而复始，在运放的输出端便得到如图 5-15（b）所示的输出电压波形。

2. 振荡频率及其调节

该电路输出的矩形波电压的周期取决于充、放电的时间常数 $R_F C$。可以证明其周期为 $T = 2.2R_F C$，则振荡频率为

$$f = \frac{1}{2.2R_F C} \tag{5-12}$$

可见，改变 $R_F C$ 即可调节矩形波的周期和频率。

3. 占空比可调的矩形波发生电路

通常，把矩形波正半周时间占一个周期的比率称为矩形波的占空比。通过以上对矩形波发生电路的分析可以想象，欲改变矩形波的占空比，就必须使电容充、放电的时间常数不同，即充、放电回路的参数不同。图 5-16（a）所示便是占空比可调的矩形波发生电路。

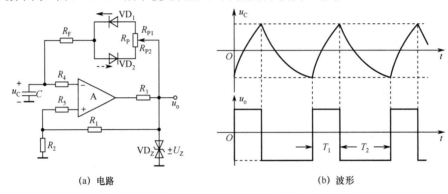

(a) 电路 (b) 波形

图 5-16 占空比可调的矩形波发生电路及其波形

图 5-16（a）所示电路中，电位器 R_P 和二极管 VD_1、VD_2 的作用是将电容的充、放电的回路分开，并调节充、放电两个时间常数的比例，其波形如图 5-16（b）所示。若将二极管看成理想二极管，则由电路可推得电容的充电时间常数和放电时间常数分别为 $\tau_1 = (R_{P1} + R_F)C$ 和 $\tau_2 = (R_{P2} + R_F)C$。

根据一阶动态电路的三要素法，可以解得电容充、放电时间分别为 $T_1 = \tau_1 \ln\left(1 + \dfrac{2R_2}{R_1}\right)$，

$T_2 = \tau_2 \ln\left(1 + \dfrac{2R_2}{R_1}\right)$，则输出矩形波的振荡周期为

$$T = T_1 + T_2 = (R_P + 2R_F)C\ln\left(1 + \frac{2R_2}{R_1}\right) \tag{5-13}$$

占空比为

$$q = \frac{T_1}{T} = \frac{R_F + R_{P1}}{2R_F + R_P} \tag{5-14}$$

式（5-14）表明，改变电位器的滑动端可以改变占空比，但振荡周期是不变的。

5.2.2 三角波发生电路

第 4 章曾学习过，将矩形波进行积分，可以得到线性度较好的三角波。图 5-17（a）所示为三角波发生电路，图 5-17（b）是它的波形。

运放 A_2 构成积分器。运放 A_1 构成滞回电压比较器，其反相端接地，同相端的电压 u_+ 由 u_o 和 u_{o1} 共同决定，表达式为 $u_+ = \dfrac{R_2}{R_1 + R_2}u_{o1} + \dfrac{R_1}{R_1 + R_2}u_o$。当 $u_+ > 0V$ 时，$u_{o1} = +U_Z$；当 $u_+ < 0V$ 时，$u_{o1} = -U_Z$。

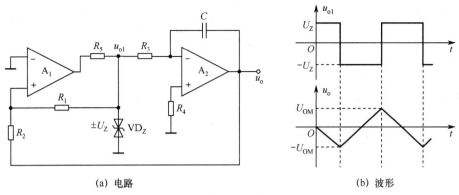

(a) 电路　　　　　　　　(b) 波形

图 5-17　三角波发生电路及其波形

　　在电源刚接通时，假设初始电容电压为零，A_1 的输出电压 u_{o1} 为正饱和电压 $+U_Z$，积分器输入为 $+U_Z$，电容 C 开始充电，输出电压 u_o 开始减小，u_+ 也随之减小。当 u_o 减小到 $-(R_2/R_1)U_Z$ 时，u_+ 由正值变为零，滞回电压比较器发生翻转，A_1 的输出电压 $u_{o1} = -U_Z$。

　　当 $u_{o1} = -U_Z$ 时，积分器输入负电压，输出电压 u_o 开始增大，u_+ 也随之增大。当 u_o 增大到 $(R_2/R_1)U_Z$ 时，u_+ 由负值变为零，滞回电压比较器发生翻转，A_1 的输出电压 $u_{o1} = +U_Z$。

　　此后，前述过程不断重复，便在 A_1 的输出端得到幅值为 U_Z 的矩形波，在 A_2 的输出端得到三角波，可以证明其频率为

$$f = \frac{R_1}{4R_2R_3}C \tag{5-15}$$

　　显然，我们可以通过改变 R_1、R_2、R_3 的阻值来改变三角波的频率。

5.2.3　锯齿波发生电路

　　锯齿波发生电路能够提供一个与时间为线性关系的电压或电流波形，这种信号在示波器和电视机扫描电路以及许多数字仪表中应用广泛。

　　图 5-17（a）三角波发生电路输出的电压波形是等腰三角形。如果人为地使三角形两边不等，这样输出的电压波形就是锯齿波。简单的锯齿波发生电路如图 5-18（a）所示。

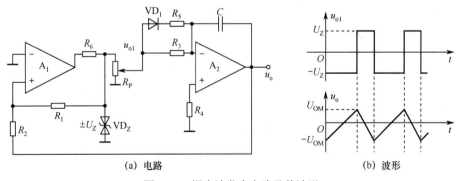

(a) 电路　　　　　　　　(b) 波形

图 5-18　锯齿波发生电路及其波形

　　锯齿波发生电路的工作原理与三角波的基本相同。与图 5-17（a）所示的三角波发生电路相比，图 5-18（a）所示的电路中有两处不同：① 在积分器 A_2 的输入端加了一个电位器 R_P，调节 R_P 可使积分器的输入电压变化，积分到一定电压所需的时间也随之改变，从而改变波形的频率。实际中常采用这种方法来方便地调节三角波的频率。② 在 A_2 反相端输入电阻 R_3 上并联一个由二极管 VD_1 和电阻 R_5 组成的支路，这样积分器的正向积分和反向积分的速度明显不同。当 $u_{o1} = -U_Z$

时，VD_1 反偏截止，正向的积分时间常数为 R_3C；当 $u_{o1} = +U_Z$ 时，VD_1 正偏导通，负向的积分时间常数为 $(R_3//R_5)C$。若取 $R_5 \ll R_3$，则负向积分时间常数小于正向积分时间常数，形成图 5-18（b）所示的锯齿波。

本章小结

1. 正弦波振荡电路利用选频网络通过正反馈产生自激振荡。正弦振荡的平衡条件是 $\dot{A}\dot{F} = 1$，分别表示为相位平衡条件 $\varphi_A + \varphi_F = 2n\pi$（$n$ 为整数）和幅值平衡条件 $|\dot{A}\dot{F}| = 1$。

2. 正弦波振荡电路一般由放大电路、正反馈网络、选频网络和稳幅环节 4 个部分组成。按构成选频网络的元件不同，正弦波振荡电路可分为 RC 和 LC（包括石英晶体）两大类。

3. 非正弦波振荡电路主要包括矩形波、三角波和锯齿波发生电路，它们一般由滞回电压比较器和 RC 环节组成。在分析电路能否产生非正弦波振荡时，应首先观察电路是否包含主要组成部分，然后假设滞回电压比较器的输出分别为高电平和低电平，并分析延迟环节的工作过程。

习题

5-1 简答题。

（1）正弦波振荡电路的振荡条件是什么？要使电路能够起振，应满足什么条件？

（2）正弦波振荡电路由哪些部分组成？各部分功能如何？

（3）通常正弦波振荡电路接成正反馈，为什么电路中又引入负反馈？负反馈作用太强或太弱时会有什么问题？

（4）简述单限电压比较器和滞回电压比较器的特点。

（5）RC 正弦波振荡电路如题图 5-1 所示，试回答：

① 二极管 VD_1、VD_2 的作用。

② 为使电路产生正弦波电压输出，请在运算放大器 A 的输入端标明同相输入端和反相输入端。

③ 若改用热敏电阻代替二极管 VD_1、VD_2，应选择具有负温度系数的热敏电阻还是具有正温度系数的热敏电阻。

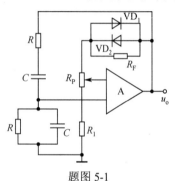
题图 5-1

5-2 判断题。

（1）在 RC 正弦波振荡电路中，因为 RC 串并联选频网络作为反馈网络时 $\varphi_F = 0°$，单管共集放大电路的 $\varphi_A = 0°$，满足正弦波振荡的相位平衡条件 $\varphi_A + \varphi_F = 2n\pi$（$n$ 为整数），故合理连接它们可以构成正弦波振荡电路。（ ）

（2）在 RC 正弦波振荡电路中，若 RC 串并联选频网络中的电阻均为 R，电容均为 C，则其振荡频率 $f_0 = 1/(RC)$。（ ）

（3）电路只要满足 $|\dot{A}\dot{F}| = 1$，就一定会产生正弦波振荡。（ ）

（4）在 LC 正弦波振荡电路中，不用通用型集成运放作为放大电路的原因是其上限截止频率太低。（ ）

（5）只要集成运放引入正反馈，就一定工作于非线性区。（ ）

（6）当集成运放工作于非线性区时，输出电压不是高电平，就是低电平。（ ）

（7）只要电路引入了正反馈，就一定会产生正弦波振荡。（ ）

（8）凡是振荡电路中的集成运放，均工作于线性区。（ ）

（9）负反馈放大电路不可能产生自激振荡。（ ）

（10）在一般情况下，在电压比较器中，集成运放不是工作于开环状态，就是引入了正反馈。（ ）

5-3 现有电路如下：

（A）RC 正弦波振荡电路　　　　（B）LC 正弦波振荡电路

（C）石英晶体正弦波振荡电路

选择合适答案填入空内。

（1）制作频率为 20Hz～20kHz 的音频信号发生器，应选用_____。

（2）制作频率为 2MHz～20MHz 的接收机的本机振荡器，应选用_____。

（3）制作频率非常稳定的测试用信号源，应选用_____。

5-4 已知文氏桥振荡电路如题图 5-2 所示，填空。

（1）若电阻 R_1 为热敏电阻，则温度上升时，其阻值应当_____才能起稳幅作用。

（2）电路的振荡频率的表达式为_____。

（3）若电阻 R_1 开路，则输出电压_____。

（4）若电阻 R_F 开路，则输出电压_____。

5-5 某学生连接的文氏桥振荡电路如题图 5-3 所示，改正图中错误。

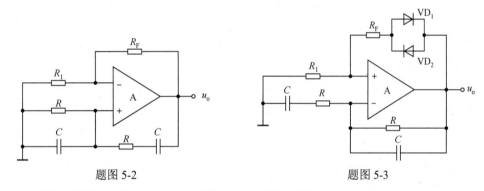

题图 5-2　　　　　　　　　　题图 5-3

5-6 判断如题图 5-4 所示各电路是否能产生正弦波振荡。

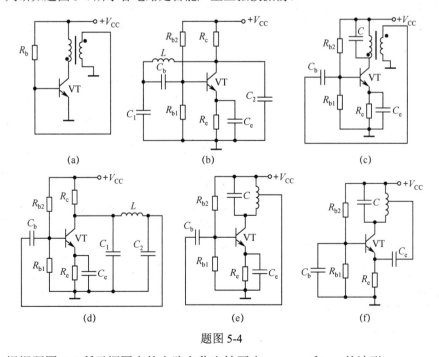

题图 5-4

5-7 根据题图 5-5 所示框图中的电路名称定性画出 u_{o1}、u_{o2} 和 u_{o3} 的波形。

题图 5-5

5-8 标出如题图 5-6 所示各电路中变压器的同名端，使电路满足正弦波振荡的相位平衡条件。

5-9 矩形波发生电路如图 5-15（a）所示，选择填空：

（1）为了增大输出电压 u_o 的幅值，应_____。

（A）增大 R_1　　　　　　（B）增大 R_2　　　　　　（C）换稳定电压大的稳压管

（2）为了增大振荡频率，应_____。

（A）减小 R_2　　　　　　（B）减小 R_F　　　　　　（C）减小 C

5-10 电路如题图 5-7 所示，试标出两个集成运放的同相输入端"+"和反相输入端"−"，并简述原因。

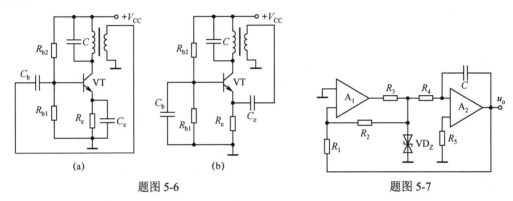

题图 5-6　　　　　　　　　　　　　　　　　题图 5-7

5-11 某音频信号发生器的原理电路如题图 5-8 所示。

（1）分析电路的工作原理。

（2）若电位器 R_P 从 $1k\Omega$ 调到 $10k\Omega$，计算电路振荡频率调节范围。

5-12 波形变换电路框图如题图 5-9（a）所示，各部分电路的输出电压波形如题图 5-9（b）所示，试说明各电路的名称。

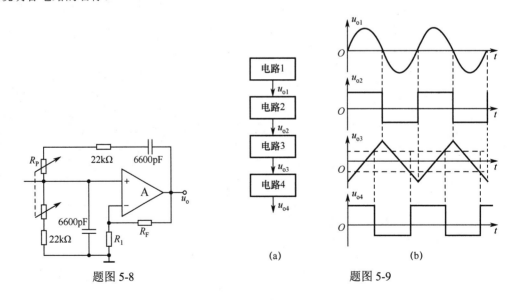

题图 5-8　　　　　　　　　　　　　　　　　题图 5-9

第 6 章　直流稳压电源

在电子电路及设备中，一般需要稳定的直流电源供电。获得直流电源的方法较多，如干电池、蓄电池、直流电机等。比较经济实用的方法是将交流电网提供的 50Hz、220V 的正弦交流电经整流、滤波和稳压后变换成直流电。对于直流电源的主要要求：输出电压的幅值稳定，即当电网电压或负载电流波动时能基本保持不变；直流输出电压平滑，脉动成分小；交流电转换成直流电时的转换效率高。

本章主要介绍单相整流电路、各种滤波电路、稳压管稳压电路以及串联型直流稳压电路的工作原理、主要指标等，对于近年来迅速发展起来的集成稳压电路也将做简单介绍。

6.1　直流稳压电源的组成

一般的小功率直流稳压电源由电源变压器、整流电路、滤波电路和稳压电路 4 部分组成。其框图及各部分的输出波形如图 6-1 所示。下面简要介绍各部分的功能。

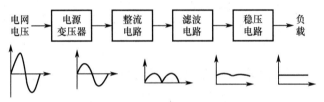

图 6-1　直流稳压电源的组成

1. 电源变压器

交流电网提供 50Hz、220V（单相）或 380V（三相）的正弦波电压，但各种电子设备所需直流电压的幅值各不相同。因此，常常需要将电网电压先经过电源变压器进行降压，将 220V 或 380V 的交流电变成大小合适的交流电以后再进行交、直流转换。当然，有的电源不是利用变压器而是利用其他方法降压的。

2. 整流电路

整流电路的主要任务是利用二极管的单向导电性，将电源变压器二次侧（也称副边，次级）输出的正负交替的正弦波交流电压整流成单方向的脉动直流电压。但是，这种单向脉动直流电压往往包含着很大的脉动成分，距离理想的直流电压还差得很远，故不能直接供给电子设备使用。

3. 滤波电路

滤波电路一般由电容、电感等储能元件组成。它的作用是将整流电路输出的单向脉动电压中的交流成分滤除掉，变成比较平滑的直流电压输出。但是，当电网电压或负载电流发生变化时，滤波电路输出直流电压的幅值也将随之变化，在要求比较高的电子设备中，这种直流电压是不符合要求的。

4. 稳压电路

稳压电路一般利用自动调整的原理，使得输出直流电压在电网电压或负载电流发生变化时保持稳定。

下面分别介绍各部分的电路结构和工作原理。

6.2 整流电路

整流电路利用二极管的单向导电性,将正负交替的正弦波交流电压转换成单方向的脉动直流电压。在小功率的直流电源中,整流电路的主要形式有单相半波整流电路、单相全波整流电路和单相桥式全波整流电路。其中,单相桥式整流电路最为普遍。

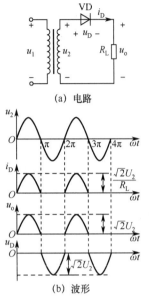

图 6-2 单相半波整流电路

6.2.1 单相半波整流电路

图 6-2(a)所示为**单相半波整流电路**,它是最简单的整流电路,由变压器、整流二极管和负载电阻组成。u_1 是变压器一次侧的输入电压,通常有效值为 220V,频率为 50Hz。u_2 是变压器二次侧的输出电压,一般设 $u_2 = U_{2m} \sin \omega t = \sqrt{2} U \sin \omega t$。$u_2$ 的波形如图 6-2(b)所示。

设整流二极管为理想二极管,在 u_2 的正半周,VD 正偏导通,电流 i_D 经二极管流向负载 R_L,在 R_L 上就得到一个上正下负的电压;在 u_2 的负半周,VD 反偏截止,流过负载的电流为 0,因此 R_L 上电压为 0。这样一来,在 u_2 的一个周期内,R_L 上只有半个周期有电流通过,结果在 R_L 两端得到的输出电压 u_o 就是单方向的,且近似为半个周期的正弦波,所以叫半波整流电路。半波整流电路中各电压、电流的波形如图 6-2(b)所示。

6.2.2 单相全波整流电路

为提高电源的利用率,可将两个单相半波整流电路合起来组成一个**单相全波整流电路**。它的指导思想是利用具有中心抽头的变压器与两个二极管配合,使两个二极管在 u_2 的正半周和负半周轮流导通,而且在两种情况下流过 R_L 的电流保持同一方向,从而使正、负半周在负载上均有输出电压。

单相全波整流电路如图 6-3(a)所示,变压器的两个二次侧电压大小相等,同名端如图 6-3(a)所示。在 u_2 的正半周,VD_1 导通,电流 i_{D1} 经过 VD_1 流向负载 R_L,在 R_L 上产生上正下负的单向脉动直流电压,此时 VD_2 因承受反向电压而截止;在 u_2 的负半周,VD_2 导通,电流 i_{D2} 经过 VD_2 流向负载 R_L,在 R_L 上也产生上正下负的单向脉动直流电压,此时 VD_1 因承受反向电压而截止。这样,在 u_2 的整个周期内,R_L 上均能得到单向的脉动直流电压,故称之为单相全波整流电路,其波形如图 6-3(b)所示。

由图 6-3(b)所示波形可见,全波整流输出电压 u_o 的波形所包围的面积是半波整流的两倍,所以其平均值也是半波整流的两倍。另外,全波整流输出波形的脉动成分比半波整流的有所下降。但是,由图 6-3(a)所示电路可知,在 u_2 的负半周,VD_2 导通,VD_1 截止,此时变压器二次侧两个绕组的电压全部加到 VD_1 的两端,因此二极管承受的反向电压较高,其最大值等于 $2\sqrt{2} U_2$。此外,这种全波整流电路必须采用具有中心抽头的变压器,而且每个线圈只有一半时间通过电流,所以变压器的利用率不高。

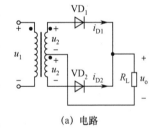

(a)电路

图 6-3 单相全波整流电路

6.2.3　单相桥式全波整流电路

针对图 6-3（a）所示单相全波整流电路的缺点，希望仍用只有一个二次侧绕组的变压器，而能达到全波整流的目的。为此，提出了图 6-4（a）所示的**单相桥式全波整流电路**，简称桥式整流电路。电路中采用了 $VD_1 \sim VD_4$ 共 4 个二极管，并且接成电桥形式，因此得名。

在变压器二次侧电压 u_2 的正半周，VD_1、VD_2 导通，VD_3、VD_4 截止，电流流经 VD_1、R_L、VD_2，在 R_L 上产生上正下负的单向脉动直流电压；在 u_2 的负半周，VD_3、VD_4 导通，VD_1、VD_2 截止，电流流经 VD_3、R_L、VD_4，在负载 R_L 上也产生上正下负的单向脉动直流电压。这样，在 u_2 的整个周期内，负载 R_L 上均能得到脉动直流电压，这与图 6-3（a）所示单相全波整流电路一样。两个电路不同之处在于，桥式整流电路中每个半周均有两个二极管导通，且由于变压器二次侧只有一个绕组，因此每个二极管截止时所承受的反向电压 u_2 仅是图 6-3（a）单相全波整流电路的一半。桥式整流电路波形如图 6-4（d）所示。桥式整流电路还可以有其他画法，如图 6-4（b）、（c）所示。

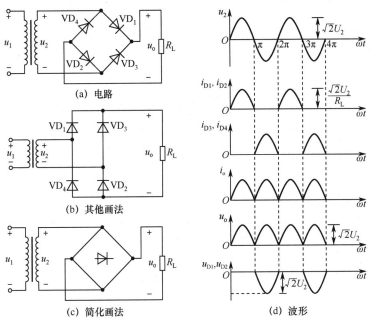

(a) 电路　　(b) 其他画法　　(c) 简化画法　　(d) 波形

图 6-4　单相桥式全波整流电路

由图 6-4 可见，桥式整流电路无须采用具有中心抽头的变压器，仍能达到全波整流的目的。而且，整流二极管承受的反向电压也不高，但是电路中需用 4 个二极管。

6.2.4　整流电路的主要参数

描述整流电路技术性能的主要参数有 4 项：整流电路输出电压及输出电流的平均值，整流电路输出电压的脉动系数，整流二极管正向平均电流，以及整流二极管最大反向峰值电压。

现以应用比较广泛的单相桥式全波整流电路为例，具体分析上述各项主要参数。

1. 输出电压及输出电流的平均值

由图 6-4（d）可见，在桥式整流电路中，输出电压平均值为

$$U_{o(AV)} = \frac{1}{\pi} \int_0^\pi \sqrt{2}\, U_2 \sin \omega t \, \mathrm{d}(\omega t) = \frac{2\sqrt{2}}{\pi} U_2 = 0.9 U_2 \qquad (6\text{-}1)$$

式（6-1）说明，在桥式整流电路中，负载上得到的直流电压约为变压器二次侧电压 u_2 有效值的 90%。这个结果是在理想情况下得到的。如果考虑整流电路内部二极管正向内阻和变压器等效

内阻上的压降，输出直流电压的实际数值还要低一些。

输出电流平均值 $I_{o(AV)}$ 为

$$I_{o(AV)} = \frac{U_{o(AV)}}{R_L} = \frac{0.9U_2}{R_L} \tag{6-2}$$

2. 整流电路输出电压的脉动系数

整流电路输出电压的脉动系数 S 定义为输出电压基波的最大值 U_{o1m} 与其平均值 $U_{o(AV)}$ 之比，即 $S = \dfrac{U_{o1m}}{U_{o(AV)}}$。

为了估算 U_{o1m}，可将图 6-4（d）所示输出电压的波形用傅里叶级数表示如下：

$$u_o = \sqrt{2}U_2\left(\frac{2}{\pi} - \frac{4}{3\pi} \times \cos 2\omega t - \frac{4}{15\pi} \times \cos 4\omega t - \frac{4}{35\pi} \times \cos 6\omega t \cdots\right)$$

式中，第 2 项即为基波成分。可见，输出电压基波频率为 2ω，输出电压基波的最大值为 $U_{o1m} = \dfrac{4\sqrt{2}}{3\pi}U_2$。因此脉动系数为

$$S = \frac{\dfrac{4\sqrt{2}}{3\pi}U_2}{\dfrac{2\sqrt{2}}{\pi}U_2} = 0.67 \tag{6-3}$$

即桥式整流电路输出电压脉动系数为 67%。通过比较可知，桥式整流电路的脉动成分虽然比半波整流电路的有所下降，但数值仍然比较大。

3. 整流二极管正向平均电流 $I_{D(AV)}$

温升是决定半导体器件使用极限的一个重要指标，整流二极管的温升本来应该与通过二极管的电流有效值有关，但是由于平均电流是整流电路的主要工作参数，因此在出厂时已将二极管允许的温升折算成单相半波整流电流的平均值，在器件手册中给出。

在桥式整流电路中，VD_1、VD_2 和 VD_3、VD_4 轮流导通，由图 6-4（d）所示波形可以看出，每个二极管的平均电流等于输出电流平均值的一半，即

$$I_{D(AV)} = \frac{1}{2}I_{o(AV)} \tag{6-4}$$

当负载电流平均值已知时，可以根据 $I_{o(AV)}$ 来选定 $I_{D(AV)}$。在实际选用二极管时，要使得二极管的最大整流电流 $I_F \geqslant I_{D(AV)}$。

4. 整流二极管最大反向峰值电压 U_{RM}

整流二极管的最大反向峰值电压 U_{RM} 是指二极管不导电时，在它两端出现的最大反向电压。选管时应注意使二极管的最大反向工作电压 $U_R \geqslant U_{RM}$，以免被击穿。由图 6-4（d）波形容易看出，整流二极管承受的最大反向峰值电压就是变压器二次侧电压的最大值，即

$$U_{RM} = \sqrt{2}U_2 \tag{6-5}$$

单相半波整流单路和单相全波整流电路的主要参数也可以利用上述方法进行分析，此处不再赘述。现将理想情况下三种单相整流电路的主要参数列于表 6-1 中，以便读者进行查阅和比较。

表 6-1　单相整流电路主要参数的比较

电路形式	$U_{o(AV)}/U_2$	S	$I_{D(AV)}/I_{o(AV)}$	U_{RM}/U_2
半波整流	0.45	157%	100%	1.41
全波整流	0.90	67%	50%	2.83
桥式整流	0.90	67%	50%	1.41

表 6-1 中所列各参数是在忽略变压器内阻和整流二极管压降的情况下得到的。由表 6-1 可知，在同样的 U_2 值之下，半波整流电路的输出电压最低，而脉动系数最高。当 U_2 相同时，桥式整流电路和全波整流电路输出电压相等，脉动系数

也相同，但在桥式整流电路中，每个整流二极管所承受的最大反向峰值电压比全波整流电路的低，因此它的应用比较广泛。

【例6-1】 某电子设备要求电压值为15V的直流电源，已知负载电阻 $R_L = 50\Omega$，试问：

（1）若选用桥式整流电路，则电源变压器二次侧电压有效值 U_2 应为多少？整流二极管正向平均电流 $I_{D(AV)}$ 和最大反向峰值电压 U_{RM} 各为多少？输出电压的脉动系数 S 等于多少？

（2）若改用单相半波整流电路，则 U_2、$I_{D(AV)}$、U_{RM} 和 S 各为多少？

解：（1）由式（6-1）可得

$$U_2 = \frac{U_{o(AV)}}{0.9} = \frac{15}{0.9}\text{V} = 16.7\text{V}$$

根据所给条件，可得输出电流平均值为

$$I_{o(AV)} = \frac{U_{o(AV)}}{R_L} = \frac{15}{50}\text{A} = 300\text{mA}$$

由式（6-4）和式（6-5）可得

$$I_{D(AV)} = I_{o(AV)}/2 = 150\text{mA}$$
$$U_{RM} = \sqrt{2}\,U_2 = \sqrt{2} \times 16.7\text{V} = 23.6\text{V}$$

此时脉动系数为

$$S = 67\%$$

（2）若改用半波整流电路，则

$$U_2 = \frac{U_{o(AV)}}{0.45} = \frac{15}{0.45}\text{V} = 33.3\text{V}$$

$$I_{D(AV)} = I_{o(AV)} = 300\text{mA}$$
$$U_{RM} = \sqrt{2}\,U_2 = \sqrt{2} \times 33.3\text{V} = 47.1\text{V}$$
$$S = 157\%$$

6.3　滤波电路

为了降低整流电路输出电压的脉动成分，需要采用由电容或电感等储能元件组成的滤波电路进行滤波，以得到波形平滑的直流电压。

6.3.1　电容滤波电路

1. 电路组成及工作原理

图6-5（a）所示为单相桥式整流的电容滤波电路，其中与负载并联的电容 C 称为滤波电容。图6-5（b）所示为滤波电路的波形。如前所述，在整流电路中不接滤波电容 C 时，负载 R_L 上的脉动电压 u_o 波形如图6-5（b）中虚线所示。

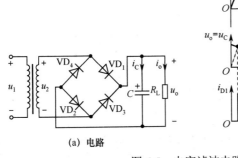
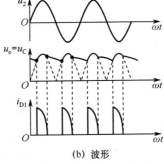

（a）电路　　　　　　　　　（b）波形

图6-5　电容滤波电路

当电路接入滤波电容 C 之后，在 u_2 正半周，VD_1 和 VD_2 导通，电源除向负载 R_L 提供电流 i_o 之外，还有一个电流 i_C 向电容充电。若忽略变压器绕组的内阻和二极管导通电阻，则电容上电压 u_C 将随着 u_2 的上升很快充电到 u_2 的峰值 $\sqrt{2}U_2$。此后，u_2 按正弦规律从峰值开始下降。当 $u_2 < u_C$ 后，4 个二极管由于反偏而全部截止。电容则通过 R_L 进行放电，同时电容上的电压 u_C（负载 R_L 两端输出电压 u_o）按指数规律慢慢下降，下降的速度由放电时间常数 $\tau = R_L C$ 决定，其放电波形如图 6-5（b）中的实线所示。待到 u_2 的负半周 $|u_2| > u_C$ 时，VD_3 和 VD_4 导通，电源再次向负载提供电流并向电容充电。当 u_C 达到峰值之后，$|u_2|$ 又按正弦规律下降，电容再对负载放电。当 $|u_2| < u_C$ 时，4 个二极管又全部截止。随着放电的进行，u_C（u_o）再次按指数规律下降。如此循环，u_o 变成了比较平滑的直流电压，如图 6-5（b）中的实线所示。

输出电压 u_o 的平滑程度取决于滤波电容的放电时间常数 $\tau = R_L C$，τ 越大，放电过程越慢，将使得输出电压平均值越高，脉动成分越小，滤波效果越好。除滤波电容 C 的容量外，负载电阻 R_L 的大小也会影响滤波效果。R_L 减小（或负载电流增大）将使输出电压平均值减小，同时脉动成分增大。所以，电容滤波电路适用于负载电流小且变化范围不大的场合。

2. 滤波电容的选择

由以上分析可知，滤波电容容量的大小直接影响到放电时间常数的大小，从而影响到滤波的效果。从理论上讲，滤波电容越大，放电过程越慢，输出电压越平滑，其平均值也越高。但实际上，大容量的电容体积很大，并将使整流二极管中流过更大的冲击电流。因此在实际电路中，对于全波或桥式整流电路，常根据经验公式来选择滤波电容的容量：

$$R_L C \geqslant (3 \sim 5)\frac{T}{2} \tag{6-6}$$

式中，T 为电网电压的周期。在上述条件下，输出电压平均值为

$$U_{o(AV)} \approx 1.2 U_2 \tag{6-7}$$

一般选择几十微法至几千微法的电解电容，其耐压值应大于 $\sqrt{2}U_2$。在滤波电容接入电路时，要注意电解电容的极性不能接反。

6.3.2 Π 型 RC 滤波电路

在图 6-5（a）所示电容滤波电路的基础上，再加一级 RC 滤波电路，就组成了如图 6-6 所示的 Π 型 RC 滤波电路，因其 C_1、R 和 C_2 的连接形似希腊字母 Π 而得名。

经过第一级电容 C_1 滤波以后，电容两端的电压包含一个直流分量 $U'_{o(AV)}$ 和一个交流分量 u'_o，通过第二级 R 和 C_2 滤波后，在负载电阻 R_L 上得到直流电压 $U_{o(AV)}$，而交流分量将进一步衰减。根据电路可得

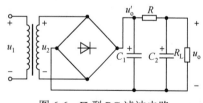

$$U_{o(AV)} = \frac{R_L}{R + R_L} \cdot U'_{o(AV)} \tag{6-8}$$

可见，增加一级 RC 滤波电路以后，使得输出电压更加平滑，但也使得直流电压有所衰减。为了维持原有的输出电压，就要适当提高 U_2 的大小，这是 Π 型 RC 滤波电路的缺点，而且负载电流越大，这个缺点越明显。

图 6-6 Π 型 RC 滤波电路

6.3.3 电感滤波电路和 LC 滤波电路

1. 电感滤波电路

利用电感具有阻止电流变化的特性，在整流电路的负载回路中串联一个电感，即可构成桥式整流的电感滤波电路，如图 6-7 所示。

当整流后的脉动电流增大时，电感 L 将产生反电动势，阻止电流增大；当电流减小时，电感的反电动势将会阻止电流减小，从而使负载电流的脉动成分大大降低，达到滤波的目的。由于电感的交流阻抗很大，而直流电阻很小，因此交流分量在 $j\omega L$ 和 R_L 上分压后，很大部分降落在电感上，所以降低了输出电压中的脉动成分，但直流分量经过电感后基本上没有损失。

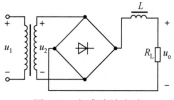

图 6-7　电感滤波电路

所以，电感滤波电路适用于负载电流较大的场合，而且负载电流变化时，输出直流电压变化较小，即其外特性较硬。由图 6-7 所示可知，L 越大，R_L 越小，则滤波效果越好。采用电感滤波，整流二极管的导电角不会减小，避免了浪涌电流的冲击。这些都是电感滤波电路的优点。它的缺点是需要绕制一个体积较大的电感，而且往往是带铁心的电感。

2. LC 滤波电路

为了进一步改善滤波效果，在电感滤波电路的基础上，在 R_L 上再并联一个电容，即构成 LC 滤波电路，如图 6-8 所示。在 LC 滤波电路中，当电感 L 太小，R_L 又很大时，该电路与电容滤波电路很相似，将呈现出电容滤波的特性。为了保证整流二极管的导电角仍为 180°，一般要求 L 较大。对基波信号而言，应满足 $R_L < 3\omega L$。

在 LC 滤波电路中，由于 R_L 上并联了一个电容，交流分量在 $R_L // \dfrac{1}{j\omega C}$ 和 $j\omega L$ 之间分压，所以输出电压 u_o 的脉动成分比仅用电感滤波时更小。若忽略电感 L 上的直流压降，则 LC 滤波电路的输出直流电压为 $U_o \approx 0.9U_2$。

LC 滤波电路在负载电流较大或较小时，均有良好的滤波作用。也就是说，它对负载的适应性比较强。此外，还有 Π 型 LC 滤波电路，如图 6-9 所示。

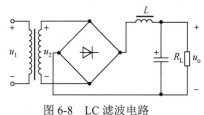

图 6-8　LC 滤波电路

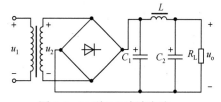

图 6-9　Π 型 LC 滤波电路

表 6-2　各种滤波电路性能的比较

类　型	性　能			
	$U_{o(AV)}/U_2$	适用场合	整流二极管的冲击电流	带负载能力
电容滤波	1.2	小电流	大	弱
Π 型 RC 滤波	<1.2	小电流	大	更弱
电感滤波	0.9	大电流	小	强
LC 滤波	0.9	大、小电流	小	强
Π 型 LC 滤波	1.2	小电流	大	弱

电感滤波和 LC 滤波克服了整流二极管冲击电流大的缺点，滤波效果良好，而且电路的外特性较硬，但与电容滤波相比，输出直流电压较低，采用电感会使其体积和重量都大大增加。表 6-2 中列出了各种滤波电路性能的比较。

6.4　稳压管稳压电路

整流、滤波后得到的平滑直流电压会随电网电压的波动和负载的改变而变化。为了能够提供更加稳定的直流电压，需要在整流、滤波电路后加上稳压电路，使输出直流电压在上述两种变化条件下保持稳定。稳压电路的种类和形式很多，本节首先介绍比较简单的稳压管稳压电路。

6.4.1　电路组成及工作原理

用稳压管组成的稳压电路如图 6-10 所示，稳压管稳压电路由稳压管 VD_Z 和限流电阻 R 组成。

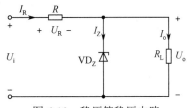

图 6-10 稳压管稳压电路

由第 2 章的学习可知，如果能保证稳压管始终工作于它的稳压区，即保证稳压管的电流 $I_{zmin} \leqslant I_Z \leqslant I_{Zmax}$，则输出电压基本稳定，其值为 U_Z。按照国家标准，电网电压允许的波动范围为±10%，而图 6-10 所示稳压电路中，输入电压 U_i 是整流滤波电路的输出电压，因此当电网电压波动时，U_i 将随之变化，使得 U_o 变化。另外，当整流、滤波电路的负载电阻（电流）变化时，U_o 也将随之变化。所以应从电网电压波动和负载变化两个方面来考察电路是否有稳压作用。

1. 电网电压波动时输出电压基本不变

假设负载电阻 R_L 不变，当电网电压升高使 U_i 增大时，输出电压 U_o 也将随之增大。根据稳压管反向特性，稳压管两端电压的微小升高将使流过稳压管的电流 I_{DZ} 急剧增大，因为 $I_R = I_Z + I_o$，I_{DZ} 增大使 I_R 增大，电阻 R 上的压降 U_R 随之增大，以此来抵消 U_i 的升高，从而使输出电压 U_o 基本不变。当电网电压降低时，U_i、I_Z、I_R 及 R 上电压的变化与上述过程相反，U_o 也基本不变。可见，在电网电压变化时，$\Delta U_R \approx \Delta U_i$，从而使得 U_o 稳定。

2. 负载电阻（电流）变化时输出电压基本不变

假设输入电压 U_i 保持不变，当负载电阻变小，即负载电流 I_o 增大时，造成流过电阻 R 的电流 I_R 增大，R 上电压也随之增大，从而使得输出电压 U_o 下降。但 U_o 的微小下降将使流过稳压管的电流 I_Z 急剧减小，补偿 I_o 的增大，从而使 I_R 基本不变，R 上压降也就基本不变，最终使输出电压 U_o 基本不变。当 I_o 减小时，I_Z 和 R 上电压变化与上述过程相反，U_o 也基本不变。可见，在负载电流变化时，$\Delta I_Z \approx -\Delta I_o$，从而使得 U_o 稳定。

稳压电路的主要性能指标有两项，**稳压系数 S_r 和内阻 R_o**。稳压系数是指在负载电阻 R_L 不变时，输出电压的相对变化量与输入电压相对变化量之比。S_r 越小，当电网电压波动时，稳压电路的稳压性能越好。稳压电路内阻是指在直流输入电压 U_i 不变时，输出端的 ΔU_o 与 ΔI_o 之比。R_o 越小，当负载变化时，稳压电路的稳压性能越好。

6.4.2 限流电阻的选择

图 6-10 所示的稳压管稳压电路中，限流电阻 R 是个很重要的元件，其阻值必须选择合适才能保证稳压管既能稳压又不至于损坏。从图 6-10 可知，$I_R = \dfrac{U_i - U_o}{R} = I_Z + I_o$，若 R 取值过小，则当负载电流最小且 U_i 最大（电网电压产生+10%波动）时，流过稳压管的电流可能超过其允许的最大电流 I_{Zmax}，造成稳压管损坏；若 R 取值过大，则当负载电流最大且 U_i 最小（电网电压产生−10%波动）时，流过稳压管的电流可能减小到最小工作电流 I_{Zmin} 以下，使稳压管失去稳压作用。因此，选择 R 应该满足下述关系：

$$\frac{U_{imax} - U_Z}{R} - I_{omin} < I_{Zmax} \text{ 或 } R > \frac{U_{imax} - U_Z}{I_{Zmax} + I_{omin}} \tag{6-9}$$

$$\frac{U_{imin} - U_Z}{R} - I_{omax} > I_{Zmin} \text{ 或 } R < \frac{U_{imin} - U_Z}{I_{Zmin} + I_{omax}} \tag{6-10}$$

综上所述应选择：

$$\frac{U_{imax} - U_Z}{I_{Zmax} + I_{omin}} < R < \frac{U_{imin} - U_Z}{I_{Zmin} + I_{omax}} \tag{6-11}$$

【例 6-2】 图 6-10 所示稳压管稳压电路中，设稳压管的 $U_Z = 6V$，稳定电流 $I_Z = I_{Zmin} = 5mA$，额定功率 $P_Z = 300mW$，当 I_Z 由 I_{Zmin} 变到 I_{Zmax} 时，U_Z 的变化量 ΔU_Z 为 0.45 V；稳压电路直流输入电压 U_i 为(15±10%)V，负载电阻 R_L 为 200Ω～600Ω。试选择限流电阻 R。

解： 由给定条件可知：

$I_{Zmin} = 5mA$，$\qquad\qquad\qquad$ $I_{Zmax} = P_Z/U_Z = 300mW/6V = 50mA$

$I_{omin} = U_Z/R_{Lmax} = 6V/600\Omega = 10mA$，$\qquad$ $I_{omax} = U_Z/R_{Lmin} = 6V/200\Omega = 30mA$

$U_{imax} = (1+10\%)\times15V = 16.5V$，$\qquad$ $U_{imin} = (1-10\%)\times15V = 13.5V$

将上述参数代入式（6-11）得

$$\frac{16.5-6}{50\times10^{-3}+10\times10^{-3}}\Omega < R < \frac{13.5-6}{5\times10^{-3}+30\times10^{-3}}\Omega$$

可以取 $R = 200\Omega$。

电阻 R 上消耗的功率 P_R 为

$$P_R = \frac{(U_{imax}-U_Z)^2}{R} = \frac{(16.5-6)^2}{200}W = 0.6W$$

最后可选取 200Ω、$1W$ 的碳膜电阻。

在输出电压不需要调节，负载电流比较小的情况下，稳压管稳压电路的效果较好，所以在小型的电子设备中经常采用这种电路。但是，稳压管稳压电路还存在两个缺点：① 输出电压由稳压管的型号决定，只能输出单一数值的电压，不可随意调节；② 当电网电压和负载电流的变化范围较大时，电路将不能适应。为了改进以上缺点，可以采用串联型直流稳压电路。

6.5 串联型直流稳压电路

6.5.1 电路组成及工作原理

图 6-11 所示电路由基准电压源、比较放大电路、调整电路和取样电路 4 部分组成。三极管 VT 是调整管，将其接成射极输出器形式，主要起调整作用，因为它与负载 R_L 相串联，所以这种电路称为**串联型直流稳压电路**。

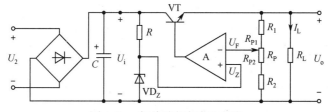

图 6-11　串联型直流稳压电路

稳压管 VD_Z 和限流电阻 R 组成基准电压源，提供基准电压 U_Z。电阻 R_1、R_P 和 R_2 组成取样电路。当输出电压变化时，取样电阻将其变化量的一部分 U_F 送至比较放大电路。运算放大器 A 组成比较放大电路。取样电压 U_F 和基准电压 U_Z 分别送至运算放大器 A 的反相输入端和同相输入端，进行比较放大，其输出端与调整管的基极相接，以控制调整管的基极电位。

当电网电压的波动使 U_i 升高或者负载变动使 I_L 减小时，U_o 应随之升高，取样电压 U_F 也升高，因基准电压 U_Z 基本不变，它与 U_F 比较放大后，使调整管基极电位降低，调整管的集电极电流减小，c-e 间电压增大，从而使输出电压 U_o 基本不变。

同理，当 U_i 下降或者 I_L 增大时，U_o 应随之下降，取样电压 U_F 也减小，它与基准电压 U_Z 比较放大后，使调整管基极电位升高，调整管的集电极电流增大，c-e 间电压减小，从而使输出电压 U_o 保持基本不变。由此可见，电路的稳压实质上是通过负反馈使输出电压维持稳定的。

6.5.2 输出电压的调节范围

改变取样电路中电位器 R_P 抽头的位置，可以调节输出电压的大小。

设 A 是理想运放，它工作于线性放大区，故有 $U_F=U_Z$。从取样电路可知 $U_F=\dfrac{R_2+R_{P2}}{R_1+R_2+R_P}\cdot U_o$，所以输出电压 $U_o=\dfrac{R_1+R_2+R_P}{R_2+R_{P2}}\cdot U_Z$。当电位器 R_P 的抽头调至上端时，$R_{P2}=R_P$，此时输出电压最小，即

$$U_{omin}=\frac{R_1+R_2+R_P}{R_2+R_P}\cdot U_Z \tag{6-12}$$

当电位器 R_P 的抽头调至下端时，$R_{P2}=0\Omega$，此时输出电压最大，即

$$U_{omax}=\frac{R_1+R_2+R_P}{R_2}\cdot U_Z \tag{6-13}$$

6.5.3 输入电压的变化范围

串联型直流稳压电路中输出电压能够保持稳定，主要依靠调整管的 c-e 间电压 U_{CE} 来平衡。通常选择调整管的 U_{CE} 变化范围为 3V～8V，因此稳压电路的输入电压 U_i 的变化范围应为

$$U_i=U_{omax}+(3\sim8)\text{V} \tag{6-14}$$

U_i 是整流滤波后的电压，它与变压器二次侧电压 U_2 的关系为 $U_i\approx1.2U_2$。如果考虑电网电压有±10%的波动，那么变压器二次侧电压有效值应为

$$U_2\approx(0.9\sim1.1)\frac{U_i}{1.2} \tag{6-15}$$

【例 6-3】 在图 6-11 所示串联型直流稳压电路中，已知基准电压 $U_Z=9$V，$R_1=3$kΩ，$R_P=2$kΩ，$R_2=3$kΩ，试估算：（1）输出电压 U_o 的变化范围为多少？（2）输入电压 U_i 至少应多大？（3）当 $U_i=28$V 时，电源变压器二次侧电压有效值 U_2 为多少？

解：（1）输出电压：

$$U_{omin}=\frac{R_1+R_2+R_P}{R_2+R_P}\cdot U_Z=\frac{(3+3+2)\times10^3}{(3+2)\times10^3}\times9\text{V}=14.4\text{ V}$$

$$U_{omax}=\frac{R_1+R_2+R_P}{R_2}\cdot U_Z=\frac{(3+3+2)\times10^3}{3\times10^3}\times9\text{V}=24\text{ V}$$

因此，输出电压的调节范围应为 14.4V～24V。

（2）考虑到调整管压降至少为 3V，则输入电压至少应为

$$U_i=U_{omax}+3=27\text{V}$$

（3）当 $U_i=28$V 时，若不考虑电网电压的波动，则变压器二次侧电压有效值为

$$U_2=\frac{U_i}{1.2}=23.3\text{V}$$

若考虑电网电压±10%的波动，则变压器二次侧电压有效值范围应为 $(0.9\sim1.1)\times\dfrac{U_i}{1.2}$，即21V～25.6V。

6.6 集成稳压电路

随着集成电路技术的发展，稳压电路也迅速实现集成化。从 20 世纪 60 年代末开始，集成稳压电路已经成为模拟集成电路的一个重要组成部分。目前已能大量生产各种型号的单片集成稳压电路。集成稳压电路体积小，使用、调整方便，性能稳定，而且成本低，因此应用日益广泛。

集成稳压电路的工作原理与分立元件的稳压电路是相同的。它的内部结构同样包括基准电压

源、比较放大电路、调整电路、取样电路等部分。通过各种工艺将元器件集中制作在一块小硅片上，封装后把整个稳压电路变成了一个部件，即集成稳压电路。它以一个单体的形式参与电路工作，因此使用起来灵活方便。

集成稳压电路的类型很多。按其内部的工作方式可分为串联型、并联型、开关型；按其外部特性可分为三端固定式、三端可调式、多端固定式、多端可调式、正电压输出式、负电压输出式；按其型号分类又有 CW78 系列、CW79 系列、W2 系列、WA7 系列、WB7 系列、FW5 系列等。

本节以三端集成稳压器为例，简介如下。

1. 电路组成

图 6-12 所示为三端集成稳压器的结构框图。三端集成稳压器的内部主要由启动电路、基准电压源、比较放大电路、调整管、取样电路和保护电路 6 部分组成。其中，启动电路的作用是在刚接通直流输入电压时，使调整管、比较放大电路和基准电压源等建立起各自的工作电流，而当稳压电路正常工作时，启动电路被断开，以免影响稳压电路的性能。三端集成稳压器实际上就是由串联型直流稳压电路和保护电路所构成的。尽管在具体的电路中有很多改进，但基本工作原理与前述相同，这里不再赘述。由于它只有输入端、输出端和公共端三个引出端，因此通常称为三端集成稳压器。

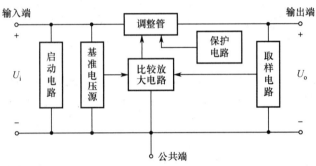

图 6-12　三端集成稳压器的结构框图

2. 主要参数

三端集成稳压器目前已发展成为独立体系，它的规格齐全、型号种类多。常用的三端集成稳压器有输出固定正电压的 CW78×× 系列、CW×40 系列等，以及输出固定负电压的 CW79×× 系列、CW×45 系列等。目前生产和应用最广的是 CW78×× 系列和 CW79×× 系列等。其型号后两位数字为输出电压。每个系列各有 7 种产品。

无论固定正输出还是固定负输出的三端集成稳压器，它们的输出电压通常可分为 7 个等级，即 ±5V、±6V、±8V、±12V、±15V、±18V 和 ±24V。输出电流则有三个等级：1.5A（W7800 及 W7900 系列）、500mA（W78M00 及 W79M00 系列）和 100mA（W78L00 及 W79L00）系列）。

3. 外形及电路符号

三端集成稳压器的外形及电路符号分别如图 6-13 和图 6-14 所示。

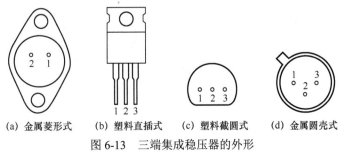

(a) 金属菱形式　　(b) 塑料直插式　　(c) 塑料截圆式　　(d) 金属圆壳式

图 6-13　三端集成稳压器的外形

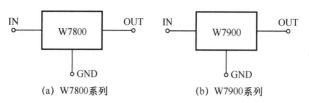

(a) W7800系列   (b) W7900系列

图 6-14　三端集成稳压器的电路符号

4. 基本应用

（1）基本应用电路。三端集成稳压器的基本应用电路如图 6-15 所示。直流输入电压 U_i 接在输入端（IN）和公共端（GND）之间，在输出端（OUT）即可得到稳定的输出电压 U_o。电容 C_1 可改善输入纹波电压，其容量一般为 0.33μF。电容 C_2 可消除电路的高频噪声，改善负载瞬态响应，一般取 0.1μF。

（2）提高输出电流。W7800 系列最大输出电流为 1.5A，若要求更大的电流输出，可以在基本应用电路的基础上外接大功率三极管 VT 以提高输出电流，如图 6-16 所示。负载所需大电流由 VT 提供，VT 的基极由三端集成稳压器驱动，电路中接入一个二极管 VD 是为了补偿三极管的发射结

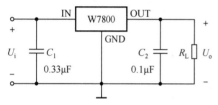

图 6-15　三端集成稳压器的基本应用电路

电压 U_{BE}，使电路的输出电压 U_o 基本上等于三端集成稳压器的输出电压 $U_{××}$。只要适当选择二极管的型号，并通过调节电阻 R 的阻值以改变流过二极管的电流，即可得到 $U_D \approx U_{BE}$，于是输出电压为

$$U_o = U_{××} - U_{BE} + U_D = U_{××}$$

图 6-16 中各电容起滤除纹波电压的作用。

（3）扩展输出电压。W7800 系列是固定输出电压类型，在特殊需要的场合可通过外接电路来改变输出电压，从而提高输出电压的取值范围。在图 6-17 所示电路中，利用集成运算放大器 A 并通过改变电位器 R_P 的抽头来改变输出电压。

（4）具有正、负电压输出的稳压电源。当需要正、负电压同时输出时，可用一块 W7800（正电压）和一块 W7900（负电压）集成稳压器连接成如图 6-18 所示的电路，这两块集成稳压器有一个公共接地端，并公用整流电路。

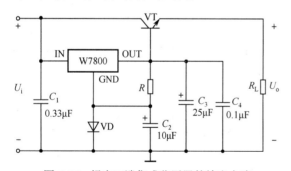

图 6-16　提高三端集成稳压器的输出电流

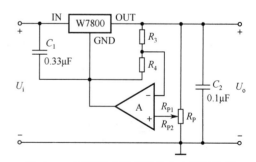

图 6-17　三端集成稳压器输出电压的扩展

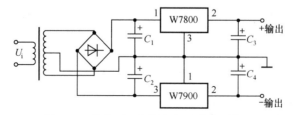

图 6-18　具有正、负输出电压的稳压电源

【例 6-4】 试应用集成稳压器设计一个能固定输出±5V 电压的直流稳压电源。

解：（1）因所要设计的直流稳压电源为固定式输出，并且输出既有正电压也有负电压，故可选择三端集成稳压器（如 W7800 系列或 W7900 系列）。通过查阅集成手册可知，W7805 集成稳压器可输出+5V 直流电压，W7905 集成稳压器可输出-5V 直流电压，可以选用。

（2）W7800 系列（正电压）和 W7900 系列（负电压）集成稳压器的典型应用电路如图 6-19 所示。图中，输入端电容 C_3、C_4 主要用来改善输入电压的纹波，一般为零点几微法，可选 0.33μF。输出端电容 C_5、C_6 用来消除电路中可能存在的高频噪声，即改善负载的瞬态响应，可选 0.1μF。

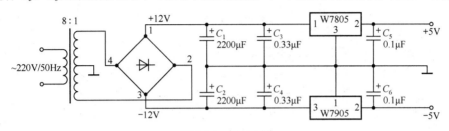

图 6-19　例 6-4 图

W7805 的输入电压为 7V～30V，W7905 的输入电压为-25V～-7V，可以均按输入电压大小为 12V 设计。输入电压 U_1（220V/50Hz）经降压、整流、滤波（滤波电容 $C_1 = C_2 = 2200μF$）后，为两个集成稳压器分别供给 12V 大小的电压，该电压是变压器二次侧总电压平均值的一半，即 $(U_2/2)×0.9 = 12V$，因此 $U_2 = 12/0.45 ≈ 26.6V$。由此可选择变压器边压比 $n = U_1 : U_2 = 220 : 26.6 ≈ 8 : 1$。

用前面介绍的串联型稳压电路、三端集成稳压器构成的都是线性稳压电源，它们的特点是结构简单，调整方便，输出电压脉动成分小，适应瞬态变化的能力较强。但其电源效率很低，一般只有 20 %～40 %。另外，由于调整管的功耗较大，一般需要在调整管上安装笨重的散热器，还要有良好的通风条件。开关型稳压电路则能克服上述缺点。

开关型稳压电路中，由于调整管工作于开关状态，输出断续的脉冲电压，因此必须经过储能滤波电路才能得到平滑的直流电压。开关脉冲发生器产生开关脉冲，控制调整管交替地饱和导通与截止。开关型稳压电路中的取样电路、基准电路和比较放大电路部分的组成和功能都与串联型稳压电路相同。由于调整管工作于开关状态，因此本身功耗很小。这种稳压电路体积小，重量轻，效率高，但线路较复杂。关于开关型稳压电路，此处不再赘述。

本章小结

1. 小功率直流稳压电源的种类很多，它们一般由电源变压器、整流电路、滤波电路和稳压电路 4 部分组成，输出电压不受电网电压、负载及温度的影响，为各种精密电子仪表和家用电器正常工作提供能源保证。

2. 整流电路分为单相半波、单相全波和单相桥式全波整流电路，目前广泛采用的是单相桥式全波整流电路。

3. 稳压电源中的滤波电路主要有电容、电感、混合滤波电路等。

4. 稳压管稳压电路利用稳压管的稳压特性来实现负载两端电压的稳定。这种电路只适用于输出电流较小、输出电压固定、稳压要求不高的场合。

5. 串联型直流稳压电路中，调整管串联在输入电压和负载之间，利用稳压管提供基准电压，再引入电压负反馈和比较放大环节，使输出电压保持稳定，其稳压性能较好，输出电压调节方便。因为调整管工作于放大状态而功耗大，所以需要加保护电路。

6. 集成稳压电路目前已得到广泛的应用，其中 CW78 系列、CW79 系列等是最常用的三端集成稳压器。它们既有固定式和可调式，又有正电压输出和负电压输出，使用方便，性能稳定。

习题

6-1 填空题。

（1）直流稳压电源是一个典型的电子系统，它由_____、_____、_____和_____4 部分组成。

（2）整流滤波电路利用二极管的_____和电容的_____作用将交流电压转换成单向脉动且相对比较平滑的直流电压。

（3）串联型稳压电路的调整管工作于_____区。

（4）单相半波整流电路的输出电压平均值为 $U_o=$_____；单相全波整流电路的输出电压平均值为 $U_o=$_____；单相全波桥式整流电路的输出电压平均值为 $U_o=$_____。

（5）桥式整流电容滤波电路的输出电压平均值为 $U_o=$_____。

（6）采用电容滤波电路时，输出电压受负载变化影响_____，为了得到比较平滑的输出电压，希望 $R_L C$ 的值越_____越好。

（7）集成三端稳压器 W7915 的输出电压为_____V；W7812 的输出电压为_____V。

6-2 判断题。

（1）直流稳压电源是一种将正弦波信号转换为直流信号的波形变换电路。（　　）

（2）直流稳压电源是一种能量转换电路，它将交流能量转换为直流能量。（　　）

（3）在变压器副边电压和负载电阻相同的情况下，桥式整流电路的输出电流是半波整流电路输出电流的 2 倍。（　　）因此，它们整流二极管的平均电流比值为 2：1。（　　）

（4）当输入电压 U_i 和负载电流 I_L 变化时，稳压电路的输出电压是绝对不变的。（　　）

（5）若 U_2 为电源变压器副边电压的有效值，则半波整流电容滤波电路和全波整流电容滤波电路在空载时的输出电压均为 $\sqrt{2}U_2$。（　　）

（6）在一般情况下，开关型稳压电路比串联型稳压电路效率高。（　　）

（7）整流电路可将正弦波电压变为脉动的直流电压。（　　）

（8）电容滤波电路适用于小负载电流，而电感滤波电路适用于大负载电流。（　　）

（9）在单相桥式整流电容滤波电路中，若有一只整流二极管断开，则输出电压平均值将变为原来的一半。（　　）

（10）串联型稳压电路中的调整管工作于放大状态，开关型直流电路中的调整管工作于开关状态。（　　）

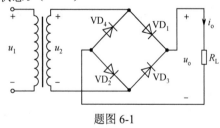

题图 6-1

6-3 单相全波桥式整流电路如题图 6-1 所示。（1）若 $U_2=20V$，则 u_o 的直流平均电压为多大？（2）当输出电流平均值为 $I_{o(AV)}$ 时，I_{D1} 为多大？（3）若变压器副边电压有效值为 U_2，则二极管的最大反向峰值电压 U_{RM} 为多大？（4）若 VD1 的正、负极性接反，则输出波形会怎样变化？（5）若 VD1 开路，则输出波形会怎样？

6-4 单相全波整流电路如题图 6-2 所示。变压器次级中心抽头接地，变压器输出电阻和二极管导通电阻可忽略不计，若 $u_2 = \sqrt{2}U_2 \sin(\omega t)$，试问：（1）画出 u_2、i_{D1}、i_{D2}、u_o 的波形。（2）若 u_2 的有效值为 U_2，求 $U_{o(AV)}$、$I_{D(AV)}$ 和二极管的 U_{RM}。（3）二极管 VD1 断开或反接会出现什么问题？

6-5 题图 6-3 所示为能输出两种电压的桥式整流电路，设变压器和二极管都是理想器件。

（1）试分析二极管的工作情况，当 $u_{21} = u_{22} = \sqrt{2}U_2 \sin(\omega t)$ 时，画出 u_{o1}、u_{o2} 的波形。（2）若 $U_2 = 10\text{V}$，试求 u_{o1} 和 u_{o2} 的平均值。（3）每只二极管的 $I_{D(AV)}$ 和 U_{RM} 分别为多少？

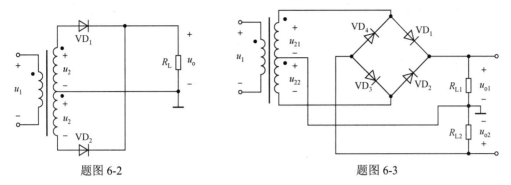

题图 6-2   题图 6-3

6-6 试比较电容滤波、Π型 RC 滤波、电感滤波和 LC 滤波电路的优缺点。在下列几种情况下，选用哪一种滤波电路比较合适？

（1）负载电流为 10A，负载电阻 $R_L = 1\Omega$，纹波要求不高；

（2）负载电流为 10mA，负载电阻 $R_L = 1\text{k}\Omega$，纹波要求一般，尽量减小直流损耗；

（3）负载电阻为 100Ω 可调，负载电流在 10mA～1A 范围可变，纹波要求一般，但要使 U_2 尽可能小；

（4）对变压器次级电压及电路的直流损耗无严格要求，负载电阻 $R_L = 1\text{k}\Omega$，负载电流为 5mA 固定不变，要求纹波尽可能小。

6-7 在桥式整流电容滤波电路中，$U_2 = 10\text{V}$（有效值），$R_L = 100\Omega$，$C = 100\mu\text{F}$。试问：（1）正常时输出电压平均值 $U_{o(AV)}$ 为多大？（2）如果测得 $U_{o(AV)}$ 为 9V 或 4.5V，试分析分别出现了什么故障。

6-8 图 6-10 所示稳压管稳压电路中，已知稳压管的额定功耗 $P_Z = 200\text{mW}$，稳压电压 $U_Z = 7\text{V}$，最小稳定电流 $I_{Z\min} = 5\text{mA}$，电阻 $R = 100\Omega$，负载电阻 R_L 可调范围为 400Ω～600Ω，试求输入电压 U_i 允许的变化范围。

6-9 在图 6-10 所示稳压管稳压电路中，已知输入电压 U_i 为 12V～14V；稳压管的稳定电流 $I_Z = 5\text{mA}$，最大功耗 $P_{ZM} = 200\text{mW}$，$U_Z = 5\text{V}$；负载电阻 $R_L = 250\Omega$。（1）求限流电阻的取值范围。（2）若 $R = 220\Omega$，则负载电阻能否开路，为什么？

6-10 试画出桥式整流电容滤波电路加稳压管稳压电路的电路图。已知变压器次级电压 $U_2 = 20\text{V}$，稳压管 VD_Z 的稳压值 $U_Z = 10\text{V}$，$I_{Z\min} = 5\text{mA}$，$I_{Z\max} = 26\text{mA}$，负载电阻 R_L 变化范围为 400Ω～1000Ω。（1）设滤波电容 C 的容量足够大，求加在稳压电路的输入电压 $U_{i(AV)}$。（2）设电网电压稳定，稳压管中的电流何时最大？何时最小？（3）求限流电阻 R 的取值范围。

6-11 在题图 6-4 中，适当连接各元器件，使之得到对地±15V 的直流电压。

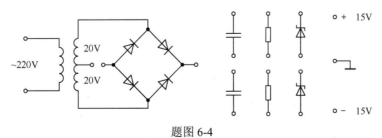

题图 6-4

6-12 题图 6-5 所示的电路为串联型稳压电源，$R_1 = R_3 = 300\Omega$。要求：（1）标出集成运放的同相输入端"+"和反相输入端"−"。（2）若要使输出电压的调节范围为 7.5V～15V，则稳压管的

稳定电压 U_Z 等于多少？电位器 R_2 的阻值等于多少？

6-13 电路如题图 6-6 所示，已知 W7805 公共端的电流 $I_W = 8$mA，输入端和输出端之间电压的最小值为 3V，输出电压最大值 $U_{omax} = 25$V。（1）若 $R_2 = 200\Omega$，则 R_1 应为多少？（2）U_i 至少应取多少？

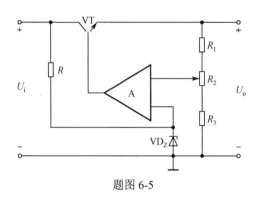
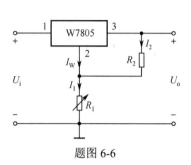

题图 6-5   题图 6-6

6-14 试用电源变压器、桥式整流电路、滤波电容、三端集成稳压器组成一个输出电压为 5V 的稳压电源，要求画出相应电路图。

6-15 用 W7812 和 W7912 组成输出正、负电压的稳压电源，画出整流、滤波和稳压电路图。

6-16 在题图 6-6 所示电路中，已知 W7805 的输出电压为 5V，$I_W = 5$mA，$R_1 = 1$kΩ，$R_2 = 200\Omega$，试求输出电压 U_o 的调节范围。

6-17 在图 6-17 所示电路中，将集成稳压器改为 W7812，输出电压 U_o 的调节范围为 3V～30V，$R_3 = 200\Omega$，电位器 $R_P = 1$kΩ。试问：（1）R_4 等于多少？（2）R_{P2} 的最大值等于多少？（3）若 $U_i = 40$V，则集成稳压器输入端和输出端之间承受的最大压降为多少？

数字电子技术篇

第7章　逻辑代数基础

7.1　数字电路概述

7.1.1　数字电路的特点及分类

1. 数字电路的特点

① 数字电路中的工作信号是不连续的数字信号，反映在电路上只有高电平和低电平两种状态，因此在分析数字电路时采用二进制数 **1** 和 **0**[①]来表示电路中的高、低两种电平状态。

② 与模拟电路相同，数字电路也是由半导体器件如二极管、三极管、场效应管等组成的，但不同电路中器件的工作状态不同。数字电路在稳态情况下，半导体器件工作于开、关状态，这种开关状态是利用器件的导通和截止来实现的。器件的导通和截止反映在电路上就是电流的有和无、电压的高和低，这种有和无、高和低是相对立的两种状态，正好可用二进制数 **1** 和 **0** 来表示。因此，数字电路中的信号采用二进制数表示，二进制数 **1** 和 **0** 在此只代表两种不同的状态，没有数量的大小。例如，用 **1** 和 **0** 分别表示一件事的是与非、一盏灯的亮与灭、一个开关的开通与断开等。

③ 数字电路对器件的精度要求不高，允许有较大的误差，只要在工作时能够可靠地区分 **1** 和 **0** 两种状态就可以了。因此，数字电路便于集成化、系列化生产。它具有使用方便、可靠性高、价格低廉等特点。

④ 与模拟电路不同，数字电路讨论的是输入与输出之间抽象的逻辑关系，使用的主要方法是逻辑分析和逻辑设计，主要工具是逻辑代数。

⑤ 数字电路能够对数字信号进行各种逻辑运算和算术运算，因此广泛应用于数控装置、智能仪表以及计算机中。

2. 数字电路的分类

数字电路按其组成的结构不同可分为**分立元件电路**和**集成数字电路**两大类。分立元件电路是最基本的电路，它由二极管、三极管、电阻、电容等组成，并且都裸露在外，没有封装。随着集成电路的飞速发展，分立元件电路已逐步被取代。

集成数字电路按照所用元器件的不同，可分为双极型和单极型两类。其中双极型电路又有TTL、DTL、ECL、IIL、HTL 等多种类型；单极型电路有 JFET、NMOS、PMOS、CMOS 共 4 种类型。按照应用的角度不同可分为通用型和专用型两大类。通用型是指已被定型的标准化、系列化的产品，适用于不同的数字设备；专用型是指为某种特殊用途专门设计，具有特定的复杂而完整功能的功能块型产品，只适用于专用的数字设备。按照逻辑功能的不同特点，又分为组合逻辑电路和时序逻辑电路两大类。

7.1.2　数字电路的应用

数字电路较模拟电路具有更多的优点，例如，有较强的稳定性、可靠性和抗干扰能力，精确

---

① 本书中，二进制数 **1** 和 **0** 均采用加粗字体。

度较高，具有算术运算和逻辑运算能力，可进行逻辑推理和逻辑判断，电路结构简单，便于制造和集成等。因此，数字电路的应用领域越来越广泛。

在数字通信系统中，可以用若干个 **1** 和 **0** 编成各种代码，分别代表不同的含义，用以实现信息的传送。

利用数字电路的逻辑推理和判断功能，可以设计出各式各样的数控装置，用来实现对生产和过程的自动控制。工作过程：首先用传感器在现场采集受控对象的数据，求出它们与设定数据的偏差，接着由数字电路进行计算、判断，然后产生相应的控制信号，驱动伺服装置对受控对象进行控制或调整。这样不仅能通过连续监控提高生产的安全性和自动化水平，同时也提高了产品的质量，降低了成本，减轻了劳动强度。

在数字电子技术基础上发展起来的数字电子计算机，是当代科学技术最杰出的成就之一。今天，计算机不仅成了近代自动控制系统中不可缺少的重要组成部分，而且已经渗透到了国民经济和人民生活的各个领域，成为人们工作、生活、学习不可或缺的重要组成部分，并在许多方面产生了根本性的变革。尤其是计算机网络技术的飞速发展，使人们获取信息、享受网络服务更为便捷。

然而，数字电路的应用也具有它的局限性。前面已提到，在自动控制和测量系统中，被控制和被测量的对象往往是一些连续变化的物理量，即模拟信号，而模拟信号不能直接为数字电路所接收，这就给数字电路的使用带来很大的不便。为了用数字电路处理这些模拟信号，必须用专门的电路将它们转换为数字信号（称为模数转换）；而经数字电路分析、处理输出的数字量往往还要通过专门的电路转换成相应的模拟信号（称为数模转换）才能为执行机构所接收。这样一来，不仅导致了整个设备的复杂化，而且也可能使信号的精度受到影响，数字电路本身可以达到的高精度也因此失去了意义。因此，在使用数字电路时，应具体情况具体分析，以便于操作、提高生产效率为目的。

7.2 数制与码制

7.2.1 数制及其转换

1. 各种数制

数制即计数体制，它是按照一定规则表示数值大小的计数方法。日常生活中最常用的计数体制是十进制（Decimal），数字电路中常用的是二进制（Binary），有时也采用八进制（Octal）和十六进制（Hexadecimal）。对于任何一个数，可以用不同的进制来表示。

在数字电路中，应用最广的是二进制数。二进制数中只有 **1** 和 **0** 两个数码，所以运算规则是"逢二进一，借一当二"，整数位的位权为 2^{i-1}，小数位的位权为 2^{-i}。将二进制数转换为十进制数时，只要将二进制数的各位按权展开，然后相加即可。例如，二进制数 **101.11** 转换为十进制数：

$$(101.11)_2 = 1\times2^2 + 0\times2^1 + 1\times2^0 + 1\times2^{-1} + 1\times2^{-2} = (5.75)_{10}$$

计算机内采用的是二进制数表示，采用二进制数具有以下优点。

① 二进制数只有 **1** 和 **0** 两个数码，在数字电路中，可用电子器件的两种不同状态来表示这两个代码，实现起来非常方便。所以，二进制数的物理实现简单、易行、可靠，并且存储和传送也方便。

② 二进制数运算规则简单，有利于简化计算机的内部结构，提高运算速度。

二进制数的缺点是书写位数太多，不便记忆。因此数字电路通常使用八进制数和十六进制数。

八进制数有 0,1,2,3,4,5,6,7 共 8 个数码，基数为 8，它的运算规则是"逢八进一，借一当八"。十六进制数采用 16 个数码，运算规则是"逢十六进一，借一当十六"。这 16 个数码是 0,1,2,3,4,5,6,7,8,9,A,B,C,D,E,F。十六进制数的基数是 16。

2. 各种数制之间的转换

（1）非十进制数转换为十进制数。当二进制数、八进制数、十六进制数转换为十进制数时，先将各位按权展开为多项式，然后按十进制数进行计算，结果便是十进制数。在转换过程中要注意各位权的幂不要写错，系数为 0 的那些项可以不写。

（2）十进制数转换成非十进制数。

整数部分：用"除基数取余"的方法进行转换，转换结果为"先余为低，后余为高"。

小数部分：用"乘基数取整"的方法进行转换，转换结果为"先整为高，后整为低"。

需要注意的是，二进制数、八进制数、十六进制数转换为十进制数，或十进制数转换为二进制整数，都能做到完全准确。但十进制小数转换为其他进制小数时，除少数可以完全准确外，大多数存在误差，这时要根据精度的要求进行"四舍五入"。

【例 7-1】 把十进制小数 0.39 转换成二进制小数。要求：① 误差不大于 2^{-7}；② 误差不大于 0.2%。

解： ① 要求误差不大于 2^{-7}，只需保留至小数点后 7 位，计算过程如下：

$$0.39 \times 2 = 0.78 \cdots\cdots \mathbf{0}$$
$$0.78 \times 2 = 1.56 \cdots\cdots \mathbf{1}$$
$$0.56 \times 2 = 1.12 \cdots\cdots \mathbf{1}$$
$$0.12 \times 2 = 0.24 \cdots\cdots \mathbf{0}$$
$$0.24 \times 2 = 0.48 \cdots\cdots \mathbf{0}$$
$$0.48 \times 2 = 0.96 \cdots\cdots \mathbf{0}$$
$$0.96 \times 2 = 1.92 \cdots\cdots \mathbf{1}$$

因此 $(0.39)_{10} \approx (\mathbf{0.0110001})_2$。

② 由于 $\dfrac{1}{2^8} = \dfrac{1}{256} > 0.2\%$，而 $\dfrac{1}{2^9} = \dfrac{1}{512} < 0.2\%$，因此要求误差不大于 0.2%，只需保留至小数点后 9 位。接①的计算过程如下：

$$0.92 \times 2 = 1.84 \cdots\cdots \mathbf{1}$$
$$0.84 \times 2 = 1.68 \cdots\cdots \mathbf{1}$$

因此 $(0.39)_{10} \approx (\mathbf{0.011000111})_2$。

（3）二进制数与八进制数、十六进制数的相互转换。

由于 1 位八进制数有 0～7 共 8 个数码，3 位二进制数正好有 **000～111** 共 8 种组合，因此它们之间有以下对应关系：

八进制数	0	1	2	3	4	5	6	7
二进制数	**000**	**001**	**010**	**011**	**100**	**101**	**110**	**111**

利用这种对应关系，可以很方便地在八进制数与二进制数之间进行转换。

将二进制数转换为八进制数的方法：以小数点为界，将二进制数的整数部分从低位开始，小数部分从高位开始，每 3 位分成一组，头尾不足 3 位的补 **0**，然后将每组 3 位二进制数转换为 1 位八进制数。反之，将八进制数转换为二进制数时，只需将每位八进制数码均用相应的 3 位二进制数表示即可。

同理，由于 1 位十六进制数有 16 个数码，而 4 位二进制数正好有 **0000～1111** 共 16 种组合，它们之间也存在简单的对应关系。利用这种对应关系，可以很方便地在十六进制数与二进制数之间进行转换。转换方法与二进制数、八进制数的类似，只是将二进制数 3 位一组改为 4 位一组。

3. 二进制正、负数的表示法

在十进制数中，可以在数字前面加上"＋""－"号来表示正、负数。显然，数字电路不能直接识别"＋""－"号。因此，在数字电路中把一个数的最高位作为符号位，用 **0** 表示"＋"号，用 **1** 表示"－"号，像这样符号也数码化的二进制数称为机器数。原来带有"＋""－"号的数称为真值。例如：

十进制数	+67	−67
二进制数（真值）	**+1000011**	**−1000011**
计算机内（机器数）	**01000011**	**11000011**

通常，二进制数（机器数）有 3 种表示方法：**原码、反码和补码**。

（1）原码

用数的首位表示其符号，**0** 表示正，**1** 表示负，其他位则为数的真值的绝对值，这样表示的数就是数的原码。

【例 7-2】 求$(+105)_{10}$和$(-105)_{10}$的原码。

解：
$$[(+105)_{10}]_原 = [(+1101001)_2]_原 = (01101001)_2$$
$$[(-105)_{10}]_原 = [(-1101001)_2]_原 = (11101001)_2$$

0 的原码有两种：$[+0]_原 = (00000000)_2$，$[-0]_原 = (10000000)_2$。

原码简单易懂，与真值转换起来很方便。但若两个异号的数相加或两个同号的数相减就要做减法，做减法就必须判别这两个数哪一个绝对值大，用绝对值大的数减去绝对值小的数，运算结果的符号就是绝对值大的数的符号，这样操作起来比较麻烦，运算的逻辑电路也较难实现。于是，为了将加法和减法运算统一成只做加法运算，就引入了反码和补码表示。

（2）反码

反码用得较少，它只是求补码的一种过渡。

正数的反码与其原码相同，负数的反码是这样求的：先求出该负数的原码，然后原码的符号位不变，其余各位按位取反，即 **0** 变 **1**，**1** 变 **0**。

【例 7-3】 求$(+65)_{10}$和$(-65)_{10}$的反码。

解： $[(+65)_{10}]_原 = (01000001)_2$ $[(-65)_{10}]_原 = (11000001)_2$

$[(+65)_{10}]_反 = (01000001)_2$ $[(-65)_{10}]_反 = (10111110)_2$

那么很容易验证：一个数的反码的反码就是其本身。

（3）补码

正数的补码与其原码相同，负数的补码是它的反码加 **1**。

【例 7-4】 求$(+63)_{10}$和$(-63)_{10}$的补码。

解： $[(+63)_{10}]_原 = (00111111)_2$ $[(+63)_{10}]_反 = (00111111)_2$

$[(+63)_{10}]_补 = (00111111)_2$

$[(-63)_{10}]_原 = (10111111)_2$ $[(-63)_{10}]_反 = (11000000)_2$

$[(-63)_{10}]_补 = (11000001)_2$

同样可以验证：一个数的补码的补码就是其本身。

引入补码以后，两数的加、减法运算就可以统一用两数补码的加法运算来实现，此时两数的符号位也当成数值直接参加运算，并且有这样一个结论：两数和的补码等于两数补码的和。所以在数字系统中一般用补码来表示带符号的数。

【例 7-5】 用补码求 14+10、14-10、-14+10 和-14-10。

解： 因为 14+10 和-14-10 的绝对值为 24，所以必须用有效数字为 5 位的二进制数才能表示，再加上 1 位符号位，就得到 6 位的补码。

根据前述计算补码的方法可知，+14 的二进制补码应为 **001110**（最高位为符号位），–14 的二进制补码为 **110010**，+10 的二进制补码为 **001010**，–10 的二进制补码为 **110110**。计算结果如下：

$$
\begin{array}{lcl}
+14 & \quad \mathbf{0} & \mathbf{01110} \\
\underline{+10} & \underline{+\mathbf{0}} & \underline{\mathbf{01010}} \\
+24 & \quad \mathbf{0} & \mathbf{11000}
\end{array}
\qquad
\begin{array}{lcl}
+14 & \quad \mathbf{0} & \mathbf{01110} \\
\underline{-10} & \underline{+\mathbf{1}} & \underline{\mathbf{10110}} \\
+4 & \mathbf{(1)0} & \mathbf{00100}
\end{array}
$$

$$
\begin{array}{lcl}
-14 & \quad \mathbf{1} & \mathbf{10010} \\
\underline{+10} & \underline{+\mathbf{0}} & \underline{\mathbf{01010}} \\
-4 & \quad \mathbf{1} & \mathbf{11100}
\end{array}
\qquad
\begin{array}{lcl}
-14 & \quad \mathbf{1} & \mathbf{10010} \\
\underline{-10} & \underline{+\mathbf{1}} & \underline{\mathbf{10110}} \\
-24 & \mathbf{(1)1} & \mathbf{01000}
\end{array}
$$

从例 7-5 可以看出，若将两个加数的符号位和来自最高有效数字位的进位相加，得到的结果（舍弃产生的进位）就是和的符号。

需要指出的是，当两个同符号数相加时，它们的绝对值之和不可超过有效数字位所能表示的最大值，否则会得出错误的计算结果。

7.2.2　码制

一般地说，用文字、符号或者数字表示特定事物的过程都可以称为**编码**。在数字系统中，任何数据和信息都要用二进制代码表示。对同一事物的编码方案通常不止一种，不同的编码方案称为**码制**。

1. 二-十进制编码（BCD 码）

二-十进制编码是一种用 4 位二进制数表示 1 位十进制数的编码，简称 BCD（Binary Coded Decimal）码。1 位十进制数有 0～9 共 10 个数码，而 4 位二进制数有 16 个组合，指定其中的任意 10 个组合来表示十进制数的 10 个数，因此 BCD 码有很多，常用的有 8421 码、余 3 码、2421 码、5421 码、格雷（Gray）码等，见表 7-1。

表 7-1　几种常见的 BCD 码

十进制数	编码种类				
	8421 码	余 3 码	2421 码	5421 码	格 雷 码
0	0 0 0 0	0 0 1 1	0 0 0 0	0 0 0 0	0 0 0 0
1	0 0 0 1	0 1 0 0	0 0 0 1	0 0 0 1	0 0 0 1
2	0 0 1 0	0 1 0 1	0 0 1 0	0 0 1 0	0 0 1 1
3	0 0 1 1	0 1 1 0	0 0 1 1	0 0 1 1	0 0 1 0
4	0 1 0 0	0 1 1 1	0 1 0 0	0 1 0 0	0 1 1 0
5	0 1 0 1	1 0 0 0	1 0 1 1	1 0 0 0	0 1 1 1
6	0 1 1 0	1 0 0 1	1 1 0 0	1 0 0 1	0 1 0 1
7	0 1 1 1	1 0 1 0	1 1 0 1	1 0 1 0	0 1 0 0
8	1 0 0 0	1 0 1 1	1 1 1 0	1 0 1 1	1 1 0 0
9	1 0 0 1	1 1 0 0	1 1 1 1	1 1 0 0	1 1 0 1
权值	8，4，2，1		2，4，2，1	5，4，2，1	

8421 码是最常用的一种 BCD 码，它与自然二进制码的组成相似，4 位的权值从高到低依次是

8，4，2，1。但不同的是，它只选取了 4 位自然二进制码 16 个组合中的前 10 个组合，即 **0000~1001**，分别用来表示 0~9 这 10 个十进制数，称为有效码，剩下的 6 个组合 **1010~1111** 没有采用，称为无效码。8421 码与十进制数之间的转换只要直接按位转换即可。例如：

$$(509.37)_{10} = (0101 \quad 0000 \quad 1001 . 0011 \quad 0111)_{8421}$$

$$(0111 \quad 0100 \quad 1000 . 0001 \quad 0110)_{8421} = (748.16)_{10}$$

余 3 码由 8421 码加 3（**0011**）得到，或者说，选取了 4 位自然二进制码 16 个组合中的中间 10 个，舍弃了头、尾各 3 个组合而形成。

2421 码和 5421 码都是有权码，从高位到低位的权值依次为 2，4，2，1 和 5，4，2，1，这两种编码方案都不是唯一的，表 7-1 中给出的是其中一种方案。

5421 码较明显的一个特点是最高位连续 5 个 **0** 后又连续 5 个 **1**。若计数器采用该代码进行编码，则在最高位可产生对称的矩形波输出。

2. 可靠性编码

代码在产生和传输过程中，难免会出现错误，为减少错误的发生，或者在发生错误时能迅速地发现和纠正，在工程应用中普遍采用可靠性编码技术。利用该技术编出的代码叫可靠性代码，格雷码和奇偶校验码是其中最常用的两种。

表 7-2 典型格雷码与十进制数及二进制数的对应关系

十进制数	二进制数	格雷码
0	0000	0000
1	0001	0001
2	0010	0011
3	0011	0010
4	0100	0110
5	0101	0111
6	0110	0101
7	0111	0100
8	1000	1100
9	1001	1101
10	1010	1111
11	1011	1110
12	1100	1010
13	1101	1011
14	1110	1001
15	1111	1000

（1）格雷码。格雷码有多种编码形式，但所有格雷码都有两个显著的特点：相邻性和循环性。相邻性是指任意两个相邻的代码间仅有 1 位的状态不同，循环性是指首、尾的两个代码也具有相邻性。因此，格雷码也称循环码。表 7-2 列出了典型的格雷码与十进制数及二进制数的对应关系。

由于格雷码具有以上特点，因此时序电路中采用格雷码，能防止波形出现"毛刺"，并可提高工作速度。这是因为其他编码方法表示的数码，在递增或递减过程中可能发生多位数码的变化。例如，8421 码表示的十进制数，从 7（**0111**）递增到 8（**1000**）时，4 位数码均发生了变化。但事实上数字电路（如计数器）的各位输出不可能完全同时变化，这样在变化过程中就可能出现其他代码，造成严重错误。而格雷码由于其任何两个代码（包括首、尾两个）之间仅有 1 位状态不同，所以用格雷码表示的数在递增或递减过程中不易产生差错。

（2）奇偶校验码。代码在传输、处理过程中，难免会出现错误，即有的 1 错成 0，有的 0 错成 1。奇偶校验码是一种能够检验出这种差错的可靠性编码技术。

奇偶校验码由信息位和校验位两部分组成，信息位是要传输的原始信息，校验位是根据规定算法求得并添加在信息位后的冗余位。奇偶校验码分奇校验和偶校验两种。以奇校验为例，校验位产生的规则：若信息位中有奇数个 **1**，则校验位为 **0**；若信息位中有偶数个 **1**，则校验位为 **1**。偶校验正好相反。也就是说，通过调节校验位的 **0** 或 **1** 使传输出去的代码中 **1** 的个数恒为奇数或偶数。

接收方对收到的加有校验位的代码进行校验。如果信息位和校验位中 **1** 的个数的奇偶性符合约定的规则，则认为信息没有发生差错，否则可以确定信息已经出错。

这种奇偶校验只能发现错误，但不能确定哪一位出错，而且只能发现代码中的 1 位出错，不能发现 2 位或更多位出错。但由于其实现起来容易，信息传送效率也高，而且代码中 2 位或更多位出错的概率相当小，因此奇偶校验码用来检测代码在传送过程中是否出错是相当有效的，被广泛应用于数字系统中。

汉明校验码是一种既能发现错误又能定位错误的可靠性编码技术，汉明校验码的基础是奇偶校验码，可以看成多重的奇偶校验码。

3. 字符码

字符码是对字母、符号等编码的代码。目前使用比较广泛的是 ASCII 码，它是美国信息交换标准码（American Standard Code for Information Interchange）的简称。ASCII 码用 7 位二进制数编码，可以表示 2^7（128）个字符，其中包括 95 个可打印字符，33 个不可打印和显示的控制字符。标准 ASCII 码见表 7-3。

表 7-3　标准 ASCII 码

$B_3B_2B_1B_0$		$B_6B_5B_4$							
		0	1	2	3	4	5	6	7
		000	**001**	**010**	**011**	**100**	**101**	**110**	**111**
0	**0000**	NUL	DLE	SP	0	@	P	`	p
1	**0001**	SOH	DC1	!	1	A	Q	a	q
2	**0010**	STX	DC2	"	2	B	R	b	r
3	**0011**	ETX	DC3	#	3	C	S	c	s
4	**0100**	EOT	DC4	$	4	D	T	d	t
5	**0101**	ENG	NAK	%	5	E	U	e	u
6	**0110**	ACK	SYN	&	6	F	V	f	v
7	**0111**	BEL	ETB	'	7	G	W	g	w
8	**1000**	BS	CAN	(	8	H	X	h	x
9	**1001**	HT	EM	)	9	I	Y	i	y
A	**1010**	LF	SUB	*	:	J	Z	j	z
B	**1011**	VT	ESC	+	;	K	[	k	{
C	**1100**	FF	FS	,	<	L	\	l		
D	**1101**	CR	GS	–	=	M	]	m	}
E	**1110**	SO	RS	.	>	N	↑	n	~
F	**1111**	SI	VS	/	?	O	←	o	DEL

由表 7-3 可以看出，数字和英文字母都是按顺序排列的，只要知道其中一个数字或字母的 ASCII 码，就可以求出其他数字或字母的 ASCII 码。具体特点：数字 0～9 的 ASCII 码表示成十六进制数为 30H～39H，即任意数字字符的 ASCII 码等于该数字值加上+30H；小写字母 a～z 的 ASCII 码表示成十六进制数为 61H～7AH，而大写字母 A～Z 的 ASCII 码表示成十六进制数为 41H～5AH，同一字母的大小写形式的 ASCII 码不同，且小写字母的 ASCII 码比大写字母的 ASCII 码大 20H。

为了使用更多的字符，大部分系统采用扩充 ASCII 码。扩充 ASCII 码用 8 位二进制数编码，共可表示 256（2^8 = 256）个符号。其中 **00000000～01111111** 范围内编码所对应的符号与标准 ASCII 码相同，而 **10000000～11111111** 范围内的编码定义了另外 128 个图形符号。

7.3 逻辑代数

7.3.1 逻辑变量与逻辑函数

1849 年，英国数学家乔治·布尔（George Boole）首先提出了描述客观事物逻辑关系的数学方法——**布尔代数**。因为布尔代数广泛用于解决开关电路及数字逻辑电路的分析设计，所以又把布尔代数称为开关代数或**逻辑代数**。值得注意的是，逻辑代数与数学中的普通代数是不同的，尽管有些运算在形式上是一样的，但其含义不同，在学习过程中，一定要加以区别。

逻辑代数中，也用字母来表示变量，这种变量称为**逻辑变量**。逻辑变量的取值只有 **1** 和 **0** 两个，这里的 **1** 和 **0** 不再表示数量的大小，只表示两种不同的逻辑状态，如是和非、开和关、高和低等。

在研究事件的因果关系时，决定事件变化的条件因素称为逻辑自变量，对应事件的结果称为逻辑因变量，也称逻辑结果，以某种形式表示逻辑自变量与逻辑因变量之间的函数关系称为**逻辑函数**。例如，当逻辑自变量 $A,B,C,D,\cdots$ 的取值确定后，逻辑因变量 F 的取值也就唯一确定了，称 F 是 $A,B,C,D,\cdots$ 的逻辑函数。记作：

$$F = f(A,B,C,D,\cdots)$$

在数字系统中，逻辑自变量通常就是输入信号（变量），逻辑因变量（逻辑结果）就是输出信号（变量）。数字电路讨论的重点就是输出变量与输入变量之间的逻辑关系。

7.3.2 基本逻辑运算

逻辑代数中有三种基本的逻辑关系，即与（AND）、或（OR）和非（NOT）逻辑关系。与之相对应，有三种基本的逻辑运算，分别是**与、或、非**运算。

1. 与运算

实际生活中与逻辑关系的例子很多。例如，在图 7-1（a）所示电路中，电源 U_s 通过开关 A 和 B 给灯 Y 供电，只有当开关 A 和 B 全部闭合时，灯 Y 才会亮，若有一个或两个开关断开，灯 Y 都不会亮。从这个电路可以总结出这样的逻辑关系："只有当一件事（灯 Y 亮）的几个条件（开关 A 与 B 都接通）全部具备时，这件事才发生"，这种关系称为**与逻辑关系**。这种关系可以用表 7-4 所示的功能表来表示。

若用二值逻辑 0 和 1 来表示图 7-1（a）所示电路的逻辑关系，把开关和灯的状态分别用字母 A、B 和 Y 表示，并用 0 表示开关断开和灯灭，用 1 表示开关闭合和灯亮，这种用字母表示开关和灯的过程称为**设定变量**，用二进制代码 0 和 1 表示开关和灯有关状态的过程称为**状态赋值**。经过状态赋值得到的反映开关状态和灯亮灭之间逻辑关系的表格称为**真值表**，见表 7-5。

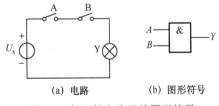

图 7-1 与运算电路及其图形符号

(a) 电路　　(b) 图形符号

表 7-4 图 7-1（a）电路的功能表

开关 A	开关 B	灯 Y
断开	断开	灭
断开	闭合	灭
闭合	断开	灭
闭合	闭合	亮

表 7-5 与运算的真值表

A	B	Y
0	**0**	**0**
0	**1**	**0**
1	**0**	**0**
1	**1**	**1**

若用逻辑表达式来描述上面的关系，则可写为

$$Y = A \cdot B \tag{7-1}$$

式中，"·" 表示 A 和 B 的与运算，读作 "**与**"，也称为逻辑乘。在不致引起混淆的前提下，"·" 可省略。图 7-1（b）所示为与运算的图形符号。

2. 或运算

实际生活中**或**逻辑关系的例子也很多，在图 7-2（a）所示电路中，当开关 A 和 B 中至少有一个闭合时，灯 Y 就会亮。由此可总结出另一种逻辑关系："在一件事情的几个条件中，只要有一个条件得到满足，这件事就会发生"，这种逻辑关系称为**或**逻辑关系。

在与前面相同的状态赋值条件下，**或**运算的逻辑表达式如下：

$$Y = A + B \tag{7-2}$$

式中，符号 "+" 表示 A 和 B 的**或**运算，读作 "**或**"，也称为逻辑加。图 7-2（b）所示为**或**运算的图形符号，其真值表见表 7-6。

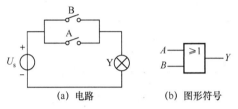

图 7-2 或运算电路及其图形符号

表 7-6 或运算的真值表

A	B	Y
0	0	0
0	1	1
1	0	1
1	1	1

3. 非运算

在图 7-3（a）所示电路中，当开关 A 闭合时，灯 Y 不亮；只有当开关 A 断开时，灯 Y 才会亮。由此可总结出第三种逻辑关系："一件事情的发生是以其相反的条件为依据的"，这种逻辑关系称为非逻辑。非就是相反，就是否定。非运算的逻辑表达式如下：

$$Y = \overline{A} \tag{7-3}$$

式中，字母上方的 "‾" 表示非运算，读作 "**非**" 或 "**反**"。图 7-3（b）所示为非运算的图形符号，其真值表见表 7-7。

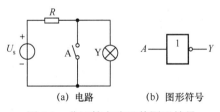

图 7-3 非运算电路及其图形符号

表 7-7 非运算的真值表

A	Y
0	1
1	0

7.3.3 复合逻辑运算

与、或、非是逻辑代数中的三种基本运算，实际的逻辑问题往往比与、或、非复杂得多，不过这些复杂的逻辑运算都可以通过三种基本的逻辑运算组合而成。最常见的复合逻辑运算有与非、或非、异或、同或、与或非运算，它们的逻辑表达式、图形符号、真值表见表 7-8 和表 7-9。

用以实现基本逻辑运算和复合逻辑运算的单元电路称为**逻辑门电路**，简称**门电路**。例如，用于实现与运算的电路称为**与门**，此外，还有**或门**、**非门**、**与非门**、**异或门**等。各种逻辑运算的图形符号即为对应门电路的图形符号。关于门电路的知识将在本书第 8 章中学习。

表 7-8　几种常见的复合逻辑运算

逻辑关系		与非	或非	异或	同或	与或非
逻辑表达式		$Y = \overline{A \cdot B}$	$Y = \overline{A + B}$	$Y = \overline{A}B + A\overline{B} = A \oplus B$	$Y = AB + \overline{A}\overline{B} = A \odot B$	$Y = \overline{AB + CD}$
图形符号		A & Y, B	A ≥1 Y, B	A =1 Y, B	A = Y, B	A B & ≥1 Y, C D &
真值表	输入 $A\ B$	输出 Y	输出 Y	输出 Y	输出 Y	输出 Y
	0 0	1	1	0	1	见表 7-9
	0 1	1	0	1	0	
	1 0	1	0	1	0	
	1 1	0	0	0	1	

表 7-9　与或非逻辑运算的真值表

A	B	C	D	Y	A	B	C	D	Y
0	0	0	0	1	1	0	0	0	1
0	0	0	1	1	1	0	0	1	1
0	0	1	0	1	1	0	1	0	1
0	0	1	1	0	1	0	1	1	0
0	1	0	0	1	1	1	0	0	0
0	1	0	1	1	1	1	0	1	0
0	1	1	0	1	1	1	1	0	0
0	1	1	1	0	1	1	1	1	0

　　说明两点：① 非运算的符号尚无统一的标准。本书采用"$\overline{A}$"表示变量 A 的非运算，而某些教材和 EDA 软件则采用 A'、$\sim A$、$\neg A$ 等形式表示变量 A 的非运算。② 关于与、或、非三种基本逻辑运算以及几种复合逻辑运算的图形符号，以上给出的是国标符号。此外，还有一种目前国外教材和 EDA 软件中使用比较多的图形符号，如图 7-4 所示，在此一并给出，以便对照和学习。

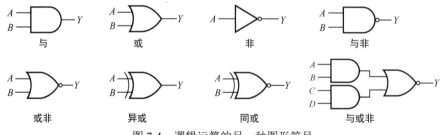

图 7-4　逻辑运算的另一种图形符号

7.3.4　几个概念

1. 高、低电平的概念

　　前面已多次提到高、低电平的概念，今后还要经常用到。这里"电平"就是"电位"，单位是 V（伏特）。在数字电路中，人们习惯于用高、低电平来描述电位的高、低。高电平（V_H）、低电平（V_L）是两种不同的状态，它们表示的都是一定的范围，而不是一个固定不变的数值。例如，在 TTL 电路中，常规定高电平的额定值为 3V，低电平的额定值为 0.2V，而 0 V～0.8 V 都算作低电平，1.8 V～5 V 都算作高电平。如果超出规定的范围（V_L 高于上限值和 V_H 低于下限值时），则不仅会破坏电路的逻辑功能，而且还可能造成器件性能下降甚至损坏。

2. 正、负逻辑的概念

数字电路是以二进制代码 **0**、**1** 来表示输入和输出高、低电平的。若规定用 **1** 表示高电平，用 **0** 表示低电平，称为正逻辑赋值，简称**正逻辑**。反之，若规定用 **0** 表示高电平，用 **1** 表示低电平，称为负逻辑赋值，简称**负逻辑**。前面讨论各种逻辑运算时，采用的都是正逻辑。

值得注意的是，同一门电路，可以采用正逻辑，也可以采用负逻辑。正逻辑与负逻辑的规定不涉及门电路本身的结构与性能好坏，但不同的规定可使同一门电路具有不同的逻辑功能。

例如，假定某门电路的输入、输出电平关系见表 7-10。按正逻辑规定可得到表 7-11 所示真值表，由真值表可知，该电路是一个**与**门；按负逻辑规定可得到表 7-12 所示真值表，由真值表可知，该电路是一个**或**门。

表 7-10　输入、输出电平关系

输 入		输 出
A	B	F
L	L	L
L	H	L
H	L	L
H	H	H

表 7-11　正逻辑真值表

输 入		输 出
A	B	F
0	0	0
0	1	0
1	0	0
1	1	1

表 7-12　负逻辑真值表

输 入		输 出
A	B	F
1	1	1
1	0	1
0	1	1
0	0	0

由此可知，正逻辑**与**门等价于负逻辑**或**门，同理，正逻辑的**或**门等价于负逻辑的**与**门，正逻辑的**与非**门等价于负逻辑的**或非**门，正逻辑的**或非**门等价于负逻辑的**与非**门。但是对于**非**门电路来说，不管是正逻辑还是负逻辑，其逻辑功能不变。

本书所涉及的逻辑电路，如无特别说明，采用的都是正逻辑。

7.4　逻辑函数的表示方法及其相互转换

一个逻辑函数可以采用真值表、逻辑表达式、逻辑图、波形图和卡诺图 5 种表示形式。虽然各种表示形式具有不同的特点，但是它们都能表示输出变量与输入变量之间的逻辑关系，并且可以相互转换。下面分别介绍。

7.4.1　真值表

真值表也叫逻辑真值表，它是将输入、输出变量之间各种取值的逻辑关系经过状态赋值后用 **0**、**1** 列成的表格。

在图 7-5 所示的灯控制电路中，若设开关 A、B 接到 S_1 用 **1** 表示，接到 S_0 用 **0** 表示，灯亮用 **1** 表示，不亮用 **0** 表示，可以得到反映开关 A、B 状态和灯 Y 状态之间逻辑关系的真值表，见表 7-13。

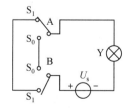

图 7-5　灯控制电路

表 7-13　灯控制电路真值表

A	B	Y
0	0	1
0	1	0
1	0	0
1	1	1

真值表的优点是，能够直观明了地反映输入变量与输出变量取值之间的对应关系，而且当把一个实际问题抽象为逻辑问题时，使用真值表最为方便，所以在数字电路的逻辑设计中，首先要根据要求列出真值表。

真值表的缺点是，不能进行运算，而且当变量比较多时，真值表就会变得非常复杂。一个确定的逻辑函数，只有一个真值表，因此真值表具有唯一性。

7.4.2 逻辑表达式

逻辑表达式是用与、或、非三种基本运算组合而成的表示逻辑关系的一种数学表示形式。

1. 标准与或式

由真值表可以方便地写出逻辑表达式：在真值表中，找出那些使函数值为 1 的变量取值组合；在变量取值组合中，变量值为 1 的写成原变量（变量名上无非号的变量），值为 0 的写成反变量（变量名上带非号的变量），这样对应于使函数值为 1 的每种变量取值组合，都可写出唯一的乘积项（也称与项）；将这些乘积项加（或）起来，即可得到函数的逻辑表达式。显然从表 7-13 不难得到图 7-5 电路中开关与灯之间的逻辑表达式为

$$Y = \overline{A}\overline{B} + AB = A \odot B$$

将输入变量 A、B 的 4 种取值组合分别代入这个表达式进行计算，然后与真值表进行比较，即可验证该表达式的正确性。

这样得到的表达式即为逻辑函数的**标准与或式**。之所以称为标准与或式，是因为表达式中的乘积项具有标准的形式，即所有的变量均以原变量或反变量的形式在乘积项中出现一次。这种标准的乘积项，我们称之为逻辑函数的**最小项**。因此，标准与或式又可称为**最小项之和表达式**。

2. 最小项

最小项是逻辑代数中一个重要的概念。一个 n 变量逻辑函数共有 2^n 种取值组合，而每种取值组合都对应唯一的最小项，因此一个 n 变量逻辑函数共有 2^n 个最小项。例如，对于图 7-5 电路，灯受到两个开关的控制，属于两变量逻辑函数，两个开关的状态经赋值后共有 4 种取值组合 **00**、**01**、**10** 和 **11**，则其对应的 4 个最小项分别为 $\overline{A}\,\overline{B}$、$\overline{A}B$、$A\overline{B}$ 和 AB。

通常，对于两个最小项，若它们只有一个因子不同，则称其为逻辑相邻的最小项，简称**逻辑相邻项**。例如，$\overline{A}B\overline{C}$ 和 $AB\overline{C}$ 是逻辑相邻项，$\overline{A}BC$ 和 ABC 也是逻辑相邻项。两个逻辑相邻项可以合并成一项，并且消去一个因子，如 $\overline{A}B\overline{C} + AB\overline{C} = B\overline{C}$。这一特性正是卡诺图化简逻辑函数的依据。

由以上对最小项的介绍可知，当输入变量为某一种取值组合时：① 仅有一个最小项的值为 **1**；② 全体最小项之和恒为 **1**；③ 任意两个最小项的乘积为 **0**。这正是最小项的重要性质。

今后，为了叙述方便，给每个最小项编号，用 m_i 表示。例如，三变量逻辑函数的最小项 $\overline{A}\,\overline{B}\,\overline{C}$，$\overline{A}\,\overline{B}\,C$，$\overline{A}BC$，…，$ABC$ 分别用 $m_0, m_1, m_2, …, m_7$ 表示。最小项的序号就是将其对应变量取值组合当成二进制数时所对应的十进制数。

任意逻辑函数都能化成唯一的最小项之和形式。方法是首先将给定的逻辑表达式化为若干乘积项之和的**与或**形式，然后再利用基本公式 $A + \overline{A} = 1$（见 7.5 节）将每个乘积项中缺少的因子补全，这样就可以将与或形式化为最小项之和的标准形式。这种标准形式在逻辑函数的化简以及计算机辅助分析和设计中应用广泛。

【**例 7-6**】 写出 $Y = (A + \overline{B})(\overline{A} + C)$ 的最小项之和形式。

解： $Y = (A + \overline{B})(\overline{A} + C) = AC + \overline{A}\,\overline{B} + \overline{B}C = AC(B + \overline{B}) + \overline{A}\,\overline{B}(C + \overline{C}) + \overline{B}C(A + \overline{A})$

$= ABC + A\overline{B}C + \overline{A}\,\overline{B}C + \overline{A}\,\overline{B}\,\overline{C} + A\overline{B}C + \overline{A}\,\overline{B}C = ABC + A\overline{B}C + \overline{A}\,\overline{B}C + \overline{A}\,\overline{B}\,\overline{C}$

$= m_7 + m_5 + m_1 + m_0 = \sum m\,(0,\ 1,\ 5,\ 7)$

顺便指出，如果把真值表中使函数值为 **0** 的那些变量取值组合所对应的最小项加起来，则可得到逻辑函数的反函数的标准**与或**式。

3. 最大项

在 n 变量逻辑函数中，若 M 为 n 个变量之和，而且这 n 个变量均以原变量或反变量的形式在 M 中出现一次，则称 M 为该逻辑函数的**最大项**。例如，对于三变量逻辑函数，其 8 种取值组合 **000、001、010、011、100、101、110、111** 所对应的 8 个最大项分别是 $A+B+C$、$A+B+\overline{C}$、$A+\overline{B}+C$、$A+\overline{B}+\overline{C}$、$\overline{A}+B+C$、$\overline{A}+B+\overline{C}$、$\overline{A}+\overline{B}+C$、$\overline{A}+\overline{B}+\overline{C}$。可见，一个 n 变量逻辑函数共有 2^n 个最大项，其数目与最小项的数目是相等的。

输入变量的每组取值组合都使一个对应的最大项的值为 0。例如，在变量 A、B、C 的最大项中，当 $A=1, B=0, C=1$ 时，$\overline{A}+B+\overline{C}=0$。若将最大项为 **0** 的 ABC 取值组合视为一个十进制数，并以其对应的十进制数给最大项编号，则 $\overline{A}+B+\overline{C}$ 可记为 M_5。三变量逻辑函数的 8 个最大项 $\overline{A}+\overline{B}+\overline{C}$、$\overline{A}+\overline{B}+C$、$\overline{A}+B+\overline{C}$、……、$A+B+C$，分别用 $M_7, M_6, M_5, \cdots, M_0$ 表示。

根据最大项的定义同样可以得到它的重要性质，即当输入变量为某一种取值组合时：① 仅有一个最大项的值为 **0**；② 全体最大项之积恒为 **0**；③ 任意两个最大项之和为 1；④ 只有一个变量不同的两个最大项的乘积等于各相同变量之和。

根据最大项和最小项的定义及性质不难发现，最大项和最小项之间存在关系 $M_i = \overline{m_i}$。

任意逻辑函数同样可以化成唯一的**最大项之积形式**（**标准或与式**）。方法是首先把逻辑表达式化成若干多项式相乘的**或与**形式（也称"和之积"形式），然后利用基本公式 $A \cdot \overline{A} = 0$（见 7.5 节）将每个多项式中缺少的变量补齐，就可以将逻辑表达式的**或与**形式化成最大项之积的形式了。

用逻辑表达式表示逻辑函数的特点是书写方便，形式简洁，不会因为变量数目的增多而变得复杂；便于运算和演变，也便于用相应的逻辑符号来实现。不足之处是，在反映输入变量与输出变量的取值对应关系时不够直观。

7.4.3 逻辑图

逻辑图也称为逻辑电路图，是用图形符号表示逻辑关系的一种图形表示方法。图 7-5 电路的逻辑表达式 $Y = \overline{A}\,\overline{B} + AB$ 对应的逻辑图如图 7-6 所示。

逻辑图的优点比较突出。逻辑图中的图形符号与实际使用的电子器件有着明显的对应关系，所以它比较接近于工程实际。在工作中，要了解某个数字系统或者数控装置的逻辑功能，都要用到逻辑图，因为它可以把许多复杂的实际电路的逻辑功能层次分明地表示出来。在制作数字设备时，首先也要通过逻辑设计画出逻辑图，再把逻辑图变成实际电路。

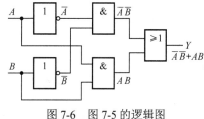

图 7-6 图 7-5 的逻辑图

7.4.4 波形图

波形图也称**时序图**，它是由输入变量的所有可能取值组合的高、低电平及其对应的输出变量的高、低电平所构成的图形。它是用变量随时间变化的波形来反映输入、输出间对应关系的一种图形表示法。

画波形图时要特别注意，横坐标是时间轴，纵坐标是变量取值（高、低电平或二进制代码 **1** 和 **0**）。由于时间轴相同，变量取值又十分简单，因此在波形图中可略去坐标轴。具体画波形时，还要注意，务必将输出变量与输入变量的波形在时间上对应起来，以体现输出取决于输入。根据表 7-13 和给定的 A、B 波形对应画出 Y 的波形如图 7-7 所示。

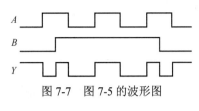

图 7-7　图 7-5 的波形图

此外，可以利用示波器对电路的输入、输出波形进行测试、观察，以判断电路的输入、输出是否满足给定的逻辑关系。因此，波形图的优点是便于电路的调试和检测，实用性强，在描述输出变量与输入变量的取值对应关系上也比较直观。在计算机硬件课程中，通常用波形图来分析计算机内部各部件之间的工作关系。

7.4.5　卡诺图

卡诺图是一种最小项方格图，它是由美国工程师卡诺（Karnaugh）设计的，一个方格对应一个最小项，n 变量逻辑函数有 2^n 个最小项，因此 n 变量卡诺图中共有 2^n 个方格。另外，方格在排列时，应保证几何相邻的方格在逻辑上也相邻。所谓**几何相邻**，是指空间位置相邻，包括紧挨着的，以及相对的（卡诺图中某一行或某一列的两头）。

画卡诺图时，根据逻辑函数中变量数目 n 将图形分成 2^n 个方格，方格的编号和最小项的编号相同，由方格外面行变量和列变量的取值决定。图 7-8（a）、（b）、（c）分别是三变量、四变量和五变量逻辑函数的卡诺图，斜线下方的是行变量，斜线上方的是列变量。规定如下。

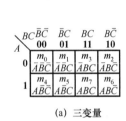

(a) 三变量　　　　　　　(b) 四变量　　　　　　　(c) 五变量

图 7-8　逻辑函数卡诺图

① 写方格编号时，以行变量为高位组，列变量为低位组（当然也可用相反的约定）。例如，图 7-8（b）中，AB 取值组合为 **10**，CD 取值组合为 **01** 的方格对应编号为 m_9（**1001** 对应十进制数 9）的最小项，就可以在对应的方格中填上 m_9，或只是简单地填上序号 9。

② 行、列变量取值顺序必须按循环码排列，例如，图 7-8（b）中 AB 和 CD 取值组合都是按照 **00，01，11，10** 的循环码顺序排列的。这样标注可以保证几何相邻的最小项必定也是逻辑相邻的最小项。循环码可由二进制码推导出来。若设 $B_3B_2B_1B_0$ 是一组 4 位二进制码，则对应的 4 位循环码 $G_3G_2G_1G_0$ 可用公式 $G_i = B_{i+1} \oplus B_i$ 求出。

③ 用卡诺图表示逻辑函数。在卡诺图中将逻辑函数所包含的最小项对应的方格中填 **1**，其余的方格填 **0**（**0** 也可以省略不填）。

【例 7-7】　画出逻辑函数 $Y = \overline{A}\overline{B}C + \overline{A}BC + AB$ 的卡诺图。

解： 式中，$\overline{A}\overline{B}C$、$\overline{A}BC$ 已是最小项。含有与项 AB 的最小项有两个：ABC 和 $AB\overline{C}$。故在 m_3、m_5、m_6、m_7 相应的方格中填 **1**，如图 7-9 所示。

若逻辑函数不是**与或式**，应先变换成**与或式**（不必变换成最小项之和的表达式），然后把含有各个与项的最小项在对应方格内填 **1**，即得函数的卡诺图。

A＼BC	00	01	11	10
0	0	0	1	0
0	0	1	1	1

图 7-9　例 7-7 图

用卡诺图表示逻辑函数最突出的优点是，用几何相邻表达了构成逻辑函数的各个最小项在逻辑上的相邻性，这也是用卡诺图化简逻辑函数的依据。

7.5　逻辑函数的基本公式、定律和规则

根据逻辑变量的取值只有 **0** 和 **1**，以及逻辑变量的与、或、非三种基本运算法则，可以推导

出逻辑运算的基本公式和定理。这些公式的证明，最直接的方法是列出等号两边逻辑函数的真值表，看看是否完全相同。也可利用已知的公式来证明其他公式。

1. 基本公式

（1）常量之间的关系如下：

$$0 \cdot 0 = 0 \qquad 1 + 1 = 1$$
$$0 \cdot 1 = 0 \qquad 1 + 0 = 1$$
$$1 \cdot 1 = 1 \qquad 0 + 0 = 0$$
$$\overline{0} = 1 \qquad \overline{1} = 0$$

（2）变量和常量之间的关系如下：

$$A \cdot 1 = A \qquad A + 0 = A$$
$$A \cdot 0 = 0 \qquad A + 1 = 1$$
$$A \cdot \overline{A} = 0 \qquad A + \overline{A} = 1$$

2. 基本定律

（1）交换律 $\quad A + B = B + A \qquad\qquad\qquad A \cdot B = B \cdot A$

（2）结合律 $\quad (A + B) + C = A + (B + C) \qquad (A \cdot B) \cdot C = A \cdot (B \cdot C)$

（3）分配律 $\quad A + BC = (A + B)(A + C) \qquad A \cdot (B + C) = A \cdot B + A \cdot C$

（4）同一律 $\quad A + A = A \qquad\qquad\qquad\qquad A \cdot A = A$

（5）反演律（又称摩根定律）$\quad \overline{A + B} = \overline{A} \cdot \overline{B} \qquad\qquad \overline{A \cdot B} = \overline{A} + \overline{B}$

（6）还原律 $\quad \overline{\overline{A}} = A$

3. 常用公式

（1）$A + AB = A$

（2）$A + \overline{A}B = A + B$

（3）$AB + A\overline{B} = A$

（4）$A(A + B) = A$

（5）$AB + \overline{A}C + BC = AB + \overline{A}C$

4. 有关异或运算的一些公式

（1）交换律 $\quad A \oplus B = B \oplus A$

（2）结合律 $\quad (A \oplus B) \oplus C = A \oplus (B \oplus C)$

（3）分配律 $\quad A \cdot (B \oplus C) = A \cdot B \oplus A \cdot C$

（4）常量和变量的**异或**运算

$$A \oplus 1 = \overline{A} \qquad A \oplus 0 = A \qquad A \oplus A = 0 \qquad A \oplus \overline{A} = 1$$

5. 基本规则

（1）代入规则

在任何一个包含变量 A 的逻辑等式中（变量 A 在此是泛指的），若用另外一个逻辑表达式代替式中所有的 A，则逻辑等式仍成立。这就是所谓的代入规则。例如，已知 $\overline{A \cdot B} = \overline{A} + \overline{B}$，若用 $Y = BC$ 代替式中的 B，则 $\overline{A \cdot BC} = \overline{A} + \overline{BC} = \overline{A} + \overline{B} + \overline{C}$。同理可得，$\overline{A \cdot B \cdot C \cdots} = \overline{A} + \overline{B} + \overline{C} + \cdots$，此即多个变量的反演律。可见，代入规则可以扩大逻辑运算基本公式的使用范围。

（2）反演规则

对于任何一个逻辑函数 Y，若将其逻辑表达式中所有的"·"换成"+"，"+"换成"·"，0 换成 1，1 换成 0，原变量换成反变量，反变量换成原变量，这样得到的就是原函数的反函数 $\overline{Y}$，这一规则称为反演规则。运用反演规则可以直接求得一个逻辑函数 Y 的反函数 $\overline{Y}$ 。

注意，运用反演规则求反函数时，不是一个变量上的反号应保持不变，而且要特别注意运算符号的优先顺序，即先算括号，再算乘积，最后算加。

【例 7-8】 求下列逻辑函数的反函数。

① $F = [A + (B\overline{C} + CD) \cdot E] + G$

② $F = \overline{ABC} + \overline{\overline{AB}(A + BC)}$

解： 利用反演规则，求得各逻辑函数的反函数如下：

① $\overline{F} = \overline{A} \cdot [(\overline{B} + C)(\overline{C} + \overline{D}) + \overline{E}] \cdot \overline{G}$

② $\overline{F} = \overline{(\overline{A} + \overline{B} + \overline{C})} \cdot \overline{\overline{A} + \overline{B} + \overline{A} \cdot (\overline{B} + \overline{C})}$

（3）对偶规则

若两逻辑表达式相等，则它们的对偶式也相等，这就是对偶规则。**对偶式**的定义：对于任何一个逻辑函数 Y，若将其逻辑表达式中所有的"·"换成"+"，"+"换成"·"，**0** 换成 **1**，**1** 换成 **0**，则得到一个新的逻辑表达式 Y'，这个 Y' 就称为 Y 的对偶式，或者说 Y 和 Y' 互为对偶式。

对偶规则的意义在于：如果两个逻辑表达式相等，则它们的对偶式也相等。前面介绍的基本公式和定律中，左、右两列等式之间的关系就是利用了对偶规则。显然，利用对偶规则，可以使要证明的公式数目减少一半。

运用对偶规则时，同样要注意反演规则中提到的两点注意事项。

【例 7-9】 求下列逻辑函数的对偶式。

① $F = \overline{\overline{AB} + C} + D + E$

② $F = (A + B)(B + AC) + D$

解： 利用对偶规则，求得各逻辑函数的对偶式如下：

① $F' = \overline{\overline{A + B} \cdot C} \cdot D \cdot E$

② $F' = [AB + B(A + C)] \cdot D$

7.6 逻辑函数的化简

通过前面的学习可以知道，逻辑函数的表达式越简单，实现这个逻辑函数的逻辑电路所需要的门电路数目就越少，这样一来，不仅降低了成本，还提高了电路的工作速度和可靠性，因此，在设计逻辑电路时，化简逻辑函数是很必要的。

7.6.1 最简的概念及最简表达式的几种形式

以与或式为例，所谓逻辑函数的最简与或式，必须同时满足以下两个条件：

① 与项（乘积项）的个数最少，这样可以保证所需门电路的数目最少。

② 在与项个数最少的前提下，每个与项中包含的因子数最少，这样可以保证每个门电路输入端的个数最少。

一个逻辑函数的最简表达式，常按照式中变量之间运算关系的不同，分成最简与或式、最简与非-与非式、最简或式、最简或非-或非式、最简与或非式。例如，某个逻辑函数 Y，其最简表达式可表示成如下 5 种形式。

① 与或式： $\qquad Y = A\overline{B} + BC$

② 与非-与非式： $\qquad Y = \overline{\overline{A\overline{B}} \cdot \overline{BC}}$

③ 或与式：$\qquad Y = (A + B) \cdot (\overline{B} + C)$

④ 或非-或非式：$\qquad Y = \overline{\overline{A + B} + \overline{\overline{B} + C}}$

⑤ 与或非式：$\qquad Y = \overline{A\,\overline{B} + BC}$

不同的逻辑表达式将用不同的门电路来实现，而且各种逻辑表达形式之间可以相互转换。应当指出，最简**与或**式是最基本的表达形式，由最简**与或**式可以转换成其他各种表达形式。下面举例说明。

【例 7-10】 已知 $Y = A\overline{B} + BC$，求其最简与非-与非式。

解：由与或式转换成与非-与非式，通常采用两次求反的方法：

$$Y = \overline{\overline{Y}} = \overline{\overline{A\overline{B} + BC}} = \overline{\overline{A\overline{B} \cdot \overline{BC}}}$$

【例 7-11】 已知 $Y = AB + \overline{A}C$，求其最简或与式。

解：求最简**或与**式的方法是，在反函数最简**与或**式的基础上取反，再用反演律去掉反号，便可得到最简**或与**式。

利用反演规则可求得 Y 的反函数为

$$\overline{Y} = (\overline{A} + \overline{B})(A + \overline{C}) = \overline{A} \cdot \overline{C} + \overline{A}B + \overline{B} \cdot \overline{C} = \overline{A} \cdot \overline{C} + \overline{A}B$$

于是可得 $\qquad Y = \overline{\overline{Y}} = \overline{\overline{A} \cdot \overline{C} + \overline{A}B} = \overline{\overline{A} \cdot \overline{C}} \cdot \overline{\overline{A}B} = (A + C) \cdot (\overline{A} + B)$

【例 7-12】 已知 $Y = AB + \overline{A}C$，求其最简或非-或非式。

解：在最简**或与**式的基础上，两次取反，再用反演律去掉下面的非号，所得到的便是最简**或非-或非**式。

$$Y = A\dot{B} + \overline{A}C = AB + \overline{A}C + BC = (A + C) \cdot (\overline{A} + B)$$

$$= \overline{\overline{(A + C)(\overline{A} + B)}} = \overline{\overline{A + C} + \overline{\overline{A} + B}}$$

【例 7-13】 已知 $Y = AB + \overline{A}C$，求其最简与或非式。

解：在最简**或非-或非**式的基础上，利用反演律，即可得到最简**与或非**式。

$$Y = AB + \overline{A}C = \overline{\overline{A + C} + \overline{\overline{A} + B}}$$

$$= \overline{\overline{A} \cdot \overline{C} + A\overline{B}}$$

由以上几个例子不难看出，只要有了逻辑函数的最简**与或**式，再用反演律进行适当变换，就可以得到其他几种形式的最简表达式。

7.6.2 公式法化简

逻辑函数的化简方法有**公式法**和**卡诺图法**等。公式法实际上就是应用逻辑函数的基本公式、定律等，对逻辑函数进行运算和变换，以求得逻辑函数的最简表达式。常用的方法如下。

（1）并项法。根据 $AB + A\overline{B} = A$ 可以把两项合并为一项，保留相同因子，消去互为相反的因子。例如：

$$Y = AB + ACD + A\overline{B} + \overline{A}CD = (A + \overline{A})B + (A + \overline{A})CD = B + CD$$

（2）吸收法。根据 $A + AB = A$ 可将 AB 项消去。A 和 B 可代表任何复杂的逻辑表达式。例如：

$$Y = AB + AB\overline{C} + ABD = AB$$

（3）消项法。根据 $AB + \overline{A}C + BC = AB + \overline{A}C$ 可将 BC 项消去。A、B 和 C 可代表任何复杂的逻辑表达式。例如：

$$Y = A\overline{C} + \overline{A}\,\overline{B} + \overline{B}\,\overline{C} = A\overline{C} + \overline{A}\,\overline{B}$$

（4）消因子法。根据 $A + \overline{A}B = A + B$ 可将 $\overline{A}B$ 中的因子 $\overline{A}$ 消去。A 和 B 可代表任何复杂的逻辑表达式。例如：

$$Y = AC + \overline{A}B + B\overline{C} = AC + B\overline{AC} = AC + B$$

（5）配项法。根据 $A+A+\cdots=A$ 可以在逻辑表达式中重复写入某一项，以获得更加简单的化简结果。例如：

$$Y = \overline{A}B\overline{C} + \overline{A}BC + ABC = \overline{A}B\overline{C} + \overline{A}BC + (ABC + \overline{A}BC)$$
$$= \overline{A}B(\overline{C} + C) + BC(\overline{A} + A) = \overline{A}B + BC$$

【例 7-14】 用公式法化简下列逻辑函数。

（1）$F = A(B + \overline{C}) + A\overline{C} + \overline{B}C + B\overline{C} + B\overline{D} + \overline{B}D + ADE$

（2）$F = (A \oplus B)C + ABC + \overline{A} \cdot \overline{B}C$

（3）$F = AC + \overline{B}C + B\overline{D} + C\overline{D} + A(B + \overline{C}) + \overline{A}BC\overline{D} + A\overline{B}DE$

解：（1）$F = A(B + \overline{C}) + A\overline{C} + \overline{B}C + B\overline{C} + B\overline{D} + \overline{B}D + ADE$

$$= (A\overline{\overline{B}C} + \overline{B}C) + B\overline{C} + B\overline{D} + \overline{B}D + ADE = A + \overline{B}C + B\overline{C} + B\overline{D} + \overline{B}D + ADE$$

$$= (A + ADE) + \overline{B}C + B\overline{D} + B\overline{C} + \overline{B}D = A + \overline{B}C + B\overline{D} + B\overline{C} + \overline{B}D = A + B\overline{C} + B\overline{D} + \overline{D}C$$

（2）$F = (A \oplus B)C + ABC + \overline{A} \cdot \overline{B}C = (A \oplus B)C + (AB + \overline{A} \cdot \overline{B})C = C[(A \oplus B) + \overline{A \oplus B}] = C$

（3）$F = AC + \overline{B}C + B\overline{D} + C\overline{D} + A(B + \overline{C}) + \overline{A}BC\overline{D} + A\overline{B}DE$

$$= AC + \overline{B}C + B\overline{D} + C\overline{D} + A\overline{B}C + A\overline{B}DE = AC + \overline{B}C + B\overline{D} + C\overline{D} + A + A\overline{B}DE$$

$$= A + \overline{B}C + B\overline{D} + C\overline{D} = A + \overline{B}C + B\overline{D}$$

用公式法化简逻辑函数，需要对逻辑函数的基本公式和常用公式比较熟悉，它没有固定的规律，适用于化简变量比较多的逻辑函数。

7.6.3　卡诺图法化简

由于卡诺图中几何相邻的最小项也具有逻辑相邻性，而逻辑函数化简的实质就是合并逻辑相邻的最小项，因此，直接在卡诺图中合并几何相邻的最小项即可。合并的具体方法：将所有几何相邻的最小项圈在一起进行合并。这里所说的几何相邻有两方面的含义：① 紧挨着；② 某一行或某一列的两头。

用卡诺图法化简逻辑函数的一般步骤如下。

① 画出逻辑函数的卡诺图。在卡诺图中将逻辑函数所包含的最小项对应的方格内填 **1**，其余方格填 **0**（**0** 也可不填）。

② 合并几何相邻的最小项。实际上是将几何相邻的填有 **1** 的方格（简称"**1** 格"）圈在一起进行合并，保留相同的变量，消去不同的变量。每个圈对应一个与项。

③ 将所有的与项相加，即可得到逻辑函数的最简与或式。

以上三步中，第①步是基础，第②步是难点，为了正确化简逻辑函数，圈出几何相邻的"**1** 格"最关键。下面给出圈"**1** 格"的注意事项。

① 每个圈中只能包含 2^n 个"**1** 格"，并且可消掉 n 个变量，被合并的"**1** 格"应该排成正方形或矩形。

② 圈的个数应尽量少，圈越少，与项越少。

③ 圈应尽量大，圈越大，消去的变量越多。

④ 有些"**1** 格"可以多次被圈，但每个圈中应至少有一个"**1** 格"只被圈过一次。

⑤ 要保证所有"**1** 格"全部圈完，无几何相邻最小项的"**1** 格"独立构成一个圈。

⑥ 圈"**1** 格"的方法不止一种，因此化简的结果也就不同，但它们之间可以转换。

最后需要注意一点：卡诺图中 4 个角上的最小项也是几何相邻的，可以圈在一起合并。

【例7-15】 用卡诺图法化简逻辑函数 $Y = \sum m$ (1, 4, 5, 6, 8, 12, 13, 15)。

解：① 画出 Y 的卡诺图，如图7-10所示。

② 合并"1格"。图7-10中画了1个"4格组"的圈，4个"2格组"的圈，但这种方案是错误的，因为"4格组"圈中所有的"1格"都被圈过两次。正确方案是只保留4个"2格组"的圈。

③ 写出最简与或式：

$$Y = \overline{A}\,CD + A B \overline{D} + A \overline{C}\,\overline{D} + ABD$$

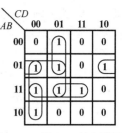

图7-10 例7-15的卡诺图

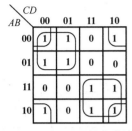

图7-11 例7-16的卡诺图

【例7-16】 用卡诺图法化简逻辑函数：

$$Y = \overline{A}\,\overline{C} + AC + A\overline{B}\,\overline{C}\,\overline{D} + \overline{A}\,\overline{B}\,\overline{C}D$$

解：① 画出 Y 的卡诺图，如图7-11所示。

② 合并"1格"。注意，4个角上的"1格"应圈在一起进行合并。

③ 写出最简与或式：

$$Y = \overline{A}\,\overline{C} + AC + \overline{B}\,\overline{D}$$

注意，在卡诺图中合并"0格"，将得到反函数的最简与或式。

【例7-17】 函数 $Y = AB + BC + CA$，用卡诺图法求出 $\overline{Y}$ 的最简与或式。

解：① 画出 Y 的卡诺图，如图7-12所示。

② 合并"0格"。

③ 写出 $\overline{Y}$ 的最简与或式：

$$\overline{Y} = \overline{A}\,\overline{B} + \overline{B}\,\overline{C} + \overline{A}\,\overline{C}$$

与公式法相比，用卡诺图法化简逻辑函数具有直观、简便、易于掌握化简结果的准确程度等优点，因此应用更广泛。

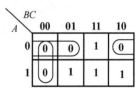

图7-12 例7-17的卡诺图

7.6.4 具有无关项的逻辑函数的化简

1. 约束项、任意项和逻辑函数中的无关项

在分析某些逻辑函数时，经常会遇到输入变量的取值不是任意的。对输入变量的取值所加的限制称为约束，把这一组变量称为具有约束的一组变量。

例如，有三个变量 A、B、C，它们分别表示一台电动机的正转、反转和停止命令，$A = 1$ 表示正转，$B = 1$ 表示反转，$C = 1$ 表示停止。因为电动机任何时候只能执行其中的一个命令，所以不允许两个或两个以上的变量同时为 **1**。A、B、C 的取值组合可能是 **001**、**010**、**100** 中的某一种，而不能是 **000**、**011**、**101**、**110**、**111** 中的任何一种。因此，A、B、C 是一组具有约束的变量。

约束项：逻辑函数中不会出现的变量取值组合所对应的最小项称为约束项。

任意项：有些逻辑函数，当变量取某些组合时，函数的值可以任意，既可以为 **0**，也可以为 **1**，这样的变量取值组合所对应的最小项称为任意项。

无关项：把约束项和任意项统称为逻辑函数的无关项。

由最小项的性质可知，只有对应变量取值出现时，最小项的值才会为 **1**。而约束项对应的是不会出现的变量取值，任意项对应的变量取值一般也不会出现，所以无关项的值总等于 **0**。

约束条件：由无关项加起来所构成的值为 **0** 的逻辑表达式称为约束条件。因为无关项的值恒为 **0**，而无论多少个 **0** 加起来还是 **0**，所以约束条件是一个值恒为 **0** 的条件等式。上例中的约束条件可表示为

$$\overline{A}\,\overline{B}\,\overline{C} + \overline{A}BC + A\overline{B}C + AB\overline{C} + ABC = 0$$

2. 具有无关项的逻辑函数的化简方法

在真值表和卡诺图中，无关项所对应的函数值用符号"×"表示。在逻辑表达式中，通常用字

母 d 表示无关项。化简具有无关项的逻辑函数时，如果能合理地利用这些无关项，一般可以得到更加简单的化简结果。具体做法：在公式法化简中，可以根据化简的需要加上或去掉约束条件，因为在逻辑表达式中，加上或去掉 **0**，函数值是不会受影响的。在卡诺图法化简中，可以根据化简的需要包含或去掉无关项，因为合并最小项时，如果圈中包含了约束项，则相当于在相应的乘积项上加上了该约束项，而约束项的值恒为 **0**，显然函数值不会受影响。

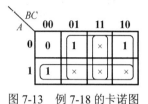

图 7-13　例 7-18 的卡诺图

【例 7-18】　用卡诺图法化简具有约束的逻辑函数 $Y = \overline{A}\ \overline{B}C + \overline{A}B\overline{C} + \overline{A}\overline{B}\ \overline{C}$，约束条件 $\overline{A}BC + AB\overline{C} + A\overline{B}C + ABC = 0$。

解： ① 画出 Y 的卡诺图，如图 7-13 所示。

② 合并最小项，约束项均当作 **1** 处理。

③ 写出最简与或式：

$$Y = A + B + C$$

【例 7-19】　用卡诺图法将下列具有约束的逻辑函数化简成最简与或式。

（1）$\begin{cases} Y_1 = \overline{A}\ \overline{B}\ \overline{C} + AB\overline{C} + A\overline{B}\ \overline{C} \\ \overline{A}B\overline{C} + ABC + A\overline{B}C = 0 \end{cases}$

（2）$Y_2(A, B, C, D) = \sum m(2, 3, 4, 7, 12, 13, 14) + \sum d(5, 6, 8, 9, 10, 11)$

解： 画出 Y_1 和 Y_2 的卡诺图，分别如图 7-14（a）和（b）所示，可得

$$Y_1 = \overline{C}$$

$$Y_2 = B\overline{D} + B\overline{C} + \overline{A}C$$

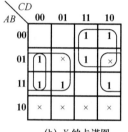

(a) Y_1 的卡诺图

(b) Y_2 的卡诺图

图 7-14　例 7-19 图

本章小结

1. 数字电路研究的主要问题是输入变量与输出变量间的逻辑关系，它的工作信号在时间和数值上是离散的，用二进制数码 **0**、**1** 表示。

2. 二进制是数字电路的基本计数体制。十六进制数有 16 个数码，4 位二进制数可表示 1 位十六进制数。常用的码制为 8421 码。

3. 逻辑代数有三种基本的逻辑运算（关系）：**与**、**或**、**非**，由它们可组合或演变成复合逻辑运算，如与非、或非、异或、同或、与或非等。

4. 逻辑函数有 5 种常用的表示方法——真值表、逻辑表达式、逻辑图、波形图、卡诺图。它们虽然各具特点，但都能表示输出变量与输入变量之间取值的对应关系。5 种表示方法可以相互转换，其转换方法是分析和设计数字电路的必要工具，在实际中可根据需要选用。

5. 逻辑函数的化简是分析、设计数字电路的重要环节。实现同样的功能，电路越简单，成本就越低，且工作越可靠。逻辑函数化简有两种方法：公式法和卡诺图法，它们各有所长，又各有不足，应熟练掌握。

6. 在实际逻辑问题中，输入变量之间常存在一定的制约关系，称为约束；把表明约束关系的等式称为约束条件。在逻辑函数的化简中，充分利用约束条件可使逻辑表达式更加简化。

习题

7-1　填空题。

（1）逻辑函数 $L = A\overline{B} + \overline{A}C$ 的对偶式为 $L' = \underline{\hspace{5cm}}$，最简**或**与式为

$L = \underline{\hspace{5cm}}$。

（2）$(174)_{10}$ = (   )$_2$ = (   )$_{8421}$

（3）$(37.483)_{10}$ = (   )$_2$ = (   )$_{16}$

（4）$(101110.011)_2$ = (   )$_{10}$

（5）$(254.76)_{10}$ = (   )$_8$

（6）$(4DE.C8)_{16}$ = (   )$_{10}$

（7）$(23F.45)_{16}$ = (   )$_2$

（8）$Y(A,B,C) = \sum m(3,5,6,7)$ 的最大项之积形式为_____。

7-2 选择题。

（1）同模拟信号相比，数字信号的特点是它的_____。一个数字信号只有_____种取值，分别表示为_____和_____。

（A）连续性，2，**0**，**1**   （B）数字性，2，**0**，**1**

（C）对偶性，2，**0**，**1**   （D）离散性，2，**0**，**1**

（2）以下说法正确的是（   ）。

（A）数字信号在大小上不连续，时间上连续，模拟信号则相反

（B）数字信号在大小上连续，时间上不连续，模拟信号则相反

（C）数字信号在大小和时间上均连续，模拟信号则相反

（D）数字信号在大小和时间上均不连续，模拟信号则相反

（3）下列几种说法中与 BCD 码的性质不符的是（   ）。

（A）一组 4 位二进制数组成的 BCD 码只能表示 1 位十进制数

（B）BCD 码是一种人为选定的 0～9 的 10 个数字的代码

（C）BCD 码是一组 4 位二进制数，能表示 16 以内的任何一个十进制数

（D）BCD 码有多种

（4）若将一**异或**门（输入端为 A、B）当作反相器使用，则 A、B 端应按（   ）连接。

（A）A 或 B 中有一个接 **1**   （B）A 或 B 中有一个接 **0**

（C）A 和 B 并联使用   （D）不能实现

（5）已知逻辑门电路的输入信号 A、B 和输出信号 Y 的波形如题图 7-1 所示，则该电路实现（   ）逻辑功能。

（A）**与非**   （B）**异或**   （C）**或**   （D）无法判断

（6）已知逻辑门电路的输入信号 A、B 和输出信号 Y 的波形如题图 7-2 所示，则该电路实现（   ）逻辑功能。

（A）**与非**   （B）**异或**   （C）**或**   （D）无法判断

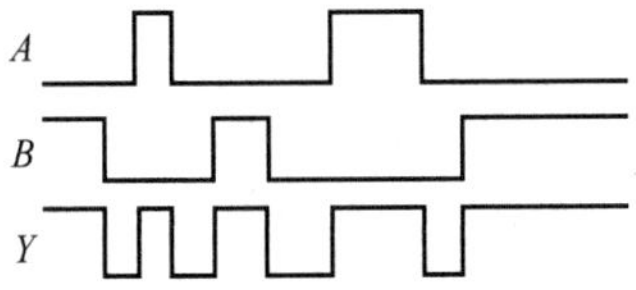

题图 7-1 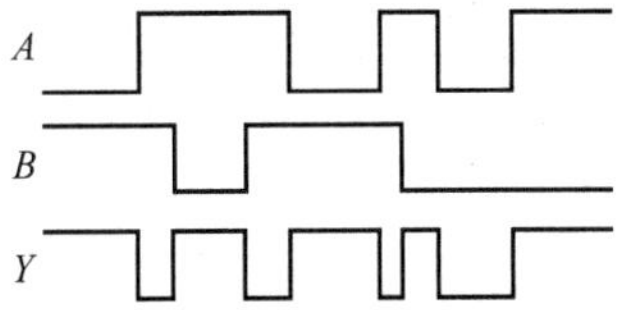   题图 7-2

（7）下列一组数中的最大数为（   ）。

（A）$(11)_{10}$ （B）**(10110)**$_2$ （C）**(10010001)**$_{8421}$ （D）**(110)**$_8$

（8）已知有 4 个逻辑变量，它们能组成的最大项的个数为（   ），这 4 个逻辑变量的任意两个最小项之积恒为（   ）。

（A）4 个，1   （B）16 个，0   （C）8 个，0

7-3 写出下列二进制数的原码、反码和补码。

（1）$(+1110)_2$ （2）$(+10110)_2$ （3）$(-1110)_2$ （4）$(-10110)_2$

7-4 试用 8 位二进制补码计算下列各式，并用十进制数表示结果。

（1）12+9 （2）11-3 （3）-29-25 （4）-120+30

7-5 根据反演规则和对偶规则，直接写出下列函数的反函数和对偶式。

（1）$W - \overline{A} \cdot \overline{B} + A\overline{C} + BC$ （2）$Y - \overline{A}C + \overline{\overline{B}C} + A(\overline{B} + \overline{CD})$

7-6 列出下列各函数的真值表。

（1）$Y(A、B、C) = AC + A\overline{B}$ （2）$Y(A、B、C) = A \oplus B \oplus C$

7-7 试用真值表证明下列等式成立。

（1）$(A + B)(\overline{A} + C)(B + C) = (A + B)(\overline{A} + C)$ （2）$AB(A \oplus B \oplus C) = ABC$

7-8 电路如题图 7-3 所示。设开关闭合表示 **1**，断开表示 **0**；灯亮表示 **1**，灯灭表示 **0**。试分别列出题图 7-3（a）、（b）、（c）各电路中表示灯 Y 与开关 A、B、C 关系的真值表，写出逻辑表达式，并画出相应的逻辑图。

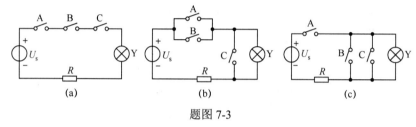

题图 7-3

7-9 将下列各式展开成最小项之和的形式。

（1）$F = A + B\overline{C} + \overline{A}C$ （2）$F = B(A + \overline{C})(A + \overline{B} + C)$

7-10 根据题图 7-4 中所给的输入 A、B、C 的波形，分别画出输出 $Y_1 \sim Y_4$ 的波形。

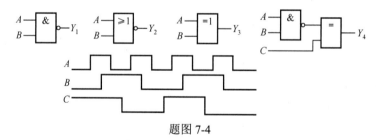

题图 7-4

7-11 将逻辑函数 $F = A \oplus B$ 变换为以下形式，并分别画出对应的逻辑图。

（1）**与或式** （2）**与非式** （3）**或与式** （4）**或非式** （5）**与或非式**

7-12 试写出题图 7-5 所示各逻辑图输出变量的逻辑表达。

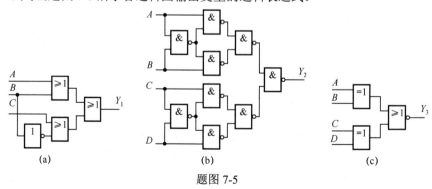

题图 7-5

7-13 用公式法化简下列逻辑函数为最简与或式。

（1）$Y_1 = A\overline{B}(C+D) + B\overline{C} + \overline{A} \cdot \overline{B} + \overline{A}C + BC + \overline{B} \cdot \overline{C} \cdot \overline{D}$

（2）$Y_2 = A(\overline{B}+C+D)(B+\overline{D})$

（3）$Y_3 = A + A\overline{B}\ \overline{C} + \overline{A}CD + \overline{C}E + \overline{D}E$

（4）$Y_4 = AB\overline{C}\ \overline{D} + A\overline{B}\ \overline{D} + BCD + AB\overline{C} + \overline{B}\ \overline{D} + B\overline{C}$

（5）$Y_5 = A\overline{BC} + AB\overline{C}$ （6）$Y_6 = A + B + C + \overline{A}\ \overline{B}\ \overline{C}$

（7）$Y_7 = (B + \overline{B}C)(A + AD + B)$ （8）$Y_8 = (A+B+C)(\overline{A}+\overline{B}+\overline{C})$

（9）$Y_9 = A\overline{D} + A\overline{C} + C\overline{D} + AD$ （10）$Y_{10} = \overline{\overline{AC}B} + \overline{A\overline{C}} + B + BC$

（11）$Y_{11} = A\overline{B} + B\overline{C} + \overline{A}B + AC$ （12）$Y_{12} = A\overline{B} + \overline{A} + B + \overline{C} + AC$

（13）$Y_{13} = AB(C+D) + (\overline{A}+\overline{B}) \cdot \overline{\overline{C} \cdot \overline{D}} + \overline{C \oplus D} \cdot \overline{D}$

（14）$Y_{14} = AD + AB + \overline{A}C + A\overline{D} + BD + A\overline{B}EF + \overline{B}EF$

（15）$Y_{15} = \overline{A \oplus C \cdot \overline{\overline{B}(\overline{AC} \cdot \overline{D} + \overline{ACD})}}$

7-14 用卡诺图法化简下列逻辑函数为最简与或式。

（1）$Y_1 = A\overline{B}D + \overline{A}BD + \overline{A}\ \overline{B}\ \overline{C} + \overline{A}CD + \overline{A}\ \overline{B}\ \overline{D}$

（2）$Y_2 = \overline{A}\ \overline{B}\ \overline{C} + \overline{A}\ \overline{C}\ \overline{D} + \overline{A}BC + ABD + \overline{A}C\overline{D} + AC\overline{D}$

（3）$Y_3 = A\overline{B} + B\overline{C} + \overline{A}\ \overline{B} \cdot \overline{C} + \overline{A}BC$

（4）$Y_4 = A\overline{B} + B\overline{C} + C\overline{D} + \overline{A}D + AC + A\overline{C}$

（5）$Y_5 = A\overline{B}CD + \overline{B}\ \overline{C}D + (A+C)B\overline{D}$

（6）$Y_6(A, B, C) = \sum m (0, 1, 2, 5)$

（7）$Y_7(A, B, C) = \sum m (0, 2, 4, 6, 7)$

（8）$Y_8(A, B, C) = \sum m (0, 1, 2, 3, 4, 5, 6)$

（9）$Y_9(A, B, C) = \sum m (0, 1, 2, 3, 6, 7)$

（10）$Y_{10}(A, B, C, D) = \sum m (0, 1, 8, 9, 10)$

（11）$Y_{11}(A, B, C, D) = \sum m (0, 1, 2, 3, 4, 9, 10, 12, 13, 14, 15)$

（12）$Y_{12}(A, B, C, D) = \sum m (0, 4, 6, 8, 10, 12, 14)$

（13）$Y_{13}(A, B, C, D) = \sum m (1, 3, 8, 9, 10, 11, 14, 15)$

（14）$Y_{14}(A, B, C, D) = \sum m (3, 5, 8, 9, 11, 13, 14, 15)$

（15）$Y_{15}(A, B, C, D) = \sum m (0, 2, 3, 4, 8, 10, 11)$

（16）$Y_{16}(A, B, C, D) = \sum m (0, 1, 2, 3, 4, 9, 10, 11, 12, 13, 14, 15)$

（17）$Y_{17}(A, B, C, D) = \sum m (0, 1, 4, 6, 8, 9, 10, 12, 13, 14, 15)$

（18）$Y_{18}(A, B, C, D) = \sum m (2, 4, 5, 6, 7, 11, 12, 14, 15)$

7-15 化简下列具有约束的逻辑函数，求出最简与或式。

（1）$Y_1(A, B, C, D) = \sum m (3, 4, 5, 6) + \sum d (10, 11, 12, 13, 14, 15)$

（2）$Y_2(A, B, C, D) = \sum m (1, 3, 5, 7, 8, 9) + \sum d (11, 12, 13, 15)$

（3）$Y_3(A, B, C, D) = \sum m (0, 2, 6, 7, 8, 10, 12) + \sum d (5, 11)$

（4）$Y_4(A, B, C, D) = \sum m (0, 1, 8, 10) + \sum d (2, 3, 4, 5, 11)$

（5）$Y_5(A, B, C, D) = \sum m\,(0, 2, 7, 8, 13, 15) + \sum d\,(1, 5, 6, 9, 10, 11, 12)$

（6）$Y_6(A, B, C, D) = \sum m\,(2, 4, 6, 7, 12, 15) + \sum d\,(0, 1, 3, 8, 9, 11)$

（7）$Y_7(A, B, C, D) = \sum m\,(1, 2, 4, 12, 14) + \sum d\,(5, 6, 7, 8, 9, 10)$

（8）$Y_8(A, B, C, D) = \sum m\,(0, 2, 3, 4, 5, 6, 11, 12) + \sum d\,(8, 9, 10, 13, 14, 15)$

（9）$\begin{cases} Y_9 = \overline{A}\,\overline{C}D + \overline{A}BCD + \overline{A}\,\overline{B}D \\ AB + AC = 0 \end{cases}$

（10）$\begin{cases} Y_{10} = AB\overline{C} + \overline{A}\,\overline{B}\,\overline{C}D + \overline{A}BCD \\ AB + AC = 0 \end{cases}$

（11）$\begin{cases} Y_{11} = \overline{B}\,\overline{C}D + B\overline{C}D + \overline{A}\,\overline{B}C + \overline{A}B\overline{D} \\ AC + BC = 0 \end{cases}$

7-16 已知某逻辑函数 $F = A\overline{B} + B\overline{C} + C\overline{A}$，试用真值表、卡诺图和逻辑图表示它。

7-17 某工厂有 4 个股东，分别拥有 40%、30%、20% 和 10% 的股份。一个议案要获得通过，必须至少有超过一半股份的股东投赞成票。试列出该厂股东对议案进行表决的电路的真值表，并求出最简**与或**式。

7-18 有 4 名运动员（A、B、C 和 D）参加拳击比赛，举行拳击比赛的条件如下：

（1）只有在有其他运动员在场的条件下，A 才可与任何运动员比赛；

（2）B 只与 C 比赛，而且是在无其他运动员在场的情况下；

（3）C 可与任何运动员比赛，但只要 D 在场就拒绝比赛；

（4）D 宣布不与任何运动员比赛。

试求出举行一次拳击比赛的逻辑表达式，并用逻辑语言加以解释。

7-19 某报警电路有 4 根输入信号线：线 A 接隐蔽的保险箱控制开关，线 B 接带锁壁柜中保险箱下面的压力传感器，线 C 接时钟，线 D 接带锁壁柜的柜门开关。各线满足如下条件时产生逻辑 **1** 对应的电压。

线 A：隐蔽的保险箱控制开关关闭　　　　线 B：保险箱处于正常位置

线 C：时钟时间在 10:00～16:00 之间　　　线 D：带锁壁柜的柜门关闭

当出现下列任意一种或多种情况时，报警电路发出报警信号：

（1）隐蔽的保险箱控制开关关闭而保险箱移动了；

（2）时钟时间不在 10:00～16:00 之间时，带锁壁柜的柜门打开了；

（3）隐蔽的保险箱控制开关断开而且带锁壁柜的柜门打开了。

试列出该报警电路的真值表。

第8章 逻辑门电路

常用的门电路按逻辑功能分为与门、或门、非门、与非门、或非门、异或门、同或门、与或非门等。构成门电路的核心是半导体器件，如二极管、三极管、场效应管等。这些半导体器件在电路中起到开关的作用，称为电子开关。为此，本章首先介绍各种半导体器件的开关特性，然后讨论各种门电路，包括分立元件门电路和集成门电路，主要讨论 TTL 电路和 CMOS 电路的内部结构、工作原理及使用等。最后介绍 TTL 电路与 CMOS 电路之间的接口电路。

8.1 半导体器件的开关特性

8.1.1 二极管的开关特性

二极管具有单向导电性。当其正偏电压为高电平，即 $u_i = U_{IH} = 5V$ 时，如图 8-1（a）所示，二极管导通，具有 0.7V 的压降，其等效电路如图 8-1（b）所示。在理想情况下，二极管可看成短路，相当于开关闭合。若 $u_i = U_{IL} = -2V$，如图 8-1（c）所示，此时二极管反偏截止，等效电路如图 8-1（d）所示，二极管相当于开关断开。

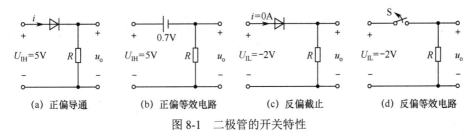

(a) 正偏导通　　　　(b) 正偏等效电路　　　　(c) 反偏截止　　　　(d) 反偏等效电路

图 8-1　二极管的开关特性

8.1.2 三极管的开关特性

图 8-2 所示分别为三极管的开关电路及其等效电路。当输入电压小于发射结的开启电压，即 $u_i < U_{ON}$ 时，三极管因发射结截止而工作于截止状态。此时，$i_B \approx 0A$，$i_C \approx 0A$，c-e 间相当于开关断开，$u_o \approx V_{CC}$。三极管截止时的等效电路如图 8-2（b）所示，三个电极如同断开的开关。

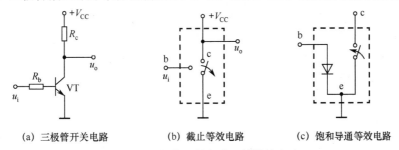

(a) 三极管开关电路　　　　(b) 截止等效电路　　　　(c) 饱和导通等效电路

图 8-2　三极管开关电路及其等效电路

当输入电压大于发射结的开启电压，即 $u_i > U_{ON}$ 且 $u_{BC} < 0V$ 时，三极管因发射结正偏、集电结反偏而处于放大状态，此时，$i_C = \beta i_B$，i_C 受 i_B 的控制，三极管 c-e 间等效为一个受控电流源，$u_{CE} = V_{CC} - i_C R_c$。

当输入电压继续增大时，发射结依然正偏，但是 i_B 随之增大，$i_C = \beta i_B$ 也随之增大，u_{CE} 则随之减小，当 u_{CE} 减小至与 u_{BE}（0.7V）相同时，管子进入饱和状态。通常认为 $u_{CE} = u_{BE}$ 的状态为**临界**

饱和状态。在临界饱和状态下，三极管的基极电流、集电极电流和管压降可表示为 I_{BS}、I_{CS} 和 U_{CES}，此时仍满足 $I_{CS}=\beta I_{BS}$ 的关系。若输入电压继续增大，i_B 将大于 I_{BS}，三极管进入饱和导通状态，此时，$u_o=U_{CES}\leq 0.3\text{V}$（硅管），三极管 c-e 间相当于一个小于 0.3V 压降的闭合开关，其等效电路如图 8-2（c）所示。实际的 i_B 与 I_{BS} 之差越大，则 U_{CES} 越小。

由以上分析可知，当判断出三极管发射结正偏导通时，管子有可能工作于放大状态，也有可能工作于饱和状态，此时，需要将基极电流 i_B 与临界饱和状态下的基极电流 I_{B3} 进行比较：若 $0\text{A}<i_B\leq I_{BS}$，则管子工作于放大状态；反之，若 $i_B>I_{BS}$，则管子工作于饱和状态。请看下面例题。

【例 8-1】 在图 8-2（a）所示电路中，已知 $R_c=1\text{k}\Omega$，$R_b=10\text{k}\Omega$，$V_{CC}=5\text{V}$，$\beta=50$，三极管发射结的开启电压 $U_{ON}=0.5\text{V}$，饱和时的 $u_{BE}=0.7\text{V}$，$U_{CES}=0.3\text{V}$。分别求当输入电压 $u_i=0.3\text{V}$、1V、3V 时的输出电压 u_o，并判断三极管的工作状态。

解：（1）当 $u_i=0.3\text{V}$ 时，因为 $u_{BE}<U_{ON}=0.5\text{V}$，所以三极管发射结截止，基极电流 $i_B\approx 0\text{A}$，三极管工作于截止状态，集电极电流 $i_C\approx 0\text{A}$，故输出电压 $u_o=V_{CC}-i_C R_c=V_{CC}=5\text{V}$。

（2）当 $u_i=1\text{V}$ 时，三极管发射结正偏导通，基极电流为

$$i_B=\frac{u_i-u_{BE}}{R_b}=\frac{1-0.7}{10\times 10^3}\text{A}=0.03\,\text{mA}$$

三极管临界饱和时的基极电流为

$$I_{BS}=\frac{V_{CC}-U_{CES}}{\beta R_c}=\frac{5-0.3}{50\times 1\times 10^3}\text{A}=0.094\,\text{mA}$$

显然 $0\text{A}<i_B<I_{BS}$，所以三极管工作于放大状态。此时，$i_C=\beta i_B=1.5\text{mA}$，输出电压 $u_o=u_{CE}=V_{CC}-i_C R_c=3.5\text{V}$。

（3）当 $u_i=3\text{V}$ 时，三极管导通，基极电流为

$$i_B=\frac{u_i-u_{BE}}{R_b}=\frac{3-0.7}{10\times 10^3}\text{A}=0.23\,\text{mA}$$

三极管临界饱和时的基极电流为

$$I_{BS}=\frac{V_{CC}-U_{CES}}{\beta R_c}=\frac{5-0.3}{50\times 1\times 10^3}\text{A}=0.094\,\text{mA}$$

显然 $i_B>I_{BS}$，所以三极管工作于饱和状态。此时输出电压 $u_o=U_{CES}=0.3\text{V}$。

8.1.3 MOS 管的开关特性

图 8-3（a）、（b）所示分别为 NMOS 型管和 PMOS 型管的开关电路。

MOS 管的开关特性与三极管类似。以 NMOS 型管为例，当其栅源电压小于开启电压 U_{TN}，即 $u_{GS}<U_{TN}$ 时，管子截止，此时 D-S 间的电阻 r_d 极高，一般大于 $10^9\Omega$，因此 D-S 间相当于开关断开；当 $u_{GS}\geq U_{TN}$ 时，MOS 管导通，D-S 间的内阻 r_{on} 很小，此时 D-S 间相当于开关闭合。NMOS 型管的开关等效电路如图 8-4 所示。

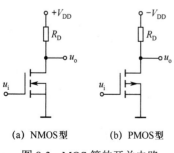

(a) NMOS型　　　(b) PMOS型

图 8-3　MOS 管的开关电路

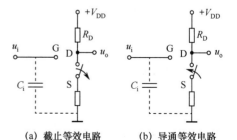

(a) 截止等效电路　　　(b) 导通等效电路

图 8-4　NMOS 型管的开关等效电路

8.2 分立元件门电路

尽管现在很少使用分立元件门电路，但是所有集成门电路都是在分立元件门电路的基础上发展、演变而得到的。因此，在学习集成门电路之前，有必要学习有关分立元件门电路一些简单的工作原理。

8.2.1 二极管与门

与门是实现与逻辑功能的电路，它有多个输入端和一个输出端。由二极管构成的与门电路如图 8-5（a）所示，u_A、u_B 为输入电压，u_Y 为输出电压。图 8-5（b）为与门的图形符号，其中 A、B 为输入变量，分别表示图 8-5（a）中的输入电压 u_A 和 u_B；Y 为输出变量，表示图 8-5（a）中的输出电压 u_Y。

（1）当输入电压 u_A、u_B 均为低电平 0V 时，二极管 VD_1、VD_2 均导通。若将二极管视为理想开关，则输出电压 u_Y 为低电平 0V。

（2）当输入电压 u_A、u_B 中有一个为低电平 0V 时，设 u_A 为低电平 0V，u_B 为高电平 3V，则二极管 VD_1 抢先导通，VD_2 因此而截止，输出电压 u_Y 为低电平 0V。

（3）当输入电压 u_A、u_B 均为高电平 3V 时，二极管 VD_1、VD_2 均导通，输出电压 u_Y 为高电平 3V。

将上述输入、输出电压关系列于表 8-1 中，按正逻辑得到该电路的真值表如表 8-2 所列，从表中可以看出，电路的输入只要有一个为低电平，输出便是低电平；只有输入全为高电平时，输出才是高电平，即实现与逻辑功能。

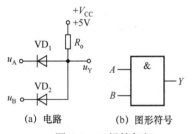

图 8-5 二极管与门

表 8-1 与门电压关系表

u_A/V	u_B/V	VD_1	VD_2	u_Y/V
0	0	导通	导通	0
0	3	导通	截止	0
3	0	截止	导通	0
3	3	导通	导通	3

表 8-2 与门真值表

A	B	Y
0	0	0
0	1	0
1	0	0
1	1	1

8.2.2 二极管或门

或门是实现或逻辑功能的电路，它也有多个输入端和一个输出端。由二极管构成的或门电路如图 8-6（a）所示，u_A、u_B 为输入电压，u_Y 为输出电压，其高、低电平仍取 3V 和 0V，图 8-6（b）所示为或门的图形符号。

或门的工作原理和与门类似，这里不再赘述，请读者自行分析。

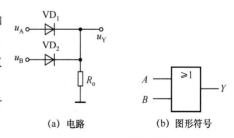

图 8-6 二极管或门

8.2.3 三极管非门（反相器）

实现非逻辑功能的电路是非门，也称反相器。利用三极管的开关特性，可以实现非逻辑运算。图 8-7（a）为三极管非门的电路，图 8-7（b）为非门的图形符号，其中 A 为输入变量，表示图 8-7（a）中的输入电压 u_i，Y 为输出变量，表示图 8-7（a）中的输出电压 u_o。

当 $u_i = U_{IL} = 0V$ 时，三极管截止，$i_B = i_C \approx 0A$，所以 $u_o = V_{CC} = 5V$ 为高电平。

当 $u_i = U_{IH} = 3V$ 时，发射结正偏，此时三极管 VT 是否工作于饱和导通状态，需要进行如下判断。

基极电流：
$$i_B = \frac{U_{IH} - u_{BE}}{R_b} = \frac{3-0.7}{4.3 \times 10^3} A = 0.54 mA$$

临界饱和基极电流：
$$I_{BS} \approx \frac{V_{CC}}{\beta R_c} = \frac{5}{30 \times 1 \times 10^3} A = 0.17 mA$$

因为 $i_B > I_{BS}$，所以 VT 饱和导通，故有 $u_o = U_{CES} \leqslant 0.3V$ 为低电平。

将输入、输出电压关系列于表 8-3 中，按正逻辑得到该电路的真值表见表 8-4。可以看出，输出与输入逻辑正好相反，实现了非逻辑功能。

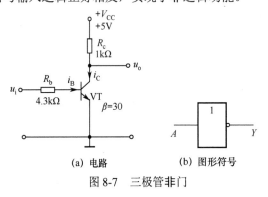

(a) 电路　　(b) 图形符号

图 8-7　三极管非门

表 8-3　非门电压关系表

u_i/V	u_o/V
0	5
5	0.3

表 8-4　非门真值表

A	Y
0	1
1	0

8.3　集成门电路

现代数字电路广泛采用集成门电路。根据半导体器件的类型，数字集成门电路分为 MOS 集成门电路和双极型（晶体管）集成门电路。MOS 集成门电路中，使用最多的是 CMOS 集成门电路。双极型集成门电路中，使用最多的是 TTL 集成门电路。TTL 集成门电路的输入、输出都是由晶体管组成的，所以人们称之为晶体管-晶体管逻辑（Transistor Transistor Logic，TTL）门电路，简称 **TTL 电路**。

8.3.1　TTL 电路

1．TTL 与非门

（1）电路组成

TTL 电路的基本形式是与非门，图 8-8（a）、（b）分别为 TTL 与非门的基本电路及图形符号。

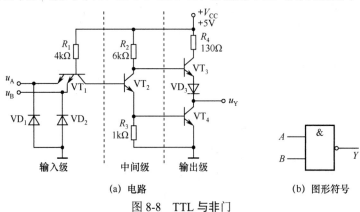

(a) 电路　　(b) 图形符号

图 8-8　TTL 与非门

图 8-8（a）电路的内部可分为三级。

输入级：由多发射极三极管 VT_1 和电阻 R_1 组成，VT_1 有多个发射极，作为门电路的输入端。VD_1、VD_2 是输入端保护二极管，为抑制输入电压负向过低而设置。

中间放大级：由 VT_2、R_2、R_3 组成，VT_2 的集电极输出驱动 VT_3，发射极输出驱动 VT_4。

输出级：由 VT_3、VT_4、VD_3 和 R_4 组成。

（2）工作原理

图 8-8（a）中，若输入电压 u_A、u_B 中至少有一个是低电平 0V，则 VT_1 基极电位 $u_{B1}=0.7V$。因为大小为 0.7V 的电压不能使 VT_1 集电结、VT_2 发射结、VT_4 发射结三个 PN 结导通，所以 VT_2、VT_4 截止。此时，V_{CC} 通过 R_2 使 VT_3 导通，输出电压 $u_Y=V_{CC}-I_{B3}R_2-u_{BE3}-u_{D3}≈V_{CC}-u_{BE3}-u_{D3}≈$ 5V-0.7V-0.7V=3.6V，输出为高电平 U_{OH}。

当输入电压 u_A、u_B 均为高电平 3V 时，VT_1 基极电位升高，足以使 VT_1 集电结、VT_2 发射结、VT_4 发射结三个 PN 结导通，三个 PN 结一旦导通，VT_1 基极电位即被钳位于 2.1V。VT_1 的发射结反偏，集电结正偏，处于倒置工作状态，因此 VT_1 失去电流放大作用。三极管 VT_2、VT_4 导通后，进入饱和区，$u_Y=U_{CES4}=0.3V$，输出为低电平 U_{OL}。

由此可见，只要输入有一个为低电平，则输出为高电平；只有输入全为高电平时，输出才为低电平。所以图 8-8（a）电路实现的是**与非**逻辑功能。

图 8-9 所示为两种 TTL 与非门 74LS00 和 74LS20 的引脚排列图。74LS00 内部集成了 4 个完全相同的二输入与非门，故简称为四-二输入与非门；74LS20 为二-四输入与非门。

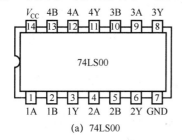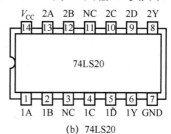

(a) 74LS00　　　　　　(b) 74LS20

图 8-9　74LS00 和 74LS20 的引脚排列图

（3）主要技术参数

① **输入和输出的高、低电平**。输出高电平 $U_{OH}≈3.6V$，输出低电平 $U_{OL}=0.2V$，输入低电平 $U_{IL}=0.4V$，输入高电平 $U_{IH}=1.2V$。

这些电平值是一种较理想的情况。对于 TTL 电路（如 74 系列）来说，高、低电平的标准值为：$U_{OL}=0.4V$，$U_{OH}=2.4V$，$U_{IL}=0.8V$，$U_{IH}=2V$。

由于不同类型的 TTL 器件，其 u_i-u_o 特性各不相同，因此其输入和输出的高、低电平也各不相同。

② **噪声容限**。当门电路的输入电压受到的干扰超过一定值时，会引起输出电压发生转换，产生逻辑错误。电路的抗干扰能力是指保持输出电压在规定范围内，允许输入端叠加的干扰电压的最大范围，用噪声容限来表示。由于输入低电平和高电平时，其抗干扰能力不同，故分为**低电平噪声容限**和**高电平噪声容限**。

噪声容限越大，表明门电路的抗干扰能力越强。

在实际的数字系统中，往往前级电路的输出就是后级电路的输入。假设前级输出高电平的最小值为 U_{OHmin}，后级输入高电平的最小值为 U_{IHmin}，则它们的差值称为高电平噪声容限，用 U_{NH} 表示，即

$$U_{NH}=U_{OHmin}-U_{IHmin} \tag{8-1}$$

若假设前级输出低电平的最大值为 U_{OLmax}，后级输入低电平的最大值为 U_{ILmax}，则它们的差值称为低电平噪声容限，用 U_{NL} 表示，即

$$U_{NL} = U_{ILmax} - U_{OLmax} \qquad (8\text{-}2)$$

7400 系列门电路高电平噪声容限 U_{NH} 和低电平噪声容限 U_{NL} 一般均为 0.4V。

③ **扇入、扇出系数**。TTL 电路的**扇入系数**取决于其输入端的个数，例如，一个三输入的与非门，其扇入系数 $N_I = 3$。

扇出系数的情况则稍复杂，因为在实际应用中，门电路输出端一般总接有一个或几个门（这里以 TTL 与非门带同类门作为负载为例来讨论）。承受前级门输出信号的后级门称为前级门的**负载门**，带动负载门的前级门称为**驱动门**。驱动门输出的电流称为驱动电流，流经驱动门又流经负载门的电流称为负载电流。

负载电流又有两种情况。

i) 负载门电流灌入驱动门输出端，这种负载称为**灌电流负载**，如图 8-10（a）所示。此时，驱动门输出为低电平 U_{OL}，为了保证 U_{OL} 不高于规定值（0.4V），要求负载门的个数不能无限制地增加。在输出低电平情况下，所能驱动同类门的个数由下式决定：

$$N_{OL} = \frac{I_{OL}}{I_{IL}} \qquad (8\text{-}3)$$

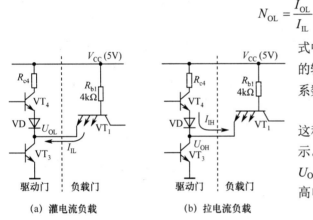

图 8-10 与非门的带负载能力

式中，I_{OL} 为驱动门的输出端电流，I_{IL} 为负载门的输入端电流，N_{OL} 即为输出低电平时的扇出系数。

ii) 负载门电流是从驱动门中拉出来的，这种负载称为**拉电流负载**，如图 8-10（b）所示。此时，驱动门输出为高电平 U_{OH}，同样，U_{OH} 也不能低于规定值（2.4V）。这样，输出高电平时的扇出系数为

$$N_{OH} = \frac{I_{OH}}{I_{IH}} \qquad (8\text{-}4)$$

式中，I_{OH} 为驱动门的输出端电流，I_{IH} 为负载门的输入端电流。

扇出系数用来表征门电路的带负载能力，其值越大，带负载能力越强。一般 TTL 器件数据手册中，并不给出扇出系数，而需要用计算或实验的方法求得，并注意在设计时要留有余地，以保证数字系统能正常运行。

通常，输出低电平电流 I_{OL} 大于输出高电平电流 I_{OH}，$N_{OL} \neq N_{OH}$，因此，在实际的工程设计中，常取两者中的较小者。

④ **传输延迟时间**。传输延迟时间是表征门电路开关速度的参数，常用 t_{pd} 表示。由于门电路中的开关器件（二极管、三极管、场效应管）在状态转换过程中都需要一定的时间，且电路中有寄生电容的影响，因此，门电路从接收信号到输出响应都会有一定的延迟。

传输延迟时间是决定开关速度的重要参数，通常根据 t_{pd} 的大小将门电路划分为低速门、中速门、高速门。普通 TTL 与非门的 t_{pd} 一般为 6ns～15ns。

2. TTL 非门、或非门、集电极开路门和三态门

（1）TTL 非门（反相器）。图 8-11（a）是 TTL 非门的基本电路，除输入级 VT$_1$ 由多发射极三极管改为单发射极三极管外，其余部分和图 8-8（a）所示的与非门完全一样。图 8-11（b）所示为集成反相器 74LS04 的引脚排列图，74LS04 中包含 6 个相互独立的反相器。

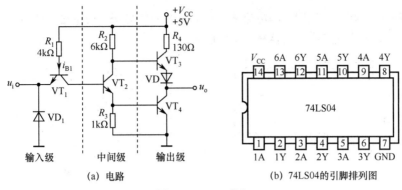

(a) 电路　　　　　　　　　　　(b) 74LS04的引脚排列图

图 8-11　TTL 非门

当输入电压 $u_i = U_{IL} = 0V$ 时，VT_1 基极电流 i_{B1} 流入发射极，即由非门输入端流出，因此 $i_{B2} = 0A$，VT_2 截止，显然 VT_4 基极也没有电流，截止。而 VT_3 和 VD 将导通，输出电压 $u_o = U_{OH} = 3.6V$，输出为高电平。当输入电压 $u_i = U_{IH} = 3.6V$ 时，VT_1 倒置，i_{B1} 流入 VT_2 基极，使 VT_2 饱和导通，进而使 VT_4 饱和导通，而 VT_3 和 VD 将截止，$u_o = U_{OL} \leqslant 0.3V$，输出为低电平。于是，电路实现了非逻辑关系。

（2）TTL 或非门。图 8-12（a）所示为 TTL 或非门的电路，R_1、VT_1、R_1' 和 VT_1' 构成输入级；VT_2、VT_2'、R_2 和 R_3 构成中间级；R_4、VT_3、VD 和 VT_4 构成输出级。图 8-12（b）所示为集成 TTL 或非门 74LS02 的引脚排列图，74LS02 中包含 4 个相互独立的或非门。

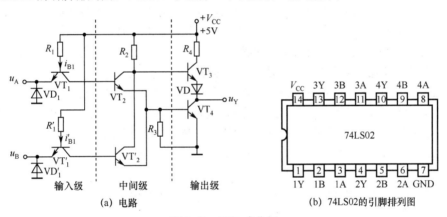

(a) 电路　　　　　　　　　　　(b) 74LS02的引脚排列图

图 8-12　TTL 或非门

输入 u_A、u_B 中只要有一个为高电平，如 $u_A = U_{IH} = 3.6V$，i_{B1} 就会经过 VT_1 集电结流入 VT_2 基极，使 VT_2、VT_4 饱和导通，使得输出 $u_Y = U_{OL} \leqslant 0.3V$，为低电平。只有当输入 u_A、u_B 全为低电平时，i_{B1}、i_{B1}' 均分别流入 VT_1、VT_1' 发射极，VT_2、VT_2' 均截止，VT_4 也截止，VT_3、VD 导通，输出为高电平。电路实现的是或非逻辑功能。

此外，还有 TTL 与门、TTL 或门、TTL 与或非门等，它们的电路结构都是在 TTL 与非门的基础上稍加变化得到的，此处不再介绍。图 8-13 给出了几种 TTL 电路的引脚排列图，图 8-13（a）所示为 TTL 与或非门 74LS51 的引脚排列图，74LS51 中包含两个相互独立的与或非门，其中 $1Y = \overline{1A \cdot 1B + 1C \cdot 1D}$，$2Y = \overline{2A \cdot 2B \cdot 2C + 2D \cdot 2E \cdot 2F}$；图 8-13（b）所示为 TTL 异或门 74LS86 的引脚排列图，74LS86 中包含 4 个相互独立的异或门。

（3）集电极开路门（OC 门）。在工程实践中，往往需要将两个或多个门电路的输出端并联，以实现输出信号之间的与逻辑功能，称为线与。然而，前面介绍的 TTL 电路，其输出端不允许并联使用，也就无法实现线与功能。这是因为，对于一般的 TTL 电路，若将两个（或多个）门电路的输出端直接相连，将会产生较大的电流从一个门电路流经另一个门电路，然后流入参考点，该电流将远远超出器件的额定值，很容易将器件损坏。

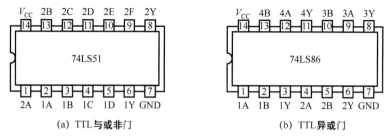

图 8-13 TTL 电路的引脚排列图

为了解决这一问题，可以采用**集电极开路门**（OC 门）。与普通的门电路相比，OC 门中输出管的集电极与电源间开路，因此可以避免大电流的产生。需要特别强调的是，只有输出端外接电源电压 V_{CC} 和上拉电阻 R_L，OC 门才能正常工作。为了与普通门电路相区分，OC 门的图形符号如

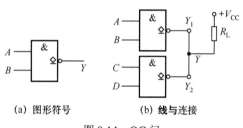

图 8-14 OC 门

图 8-14（a）所示（此处以 OC 与非门为例），图 8-14（b）所示为两个 OC 与非门实现输出信号**线与**的逻辑图。其输出如下：

$$Y = Y_1 \cdot Y_2 = \overline{A \cdot B} \cdot \overline{C \cdot D} = \overline{AB + CD}$$

图 8-14（b）所示电路中，只要上拉电阻 R_L 选得合适，就不会因电流过大而烧坏芯片。因此在实际应用中，必须要合理选取上拉电阻的阻值。

（4）**三态门**（TSL 门）。普通的 TTL 电路，其输出有两种状态：高电平和低电平。无论哪种输出，门电路的直流输出电阻都很小，都是低电阻输出。

TTL 三态门又称 TS 门，它有三种输出状态：高电平、低电平和**高阻态**（禁止态）。其中，在高阻态下，输出端相当于开路。三态门是在普通门电路的基础上，加上使能端和控制电路构成的。图 8-15（a）所示为使能信号 EN 低电平有效的三态与非门的电路及图形符号。"EN 低电平有效"是指只有当使能信号 EN 为低电平时，电路才实现与非逻辑功能，输出高电平及低电平；而当 EN 为高电平时，输出为高阻态，即无效状态。图 8-15（b）所示为使能信号 EN 高电平有效的三态与非门的电路及图形符号，其 EN 的有效电平与图 8-15（a）正好相反。

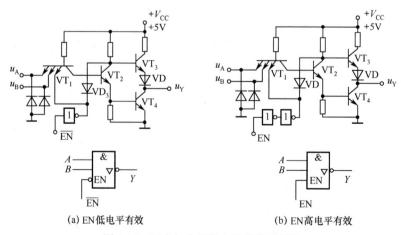

图 8-15 三态与非门的电路及图形符号

三态门在数字系统中有着广泛的应用。图 8-16 所示为三态门应用举例。其中，图 8-16（a）是三态门用作多路开关的例子，图中两个三态非门是并联的，使能端 $\overline{EN}$ 是整个电路的使能端。当

$\overline{EN} = 0$ 时，G_1 使能、G_2 禁止，$Y = \overline{A_1}$；当 $\overline{EN} = 1$ 时，G_1 禁止、G_2 使能，$Y = \overline{A_2}$。G_1、G_2 构成两个开关，可以根据需要将信号 A_1 或 A_2 反相后送到输出端。图 8-16（b）中，三态门用于信号双向传输，其中两个三态非门并联起来构成双向开关，当 $\overline{EN} = 0$ 时信号向右传送，$A_2 = \overline{A_1}$；当 $\overline{EN} = 1$ 时信号向左传送，$A_1 = \overline{A_2}$。

三态门最重要的一个用途是实现多路数据的分时传送，即用一根传输线分时传送不同的数据。图 8-16（c）中，n 个三态输出反相器的输出端都连到总线（单向）上。只要让各门的使能端轮流处于低电平，即任何时刻只让一个三态门处于工作状态，而其余三态门均处于高阻态，这样，总线就会分时（轮流）传输各门的输出信号。这种用总线来传送数据的方法，在计算机中被广泛采用。

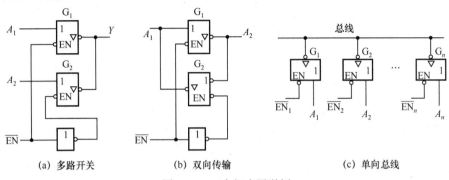

(a) 多路开关　　　　　(b) 双向传输　　　　　(c) 单向总线

图 8-16　三态门应用举例

3. 改进型 TTL 电路——抗饱和 TTL 电路

三极管的开关时间限制了 TTL 电路的开关速度。肖特基二极管也称快速恢复二极管，它的导通电压较低，为 0.4V～0.5V，因此开关速度极短，可实现 1ns 以下的高速度，其图形符号如图 8-17（a）所示。为了提高 TTL 电路的开关速度，人们在三极管的基极和集电极间跨接肖特基二极管，以缩短三极管的开关时间，其图形符号如图 8-17（b）所示。加接了肖特基二极管的三极管称为肖特基三极管，其图形符号如图 8-17（c）所示。由肖特基三极管组成的门电路称为肖特基 TTL 电路，即 STTL 门，它的传输延迟时间在 10ns 以内。除典型的肖特基型（STTL 型）外，还有低功耗肖特基型（LSTTL）、先进的肖特基型（ASTTL）、先进的低功耗型（ALSTTL）等，它们的技术参数各有特点，是在 TTL 工艺的发展过程中逐步形成的。

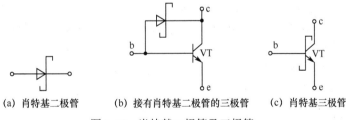

(a) 肖特基二极管　　　　(b) 接有肖特基二极管的三极管　　　　(c) 肖特基三极管

图 8-17　肖特基二极管及三极管

下面将基本 TTL 电路和肖特基 TTL 电路的性能进行比较，列于表 8-5 中。

表 8-5　TTL 电路各种系列的性能比较

参　数	通用 TTL 电路（74 系列）	高速 TTL 电路（74H 系列）	肖特基 TTL 电路（74S 系列）	低功耗肖特基 TTL 电路（74LS 系列）
传输延迟时间 t_{pd}/ns	10	6	3	9
功耗 P_D/mW	10	22	20	2
延迟-功耗积 DP/pJ	100	80	60	18

4．使用 TTL 电路的注意事项

（1）电源电压范围。TTL 电路对电源的要求比较严格，若电源电压超过 5.5V，将损坏器件；若电源电压低于 4.5V，器件的逻辑功能将不正常。因此在以 TTL 电路为基本器件的系统中，电源电压应满足 5V±0.5V。

（2）对输入信号的要求。输入信号的电平不能高于+5.5V 和低于 0V。

（3）消除动态尖峰电流。尖峰电流会干扰门电路的正常工作，严重时会造成逻辑错误。要消除尖峰电流，在布线时应尽量减小分布电容，并降低电源内阻。常用的方法是在电源与地线之间接入 0.01μF～0.1μF 的高频滤波电容。同时，为了保证系统正常工作，必须保证电路良好接地。

（4）电路外引线脚的连接。正确判别电路的电源端和接地端，不能接反，否则会使集成电路烧坏。输出端应通过电阻与低内阻电源连接。除 OC 门和三态门外，其他门电路的输出端不允许直接并联使用。

（5）门电路多余输入端的处理。TTL 与系列门（包括与门、与非门、与或非门等）的多余输入端应"置 1"。要实现"置 1"，可以直接将输入端悬空，从理论上分析相当于接高电平输入，但这样容易使电路受到外界干扰而产生错误动作。因此对于这类电路，多余输入端最好接一个固定高电平以达到"置 1"的目的，例如，接电源 V_{CC}。TTL 或系列门（包括或门、或非门等）的多余输入端应"置 0"，实现"置 0"的方法就是将输入端直接接地。

特别需要说明的是，对于 TTL 电路，当输入端与地之间所接电阻 R 小于关门电阻 R_{OFF}（典型值为 0.91kΩ）时，认为输入端接低电平；当输入端与地之间所接电阻 R 大于开门电阻 R_{ON}（典型值为 1.93kΩ）时，认为输入端接高电平。当输入端悬空时，可认为输入端所接电阻 R 趋于无穷大，所以输入也为高电平。而对于 CMOS 电路，输入端无论接多大阻值的电阻都相当于输入低电平。

此外，在使用门电路时，还应注意功耗与散热问题。在正常工作时，门电路的功耗不可超过其最大功耗，否则会出现热失控而引起逻辑功能紊乱，甚至还会导致集成电路损坏。

8.3.2　CMOS 电路

MOS 集成门电路是数字集成电路的一个重要系列，它具有低功耗、抗干扰性强、制造工艺简单、易于大规模集成等优点，因此得到广泛应用。MOS 集成门电路有 N 沟道 MOS 管构成的 NMOS 型集成门电路、P 沟道 MOS 管构成的 PMOS 型集成门电路，以及 N 沟道 MOS 管和 P 沟道 MOS 管共同构成的 CMOS 集成门电路，简称 CMOS 电路。CMOS 是"互补金属-氧化物-半导体"（Complementary Metal Oxide Semiconductor）的英文缩写。由于 CMOS 电路中巧妙地利用了 N 沟道 MOS 管和 P 沟道 MOS 管特性的互补性，因此不仅电路结构简单，而且在电气特性上也有突出的优点。CMOS 电路的制作工艺在数字集成电路中得到了广泛应用。

1．各种 CMOS 电路

（1）CMOS 反相器。在 CMOS 电路中，**CMOS 反相器**（非门）和 **CMOS 传输门**是最基本的两种电路单元。各种逻辑功能的门电路和很多更加复杂的逻辑电路都是在这两种电路单元的基础上组合而成的。

CMOS 反相器电路如图 8-18 所示，VT_N 为 NMOS 型管，VT_P 为 PMOS 型管，且 $V_{DD} > |U_{TP}| + U_{TN}$，$U_{TP}$ 为 PMOS 型管的阈值电压，U_{TN} 为 NMOS 型管的阈值电压，VT_N、VT_P 栅极连在一起作为输入端，漏极连在一起作为输出端。

当输入 $u_A = V_{DD} = 10V$，为高电平时，VT_N 导通，VT_P 截止，输出低电平；当输入 $u_A = 0V$，为低电平时，VT_N 截止，VT_P 导通，输出为高电平。因此电路实现了**非逻辑功能**，是非门（反相器）。

（2）CMOS 与非门。CMOS 与非门电路如图 8-19 所示，VT_{N1}、VT_{N2} 是串联的驱动管，VT_{P1}、VT_{P2} 是并联的负载管。当输入 u_A、u_B 同时为高电平时，VT_{N1}、VT_{N2} 导通，VT_{P1}、VT_{P2} 截止，输出 u_Y 为低电平；当输入 u_A、u_B 中有一个为低电平时，VT_{N1}、VT_{N2} 中必有一个截止，VT_{P1}、VT_{P2} 中必有一个导通，输出 u_Y 为高电平。因此该电路实现了**与非**逻辑功能。

（3）CMOS 或非门。CMOS 或非门电路如图 8-20 所示，VT_{N1}、VT_{N2} 是并联的驱动管，VT_{P1}、VT_{P2} 是串联的负载管。当输入 u_A、u_B 中有一个为高电平时，VT_{N1}、VT_{N2} 中必有一个导通，相应地，VT_{P1}、VT_{P2} 中必有一个截止，输出电压 u_Y 为低电平；当输入电压 u_A、u_B 全为低电平时，VT_{N1}、VT_{N2} 截止，VT_{P1}、VT_{P2} 导通，输出电压 u_Y 为高电平。电路实现了**或非**逻辑功能。

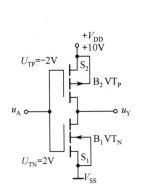

图 8-18 CMOS 反相器

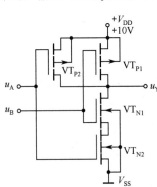

图 8-19 CMOS 与非门

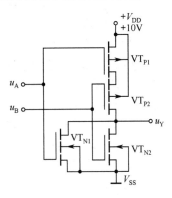

图 8-20 CMOS 或非门

（4）CMOS 传输门。图 8-21（a）所示为 CMOS 传输门电路，图 8-21（b）是它的图形符号。图 8-21（a）中 VT_N、VT_P 分别是 NMOS 型管和 PMOS 型管，它们的结构和参数均对称。两管的栅极分别接高、低电平不同的控制信号 C 和 $\overline{C}$，源极相连作为输入端，漏极相连作为输出端。

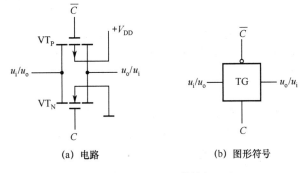

(a) 电路　　　　　　　(b) 图形符号

图 8-21 CMOS 传输门

设控制信号的高、低电平分别为 V_{DD} 和 0V，$U_{TN} = |U_{TP}|$ 且 $V_{DD} > 2U_{TN}$。

当控制信号 $U_C = 0V$，$U_{\overline{C}} = V_{DD}$（$C = \mathbf{0}$，$\overline{C} = \mathbf{1}$）时，输入 u_i 在 0V～V_{DD} 的范围内，$U_{GSN} < U_{TN}$，$U_{GSP} > U_{TP}$，两管均截止，输入和输出之间是断开的。

当控制信号 $U_C = V_{DD}$，$U_{\overline{C}} = 0V$（$C = \mathbf{1}$，$\overline{C} = \mathbf{0}$）时，输入 u_i 在 0V～V_{DD} 的范围内，至少有一只管子导通，即当 u_i 在 0V～$(V_{DD} - U_{TN})$ 范围内变化时，NMOS 型管导通；当 u_i 在 $|U_{TP}|$～V_{DD} 范围内变化时，PMOS 型管导通。因此，当 $C = \mathbf{1}$，$\overline{C} = \mathbf{0}$ 时，输入 u_i 在 0V～V_{DD} 范围内变化，都将传输到输出端，即 $u_o = u_i|_{C=1}$。

综上所述，通过控制 C、$\overline{C}$ 端的电平值，即可控制传输门的通断。另外，因为 MOS 管具有对称结构，源极和漏极可以互换，所以 CMOS 传输门的输入端、输出端可以互换，因此传输门是一个双向开关。

顺便指出，图 8-21（a）中 u_i 和 u_o 也可以是模拟信号，这时 CMOS 传输门作为模拟开关。

【**例 8-2**】　由 CMOS 传输门构成的电路如图 8-22 所示，试列出其真值表，并说明该电路的逻辑功能。

解：图 8-22 中 CS 为片选控制信号，当 CS = 1 时，4 个传输门均为断开状态，输出处于高阻状态。当 CS = **0** 时，分析电路可以列出真值表如表 8-6 所示，根据真值表可得 $L = \overline{A + B}$ 。该电路实现三态输出的二输入**或非**逻辑功能。

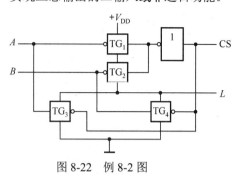

图 8-22　例 8-2 图

表 8-6　例 8-2 真值表

CS	A	B	L
1	×	×	高阻态
0	0	0	1
0	0	1	0
0	1	0	0
0	1	1	0

2．使用 CMOS 电路的注意事项

国产 CMOS 电路主要有 C000 和 CC4000 两个系列。C000 系列是我国早期的 CMOS 电路产品，工作电压为 7V～15V。CC4000（CC14000）系列与国际上 CD4000（MC14000）系列相对应，工作电压为 3V～18V，能与 TTL 电路公用电源，也便于连接，是目前发展较快、应用较普遍的 CMOS 器件。高速 CMOS 电路 CC74HC×× 系列与国际上 MM74×× 系列相对应。

CMOS 电路在使用时应注意以下问题。

（1）对电源的要求。CMOS 电路可以在很宽的电源电压范围内提供正常的逻辑功能，例如，C000 系列为 7V～15V，CC4000 系列为 3V～18V。V_{DD} 与 V_{SS}（接地端）绝对不允许接反，否则无论是保护电路还是内部电路都可能因电流过大而损坏。

（2）对输入端的要求。为保护输入级 MOS 管的氧化层不被击穿，一般 CMOS 电路输入端都有二极管保护网络，这就给电路的应用带来一些限制。① 输入信号必须在 V_{DD}～V_{SS} 范围内取值，以防止二极管因正偏电流过大而烧坏，一般 $V_{SS} \leqslant U_{IL} \leqslant 0.3V_{DD}$，$0.7V_{DD} \leqslant U_{IH} \leqslant V_{DD}$。$u_i$ 的极限值范围为 $(V_{SS} - 0.5V)$～$(V_{DD} + 0.5V)$。② 每个输入端的典型输入电流为 10 pA。输入电流不超过 1mA 比较合适。

多余输入端一般不允许悬空。与门及与非门的多余输入端应接至 V_{DD} 或高电平，**或**门和**或非**门的多余输入端应接至 V_{SS} 或低电平。

（3）对输出端的要求。CMOS 电路的输出端不允许直接接至 V_{DD} 或 V_{SS}，否则将导致器件损坏。在一般情况下，不允许输出端并联。因为不同的器件参数不一致，所以有可能导致 NMOS 型管和 PMOS 型管同时导通，形成大电流。但为了增加驱动能力，可以将同一芯片上相同门电路的输入端、输出端分别并联使用。

8.3.3　TTL 电路与 CMOS 电路之间的接口技术

CMOS 电路与 TTL 电路相比，CMOS 电路的功耗低，抗干扰能力强，电源电压适用范围宽，扇出能力强；TTL 电路比 CMOS 电路传输延迟时间短、工作频率高。在使用时，可根据电路的要求及门电路的特点进行选用。

在数字系统中，常遇到不同类型门电路混合使用的情况。由于输入/输出电平、带负载能力等参数的不同，不同类型的门电路相互连接时，需要合适的接口电路。下面介绍 TTL 与 CMOS 电路之间的接口技术。

1．TTL 电路驱动 CMOS 电路

（1）当 $V_{CC} = V_{DD} = +5V$ 时，TTL 电路一般可以直接驱动 CMOS 电路。由于 CMOS 电路输入高电平时要求 $U_{IH} > 3.5V$，而 TTL 电路输出高电平下限 $U_{OH(min)} = 2V$，因此，通常在 TTL 电路输出

端加上一个上拉电阻 R，如图 8-23（a）所示。

（2）当 V_{DD} = +3V～+18V 时，可将 TTL 电路改用 OC 门，如图 8-23（b）所示；或采用具有电平移动功能的 CMOS 电路作为接口电路的方法，如图 8-23（c）所示。

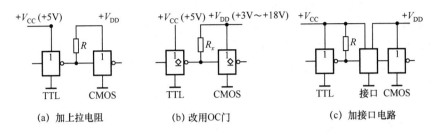

图 8-23　TTL 电路驱动 CMOS 电路

2. CMOS 电路驱动 TTL 电路

（1）当 V_{DD} = V_{CC} = +5V 时，CMOS 电路一般可以直接驱动一个 TTL 电路。当被驱动的门电路数量较多时，由于 CMOS 电路输出低电平吸收负载电流的能力较小，而 TTL 电路输入低电平时 $|I_{IL}|$ 较大，可以采用以下方法：图 8-24（a）所示为在同一芯片上将 CMOS 电路并接使用，以提高驱动电路的带负载能力；图 8-24（b）所示为增加了一级 CMOS 驱动电路。另外，还可以采用增加漏极开路门驱动的方法。

（2）当 V_{DD} = +3V～+18V 时，宜采用 CMOS 缓冲器作为接口电路，如图 8-24（c）所示。

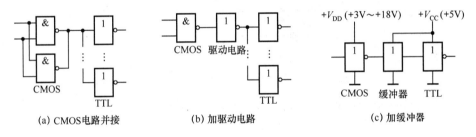

图 8-24　CMOS 电路驱动 TTL 电路

应该指出，TTL 与 CMOS 电路之间的接口电路形式多种多样，在实际应用中应根据具体情况进行选择。

本章小结

1. 半导体二极管、三极管和场效应管在数字电路中通常工作于开关状态，它们是组成基本门电路的核心。

2. 分立元件门电路是组成逻辑电路的基本形式，虽然目前已被集成电路所取代，但它有助于理解门电路的一些基本工作原理和分析方法。

3. 集成门电路分为 TTL 和 CMOS 两大类，是目前广泛被采用的两种门电路。TTL 电路具有工作速度高、带负载能力强等优点，也一直是数字系统普遍采用的器件；CMOS 电路具有功耗低、集成度高、工作电源范围宽、抗干扰能力强等优点。

4. TTL、CMOS 电路在使用时，要遵循一定的规则。TTL 电路与 CMOS 电路之间连接时，需要适当的接口电路。

习题

8-1 指出在下列情况下，TTL 与非门输入端的逻辑状态。

（1）输入端接地；

（2）输入端接电压低于+ 0.8V 的电源；

（3）输入端接前级门的输出低电平+ 0.3V；

（4）输入端接电源电压 V_{CC} = +5V；

（5）输入端悬空；

（6）输入端接前级门的输出高电平 2.7V～3.6V；

（7）输入端接高于+1.8V 的电压。

8-2 二极管门电路如题图 8-1 所示，试写出 Y_1 和 Y_2 的表达式。

8-3 分立元件非门如题图 8-2 所示。（1）求使三极管截止的最大输入电压。（2）求使三极管饱和导通的最小输入电压。（3）判断当输入电压分别为 0V、3V、5V 时三极管的工作状态，并求输出电压。（4）为使输入高电平时三极管深度饱和，可采用哪些措施？

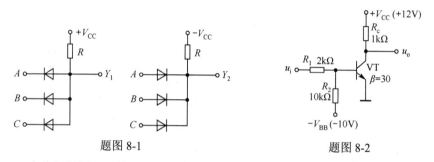

题图 8-1　　　　　　　　　题图 8-2

8-4 TTL 电路如题图 8-3 所示。试根据逻辑表达式所示功能检查电路有无错误，若有则改正。

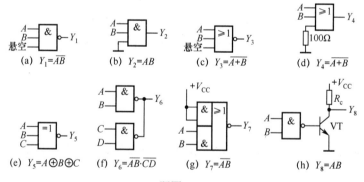

(a) $Y_1=\overline{AB}$　(b) $Y_2=AB$　(c) $Y_3=\overline{A+B}$　(d) $Y_4=\overline{A+B}$

(e) $Y_5=A\oplus B\oplus C$　(f) $Y_6=\overline{\overline{AB}\cdot\overline{CD}}$　(g) $Y_7=\overline{AB}$　(h) $Y_8=AB$

题图 8-3

8-5 说明题图 8-4 所示各个 TTL 电路输出端的逻辑状态，并写出相应输出的逻辑表达式。

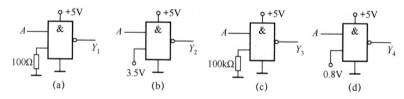

(a)　　　(b)　　　(c)　　　(d)

题图 8-4

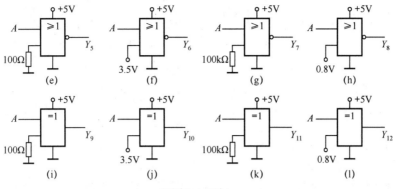

題图 8-4（续）

8-6 集成门电路如题图 8-5 所示，写出 $Y_1 \sim Y_5$ 的逻辑表达式，并根据所给输入 A、B、C 的波形画出输出 $Y_1 \sim Y_5$ 的波形。

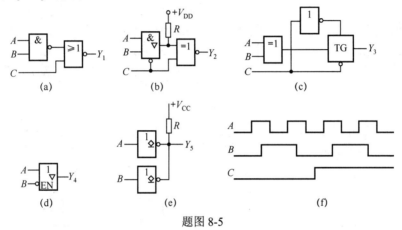

題图 8-5

8-7 现有一个四-二输入与非门（74LS00），要实现 $Y = \overline{AB + CD}$，电路应如何连接？画出逻辑图。

8-8 题图 8-6 所示给出了一个由 TTL 与非门组合而成的**与或非**电路，若只用了 A、B 及 C、D 共 4 个输入端，那么 E、F 输入端应如何处理，可以悬空吗？若只用了 A、B 及 C、D 和 E 输入端，那么 F 输入端应如何处理？

8-9 与非门电路如题图 8-7 所示。A 为控制端，B 为输入端，输入为一串矩形脉冲，当 6 个脉冲过后，与非门就关闭，问控制端 A 的信号应如何连接？画出用与门、**或**门、**或非**门代替与非门作为门控电路时的波形图。

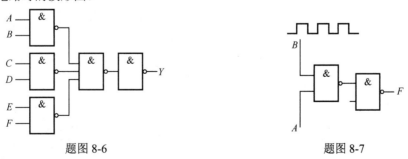

題图 8-6   題图 8-7

8-10 试用题图 8-8 电路控制一个指示灯，设 $F = 1$ 时灯亮，$F = 0$ 时灯灭，U_1 和 U_2 为控制端信号，静态时 U_1 和 U_2 均为 **0**。

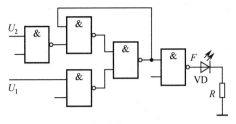

题图 8-8

（1）$U_1 = 0$，U_2 输入一个正阶跃信号时灯亮，问 U_2 信号消失后灯是否继续亮？为什么？

（2）灯亮后，要使它熄灭，控制端的信号应如何安排？

8-11 题图 8-9 所示为 TTL 电路驱动 CMOS 电路和 CMOS 电路驱动 TTL 电路的连接图。试检查电路连接方式是否正确，若有错误则改正，并简述理由。

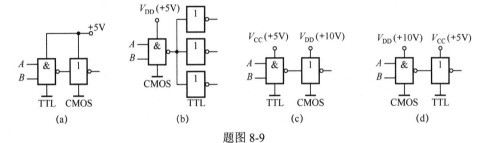

题图 8-9

8-12 已知如题图 8-10 所示各电路的逻辑表达式：$Y_1 = \overline{A + B}$，$Y_2 = \overline{AB}$，$Y_3 = AB$，$Y_4 = A$，试对多余输入端 C 进行适当处理。

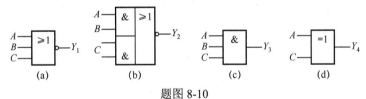

题图 8-10

第9章 组合逻辑电路

数字电路按照逻辑功能的不同分为两大类：**组合逻辑电路**（简称组合电路）和**时序逻辑电路**（简称时序电路）。本章讨论组合电路，首先介绍组合电路的结构和功能特点、一般分析与设计方法，然后以编码器、译码器、加法器、数值比较器、数据选择器和数据分配器为例，重点讲述常用中规模集成组合电路的组成、工作原理及典型应用。最后介绍组合电路中的竞争-冒险现象及消除方法。

9.1 组合逻辑电路的特点及分析与设计方法

9.1.1 组合逻辑电路的特点

1. 功能特点

组合电路在任意时刻的输出仅仅取决于该时刻输入信号的状态，而与该时刻之前电路的状态无关。简而言之，组合电路"无记忆性"。

图 9-1 所示为一个有多输入端和多输出端的组合电路框图，其中 $A_1, A_2, \cdots, A_m$ 为输入变量，$Y_1, Y_2, \cdots, Y_n$ 为输出变量，输出与输入之间的关系表示为

$$\begin{cases} Y_1 = f_1(A_1, A_2, \cdots, A_m) \\ Y_2 = f_2(A_1, A_2, \cdots, A_m) \\ \cdots \\ Y_n = f_n(A_1, A_2, \cdots, A_m) \end{cases} \quad (9\text{-}1)$$

图 9-1 组合电路框图

2. 结构特点

组合电路之所以具有以上功能特点，归根结底是因为其结构上满足以下特点。

① 不包含记忆（存储）元件。

② 不存在输出到输入的反馈回路。

需要指出的是，在第 8 章中介绍的各种门电路均属于组合电路，它们是构成复杂组合电路的单元电路。

9.1.2 组合逻辑电路的一般分析方法

分析组合电路，就是根据已知的逻辑图，找出输出变量与输入变量之间的逻辑关系，从而确定电路的逻辑功能。分析组合电路，通常遵循以下步骤。

① 根据给定逻辑图写出输出变量的逻辑表达式。

② 用公式法或卡诺图法化简逻辑表达式。

③ 根据化简后的逻辑表达式列出真值表。

④ 根据真值表所反映的输出与输入变量的取值对应关系，说明电路的逻辑功能。

以上步骤中，第②步不是必须的，第①步写出输出变量逻辑表达式的目的只是为了列真值表，有了真值表，逻辑功能也就一目了然了。因此，只要方便列真值表，逻辑表达式不化简也可。下面举例说明。

【例 9-1】 试分析图 9-2 所示电路的逻辑功能。

解：（1）写出逻辑表达式：

$$L_1 = \overline{AB}, \quad L_2 = A+B, \quad L_3 = \overline{L_2 \cdot C}, \quad F = \overline{L_1 \cdot L_3} = \overline{\overline{AB} \cdot \overline{(A+B) \cdot C}}$$

（2）列出真值表，如表 9-1 所示。

（3）分析逻辑功能。由真值表可知，当 A、B、C 中有多数个为 **1** 时，F 即为 **1**，因此，图 9-2 所示电路具有多数表决的功能，是一个多数表决电路。

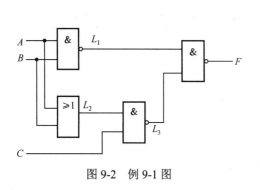

图 9-2　例 9-1 图

表 9-1　例 9-1 真值表

A	B	C	F
0	**0**	**0**	**0**
0	**0**	**1**	**0**
0	**1**	**0**	**0**
0	**1**	**1**	**1**
1	**0**	**0**	**0**
1	**0**	**1**	**1**
1	**1**	**0**	**1**
1	**1**	**1**	**1**

【**例 9-2**】　分析图 9-3 所示电路的逻辑功能。

解：（1）写出逻辑表达式：

$$L = \overline{A \cdot \overline{ABC}}, \quad M = \overline{B \cdot \overline{ABC}}, \quad N = \overline{C \cdot \overline{ABC}}, \quad Y = \overline{LMN} = \overline{L} + \overline{M} + \overline{N}$$

（2）化简：

$$Y = \overline{LMN} = \overline{L} + \overline{M} + \overline{N} = A(\overline{A} + \overline{B} + \overline{C}) + B(\overline{A} + \overline{B} + \overline{C}) + C(\overline{A} + \overline{B} + \overline{C})$$
$$= A\overline{B} + A\overline{C} + B\overline{A} + B\overline{C} + \overline{A}C + \overline{B}C = \overline{A}B + \overline{B}C + \overline{C}A \quad (\text{或} = A\overline{B} + B\overline{C} + C\overline{A})$$

（3）列出真值表，如表 9-2 所示。

（4）分析逻辑功能。由真值表可知，只要 A、B、C 的取值不一样，输出 Y 就为 **1**；否则，Y 为 **0**。所以，这是一个三变量的非一致电路。

表 9-2　例 9-2 真值表

A	B	C	Y
0	**0**	**0**	**0**
0	**0**	**1**	**1**
0	**1**	**0**	**1**
0	**1**	**1**	**1**
1	**0**	**0**	**1**
1	**0**	**1**	**1**
1	**1**	**0**	**1**
1	**1**	**1**	**0**

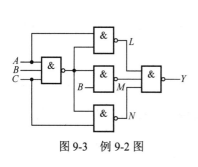

图 9-3　例 9-2 图

【**例 9-3**】　试分析图 9-4 所示电路的逻辑功能。

解：（1）写出逻辑表达式：

$$Y = A \oplus B \oplus C \oplus D$$

（2）列出真值表，如表 9-3 所示。

（3）分析逻辑功能。由真值表可知，当 A、B、C、D 中有奇数个 **1** 时，输出 Y 为 **1**；当 A、B、C、D 中有偶数个 **1** 时，输出 Y 为 **0**。这样根据输出结果就可以校验输入 **1** 的个数是否为奇数，因此图 9-4 所示电路是一个四变量的**奇校验电路**。

表 9-3　例 9-3 真值表

A	B	C	D	Y	A	B	C	D	Y
0	0	0	0	0	1	0	0	0	1
0	0	0	1	1	1	0	0	1	0
0	0	1	0	1	1	0	1	0	0
0	0	1	1	0	1	0	1	1	1
0	1	0	0	1	1	1	0	0	0
0	1	0	1	0	1	1	0	1	1
0	1	1	0	0	1	1	1	0	1
0	1	1	1	1	1	1	1	1	0

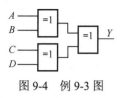

图 9-4　例 9-3 图

9.1.3　组合逻辑电路的一般设计方法

组合电路的设计与分析过程相反，它是根据已知的逻辑问题，首先列出真值表，然后求出逻辑函数的最简表达式，继而画出逻辑图。组合电路的设计通常以电路简单、所用器件最少为目标。前面介绍的用公式法和卡诺图法化简逻辑函数，就是为了获得最简表达式，以便使用最少的门电路组合成逻辑电路。但是由于在设计中普遍采用中、小规模集成电路，一个集成电路包括几个至几十个同一类型的门电路，因此应根据具体情况，尽可能减少所用器件的数目和种类，这样可以使组装好的电路结构紧凑，达到可靠工作的目的。

组合电路的设计可遵循以下步骤。

① 设定输入、输出变量并进行状态赋值。

② 根据功能要求列出真值表。

③ 根据真值表写出逻辑表达式并化为最简，如果对所用器件的种类有附加的限制（如只允许用单一类型的与非门实现），则还应将逻辑表达式变换成与器件种类相对应的形式（如与非-与非式）。

④ 根据最简表达式画出逻辑图。

【例 9-4】　设计一个三人表决电路，只有大多数人同意时，结果才能通过。

解：（1）设定变量并进行状态赋值。用 A、B、C 表示三个人，即输入变量；用 Y 代表结果，即输出变量。采用正逻辑，A、B、C 为 **1** 表示同意，为 **0** 表示不同意；Y 为 **1** 表示结果通过，为 **0** 表示不通过。

（2）根据题意列真值表，如表 9-4 所示。

（3）由真值表写出逻辑表达式并化为最简：

$$Y = \overline{A}BC + A\overline{B}C + AB\overline{C} + ABC = AB + BC + AC$$

（4）本题未限制门电路的种类，因此由最简表达式直接画出逻辑图即可，如图 9-5 所示。

表 9-4　例 9-4 真值表

A	B	C	Y
0	0	0	0
0	0	1	0
0	1	0	0
0	1	1	1
1	0	0	0
1	0	1	1
1	1	0	1
1	1	1	1

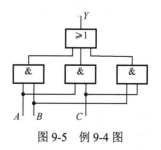

图 9-5　例 9-4 图

【例 9-5】　设计一个燃油锅炉自动报警器。要求燃油喷嘴在开启状态下，如果锅炉水温或压力过高则发出报警信号。要求用与非门实现。

解：（1）设定变量并进行状态赋值。将喷嘴开关、锅炉水温、压力分别用 A、B、C 表示；A 为 **1** 表示喷嘴开关打开，A 为 **0** 表示关闭；B、C 为 **1** 分别表示温度、压力过高，为 **0** 表示正常。报警信号作为输出变量用 F 表示，F 为 **0** 表示正常，F 为 **1** 表示报警。

（2）根据题意列真值表，如表 9-5 所示。

（3）根据真值表写出逻辑表达式并化为最简：

$$F = A\overline{B}C + AB\overline{C} + ABC = AB + AC$$

由于要求用**与非门**实现，因此需将表达式变换成**与非-与非式**：

$$F = AB + AC = \overline{\overline{AB + AC}} = \overline{\overline{AB} \cdot \overline{AC}}$$

（4）用**与非门**实现的逻辑图如图 9-6 所示。

表 9-5　例 9-5 真值表

A	B	C	F
0	0	0	0
0	0	1	0
0	1	0	0
0	1	1	0
1	0	0	0
1	0	1	1
1	1	0	1
1	1	1	1

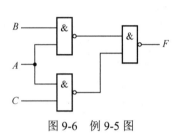

图 9-6　例 9-5 图

【例 9-6】　设 A、B、C 为某保密锁的三个按键，当 A 键单独按下时，锁既不打开也不报警；只有当 A、B、C 或者 A、B 或者 A、C 分别同时按下时，锁才能被打开，当不符合上述组合状态时，将发出报警信息，试分别用**与非门**和**或非门**设计此保密锁的逻辑电路。

解：（1）设定变量并进行状态赋值。设 A、B、C 为三个按键的状态，按下为 **1**，不按为 **0**。设 F 为开锁信号，开锁为 **1**，不开锁为 **0**。G 为报警信号，报警为 **1**，不报警为 **0**。

（2）根据题意列真值表，如表 9-6 所示。

（3）根据真值表写出逻辑表达式并化为最简：

$$F = A\overline{B}C + AB\overline{C} + ABC = AB + AC$$
$$G = \overline{A} \cdot \overline{B}C + \overline{A}B\overline{C} + \overline{A}BC = \overline{A}B + \overline{A}C$$

若用**与非门**实现，需将表达式变换成**与非-与非式**：

$$F = AB + AC = \overline{\overline{AB + AC}} = \overline{\overline{AB} \cdot \overline{AC}} \ , \quad G = \overline{A}B + \overline{A}C = \overline{\overline{\overline{A}B + \overline{A}C}} = \overline{\overline{\overline{A}B} \cdot \overline{\overline{A}C}}$$

若用**或非门**实现，需将表达式变换成**或非-或非式**。根据第 7 章介绍的求**或非-或非式**的方法：

$$F = AB + AC = \overline{\overline{A} + \overline{B} + \overline{C}} \ , \quad G = \overline{A}B + \overline{A}C = \overline{A + \overline{B} + \overline{C}}$$

（4）用**与非门**和**或非门**实现的逻辑图分别如图 9-7 和图 9-8 所示。

表 9-6　例 9-6 真值表

A	B	C	F	G
0	0	0	0	0
0	0	1	0	1
0	1	0	0	1
0	1	1	0	1
1	0	0	0	0
1	0	1	1	0
1	1	0	1	0
1	1	1	1	0

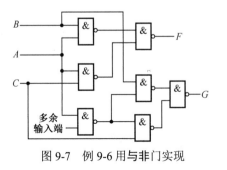

图 9-7　例 9-6 用**与非门**实现

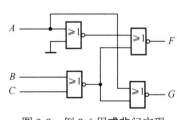

图 9-8　例 9-6 用**或非门**实现

【例 9-7】 有一个水箱由大、小两台水泵 M_L 和 M_S 供水，如图 9-9 所示。水箱中设置了 3 个水位检测器件 A、B、C。当水面低于检测器件时，检测器件给出高电平；反之给出低电平。现要求当水位超过 C 点时，水泵停止工作；当水位低于 C 点而高于 B 点时，M_S 单独工作；当水位低于 B 点而高于 A 点时，M_L 单独工作；当水位低于 A 点时，M_L 和 M_S 同时工作。试根据以上要求设计一个控制两台水泵自动工作的电路。

解： 本题是一个具有约束项的逻辑函数问题，设计时需要注意。

（1）设定变量并进行状态赋值。用 A、B、C 为 **1** 分别表示检测器件 A、B、C 给出高电平，用 A、B、C 为 **0** 分别表示检测器件 A、B、C 给出低电平；用 $M_L = 1$，$M_S = 1$ 分别表示水泵 M_L 和 M_S 工作，用 $M_L = 0$，$M_S = 0$ 分别表示水泵 M_L 和 M_S 停止工作。

（2）根据题意列真值表如表 9-7 所示。

（3）根据真值表写出逻辑表达式并用卡诺图法化为最简：
$$M_S = A + \overline{B}C, \quad M_L = B$$

（4）由最简表达式可得逻辑图如图 9-10 所示。

表 9-7　例 9-7 真值表

A	B	C	M_S	M_L
0	0	0	0	0
0	0	1	1	0
0	1	0	×	×
0	1	1	0	1
1	0	0	×	×
1	0	1	×	×
1	1	0	×	×
1	1	1	1	1

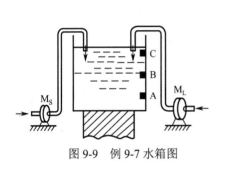

图 9-9　例 9-7 水箱图

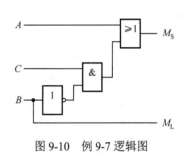

图 9-10　例 9-7 逻辑图

9.2　常用组合逻辑电路

编码器、译码器、加法器、数值比较器、数据选择器、数据分配器等是常用的组合电路，它们经常大量地出现在各种数字系统中。为了使用方便，可以将这些逻辑电路制成中、小规模集成电路产品作为模块。在设计大规模集成电路时，也经常调用这些模块，作为所设计电路的组成部分。下面分别介绍这些常用组合电路的工作原理及使用方法。

9.2.1　编码器

1. 什么是编码

用文字、符号或者数字表示特定事物的过程都可以称为**编码**。例如，人一出生就要起名字，入学后被编上学号，比赛时运动员身上要带号码条等，都属于编码。而数字电路中的编码，是指用二进制代码表示不同的事物。能够实现编码功能的电路称为**编码器**（Encoder）。

n 位二进制代码可以组成 2^n 种不同的状态，也就可以表示 2^n 个不同的信息。要对 N 个输入信息进行编码，需满足 $N \leq 2^n$，n 为二进制代码的位数，即输入变量的个数。当 $N = 2^n$ 时，利用 n 个输入变量的全部组合进行编码，称为**全编码**，实现全编码的电路称为全编码器（或称二进制编码器）；当 $N < 2^n$ 时，利用 n 个输入变量的部分状态进行编码，称为部分编码。

2. 二进制编码器

二进制编码器也称全编码器，其框图如图 9-11 所示。框图中，输入 $I_1, I_2, \cdots, I_{2^n}$ 为 2^n 个待编码的信息，输出 $Y_n, Y_{n-1}, \cdots, Y_1$ 为 n 位二进制代码，其中 Y_n 为代码的最高位，Y_1 为代码的最低位。例如，当 $n = 3$ 时，称为 3 位二进制编码器；当 $n = 4$ 时，称为 4 位二进制编码器。

对于编码器而言，在编码过程中，一次只能有一个输入信号被编码。被编码的信号输入必须是有效电平，有效电平可能是高电平，也有可能是低电平，这与电路设计有关。不同编码器，其有效电平可能不同。例如，某个编码器的输入有效电平是高电平，表明只有当输入信号为高电平时才能被编码，而输入信号为低电平时不能被编码。对于输出的二进制代码来说，可能是原码，也有可能是反码，这也取决于电路设计中所选取的门电路的种类。例如，十进制数 9 的 8421 码（原码）是 **1001**，反码是 **0110**。

二进制编码器又分为普通编码器和优先编码器。

（1）普通编码器。这里以 3 位二进制普通编码器为例，又称为 8-3 线（8/3 线）编码器。表 9-8 是其真值表，可以看出：

表 9-8　8-3 线编码器真值表

$\overline{I_7}$	$\overline{I_6}$	$\overline{I_5}$	$\overline{I_4}$	$\overline{I_3}$	$\overline{I_2}$	$\overline{I_1}$	$\overline{I_0}$	Y_2	Y_1	Y_0
0	1	1	1	1	1	1	1	1	1	1
1	0	1	1	1	1	1	1	1	1	0
1	1	0	1	1	1	1	1	1	0	1
1	1	1	0	1	1	1	1	1	0	0
1	1	1	1	0	1	1	1	0	1	1
1	1	1	1	1	0	1	1	0	1	0
1	1	1	1	1	1	0	1	0	0	1
1	1	1	1	1	1	1	0	0	0	0

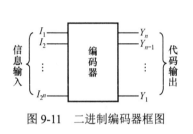

图 9-11　二进制编码器框图

① 输入信号为低电平有效，因此输入信号 I 上面带有非号；

② 输入信号之间互相排斥，即不允许有两个或两个以上输入信号同时为有效电平，因此这种普通编码器又称为**互斥编码器**；

③ 输出信号为原码，所以 Y 上面没有非号。

根据真值表写出 Y_2、Y_1、Y_0 的逻辑表达式并整理得

$$Y_2 = \overline{\overline{I_7} \cdot \overline{I_6} \cdot \overline{I_5} \cdot \overline{I_4}}, \quad Y_1 = \overline{\overline{I_7} \cdot \overline{I_6} \cdot \overline{I_3} \cdot \overline{I_2}}, \quad Y_0 = \overline{\overline{I_7} \cdot \overline{I_5} \cdot \overline{I_3} \cdot \overline{I_1}}$$

需要说明的是，表 9-8 中列出的实际是一个八变量逻辑函数（理论上共有 2^8 种不同的取值组合）。由于任何时刻 $I_0 \sim I_7$ 中仅有一个取值为 **1**，即输入变量的取值组合仅有表 9-8 中列出的 8 种状态，则输入变量为其他取值组合时输出等于 **1** 的那些最小项均为约束项，利用这些约束项通过化简即可得到 Y_2、Y_1、Y_0 的最简表达式。

由表达式画出逻辑图如图 9-12（a）所示，图 9-12（b）是其图形符号。

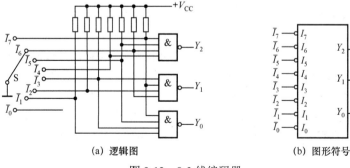

（a）逻辑图　　　　　　　　　　　　（b）图形符号

图 9-12　8-3 线编码器

（2）优先编码器。与普通编码器不同，**优先编码器**（Priority Encoder）允许同时有几个输入信号为有效电平，但电路只能对其中优先级别最高的输入信号进行编码。

同样以 8-3 线优先编码器为例，设输入 $I_7 \sim I_0$ 为高电平有效（I 上不带非号），输出为原码（Y_2、Y_1、Y_0 上也没有非号）。若输入的优先级别由高到低依次为 $I_7, I_6, \cdots, I_1, I_0$，则可以得到如表 9-9 所示的真值表（表中"×"表示取 **0**、取 **1** 均可），显然，允许同时有多个输入为 **1**。

由表 9-9 可分别写出 Y_2、Y_1、Y_0 的逻辑表达式如下：

$$Y_2 = I_7 + \overline{I_7}I_6 + \overline{I_7}\,\overline{I_6}I_5 + \overline{I_7}\,\overline{I_6}\,\overline{I_5}I_4 = I_7 + I_6 + I_5 + I_4$$

$$Y_1 = I_7 + \overline{I_7}I_6 + \overline{I_7}\,\overline{I_6}\,\overline{I_5}\,\overline{I_4}I_3 + \overline{I_7}\,\overline{I_6}\,\overline{I_5}\,\overline{I_4}\,\overline{I_3}I_2 = I_7 + I_6 + \overline{I_5}\,\overline{I_4}I_3 + \overline{I_5}\,\overline{I_4}I_2$$

$$Y_0 = I_7 + \overline{I_7}\,\overline{I_6}I_5 + \overline{I_7}\,\overline{I_6}\,\overline{I_5}\,\overline{I_4}I_3 + \overline{I_7}\,\overline{I_6}\,\overline{I_5}\,\overline{I_4}\,\overline{I_3}\,\overline{I_2}I_1 = I_7 + \overline{I_6}I_5 + \overline{I_6}\,\overline{I_4}I_3 + \overline{I_6}\,\overline{I_4}\,\overline{I_2}I_1$$

若用**与或非**门实现且反码输出，即输出为 $\overline{Y}_2$、$\overline{Y}_1$、$\overline{Y}_0$，则上面的式子可写成：

$$\overline{Y}_2 = \overline{I_7 + I_6 + I_5 + I_4}$$

$$\overline{Y}_1 = \overline{I_7 + I_6 + \overline{I_5}\,\overline{I_4}I_3 + \overline{I_5}\,\overline{I_4}I_2}$$

$$\overline{Y}_0 = \overline{I_7 + \overline{I_6}I_5 + \overline{I_6}\,\overline{I_4}I_3 + \overline{I_6}\,\overline{I_4}\,\overline{I_2}I_1}$$

如果输入为低电平有效，即 $\overline{I_7} \sim \overline{I_0}$ 以反变量输入，则根据 $\overline{Y}_2$、$\overline{Y}_1$、$\overline{Y}_0$ 的逻辑表达式可画出 8-3 线优先编码器的逻辑图，如图 9-13 所示。特别地，当输入低电平有效时，常将反相器的"○"标记画在输入端，如图中的 $G_1 \sim G_7$。另外注意，图中的 $\overline{I_0}$ 为隐含码，即当输入 $\overline{I_7} \sim \overline{I_1}$ 均无输入时（$\overline{I_7} \sim \overline{I_1}$ 均为 **1**），$\overline{Y}_2$、$\overline{Y}_1$、$\overline{Y}_0$ 均为 **1**，此即 $\overline{I_0}$ 的编码。

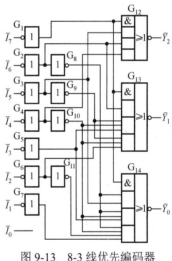

图 9-13　8-3 线优先编码器

表 9-9　8-3 线优先编码器真值表

I_7	I_6	I_5	I_4	I_3	I_2	I_1	I_0	Y_2	Y_1	Y_0
1	×	×	×	×	×	×	×	1	1	1
0	1	×	×	×	×	×	×	1	1	0
0	0	1	×	×	×	×	×	1	0	1
0	0	0	1	×	×	×	×	1	0	0
0	0	0	0	1	×	×	×	0	1	1
0	0	0	0	0	1	×	×	0	1	0
0	0	0	0	0	0	1	×	0	0	1
0	0	0	0	0	0	0	1	0	0	0

（3）集成 8-3 线优先编码器。图 9-14（a）所示为 TTL 集成 8-3 线优先编码器 74LS148 的引脚排列图，图 9-14（b）是其图形符号。在理论分析中多采用集成电路的图形符号，引脚排列图多用于实际连线。74LS148 的功能表见表 9-10。74LS148 除具备 8-3 线优先编码器的功能外，还增加了一些功能端，如 $\overline{\text{ST}}$、$\overline{Y}_\text{S}$ 和 $\overline{Y}_\text{EX}$。

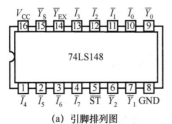

（a）引脚排列图

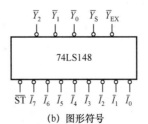

（b）图形符号

图 9-14　8-3 线优先编码器 74LS148

表 9-10　74LS148 的功能表

$\overline{ST}$	$\overline{I_7}$	$\overline{I_6}$	$\overline{I_5}$	$\overline{I_4}$	$\overline{I_3}$	$\overline{I_2}$	$\overline{I_1}$	$\overline{I_0}$	$\overline{Y_2}$	$\overline{Y_1}$	$\overline{Y_0}$	$\overline{Y_{EX}}$	$\overline{Y_S}$
1	×	×	×	×	×	×	×	×	1	1	1	1	1
0	1	1	1	1	1	1	1	1	1	1	1	1	0
0	0	×	×	×	×	×	×	×	0	0	0	0	1
0	1	0	×	×	×	×	×	×	0	0	1	0	1
0	1	1	0	×	×	×	×	×	0	1	0	0	1
0	1	1	1	0	×	×	×	×	0	1	1	0	1
0	1	1	1	1	0	×	×	×	1	0	0	0	1
0	1	1	1	1	1	0	×	×	1	0	1	0	1
0	1	1	1	1	1	1	0	×	1	1	0	0	1
0	1	1	1	1	1	1	1	0	1	1	1	0	1

$\overline{ST}$ 为使能端，也称选通输入端，低电平有效。只有当 $\overline{ST}=0$ 时，电路才处于正常工作状态，对输入信号进行编码；否则，当 $\overline{ST}=1$ 时，编码被禁止，所有的输出端均被封锁在高电平（高阻态输出）。

$\overline{Y_S}$ 和 $\overline{Y_{EX}}$ 分别称为选通输出端和扩展输出端，它们均用于多个编码器芯片的级联扩展。在多个芯片级联应用时，将高位片的 $\overline{Y_S}$ 端与低位片的 $\overline{ST}$ 端连接起来，可以扩展编码器的功能。由表 9-10 可以看出，只有当所有输入信号都是无效高电平（没有编码输入），且 $\overline{ST}=0$ 时，$\overline{Y_S}$ 才是低电平。因此，$\overline{Y_S}$ 的低电平表示"电路工作，但无编码输入"。只要任何一个输入端有编码请求（为有效电平 0），且 $\overline{ST}=0$，$\overline{Y_{EX}}$ 即为低电平。因此，$\overline{Y_{EX}}$ 的低电平输出信号表示"电路工作，而且有编码输入"。$\overline{Y_{EX}}$ 在多个芯片级联应用时可作为输出的扩展端。

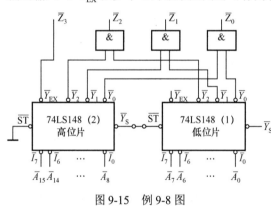

图 9-15　例 9-8 图

【例 9-8】 用两个 8-3 线优先编码器 74LS148 通过级联接成 16-4 线编码器。

解： 级联逻辑图如图 9-15 所示。$\overline{A_{15}} \sim \overline{A_0}$ 是输入信号，低电平有效，$\overline{A_{15}}$ 优先级最高，$\overline{A_0}$ 优先级最低；$\overline{Z_3} \sim \overline{Z_0}$ 组成 4 位二进制反码作为输出信号。当高位片无编码输入而低位片有编码输入时（$\overline{A_{15}} \sim \overline{A_8}$ 全为 1，$\overline{A_7} \sim \overline{A_0}$ 中至少有一个为 0），高位片的 $\overline{Y_S}=0$，低位片工作，$\overline{Z_3}=1$，输出为 $\overline{A_7} \sim \overline{A_0}$ 的编码 **1000～1111**（反码）。当高位片有编码输入时（$\overline{A_{15}} \sim \overline{A_8}$ 中至少有一个为低电平），高位片的 $\overline{Y_S}=1$，低位片停止工作，$\overline{Z_3}=0$，输出为 $\overline{A_{15}} \sim \overline{A_8}$ 的编码 **0000～0111**（反码）。

3. 十进制编码器

将 10 个输入 $I_9 \sim I_0$ 分别编成对应的 8421 码的电路称为十进制编码器，也称为二-十进制编码器或 8421 码编码器。

十进制编码器中，常见的是 10-4 线优先编码器 74LS147，图 9-16 所示为 74LS147 的引脚排列图。

74LS147 的输入为 $\overline{I_0} \sim \overline{I_9}$，低电平有效，优先级从 $\overline{I_9}$ 到 $\overline{I_0}$ 依次降低；输出端为 $\overline{Y_3}$、$\overline{Y_2}$、$\overline{Y_1}$ 和 $\overline{Y_0}$，组成 4 位 8421 码，$\overline{Y_3}$ 为最高位，$\overline{Y_0}$ 为最低位，且输出为反码。

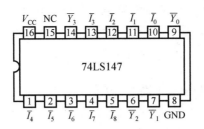

图 9-16　74LS147 的引脚排列图

【例 9-9】 某医院有一、二、三、四号病室，每室设有呼叫按钮，同时在护士值班室内对应装有一、二、三、四号指示灯。现在的情况是，4 个病室的按钮可以同时按下，但值班室一次只有一个指示灯亮，一号病室的优先级最高，四号病室的优先级最低。用 8-3 线优先编码器 74LS148 和门电路设计满足上述要求的控制电路。

解： 选取输入变量 B_1、B_2、B_3、B_4 分别表示一、二、三、四号病室的按钮，按下为 **0**，否则为 **1**，即输入为低电平有效。用输出变量 L_1、L_2、L_3、L_4 分别表示一、二、三、四号指示灯，灯亮为 **0**，灯灭为 **1**。因为只需控制 4 个指示灯，所以用 2 位输出即可。本设计可选用 74LS148 的低 4 位输入 $\overline{I}_0 \sim \overline{I}_3$ 和低 2 位输出 $\overline{Y}_1$、$\overline{Y}_0$。控制电路的功能可用表 9-11 来描述。

表 9-11　例 9-9 表

$B_1(\overline{I}_3)$	$B_2(\overline{I}_2)$	$B_3(\overline{I}_1)$	$B_4(\overline{I}_0)$	$\overline{Y}_1$	$\overline{Y}_0$	L_1	L_2	L_3	L_4
0	×	×	×	**0**	**0**	**0**	**1**	**1**	**1**
1	**0**	×	×	**0**	**1**	**1**	**0**	**1**	**1**
1	**1**	**0**	×	**1**	**0**	**1**	**1**	**0**	**1**
1	**1**	**1**	**0**	**1**	**1**	**1**	**1**	**1**	**0**

由表 9-9 可得 $L_1 \sim L_4$ 的逻辑表达式如下：

$$L_1 = \overline{\overline{Y}_1 \overline{Y}_0}, \quad L_2 = \overline{\overline{Y}_1 Y_0}, \quad L_3 = \overline{Y_1 \overline{Y}_0}, \quad L_4 = \overline{Y_1 Y_0}$$

由表达式画出逻辑图如图 9-17 所示。

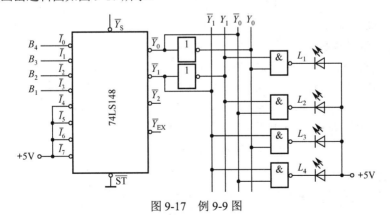

图 9-17　例 9-9 图

9.2.2　译码器

1. 什么是译码

译码是指将输入的二进制代码译成对应的输出高、低电平信号或另外一个代码的过程。能够实现译码功能的电路称为**译码器**（Decoder）。译码是编码的逆过程。

编码器将 N 个输入信号用 n 个变量的不同二进制数组合表示出来，而译码器则将输入的 n 个变量的不同二进制数组合所表示的状态以输出高电平或低电平的形式一一反映出来。若译码器有 n 个输入信号，N 个输出信号，则应有 $N \leqslant 2^n$。当 $N = 2^n$ 时，称为**全译码器**，也称二进制译码器；当 $N < 2^n$ 时，称为部分译码器。

常用的译码器有二进制译码器、十进制译码器和显示译码器。

2. 二进制译码器

图 9-18 是**二进制译码器**的框图。图 9-18 中 $A_1 \sim A_n$ 是 n 个输入，组成 n 位二进制代码，A_n 是代码的最高位，A_1 是代码的最低位。代码可能是原码，也可能是反码。若为反码，则 A 上面要带非号；$Y_1 \sim Y_{2^n}$ 是输出，可能高电平有效，也可能低电平有效，若为低电平有效，则 Y 上要带非号。

图 9-19 是 3-8 线译码器 74LS138 的逻辑图和引脚排列图，其功能如表 9-12 所示。

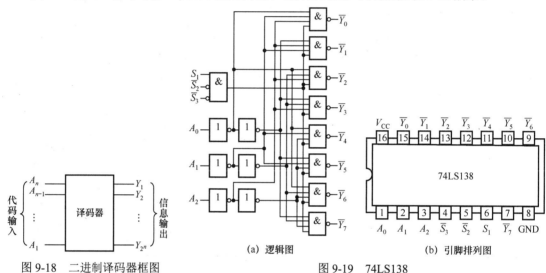

图 9-18　二进制译码器框图

(a) 逻辑图　　(b) 引脚排列图

图 9-19　74LS138

由表 9-12 可以看出，其输入的三位代码为原码，A_2 是最高位，A_0 是最低位，输出为低电平有效。74LS138 有三个附加的控制端 S_1、$\overline{S_2}$、$\overline{S_3}$，也称为使能端，只有当 $S_1 = 1$ 且 $\overline{S_2} = \overline{S_3} = 0$ 时，译码器才工作，对应于输入 $A_2 A_1 A_0$ 的某种取值组合，某个输出为有效电平 **0**；否则，译码器被禁止，所有的输出端被封锁在高电平。这三个控制端也称为"片选"输入端，利用片选的作用可以将多片级联起来以实现译码器的功能扩展。

74LS138 的功能表显示，在译码器正常工作时，某一时刻一定只有一个输出为有效电平，且满足 $\overline{Y_i} = \overline{m_i}$（$i = 0, 1, 2, \cdots, 7$），$m_i$ 为最小项。这一特点是全译码器所共有的。由于任何一个逻辑函数，都有唯一的最小项之和形式与之对应，因此，我们可以用译码器实现逻辑函数。

【例 9-10】　用集成译码器并辅以适当门电路实现下列逻辑函数：

$$Y = \overline{A}\,\overline{B} + AB + \overline{B}C$$

解：要实现的是一个 3 变量的逻辑函数，因此应选用 3-8 线译码器 74LS138。

（1）将所给逻辑函数化成最小项之和形式，并与译码器输出的逻辑表达式进行比较，可得

$$Y = \overline{A}\overline{B} + AB + \overline{B}C = \overline{A}\overline{B}\overline{C} + \overline{A}\overline{B}C + A\overline{B}C + ABC + AB\overline{C}$$

$$= m_0 + m_1 + m_5 + m_6 + m_7 = \overline{\overline{m_0} \cdot \overline{m_1} \cdot \overline{m_5} \cdot \overline{m_6} \cdot \overline{m_7}}$$

$$= \overline{\overline{Y_0} \cdot \overline{Y_1} \cdot \overline{Y_5} \cdot \overline{Y_6} \cdot \overline{Y_7}}$$

（2）确定译码器输入端对应的逻辑变量，令 A_2、A_1、A_0 分别对应 A、B、C。

（3）由逻辑表达式可知，需外接**与非门**作为辅助门，画出逻辑图如图 9-20 所示。

表 9-12　74LS138 的功能表

输　　入					输　　出							
S_1	$\overline{S_2}+\overline{S_3}$	A_2	A_1	A_0	$\overline{Y_0}$	$\overline{Y_1}$	$\overline{Y_2}$	$\overline{Y_3}$	$\overline{Y_4}$	$\overline{Y_5}$	$\overline{Y_6}$	$\overline{Y_7}$
0	×	×	×	×	1	1	1	1	1	1	1	1
×	1	×	×	×	1	1	1	1	1	1	1	1
1	0	0	0	0	0	1	1	1	1	1	1	1
1	0	0	0	1	1	0	1	1	1	1	1	1
1	0	0	1	0	1	1	0	1	1	1	1	1
1	0	0	1	1	1	1	1	0	1	1	1	1
1	0	1	0	0	1	1	1	1	0	1	1	1
1	0	1	0	1	1	1	1	1	1	0	1	1
1	0	1	1	0	1	1	1	1	1	1	0	1
1	0	1	1	1	1	1	1	1	1	1	1	0

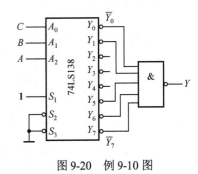

图 9-20　例 9-10 图

【例 9-11】　设 X、Z 均为 3 位二进制数，X 为输入，Z 为输出，要求二者之间有下述关系：$3\leqslant X\leqslant 6$ 时，$Z=X+1$；$X<3$ 时，$Z=0$；$X>6$ 时，$Z=3$。用一片 3-8 线译码器和适当的门电路构成实现上述要求的逻辑电路。

解：（1）用 Z_2、Z_1、Z_0 分别表示 Z 的各位，用 X_2、X_1、X_0 分别表示 X 的各位，按题意列出真值表，如表 9-13 所示。

（2）由真值表写出逻辑表达式并化成最小项之和形式，然后与译码器输出的逻辑表达式进行比较，可得

$$Z_2=\overline{X_2}X_1X_0+X_2\overline{X_1}\cdot\overline{X_0}+X_2\overline{X_1}X_0+X_2X_1\overline{X_0}$$
$$=m_3+m_4+m_5+m_6=\overline{\overline{m_3}\cdot\overline{m_4}\cdot\overline{m_5}\cdot\overline{m_6}}=\overline{\overline{Y_3}\cdot\overline{Y_4}\cdot\overline{Y_5}\cdot\overline{Y_6}}$$

$$Z_1=X_2\overline{X_1}X_0+X_2X_1\overline{X_0}+X_2X_1X_0=m_5+m_6+m_7=\overline{\overline{m_5}\cdot\overline{m_6}\cdot\overline{m_7}}=\overline{\overline{Y_5}\cdot\overline{Y_6}\cdot\overline{Y_7}}$$

$$Z_0=X_2\overline{X_1}\cdot\overline{X_0}+X_2X_1\overline{X_0}+X_2X_1X_0=m_4+m_6+m_7=\overline{\overline{m_4}\cdot\overline{m_6}\cdot\overline{m_7}}=\overline{\overline{Y_4}\cdot\overline{Y_6}\cdot\overline{Y_7}}$$

（3）确定译码器输入端对应的逻辑变量，令 A_2、A_1、A_0 分别对应 X_2、X_1、X_0。

（4）画出逻辑图如图 9-21 所示。

表 9-13　例 9-11 表

X_2	X_1	X_0	Z_2	Z_1	Z_0
0	0	0	0	0	0
0	0	1	0	0	0
0	1	0	0	0	0
0	1	1	1	0	0
1	0	0	1	0	1
1	0	1	1	1	0
1	1	0	1	1	1
1	1	1	0	1	1

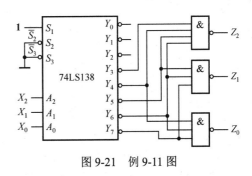

图 9-21　例 9-11 图

【例 9-12】　用两片 3-8 线译码器 74LS138 通过有效级联构成 4-16 线译码器。

解： 两片 74LS138 级联图如图 9-22 所示。其中 D_3、D_2、D_1、D_0 为 4 位代码输入。D_3 是最高位，$D_3=0$ 时，74LS138(1)工作；$D_3=1$ 时，74LS138(2)工作。因此，可用 D_3 作为选通信号，控制两个译码器轮流工作。

图 9-23 所示为用 5 片 74LS138 组成的 5-32 线译码器，能对 5 位二进制代码 $A_4A_3A_2A_1A_0$ 进行译码。由于要对 5 位二进制代码进行译码，因此译码电路需要有 32 路输出。用 74LS138 组成 5-32 线译码器，需要用 5 片 74LS138 组成两级译码电路：用一片作为输入级，输入级一方面实现输入扩展，另一方面起片选作用；用另外 4 片 74LS138 作为输出级，实现 32 路输出。由图 9-23 可见，当使能信号 $\overline{ST}$ = 1 时，5 片 74LS138 全被禁止，其输出均为高电平；当 $\overline{ST}$ = 0 时，各片译码器工作。

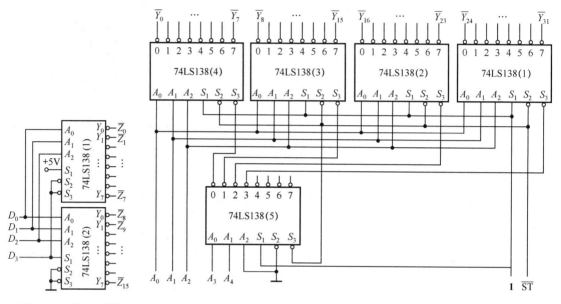

图 9-22　例 9-12 图

图 9-23　5 片 74LS138 组成 5-32 线译码器

74LS138 还是计算机微处理器中最常用的地址译码器。典型的 8 位微处理器 Intel 8085A 或 Motorola 6809 有 16 根地址线（$A_0 \sim A_{15}$），微处理器通过地址线 $A_0 \sim A_{15}$ 确定存储器的存储单元或外部设备，以达到交换数据的目的。

3. 十进制译码器

将 8421 码翻译成 10 个对应的十进制数码的电路称为十进制译码器，也叫**二-十进制译码器**，它属于 4-10 线译码器。

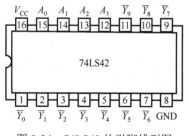

图 9-24　74LS42 的引脚排列图

图 9-24 所示为集成 4-10 线译码器 74LS42 的引脚排列图。它的输入为 4 位二进制代码 A_3、A_2、A_1、A_0，其中 A_3 为最高位，A_0 为最低位，并且是原码输入；输出为 $\overline{Y}_0 \sim \overline{Y}_9$，低电平有效。74LS42 在译码状态下，其输入代码 A_3、A_2、A_1、A_0 取值组合为 **0000～1001** 这 10 个 8421 码，而对于这 10 个代码以外的伪码（**1010～1111**），$\overline{Y}_0 \sim \overline{Y}_9$ 均无低电平信号产生，译码器拒绝"翻译"，所以 74LS42 具有拒绝伪码的功能。

4. 显示译码器

在实际中，被译出的信号经常需要直观地显示出来，这就需要显示译码器。显示译码器通常由译码电路、驱动电路和显示器等组成。常用的显示译码器将译码电路与驱动电路合在一起。

（1）显示器。在数字系统中，广泛使用七段字符显示器（或称七段数码管）。常用的七段数码管有半导体数码管和液晶显示器（LCD），这里仅介绍半导体七段数码管。

图 9-25 是七段数码管的示意图，它由 a～g 共 7 个段组成，每个段都是一个发光二极管（LED）。

根据需要，可让其中的某些段发光，即可显示出数字 0～15，效果如图 9-26 所示。

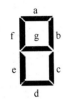

图 9-25　七段数码管

图 9-26　显示效果

七段数码管分共阴极接法和共阳极接法，分别如图 9-27（a）和（b）所示。采用共阴极接法时，若需某段（a,b,…, g）发光，则应使该段为高电平；采用共阳极接法时，若需某段发光，则应使该段为低电平。

（2）4 线-七段显示译码器。4 线-七段显示译码器 74LS247 的输入是 8421 码 A_3、A_2、A_1、A_0，并且是原码；输出是 $\overline{Y_a}$、$\overline{Y_b}$、$\overline{Y_c}$、$\overline{Y_d}$、$\overline{Y_e}$、$\overline{Y_f}$ 和 $\overline{Y_g}$，低电平有效，它要与共阳极接法的数码管配合使用。图 9-28 和表 9-14 分别是 74LS247 的引脚排列图和功能表。下面对其中的几个功能端进行简要介绍。

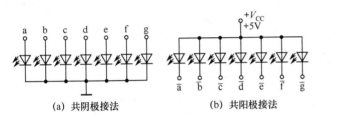

图 9-27　七段数码管的接法

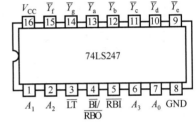

图 9-28　74LS247 的引脚排列图

表 9-14　74LS247 的功能表

输入							输出							字形
$\overline{LT}$	$\overline{RBI}$	A_3	A_2	A_1	A_0	$\overline{BI}/\overline{RBO}$	$\overline{Y_a}$	$\overline{Y_b}$	$\overline{Y_c}$	$\overline{Y_d}$	$\overline{Y_e}$	$\overline{Y_f}$	$\overline{Y_g}$	
1	1	0	0	0	0	1	0	0	0	0	0	0	1	0
1	×	0	0	0	1	1	1	0	0	1	1	1	1	1
1	×	0	0	1	0	1	0	0	1	0	0	1	0	己
1	×	0	0	1	1	1	0	0	0	0	1	1	0	彐
1	×	0	1	0	0	1	1	0	0	1	1	0	0	4
1	×	0	1	0	1	1	0	1	0	0	1	0	0	5
1	×	0	1	1	0	1	1	1	0	0	0	0	0	b
1	×	0	1	1	1	1	0	0	0	1	1	1	1	7
1	×	1	0	0	0	1	0	0	0	0	0	0	0	8
1	×	1	0	0	1	1	0	0	0	1	1	0	0	9
1	×	1	0	1	0	1	1	1	1	0	0	1	0	匚
1	×	1	0	1	1	1	1	1	0	0	1	1	0	彐
1	×	1	1	0	0	1	1	0	1	1	1	0	0	凵
1	×	1	1	0	1	1	0	1	1	0	1	0	0	ヒ
1	×	1	1	1	0	1	1	1	1	0	0	0	0	Ŀ
1	×	1	1	1	1	1	1	1	1	1	1	1	1	全灭
×	×	×	×	×	×	0	1	1	1	1	1	1	1	全灭
1	0	0	0	0	0	0	1	1	1	1	1	1	1	全灭
0	×	×	×	×	×	1	0	0	0	0	0	0	0	全点燃

$\overline{\text{LT}}$ 为发光测试输入端，低电平有效。当 $\overline{\text{LT}} = 0$ 时，无论 $A_3 \sim A_0$ 为何种取值组合，$\overline{Y}_a \sim \overline{Y}_g$ 的状态均为 **0**，七段数码管全部发光，用以检查各段能否正常发光。

$\overline{\text{RBI}}$ 为灭零输入端，当 $\overline{\text{RBI}} = 0$ 时，若 $A_3A_2A_1A_0$ 取值组合为 **0000**，则所有段均灭，用于熄灭不必要的零，以提高视读的清晰度。例如，03.20 前、后的两个零是多余的，可以通过在对应位加灭零信号（$\overline{\text{RBI}} = 0$）的方法去掉多余的零。

$\overline{\text{BI}}/\overline{\text{RBO}}$ 为消隐输入/灭零输出端（一般公用一个引脚）。$\overline{\text{BI}}$ 为消隐输入端，它是为了降低显示系统的功耗而设置的，当 $\overline{\text{BI}} = 0$ 时，无论 $\overline{\text{LT}}$、$\overline{\text{RBI}}$ 及 $A_3 \sim A_0$ 的状态如何，输出 $\overline{Y}_a \sim \overline{Y}_g$ 的状态均为 **1**，七段数码管全灭，不显示数字；当 $\overline{\text{BI}} = 1$ 时，显示译码器正常工作。在正常显示情况下，$\overline{\text{BI}}$ 必须接高电平或开路，$\overline{\text{BI}}$ 是级别最高的控制信号。

$\overline{\text{RBO}}$ 为灭零输出端，它主要用作灭零指示，当该片输入 $A_3A_2A_1A_0$ 取值组合为 **0000** 熄灭时，$\overline{\text{RBO}} = 0$，将其引向低位片的灭零输入端 $\overline{\text{RBI}}$，允许低一位灭零；反之，$\overline{\text{RBO}} = 1$，说明本位处于显示状态，不允许低一位灭零。

将 $\overline{\text{RBI}}$ 和 $\overline{\text{RBO}}$ 配合使用，即可实现多位十进制数码显示系统的整数前面和小数后面的灭零控制。图 9-29 所示为灭零控制的连接方法，其整数显示部分将高位的 $\overline{\text{RBO}}$ 与后一位的 $\overline{\text{RBI}}$ 相连，而小数显示部分将低位的 $\overline{\text{RBO}}$ 与前一位的 $\overline{\text{RBI}}$ 相连。

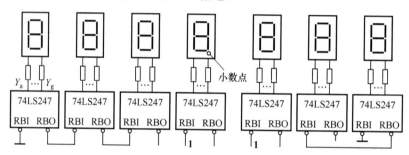

图 9-29　有灭零功能的数码显示系统

图 9-29 所示电路的整数显示部分中，最高位译码器的 $\overline{\text{RBI}}$ 接地，$\overline{\text{RBI}}$ 始终处于有效电平，一旦此位的输入为 **0**，就将进行灭零操作，并通过 $\overline{\text{RBO}}$ 将灭零输出的低电平向后一位传递，开启后一位的灭零功能。同样，在小数显示部分，最低位译码器的 $\overline{\text{RBI}}$ 始终处于有效电平，一旦此位的输入为 **0**，就将进行灭零操作，并通过 $\overline{\text{RBO}}$ 将灭零输出的低电平向前一位传递，开启前一位的灭零功能。依此方法，就可把整数前面和小数后面多余的零灭掉。例如，7 位数若为 0042.300，则显示 42.3；若为 9113.101，则显示 9113.101；若为 0513.072，则显示 513.072；若为 6103.140，则显示 6103.14。

9.2.3　加法器

在数字电路中，常需要进行加、减、乘、除等算术运算，而减、乘、除运算均可转化为若干步加运算来实现。因此，加法器是构成算术运算的基本单元。

1. 半加器和全加器

加法器分为**半加器**和**全加器**。所谓半加，是指两个 1 位二进制数相加，没有从低位来的进位的加运算，实现半加运算的电路称为半加器。全加是指两个同位的加数和来自低位的进位 3 个数相加的运算，实现全加的电路称为全加器。例如，两个 4 位二进制数 $A = A_3A_2A_1A_0 = \mathbf{1011}$ 与 $B = B_3B_2B_1B_0 = \mathbf{1110}$ 相加，A、B 两数的最低位（最右边一位）进行的是半加运算，即只有 A_0 和 B_0 两个数相加，没有低位来的进位；而高 3 位都是带进位的加法运算，都是 3 个数相加，是全加运算。

半加器和全加器的图形符号分别如图 9-30（a）、（b）所示。

若用 A_i、B_i 表示 A、B 两个数的第 i 位，用 C_{i-1} 表示来自低位的进位，用 S_i 表示本位和，用 C_i 表示送给高位（第 $i+1$ 位）的进位，那么根据全加运算的规则便可以列出全加器的真值表，如表 9-15 所示。

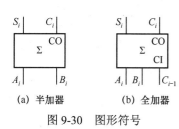

(a) 半加器　(b) 全加器

图 9-30　图形符号

表 9-15　全加器真值表

A_i	B_i	C_{i-1}	S_i	C_i	A_i	B_i	C_{i-1}	S_i	C_i
0	0	0	0	0	1	0	0	1	0
0	0	1	1	0	1	0	1	0	1
0	1	0	1	0	1	1	0	0	1
0	1	1	0	1	1	1	1	1	1

根据真值表可得

$$S_i = \overline{A_i}\,\overline{B_i}C_{i-1} + \overline{A_i}B_i\overline{C_{i-1}} + A_i\overline{B_i}\,\overline{C_{i-1}} + A_iB_iC_{i-1}$$

$$C_i = \overline{A_i}B_iC_{i-1} + A_i\overline{B_i}C_i + A_iB_i\overline{C_{i-1}} + A_iB_iC_{i-1} = A_iB_i + A_iC_{i-1} + B_iC_{i-1}$$

若用与门、或门实现，则可根据上述 S_i 和 C_i 的表达式直接画出如图 9-31 所示的逻辑图。

若要用与或非门实现，则需先求出 $\overline{S_i}$ 和 $\overline{C_i}$ 的最简与或式，再取反得到最简与或非式，然后画出逻辑图。在表 9-15 中，合并函数值为 **0** 的项并化简即可得到 $\overline{S_i}$ 和 $\overline{C_i}$ 的最简与或式：

$$\overline{S_i} = \overline{A_i}\,\overline{B_i}\,\overline{C_{i-1}} + \overline{A_i}B_iC_{i-1} + A_iB_i\overline{C_{i-1}} + A_i\overline{B_i}C_{i-1}$$

$$\overline{C_i} = \overline{A_i}\,\overline{B_i} + \overline{A_i}\,\overline{C_{i-1}} + \overline{B_i}\,\overline{C_{i-1}}$$

再取反后，得

$$S_i = \overline{\overline{A_i}\,\overline{B_i}\,\overline{C_{i-1}} + \overline{A_i}B_iC_{i-1} + A_iB_i\overline{C_{i-1}} + A_i\overline{B_i}C_{i-1}}$$

$$C_i = \overline{\overline{A_i}\,\overline{B_i} + \overline{A_i}\,\overline{C_{i-1}} + \overline{B_i}\,\overline{C_{i-1}}}$$

用与或非门和非门实现的逻辑图如图 9-32 所示。

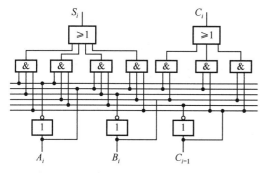

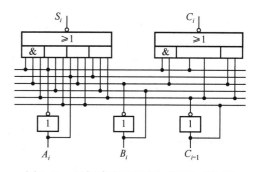

图 9-31　用与门、或门实现的全加器　　　　图 9-32　用与或非门和非门实现的全加器

2. 集成全加器及其应用

74LS183 是集成双全加器，它在一个芯片中封装了两个功能相同且相互独立的全加器，功能表同表 9-15，引脚排列图如图 9-33 所示，图中 NC 表示没有用的"空引脚"。

把 4 个全加器（例如两片 74LS183）依次级联起来，便可构成 4 位串行进位加法器，如图 9-34 所示。串行进位加法器电路结构简单，工作过程的分析一目了然，但工作速度较低。为了提高工作速度，出现了超前进位加法器。

3. 超前进位加法器

超前进位加法器除含有求和电路之外，在内部还增加了超前进位电路，使之在进行加运算的同时，可以快速求出向高位的进位，因此，该电路运算速度较快。下面简要分析其工作原理。

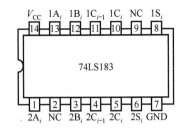

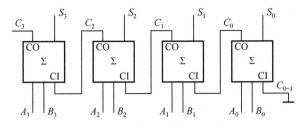

图 9-33　74LS183 的引脚排列图　　　　　　　图 9-34　4 位串行进位加法器

在 4 位二进制加法器中，第 1 位全加器输入进位信号的表达式为

$$C_0 = A_0B_0 + A_0C_{0-1} + B_0C_{0-1} = A_0B_0 + (A_0 + B_0)C_{0-1}$$

第 2 位全加器输入进位信号的表达式为

$$C_1 = A_1B_1 + (A_1 + B_1)C_0 = A_1B_1 + (A_1 + B_1)[A_0B_0 + (A_0 + B_0)C_{0-1}]$$

第 3 位全加器输入进位信号的表达式为

$$C_2 = A_2B_2 + (A_2 + B_2)C_1 = A_2B_2 + (A_2 + B_2)\{A_1B_1 + (A_1 + B_1)[A_0B_0 + (A_0 + B_0)C_{0-1}]\}$$

而 4 位二进制加法器输出进位信号的表达式，即第 3 位进行加运算时产生的要送给更高位的进位信号的表达式显然为

$$C_3 = A_3B_3 + (A_3 + B_3)C_2$$
$$= A_3B_3 + (A_3 + B_3)\{A_2B_2 + (A_2 + B_2)\{A_1B_1 + (A_1 + B_1)[A_0B_0 + (A_0 + B_0)C_{0-1}]\}\}$$

由以上分析可知，只要 $A_3A_2A_1A_0$、$B_3B_2B_1B_0$ 和 C_{0-1} 给出之后，便可按上述表达式直接确定进位信号 C_3、C_2、C_1、C_0。因此，如果用门电路实现上述逻辑关系，并将结果送到相应全加器的进位输入端，就会极大地提高加法运算的速度。4 位超前进位加法器就是由 4 个全加器和相应的进位逻辑电路组成的。

与加法器类似，减法器也有半减器和全减器之分。表 9-16（a）、（b）分别是半减器和全减器的真值表，参照前面对全加器的讨论，读者可自行设计出半减器和全减器的逻辑图。

表 9-16　半减器和全减器的真值表

（a）半减器真值表

被减数 A	减数 B	差 D	向高位的借位 V
0	0	0	0
0	1	1	1
1	0	1	0
1	1	0	0

（b）全减器真值表

被减数 A	减数 B	来自低位的借位 C	差 D	向高位的借位 V
0	0	0	0	0
0	0	1	1	1
0	1	0	1	1
0	1	1	0	1
1	0	0	1	0
1	0	1	0	0
1	1	0	0	0
1	1	1	1	1

9.2.4　数值比较器

比较两个二进制数 A 和 B 大小关系的电路称为数值比较器。比较的结果有三种情况：$A>B$、$A=B$、$A<B$，分别通过三个输出端给予指示。

1. 1 位数值比较器

1 位数值比较器是比较两个 1 位二进制数大小关系的电路。它有两个输入 A 和 B，三个输出 Y_0（$A>B$）、Y_1（$A=B$）和 Y_2（$A<B$）。根据 1 位数值比较器的定义，可列出真值表，如表 9-17 所示。

根据表 9-17 可得

$$Y_0 = A\overline{B}, \quad Y_1 = \overline{A}\ \overline{B} + AB, \quad Y_2 = \overline{A}B$$

画出逻辑图，如图 9-35 所示。

表 9-17 1 位数值比较器真值表

A	B	Y_0	Y_1	Y_2
0	0	0	1	0
0	1	0	0	1
1	0	1	0	0
1	1	0	1	0

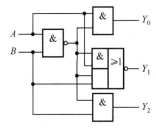

图 9-35 1 位数值比较器逻辑图

2. 4 位数值比较器

4 位数值比较器是比较两个 4 位二进制数大小关系的电路，一般由 4 个 1 位数值比较器组合而成。输入是两个要进行比较的 4 位二进制数 $A = A_3A_2A_1A_0$ 和 $B = B_3B_2B_1B_0$，输出同 1 位数值比较器，也是三个输出。其功能表如表 9-18 所示。由功能表可以看出：

① 4 位数值比较器实现比较运算是依照"高位数大则该数大，高位数小则该数小，高位相等看低位"的原则，从高位到低位依次进行比较而得到的。

② $I_{(A>B)}$、$I_{(A=B)}$ 和 $I_{(A<B)}$ 是级联输入，用于扩展数值比较器的位数，方法是将低位片的输出 $Y_{(A>B)}$、$Y_{(A=B)}$ 和 $Y_{(A<B)}$ 分别与高位片的级联输入 $I_{(A>B)}$、$I_{(A=B)}$ 和 $I_{(A<B)}$ 相连。不难理解，只有当高位数相等时，低 4 位比较的结果才对输出起决定性的作用。

表 9-18 4 位数值比较器的功能表

比较输入				级联输入			输出		
$A_3\ B_3$	$A_2\ B_2$	$A_1\ B_1$	$A_0\ B_0$	$I_{(A<B)}$	$I_{(A=B)}$	$I_{(A>B)}$	$Y_{(A<B)}$	$Y_{(A=B)}$	$Y_{(A>B)}$
$A_3 > B_3$	×	×	×	×	×	×	0	0	1
$A_3 = B_3$	$A_2 > B_2$	×	×	×	×	×	0	0	1
$A_3 = B_3$	$A_2 = B_2$	$A_1 > B_1$	×	×	×	×	0	0	1
$A_3 = B_3$	$A_2 = B_2$	$A_1 = B_1$	$A_0 > B_0$	×	×	×	0	0	1
$A_3 = B_3$	$A_2 = B_2$	$A_1 = B_1$	$A_0 = B_0$	0	0	1	0	0	1
$A_3 = B_3$	$A_2 = B_2$	$A_1 = B_1$	$A_0 = B_0$	0	1	0	0	1	0
$A_3 = B_3$	$A_2 = B_2$	$A_1 = B_1$	$A_0 = B_0$	1	0	0	1	0	0
$A_3 < B_3$	×	×	×	×	×	×	1	0	0
$A_3 = B_3$	$A_2 < B_2$	×	×	×	×	×	1	0	0
$A_3 = B_3$	$A_2 = B_2$	$A_1 < B_1$	×	×	×	×	1	0	0
$A_3 = B_3$	$A_2 = B_2$	$A_1 = B_1$	$A_0 < B_0$	×	×	×	1	0	0

3. 集成数值比较器及其应用

74LS85（74HC85）是集成 4 位数值比较器，图 9-36 是它的引脚排列图。用多片数值比较器级联，可以实现更多位数的数值比较器，即实现功能扩展。图 9-37 所示为用两片 4 位数值比较器 74LS85 组成 8 位数值比较器。根据以上分析，两片数值比较器级联，只要将低位片的输出 $Y_{(A>B)}$、$Y_{(A=B)}$ 和 $Y_{(A<B)}$ 分别与高位片的级联输入 $I_{(A>B)}$、$I_{(A=B)}$、$I_{(A<B)}$ 相连，再将低位片的 $I_{(A>B)}$、$I_{(A<B)}$ 接地，$I_{(A=B)}$ 接高电平即可。

图 9-37 采用串联方式来扩展数值比较器的位数，当位数较多且要满足一定的速度要求时，可以采取并联方式。图 9-38 所示为用并联方式扩展得到的 16 位数值比较器的原理图。比较方法：采用两级比较方式，将 16 位数按高、低位次序分成 4 组，每组 4 位，各组的比较是并行进行的。将每组的比较结果再经 4 位数值比较器进行比较后得出结果。显然，从输入到稳定输出只需 2 倍

的 4 位数值比较器的延迟时间。若用串联方式，则 16 位的数值比较器从输入到稳定输出需要 4 倍的 4 位数值比较器的延迟时间。

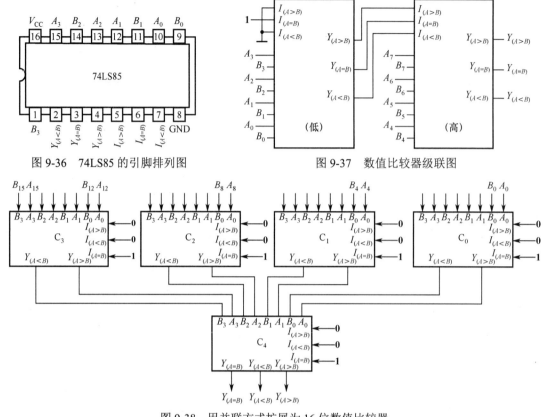

图 9-36　74LS85 的引脚排列图　　　　　图 9-37　数值比较器级联图

图 9-38　用并联方式扩展为 16 位数值比较器

【例 9-13】　用 4 位数值比较器 74HC85 设计一个 8421 码有效性测试电路，当输入为 8421 码时，输出为 **1**，否则输出为 **0**。

解： 8421 码的范围是 **0000～1001**，即所有有效的 8421 码均小于 **1010**。用 74HC85 构成的测试电路如图 9-39 所示，当输入的 8421 码小于 **1010** 时，$Y_{(A<B)}$ 输出为 **1**，否则为 **0**。

【例 9-14】　用 4 位数值比较器 74HC85 和必要的逻辑门设计一个余 3 码有效性测试电路，当输入为余 3 码时，输出为 **1**，否则为 **0**。

解： 余 3 码的范围是 **0011～1100**，因此，需要用两片 74HC85 和一个**或非门**构成测试电路，如图 9-40 所示。若输入的余 3 码在 **0011～1100** 范围内，片(1)的 $Y_{(A>B)}$ 和片(2)的 $Y_{(A<B)}$ 输出均为 **0**，**或非门**的输出 L 为 **1**；若超出此范围，则 L 为 **0**。

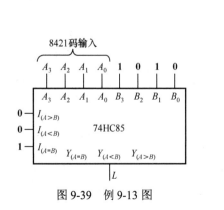

图 9-39　例 9-13 图

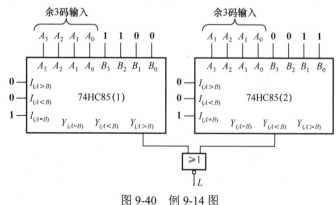

图 9-40　例 9-14 图

9.2.5 数据选择器

根据输入地址码的不同，从多路输入数据中选择一路进行输出的电路称为**数据选择器**（Data Selector），又称多路开关（Multiplexer）。在数字系统中，常利用数据选择器将多根传输线上的不同信号按要求选择其中之一送到公共数据线上。

图 9-41 所示为数据选择器的一般框图。设地址输入端有 n 个，这 n 个地址输入端组成 n 位二进制代码，共有 2^n 个不同的地址码。每个地址码都对应一个输入信号，因此输入端最多可有 2^n 个输入信号，但输出端只有一个。

根据输入信号的个数，数据选择器可分为 4 选 1、8 选 1、16 选 1 数据选择器等。

1. 4 选 1 数据选择器

图 9-42（a）所示为 4 选 1 数据选择器的逻辑图，图 9-42（b）所示为其框图。图 9-42 中 $D_0 \sim D_3$ 为 4 个数据输入，Y 为输出，A_1、A_0 为地址码输入，$\overline{S}$ 为选通（使能）输入，低电平有效。

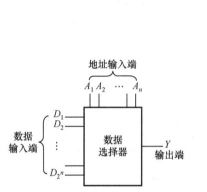

图 9-41 数据选择器框图

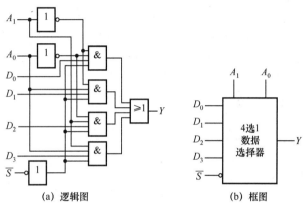

(a) 逻辑图　　　(b) 框图

图 9-42 4 选 1 数据选择器

分析图 9-42（a）所示逻辑图，可写出输出 Y 的表达式为

$$Y = (\overline{A_1}\,\overline{A_0}D_0 + \overline{A_1}A_0D_1 + A_1\overline{A_0}D_2 + A_1A_0D_3)S \tag{9-2}$$

当 $\overline{S} = 1$ 时，$Y = 0$，数据选择器不工作；当 $\overline{S} = 0$ 时，$Y = \overline{A_1}\,\overline{A_0}D_0 + \overline{A_1}A_0D_1 + A_1\overline{A_0}D_2 + A_1A_0D_3$，数据选择器工作，将根据地址码 A_1A_0 的不同取值组合，从 $D_0 \sim D_3$ 中选出一路数据输出。如果地址码 A_1A_0 的取值组合依次改变，即 **00→01→10→11**，则输出端将依次输出 D_0、D_1、D_2、D_3，这样就可以将并行输入变为串行输出。

4 选 1 数据选择器的典型芯片是 74LS153。74LS153 实际上是双 4 选 1 数据选择器，其内部有两片功能完全相同的 4 选 1 数据选择器，表 9-19 是它的功能表。$\overline{ST}$ 是选通输入端，低电平有效。74LS153 的引脚排列图如图 9-43 所示。

表 9-19　74LS153 的功能表

输入							输出
$\overline{ST}$	A_1	A_0	D_0	D_1	D_2	D_3	Y
1	×	×	×	×	×	×	**0**
0	**0**	**0**	D_0	×	×	×	D_0
0	**0**	**1**	×	D_1	×	×	D_1
0	**1**	**0**	×	×	D_2	×	D_2
0	**1**	**1**	×	×	×	D_3	D_3

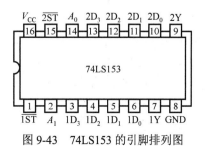

图 9-43 74LS153 的引脚排列图

2.8 选 1 数据选择器

8 选 1 数据选择器 74LS151 也有一个使能信号 $\overline{ST}$，低电平有效；两个互补输出 Y 和 $\overline{W}$，其输出信号相反。其逻辑表达式可写为

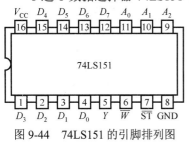

图 9-44　74LS151 的引脚排列图

$$Y = (\overline{A_2}\,\overline{A_1}\,\overline{A_0}D_0 + \overline{A_2}\,\overline{A_1}A_0 D_1 + \overline{A_2}A_1\overline{A_0}D_2 + \overline{A_2}A_1 A_0 D_3 + A_2\overline{A_1}\,\overline{A_0}D_4 + A_2\overline{A_1}A_0 D_5 + A_2 A_1\overline{A_0}D_6 + A_2 A_1 A_0 D_7)\cdot ST \qquad (9\text{-}3)$$

当 $\overline{ST} = 1$ 时，$Y = 0$，数据选择器不工作；当 $\overline{ST} = 0$ 时，根据地址码 $A_2 A_1 A_0$ 的不同取值组合，将从 $D_0 \sim D_7$ 中选出一路输出。图 9-44 所示为 74LS151 的引脚排列图。

3. 数据选择器的典型应用

（1）数据选择器的功能扩展。利用选通端及外加辅助门电路可以实现数据选择器的功能扩展，达到扩展通道的目的。例如，用两个 4 选 1 数据选择器（可选 1 片 74LS153）通过级联，构成 8 选 1 数据选择器，如图 9-45 所示。当 $A = 0$ 时，选中第一个 4 选 1 数据选择器，根据地址码 BC 的取值组合，从 $D_0 \sim D_3$ 中选一路数据输出；当 $A = 1$ 时，选中第二个，根据 BC 的取值组合，从 $D_4 \sim D_7$ 中选一路输出。

再如，用两个 8 选 1 数据选择器（74LS151）通过级联，可以扩展成 16 选 1 数据选择器，如图 9-46 所示。

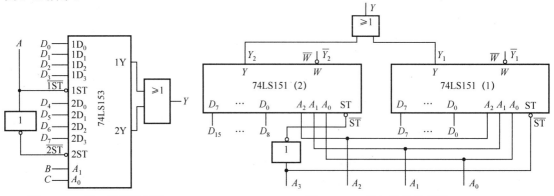

图 9-45　8 选 1 数据选择器　　　　图 9-46　16 选 1 数据选择器

（2）实现逻辑函数。用数据选择器也可以实现逻辑函数，这是因为数据选择器输出信号的逻辑表达式具有以下特点：① 具有标准**与或**式的形式；② 提供了地址码的全部最小项；③ 在一般情况下，输入信号 D_i 可以当成一个变量处理。而且我们知道，任何逻辑函数都可以写成唯一的最小项之和的形式，因此，从原理上讲，应用对照比较的方法，用数据选择器可以不受限制地实现任何逻辑函数。如果逻辑函数的变量个数为 k，那么应选用地址码个数为 $n = k$ 或 $n = k - 1$ 的数据选择器。

【例 9-15】　用数据选择器实现逻辑函数：
$$F = \overline{A}\,\overline{B}\,\overline{C}\,D + \overline{A}\,BCD + \overline{A}BC\overline{D} + \overline{A}BCD + A\overline{B}\,\overline{C}D + A\overline{B}C\overline{D} + ABC\,\overline{D} + ABCD$$

解：逻辑函数变量个数为 4，可选用地址码个数为 3 的 8 选 1 数据选择器实现，这里选用 74LS151。将 F 的前 3 个变量 A、B、C 作为 8 选 1 数据选择器的地址码 A_2、A_1、A_0，剩下一个变量 D 作为数据选择器的输入。由式（9-3）可知，8 选 1 数据选择器的逻辑表达式为

$$Y = \overline{A_2}\,\overline{A_1}\,\overline{A_0}D_0 + \overline{A_2}\,\overline{A_1}A_0 D_1 + \overline{A_2}A_1\overline{A_0}D_2 + \overline{A_2}A_1 A_0 D_3 + A_2\overline{A_1}\,\overline{A_0}D_4 + A_2\overline{A_1}A_0 D_5 + A_2 A_1\overline{A_0}D_6 + A_2 A_1 A_0 D_7$$

比较 Y 与 F 的表达式可知：

$$D_0 = \overline{D},\ D_1 = D,\ D_2 = 1,\ D_3 = 0,\ D_4 = D,\ D_5 = \overline{D},\ D_6 = 1,\ D_7 = 0$$

根据以上结果画出逻辑图，如图 9-47 所示。

用 74LS151 也可实现三变量逻辑函数。

【例 9-16】 用数据选择器实现逻辑函数 $F = AB + BC + AC$。

解： 将题目给出的逻辑函数整理成最小项之和形式，即

$$F = AB + BC + AC = AB(C + \overline{C}) + BC(A + \overline{A}) + AC(B + \overline{B})$$
$$= \overline{A}BC + A\overline{B}C + AB\overline{C} + ABC$$

比较上式和式（9-3），则 $A = A_2$，$B = A_1$，$C = A_0$。Y 中包含 F 中的最小项时，$D_n = 1$；未包含 F 中的最小项时，$D_n = 0$。于是可得

$$D_0 = D_1 = D_2 = D_4 = 0, \quad D_3 = D_5 = D_6 = D_7 = 1$$

根据上面分析的结果，画出逻辑图，如图 9-48 所示。

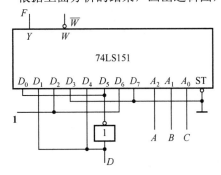

图 9-47 例 9-15 图

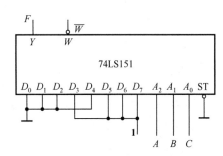

图 9-48 例 9-16 图

【例 9-17】 设计一个多功能组合电路。其中，M_1、M_0 为功能选择信号，a、b 为输入信号，F 为电路的输出信号，当 M_1 和 M_0 取不同值时，电路具有不同逻辑功能，如表 9-20 所示。用 8 选 1 数据选择器和最少的与非门实现该电路，并规定 M_1、M_0 及 a 分别接 8 选 1 数据选择器的地址输入 A_2、A_1、A_0。

解： 因题目中已指定 M_1、M_0 及 a 分别接至地址输入，所以 8 选 1 数据选择器的输入 $D_0 \sim D_7$ 只可能为 0、1、b 或 $\overline{b}$。各输入依据 $M_1 M_0$ 的取值组合所实现的电路功能来确定。

由表 9-20 可得

$$F = \overline{M_1} \cdot \overline{M_0} \cdot a + \overline{M_1} M_0 \cdot (a \oplus b) + M_1 \overline{M_0} \cdot ab + M_1 M_0 \cdot (a + b) \tag{1}$$

根据题目的规定以及 8 选 1 数据选择器的式（9-3）可得

$$\begin{aligned} F = &\overline{M_1} \cdot \overline{M_0} \cdot \overline{a} \cdot D_0 + \overline{M_1} \cdot \overline{M_0} a \cdot D_1 + \overline{M_1} M_0 \overline{a} \cdot D_2 + \overline{M_1} M_0 a \cdot D_3 + \\ &M_1 \overline{M_0} \cdot \overline{a} \cdot D_4 + M_1 \overline{M_0} a \cdot D_5 + M_1 M_0 \overline{a} \cdot D_6 + M_1 M_0 a \cdot D_7 \end{aligned} \tag{2}$$

由式（1）和式（2）可得

$$\begin{cases} \overline{a} D_0 + a D_1 = a \\ \overline{a} D_2 + a D_3 = a \oplus b = a\overline{b} + \overline{a}b \\ \overline{a} D_4 + a D_5 = ab \\ \overline{a} D_6 + a D_7 = a + b \end{cases} \tag{3}$$

由式（3）可求得

$$D_0 = 0, \quad D_1 = 1, \quad D_2 = b, \quad D_3 = \overline{b}$$
$$D_4 = 0, \quad D_5 = b, \quad D_6 = b, \quad D_7 = 1$$

逻辑图如图 9-49 所示。

表9-20　例9-17表

M_1	M_0	F
0	0	a
0	1	$a \oplus b$
1	0	ab
1	1	$a+b$

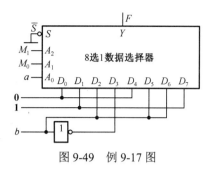

图 9-49　例 9-17 图

9.2.6 数据分配器

根据输入的地址码不同，将一个数据源输入的数据传送给多个不同输出通道的电路称为**数据分配器**（Data Distributor），又称多路分配器。例如，一台计算机的数据要分时传送到打印机、绘图仪和监控终端中，就要用到数据分配器。

根据输出端的个数，数据分配器可分为 1-4 路、1-8 路、1-16 路数据分配器等。下面以 1-4 路数据分配器为例介绍。

图 9-50 所示为 1-4 数据分配器的框图。其中，数据输入用 D 表示，地址输入用 A_1 和 A_0 表示，4 个数据输出用 Y_0、Y_1、Y_2 和 Y_3 表示。

令 $A_1A_0 = \mathbf{00}$ 时，选中 Y_0，即 $Y_0 = D$；$A_1A_0 = \mathbf{01}$ 时，选中 Y_1，即 $Y_1 = D$；$A_1A_0 = \mathbf{10}$ 时，选中 Y_2，即 $Y_2 = D$；$A_1A_0 = \mathbf{11}$ 时，选中 Y_3，即 $Y_3 = D$。根据此约定，可列出功能表如表 9-20 所示。

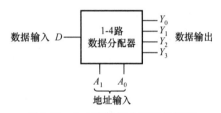

图 9-50　1-4 路数据分配器的框图

表 9-21　1-4 路数据分配器的功能表

输	入		输		出	
	A_1	A_0	Y_0	Y_1	Y_2	Y_3
	0	0	D	0	0	0
D	0	1	0	D	0	0
	1	0	0	0	D	0
	1	1	0	0	0	D

由表 9-21 可直接得到

$$Y_0 = D\overline{A}_1\overline{A}_0, \quad Y_1 = D\overline{A}_1A_0, \quad Y_2 = DA_1\overline{A}_0, \quad Y_3 = DA_1A_0$$

根据上述表达式可画出图 9-51 所示 1-4 路数据分配器的逻辑图。

数据分配器可以用唯一地址译码器实现。例如，用 3-8 线译码器 74LS138 作为数据分配器，可以根据输入端 $A_2A_1A_0$ 的不同状态，把数据分配到 8 个不同的通道上，即实现 1-8 路数据分配器的作用。74LS138 作为数据分配器的逻辑图如图 9-52 所示。

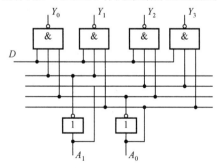

图 9-51　1-4 路数据分配器

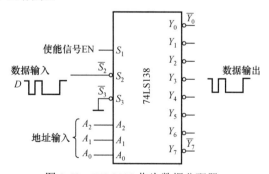

图 9-52　74LS138 作为数据分配器

图 9-52 中，将 S_3 接低电平，S_1 作为使能信号，高电平有效，A_2、A_1 和 A_0 作为选择通道的地址输入，S_2 作为数据输入。例如，当 S_1= **1**，$A_2A_1A_0$= **010** 时，由 74LS138 的功能表可得

$$Y_2 = \overline{(S_1 \cdot \overline{S_2} \cdot \overline{S_3}) \cdot \overline{A_2} \cdot A_1 \cdot \overline{A_0}} = S_2$$

而其他输出均为无效电平 **1**。因此，当地址 $A_2A_1A_0$=**010** 时，只有输出 Y_2 可以得到与输入相同的数据波形。

9.3 竞争-冒险现象

在前面讨论组合电路时，没有考虑门电路的传输延时。但在实际中，由于门电路传输延时的影响，会导致电路在某些情况下，在输出端产生错误信号。

9.3.1 概念及产生原因

图 9-53（a）所示逻辑图中，输出信号 $Y = A\overline{A}$，若输入信号 A、B（$\overline{A}$）的波形如图 9-53（b）所示，则在理想情况（不考虑延迟时间）下，Y 的波形如图 9-53（b）所示，Y = **0**。

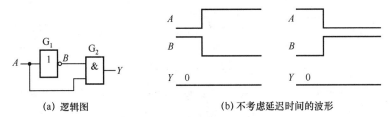

(a) 逻辑图　　　　　　　　(b) 不考虑延迟时间的波形

图 9-53　逻辑图及波形

实际门电路传输是有延迟的。当输入信号 A 经反相器 G_1 成为 B 信号时，这个过程需要经过 G_1 的传输延迟时间，因此 B 的变化落后于 A 的变化，当 A 由低电平变为高电平时，B 还处于高电平状态，这一瞬间，Y 出现了过渡干扰脉冲（又称毛刺），如图 9-54（a）所示。一般来说，当有关门电路的输入有两个或两个以上信号发生改变时，由于这些信号是经过不同路径传输来的，因此它们状态改变的时刻有先有后，这种时差引起的现象称为**竞争**。

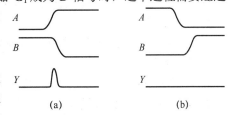

图 9-54　考虑延迟时间的输入、输出波形

但是，有竞争现象的电路不一定产生毛刺。仍分析图 9-53（a），若 A、B 的变化如图 9-54（b）所示，虽然两个信号同时向相反方向变化了，G_1、G_2 具有同样的传输延迟时间，B 的变化同样落后于 A 的变化，但由图 9-54（b）可以看出，并没有产生瞬态过渡干扰脉冲，即没产生毛刺。可见，电路中有竞争现象只是存在产生干扰脉冲的危险而已，故称为**竞争-冒险现象**。一般来说，只要输出端的逻辑函数在一定条件下能化简成 $Y = A\overline{A}$ 或 $Y = A + \overline{A}$，则可判定存在竞争-冒险现象。

在复杂的数字系统中，由于各种因素的随机性，很难判断两个信号的先后次序，因此只要有竞争现象，就有产生干扰信号的可能，严重时会使电路产生误动作进而造成逻辑上的错误。

9.3.2 检查及消除方法

1. 竞争-冒险现象的检查

在每次只有一个输入信号改变状态的简单情况下，可以通过逻辑表达式判断组合电路中是否存在竞争-冒险现象。

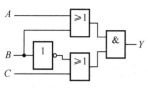

图 9-55 存在竞争-冒险现象

如果输出级门电路的两个输入信号 A 和 $\overline{A}$ 是 A 经过两个不同的传输途径而来的,那么当 A 的状态发生突变时,输出级便有可能产生尖峰脉冲。因此,只要输出级的逻辑函数在一定条件下能化简成 $Y = A + \overline{A}$ 或者 $Y = A \cdot \overline{A}$,就可判断存在竞争-冒险现象。例如,图 9-55 中,其输出可写为 $Y = (A + B) \cdot (\overline{B} + C)$,在 $A = C = 0$ 的条件下,可简化为 $Y = B \cdot \overline{B}$。故图 9-55 中存在竞争-冒险现象。

2. 竞争-冒险现象的消除方法

消除竞争-冒险现象常用的方法有以下 4 种。

(1)引入封锁脉冲。引入封锁脉冲就是在电路中引入一个负脉冲,使得在输入信号发生竞争的时间内,把可能产生干扰脉冲的门电路封住,图 9-56(a)中的负脉冲 P_1 就是这样的封锁脉冲。当 A、B 同时变化时,$P_1 = 0$,封住与门 G_2,因而消除了干扰脉冲,其波形如图 9-56(b)所示。注意,封锁脉冲 P_1 必须要与信号转换时间同步且脉冲宽度应大于电路状态转换过程的过渡时间。

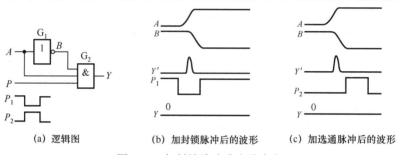

(a) 逻辑图   (b) 加封锁脉冲后的波形   (c) 加选通脉冲后的波形

图 9-56 加封锁脉冲或选通脉冲

(2)引入选通脉冲。图 9-56(a)中的正脉冲 P_2 是引入的选通脉冲。在一般情况下,使 $P_2 = 0$,与门 G_2 处于封闭状态,将可能发生竞争出现干扰脉冲的时间控制在此范围内;只有 $P_2 = 1$ 时,电路才处于使能(选通)状态,才按输入信号输出,从而抑制了干扰脉冲,其波形如图 9-56(c)所示。注意,引入选通脉冲后的组合电路,输出信号只有在 $P_2 = 1$ 时才有效,因此要注意加入选通脉冲的时间。

(3)接入滤波电容。在干扰脉冲比较窄且负载对尖峰脉冲不很敏感的情况下,可采用在输出端并接滤波电容的方法。接入滤波电容后,由于电容充放电需要一定的时间,因此必然影响电路的工作速度,所以电容的取值应尽可能小。

(4)修改逻辑设计,增加冗余项。在逻辑函数中增加冗余项,可以使函数的逻辑关系不变,而且在两个输入信号的状态向相反方向变化可能出现竞争时,由于增加的冗余项的状态是确定的,从而抑制干扰脉冲。例如,图 9-57(a)所示 2 选 1 数据选择器中,输出为

$$Y = AD_1 + \overline{A}D_0$$

当 $D_1 = D_0 = 1$ 时,$Y = A + \overline{A}$,易产生竞争-冒险现象。若将上式加上冗余项 $D_1 D_0$,则

$$Y = AD_1 + \overline{A}D_0 + D_1 D_0$$

当 $D_1 = D_0 = 1$ 时,$Y = 1$,逻辑图如图 9-57(b)所示。

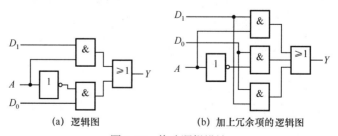

(a) 逻辑图   (b) 加上冗余项的逻辑图

图 9-57 修改逻辑设计

本章小结

1. 组合电路是数字电路的两大分支之一，本章涉及的内容是本课程的重点。组合电路的输出仅仅取决于该时刻输入信号的状态，而与该时刻之前电路的状态无关。因此电路中不包含具有记忆功能的电路，它是以门电路作为基本单元组成的电路。

2. 组合电路的分析是根据已知的逻辑图，找出输出变量与输入变量的逻辑关系，从而确定电路的逻辑功能。

3. 组合电路的设计是分析的逆过程，它是根据已知逻辑功能设计出能够实现该逻辑功能的逻辑图。

4. 组合电路的种类很多，常见的有编码器、译码器、加法器、数值比较器、数据选择器、数据分配器等。本章对以上各类组合电路的功能、特点、用途进行了讨论，并介绍了一些常见的集成电路芯片，学习时要注意掌握各控制信号的作用、逻辑功能及用途。

5. 组合电路存在竞争-冒险现象，要掌握其产生的原因及消除方法。

习题

9-1 填空题。

（1）四输入端的**或非门**，使其输出为 1 的输入变量取值组合有_____种。

（2）组合电路的输出只与当时的_____状态有关，而与电路_____的状态无关。它的基本电路单元是_____。

（3）同一个门电路，如果在正逻辑定义下实现**与非**功能，那么，在负逻辑定义下将实现_____功能。如果在负逻辑定义下实现**同或**功能，那么，在正逻辑定义下将实现_____功能。

（4）电路如题图 9-1 所示，F_1 的表达式是_____，F_2 的表达式是_____。

（5）2-4 线译码器的功能如题表 9-1 所示，欲将其改为 4 路数据分配器使用，应将使能端 EI 接_____，而数据输入 A、B 作为_____。

（6）4 选 1 数据选择器，当使能端 $\overline{EI} = 0$ 时，$AB = 00$，$Y =$_____；$AB = 10$，$Y =$_____。

（7）由加法器构成的代码转换电路如题图 9-2 所示，若输入信号 b_3、b_2、b_1、b_0 为 8421 码，则输出 S_3、S_2、S_1、S_0 是_____代码。

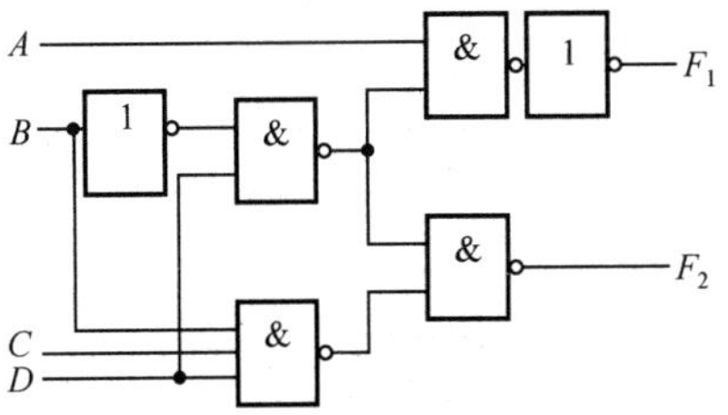

题图 9-1

题表 9-1

EI	A	B	Y_0	Y_1	Y_2	Y_3
1	X	X	0	0	0	0
0	0	0	1	0	0	0
0	0	1	0	1	0	0
0	1	0	0	0	1	0
0	1	1	0	0	0	1

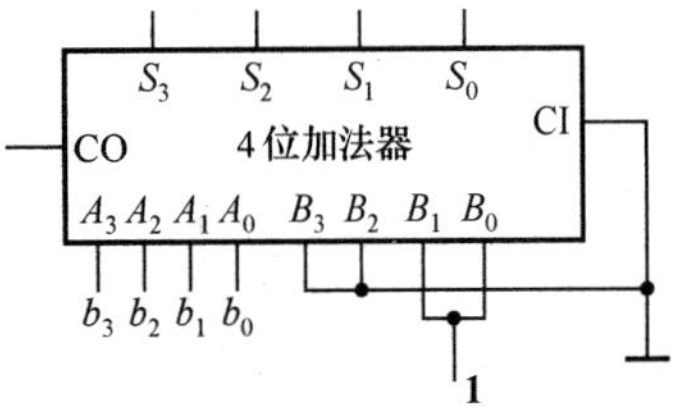

题图 9-2

（8）为了使 3-8 线译码器 74LS138 的输出 $\overline{Y_5} = 0$，要求使能输入 $S_1\overline{S_2}\,\overline{S_3} =$_____，代码输入 $A_2A_1A_0 =$_____。

（9）3-8 线译码器 74LS138 有_____个代码输入端，_____个输出端，输入的二进制代码为_____码，输出为_____电平有效。

（10）实现将输入信号编成一个对应的二进制代码的逻辑功能是_____。

9-2 选择题。

（1）组合电路如题图 9-3 所示，其逻辑表达式为_____。

（A）$F = \sum m(0, 4, 5, 7, 8, 12, 13, 14, 15)$ （B）$F = \sum m(1, 2, 3, 6, 9, 10, 11)$

（C）$F = \sum m(0, 8, 12, 14, 15)$ （D）$F = AB + BD + \overline{C} \cdot \overline{D}$

（2）已知优先编码器 74LS148 的输入 $\overline{I_1} = \overline{I_2} = \overline{I_3} = \mathbf{0}$，则输出 $\overline{Y_2}\,\overline{Y_1}\,\overline{Y_0}$ 的值是_____。

（A）**000**   （B）**100**   （C）**101**   （D）**111**

（3）要使 3-8 线译码器 74LS138 工作，使能控制 $S_1 \overline{S_2}\, \overline{S_3}$ 应为_____。

（A）**100**   （B）**111**   （C）**011**   （D）**001**

（4）双向数据总线可以采用_____构成。

（A）译码器   （B）三态门   （C）与非门   （D）多路选择器

（5）8 路数据分配器，其地址输入（选择控制）端有_____个。

（A）1   （B）2   （C）3   （D）8

（6）由 8 选 1 数据选择器 74LS151 组成的电路如题图 9-4 所示，则该电路的输出为_____。

（A）$Y = A\overline{B} \cdot \overline{C} + A\overline{B}C + \overline{A} \cdot \overline{B}C$ （B）$Y = \sum m(6, 7, 9, 13)$

（C）$Y = \sum m(6, 7, 13, 14)$ （D）$Y = \sum m(6, 7, 8, 9, 13, 14)$

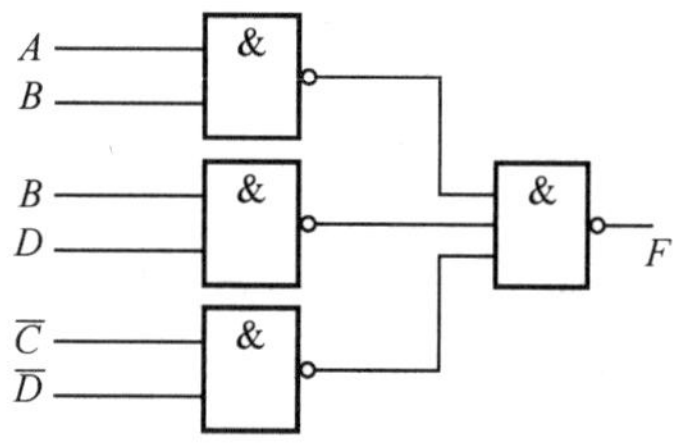

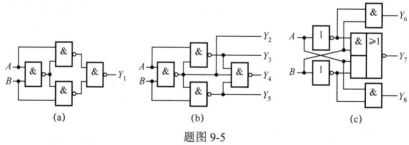

题图 9-3 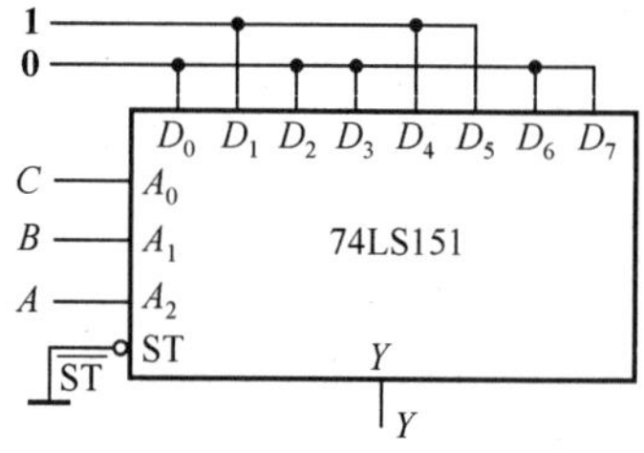   题图 9-4

（7）下列电路中，属于组合电路的是_____。

（A）计数器   （B）寄存器   （C）数据选择器   （D）触发器

（8）在编码器中，输入的是_____，输出的是_____。

（A）代码   （B）某个特定的字符或信息   （C）二进制数

（9）组合电路主要是由_____组成的。

（A）触发器   （B）门电路   （C）计数器   （D）寄存器

9-3 电路如题图 9-5 所示，试写出输出的逻辑表达式，列出真值表，并说明各电路的逻辑功能。

题图 9-5

9-4 某学生设计的代码转换电路如题图 9-6 所示。当 $K = 1$ 时，将输入的二进制码转换成循环码；当 $K = \mathbf{0}$ 时，将输入的循环码转换成二进制码。二进制码和循环码关系如题表 9-2 所示。
（1）分别求解两种情况下输出函数的逻辑表达式。（2）检查电路有无错误，若有则改正。

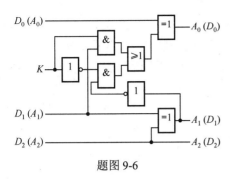

题图 9-6

题表 9-2　二进制码和循环码的对应关系

二进制码			循环码		
D_2	D_1	D_0	A_2	A_1	A_0
0	**0**	**0**	**0**	**0**	**0**
0	**0**	**1**	**0**	**0**	**1**
0	**1**	**0**	**0**	**1**	**1**
0	**1**	**1**	**0**	**1**	**0**
1	**0**	**0**	**1**	**1**	**0**
1	**0**	**1**	**1**	**1**	**1**
1	**1**	**0**	**1**	**0**	**1**
1	**1**	**1**	**1**	**0**	**0**

9-5　化简下列逻辑函数，并用最少的与非门实现它们。

（1）$Y_1 = A\overline{B} + A\overline{C}D + \overline{A}C$

（2）$Y_2 = A\overline{B} + \overline{A}C + B\overline{C}\ \overline{D} + ABD$

（3）$Y_3 = \sum m\,(0, 2, 3, 4, 6)$

（4）$Y_4 = \sum m\,(0, 2, 8, 10, 12, 14, 15)$

9-6　试分别设计一个用全与非门和全或非门实现**异或**运算的逻辑电路。

9-7　用门电路设计如下功能的组合逻辑电路。

（1）三变量的判奇电路，要求 3 个输入变量中有奇数个为 **1** 时输出 **1**，否则为 **0**。

（2）四变量多数表决电路，要求 4 个输入变量中多数为 **1** 时输出 **1**，否则为 **0**。

（3）2 位二进制数的乘法电路，其输入为 A_1、A_0，B_1、B_0，输出为 4 位二进制数 $D_3D_2D_1D_0$。

9-8　设计一个路灯控制电路，要求实现的功能是：当总电源开关闭合时，安装在 3 个不同地方的 3 个开关都能独立地将路灯打开或熄灭；当总电源开关断开时，路灯不亮。

9-9　设计一个举重裁判裁决电路，要求分别用译码器和数据选择器实现。

9-10　设计一个组合电路，其输入是 4 位二进制数 $D = D_3D_2D_1D_0$，要求能判断下列 3 种情况：① D 中没有一个 **1**；② D 中有两个 **1**；③ D 中有奇数个 **1**。

9-11　用门电路实现一个优先编码器，对 4 种电话进行控制。优先顺序由高到低为：火警电话（**11**），急救电话（**10**），工作电话（**01**），生活电话（**00**）。编码如括号内所示，输入低电平有效。

9-12　用 A、B 两个抽水泵对矿井进行抽水，如题图 9-7 所示。当水位在 H 以上时，A、B 两泵同时开启；当水位在 H 以下、M 以上时，开启 A 泵；当水位在 M 以下、L 以上时，开启 B 泵；而当水位在 L 以下时，A、B 两泵均不开启。试列写控制 A、B 两泵动作的真值表。

9-13　用两片 2-4 线译码器（如题图 9-8 所示）构成一个 3-8 线译码器。

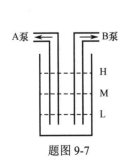

题图 9-7

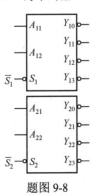

题图 9-8

9-14　用集成译码器 74LS138 和与非门实现下列逻辑函数。

（1）$Y = A\overline{B}C + \overline{A}B$

（2）$Y = \overline{(A + B)(\overline{A} + \overline{C})}$

（3）$Y = \sum m\,(3, 4, 5, 6)$

（4）$Y = \sum m\,(0, 2, 3, 4, 7)$

9-15 用集成译码器 74LS138 和**与非门**实现全加器。

9-16 用集成译码器 74LS138 和**与非**实现全减器。

9-17 用二-十进制编码器、译码器，七段数码管组成一个 1 位数码显示电路。当 0~9 对应的 10 个输入端中有一个接地时，显示相应的数码。选择合适的器件，画出逻辑图。

9-18 用两个半加器和一个**或门**构成一个全加器。（1）写出 S_i 和 C_i 的逻辑表达式；（2）画出逻辑图。

9-19 用 1 片双 4 选 1 数据选择器（74LS153）和尽可能少的门电路实现两个判断功能，要求：当输入 A、B、C 中有奇数个为 **1** 时，输出 Y_1 为 **1**，否则 Y_1 为 **0**；当输入 A、B、C 中多数为 **1** 时，输出 Y_2 为 **1**，否则 Y_2 为 **0**。

9-20 用数据选择器 74LS151 实现下列逻辑函数。

（1）$Y = \sum m (0, 2, 3, 5, 6, 8, 10, 12)$

（2）$Y = \sum m (0, 2, 4, 5, 6, 7, 8, 9, 14, 15)$　　（3）$Y = A\overline{B}C + \overline{A}B + \overline{A}\,\overline{C}$

9-21 写出题图 9-9 所示电路中 Z_1、Z_2 的逻辑表达式，并列出真值表。

9-22 写出题图 9-10 所示电路中 Y 的逻辑表达式。

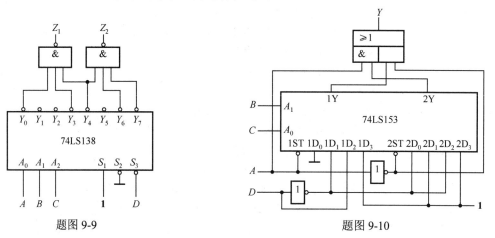

题图 9-9　　　　　　　　　　　　　　　　题图 9-10

9-23 题图 9-11 所示为用两个 4 选 1 数据选择器组成的逻辑电路，试写出输出 F 与输入 M、N、P、Q 之间的逻辑表达式。

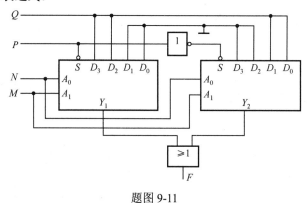

题图 9-11

9-24 已知逻辑函数：

$$F = \overline{A}B + AD + \overline{B}\,\overline{C}\,\overline{D}$$

（1）判断在哪些输入组合条件下，电路可能存在竞争-冒险现象。

（2）用增加冗余项的方法消除竞争-冒险现象，并用**与非门**实现。

第 10 章 触发器和时序逻辑电路

时序逻辑电路（简称时序电路）的逻辑功能与组合电路有所不同，究其原因是因为时序电路的结构中包含具有记忆（存储）功能的电路单元——触发器（Flip-Flop），而组合电路中不包含触发器。本章首先介绍触发器的特点、分类及逻辑功能；其次讨论时序电路的特点、分析方法和设计方法；重点介绍两种典型的时序电路——计数器和寄存器；最后介绍 555 定时器及其应用。

10.1 触发器

10.1.1 触发器的功能特点

在复杂的数字电路中，要连续进行各种复杂的运算和控制，必须将输入过的信号及运算的结果暂时保存起来，以便与新的输入信号进行进一步运算，共同确定电路新的输出状态。这样，就要求数字电路中必须包含具有记忆功能的电路单元，这种电路单元通常具有两个稳定的逻辑状态：0 态和 1 态。触发器就是具有记忆 1 位二进制代码功能的基本电路单元。

为了实现记忆 1 位二值信号的功能，触发器必须具备以下功能特点。

① 有两个稳态——0 态和 1 态，因此也称为双稳态触发器。它能存储 1 位二进制信息。

② 如果外加输入信号为有效电平，触发器将发生状态转换，即从一个稳态翻转到另一个新的稳态。

为了便于描述，把触发器原来所处的稳态用 Q^n 表示，称为现态，而将状态转换之后的新稳态用 Q^{n+1} 表示，称为次态。我们分析触发器的逻辑功能，主要就是分析当输入信号为某一种取值组合时，输出信号的次态 Q^{n+1} 的值。

③ 当输入信号的有效电平消失后，触发器能保持新的稳态。因此说触发器具有记忆功能，是存储信息的基本电路单元。

触发器是构成时序电路必不可少的基本部件。

10.1.2 触发器的分类及逻辑功能的描述方法

触发器的种类较多，根据逻辑功能的不同可划分为 RS 触发器、D 触发器、JK 触发器、T 触发器和 T'触发器；根据触发方式的不同可划分为电平触发型触发器和边沿触发型触发器；从结构上可划分为基本触发器、同步触发器、主从触发器和边沿触发器，其中，同步触发器、主从触发器、边沿触发器又统称为时钟触发器。

本节重点之一是分析不同触发器的逻辑功能，在分析逻辑功能时，常用的分析方法有特性表、特性方程、工作波形图（时序图）等。

10.1.3 基本 RS 触发器

1. 电路组成及逻辑符号

将两个与非门首尾交叉相连，就组成一个基本 RS 触发器，如图 10-1（a）所示。其中 $\overline{R}$、$\overline{S}$ 是两个输入信号，低电平有效。Q、$\overline{Q}$ 是两个互补输出信号，其电平相反。触发器正常工作时，要求这两个互补输出信号

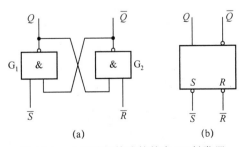

图 10-1 由与非门构成的基本 RS 触发器

的电平必须相反。通常规定 Q 的输出状态为触发器的存储状态，例如，当 $Q=0$，$\overline{Q}=1$ 时，称触发器存储 **0** 态；当 $Q=1$，$\overline{Q}=0$ 时，称触发器存储 **1** 态。图 10-1（b）是基本 RS 触发器的图形符号。

2．逻辑功能分析

下面分析基本 RS 触发器的逻辑功能。

（1）当 $\overline{R}=1$，$\overline{S}=1$ 时，输入信号均为无效电平，由逻辑图不难分析出，此时触发器将保持原来的状态不变，即 $Q^{n+1}=Q^n$。

（2）当 $\overline{R}=0$，$\overline{S}=1$ 时，此时 G₂ 的输出 $\overline{Q}=1$，因而 G₁ 的输入全为 1，则 $Q=0$，触发器为 0 态，即 $Q^{n+1}=0$，且与原来状态无关，这种功能称为触发器置 **0**，又称**复位**。由于置 0 是输入信号 $\overline{R}$ 为有效低电平 0 所致，因此 $\overline{R}$ 端称为**置 0 端**，又叫**复位端**。

（3）当 $\overline{R}=1$，$\overline{S}=0$ 时，此时 G₁ 的输出 $Q=1$，因此 G₂ 的两个输入均为 1，则 $\overline{Q}=0$，触发器为 1 态，即 $Q^{n+1}=1$，同样与原状态无关，这种功能称为触发器置 **1**，又称**置位**。由于置 1 是输入信号 $\overline{S}$ 为有效低电平 0 所致，因此 $\overline{S}$ 端称为**置 1 端**，又叫**置位端**。

（4）当 $\overline{R}=0$，$\overline{S}=0$ 时，输入信号均为有效电平，这种情况是不允许的。原因如下：① $\overline{R}=0$，$\overline{S}=0$，这破坏了 Q 与 $\overline{Q}$ 互补的约定；② 当 $\overline{R}$、$\overline{S}$ 的有效低电平同时消失后，Q 与 $\overline{Q}$ 的状态将是不确定的。顺便指出，如果 $\overline{R}$、$\overline{S}$ 的有效低电平不同时撤销，即不同时由 0 变 1，则触发器状态由后变的信号决定。例如，若 $\overline{S}=0$ 的有效低电平晚于 $\overline{R}$ 变化，则当 $\overline{R}$ 首先由 0 变 1 时，$\overline{S}$ 仍为 0，这时触发器将被置 1。

3．逻辑功能描述

综合以上对基本 RS 触发器逻辑功能的分析，下面分别用特性表、特性方程、工作波形图对其功能进行描述。

（1）特性表。通过前面的分析可以看出，触发器的次态 Q^{n+1} 不仅与输入信号 $\overline{R}$、$\overline{S}$ 有关，还与触发器的现态 Q^n 有关，这正体现了触发器的记忆功能。因此特性表中，自变量共有三个，即 $\overline{R}$、$\overline{S}$ 和 Q^n，函数是次态 Q^{n+1}。其特性表见表 10-1（a），表 10-1（b）是简化特性表，表中"×"表示触发器输出状态不定。

表 10-1　基本 RS 触发器特性表

（a）特性表

$\overline{R}$	$\overline{S}$	Q^n	Q^{n+1}	功　能
0	0	0	×	不允许
0	0	1	×	
0	1	0	0	置 0
0	1	1	0	
1	0	0	1	置 1
1	0	1	1	
1	1	0	Q^n	保持
1	1	1	Q^n	

（b）简化特性表

$\overline{R}$	$\overline{S}$	Q^{n+1}	功　能
0	0	×	不允许
0	1	0	置 0
1	0	1	置 1
1	1	Q^n	保持

（2）特性方程。根据基本 RS 触发器的特性表，可以画出卡诺图，如图 10-2 所示。合并最小项得到基本 RS 触发器的特性方程如下：

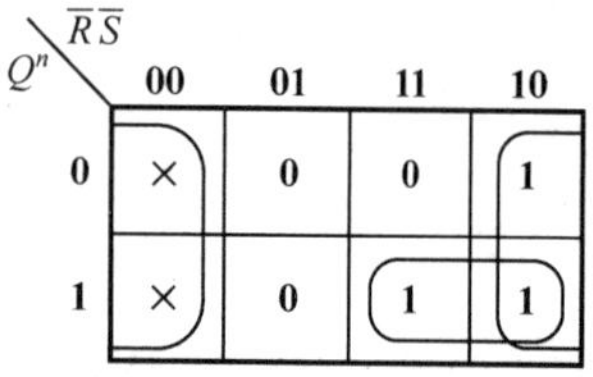

图 10-2　Q^{n+1} 的卡诺图

$$\begin{cases} Q^{n+1}=S+\overline{R}Q^n \\ \overline{R}+\overline{S}=1 \end{cases} \tag{10-1}$$

式（10-1）是基本 RS 触发器的特性方程。其中 $\overline{R}+\overline{S}=1$ 是两个输入信号之间必须满足的约束条件。

（3）工作波形图。触发器的状态也可用工作波形图表示，下面通过例题说明工作波形图的画法。

【例 10-1】 根据图 10-3 中所给出的 $\overline{R}$、$\overline{S}$ 波形，画出图 10-1 所示基本 RS 触发器 Q 与 $\overline{Q}$ 的波形。

解： 根据基本 RS 触发器的特性表，画出电压波形，如图 10-3 所示。

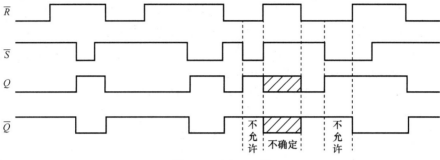

图 10-3　例 10-1 图

4．应用举例

在调试数字电路时，经常要用到脉冲信号。脉冲信号通常利用机械开关接通与否产生。因为机械开关触点的金属片有弹性，所以接通开关时触点常发生抖动，使产生的电压或电流波形产生"毛刺"，影响脉冲信号的质量。开关的工作情况如图 10-4 所示。

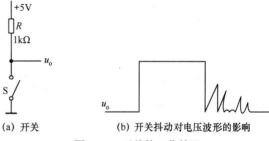

(a) 开关　　　(b) 开关抖动对电压波形的影响

图 10-4　开关的工作情况

利用基本 RS 触发器的记忆作用可以消除上述开关抖动所产生的影响。开关与触发器的连接如图 10-5（a）所示。设单刀双掷开关 S 原来与 B 端接触，触发器的输入信号 $\overline{R}=0$，根据基本 RS 触发器的逻辑功能，此时触发器的状态为 **0**。当开关由 B 端拨向 A 端时，有短暂的浮空时间，这时触发器的两个输入信号 $\overline{R}$、$\overline{S}$ 均为 **1**，触发器保持原来状态，仍为 **0**。当中间触点与 A 端接触时，A 端的电位由于抖动而产生"毛刺"。但是，首先 B 端已经为高电平（$\overline{R}=1$），A 端一旦出现低电平（$\overline{S}=0$），触发器的状态就翻转为 **1**，即使 A 端再出现高电平（$\overline{S}=1$），也不会再改变触发器的状态，所以 Q 的电压波形不会出现"毛刺"，如图 10-5（b）所示。

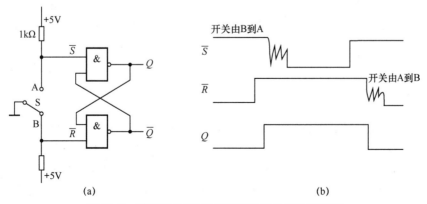

(a)　　　　　　　(b)

图 10-5　利用基本 RS 触发器消除开关抖动的影响

通过前面的分析，可以总结出基本 RS 触发器具有以下特点。

优点：电路结构简单，是构成其他复杂结构触发器的基础，具有置 **0**、置 **1**、保持三项功能。

缺点：存在**直接控制问题**，即在输入信号存在期间，输入信号直接控制输出的状态，这将会使触发器的使用局限性增大；另外，输入信号 R、S 之间存在约束，这也会限制触发器逻辑功能的发挥。

10.1.4 同步触发器

基本 RS 触发器的输出状态无法从时间上加以控制，只要输入端有信号，触发器就立即做相应的状态变化。而在实际的数字系统中，往往有多个触发器，这时需要各个触发器按一定的节拍同步动作，因此必须给电路加上一个统一的控制信号，用于协调各触发器同步翻转，这个统一的控制信号称为**时钟脉冲**（Clock Pulse，CP）信号。

本节主要介绍用 CP 作为控制信号的触发器，称为**时钟触发器**，或者称为**同步触发器**。时钟触发器有 4 种触发方式。

（1）CP = **1** 期间，输入控制输出，称为 CP 高电平触发，记为"⎍"。

（2）CP = **0** 期间，输入控制输出，称为 CP 低电平触发，记为"⎍"。

（3）CP 由 **0** 变 **1** 瞬间，输入控制输出，称为 CP 上升沿触发，记为"↗"或"↑"。

（4）CP 由 **1** 变 **0** 瞬间，输入控制输出，称为 CP 下降沿触发，记为"↘"或"↓"。

其中，（1）和（2）为电平触发，（3）和（4）为边沿触发。为区别上述 4 种触发方式，常在时钟触发器图形符号的 CP 端画上不同的标记，如图 10-6 所示。

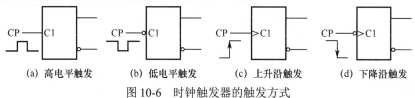

| (a) 高电平触发 | (b) 低电平触发 | (c) 上升沿触发 | (d) 下降沿触发 |

图 10-6　时钟触发器的触发方式

1. 同步 RS 触发器

在基本 RS 触发器的输入端加上两个导引门，就组成同步 RS 触发器，如图 10-7（a）所示，

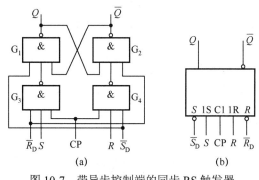

图 10-7　带异步控制端的同步 RS 触发器

图中，$\overline{R}_D$、$\overline{S}_D$ 是直接置 **0**（复位）信号和直接置 **1**（置位）信号，低电平有效，只要两者中有一个为有效电平（不能同时为有效电平），触发器就被直接置 0 或置 1，不管此时 CP 和输入信号 R、S 为何值。也就是说，它们的作用优先于 CP，所以也称为**异步复位端**和**异步置位端**。触发器在 CP 控制下，正常工作时应使 $\overline{R}_D$ 和 $\overline{S}_D$ 均处于高电平。图 10-7（b）是图 10-7（a）的图形符号。在图形符号中，框内用 C1 表示 CP 是编号为 1 的一个控制信号，1S 和 1R 分别表示受 C1 控制的两个输入信号。

当 CP = **0** 时，控制门 G_3、G_4 被封锁，无论 R、S 如何变化，G_3、G_4 均输出高电平 1，根据基本 RS 触发器的逻辑功能，此时同步 RS 触发器应保持原来状态不变，即 $Q^{n+1} = Q^n$。

当 CP = **1** 时，控制门 G_3、G_4 被打开，此时，若 $R = 0$，$S = 0$，则触发器保持原来状态，$Q^{n+1} = Q^n$；若 $R = 0$，$S = 1$，则 G_3 输出 0，从而使 $Q = 1$，即触发器置 1；若 $R = 1$，$S = 0$，则 G_4 输出 0，从而使 $\overline{Q} = 1$，触发器被置 0；若 $R = 1$，$S = 1$，则触发器状态不定，因此这种取值要避免。表 10-2 是同步 RS 触发器的特性表。

同步 RS 触发器的特性方程如下：

$$\begin{cases} Q^{n+1} = S + \overline{R}Q^n \\ RS = 0 \end{cases} \quad \text{（CP = 1 期间有效）} \tag{10-2}$$

式中，$RS = 0$ 是同步 RS 触发器输入信号 R、S 之间的约束条件。

图 10-8 所示为同步 RS 触发器的波形，由于 CP 开始一段为低电平，因此对于 CP 为高电平触发的触发器，需要首先假设触发器的初态，通常假设初态为 **0** 态，即 $Q = 0$，$\overline{Q} = 1$。若输入信号 R、S 的波形也已知，则根据同步 RS 触发器的特性表（表 10-2），便可以画出输出信号 Q 及 $\overline{Q}$ 的波形，如图 10-8 所示。

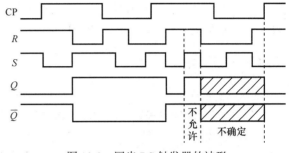

表 10-2 同步 RS 触发器特性表（CP = 1 期间有效）

R	S	Q^{n+1}	说　明
0	0	Q^n	保持
0	1	1	置 1
1	0	0	置 0
1	1	×	不定

图 10-8　同步 RS 触发器的波形

同步 RS 触发器具有以下特点。

优点：选通控制，当时钟脉冲到来，即 CP = **1** 时，触发器接收输入信号；当 CP = **0** 时，触发器保持原态。

缺点：在 CP = **1** 期间，输入信号仍然直接控制触发器输出端的状态；R、S 之间仍存在约束。后者可以利用 D 锁存器的连接方式解决。

2. 同步 D 触发器

同步 D 触发器又称 D 锁存器，简称**锁存器**，其电路结构如图 10-9（a）所示，图形符号如图 10-9（b）所示。它在同步 RS 触发器的基础上，将 G_3 的输出反馈到 G_4 作为 R 的输入，S 的输入改为 D。显然，在 CP = **1** 期间，电路总有 $R \neq S$ 成立，从而克服了输入信号存在约束的问题。

当 CP = **0** 时，G_3、G_4 被封锁，触发器保持原来状态。当 CP = **1** 时，G_3、G_4 打开，此时，若 $D = 0$，则 G_3 输出高电平，G_4 输出低电平，触发器被置 **0**；若 $D = 1$，则 G_3 输出低电平，G_4 输出高电平，触发器被置 **1**。也就是说，D 是什么状态，触发器就被置成什么状态。所以特性方程为

$$Q^{n+1} = D \quad \text{（CP = 1 期间有效）} \tag{10-3}$$

其特性表如表 10-3 所示。可见，D 触发器只有置 **0** 和置 **1** 两项功能。

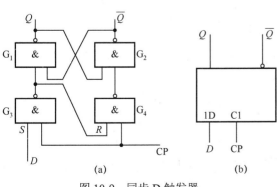

(a)　　　　　　　　(b)

图 10-9　同步 D 触发器

表 10-3 同步 D 触发器特性表（CP = 1 期间有效）

D	Q^{n+1}	功　能
0	0	置 0
1	1	置 1

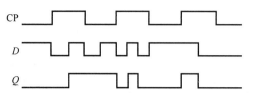

图 10-10 同步 D 触发器的波形图

图 10-10 所示为在给定 CP 和 D 波形的基础上画出的图 10-9 所示同步 D 触发器 Q 端的波形（设触发器初始状态为 **0** 态）。

通过以上分析，可以总结出同步 D 触发器具有以下特点。

优点：同步 D 触发器除具有同步 RS 触发器的优点外，还解决了输入信号之间存在约束的问题。

缺点：仍存在输入信号直接控制问题，即当 CP = **0** 时，触发器不接收输入信号，保持原态；但是在整个 CP = **1** 期间，触发器都能接收输入信号，其输出状态仍然随输入信号变化而变化。为了从根本上解决输入信号直接控制问题，人们在同步触发器基础上设计出了**主从触发器**。

10.1.5 主从触发器

1. 主从 RS 触发器

将两个同步 RS 触发器串联起来就可组成主从 RS 触发器，如图 10-11（a）所示，虚线右边由 $G_1 \sim G_4$ 组成的同步 RS 触发器称为**从触发器**，从触发器的状态是整个触发器的状态；虚线左边由 $G_5 \sim G_8$ 组成的同步 RS 触发器称为**主触发器**，主触发器能够接收并存储输入信号，是触发导引电路；G_9 是反相器，由它产生的 $\overline{CP}$ 作为从触发器的脉冲信号，从而使主从触发器的工作分别进行。

在主从 RS 触发器中，接收输入信号和输出信号是分成两步进行的，其工作原理如下。

（1）当 CP = **1** 时，主触发器的状态仅取决于输入信号 R、S。Q' 和 R、S 之间的逻辑关系就是同步 RS 触发器的逻辑关系。此时，$\overline{CP}$ = **0**，G_3、G_4 被封锁，从而使从触发器维持原态不变。也就是说，当 CP = **1** 时，G_7、G_8 打开，G_3、G_4 被封锁，输入信号 R、S 仅存放在主触发器中，不影响从触发器的状态。

（2）CP 由 **1** 变为 **0** 后，G_7、G_8 被封锁，主触发器维持已置成的状态不变，不再受输入信号 R、S 的影响。此时，$\overline{CP}$ = **1**，G_3、G_4 打开，从触发器接收主触发器的状态信号 Q' 和 $\overline{Q'}$，从而使从触发器的输出状态 $Q = Q'$，$\overline{Q} = \overline{Q'}$。也就是说，CP 由 **1** 变为 **0** 后，主触发器的状态维持不变，从触发器接收主触发器存储的信息。

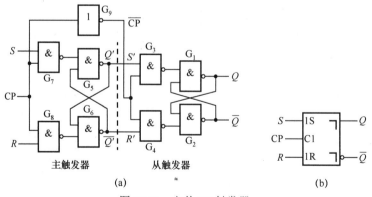

图 10-11 主从 RS 触发器

因此，在图 10-11（b）所示主从 RS 触发器的图形符号中，用框内的"⌐"表示"延迟输出"，即当 CP 回到低电平（有效电平消失）以后，输出状态才改变。

对于主从 RS 触发器，当 R = S = **1** 时，触发器的状态不定。为了避免这种情况，对主从 RS 触发器做进一步改进，得到主从 JK 触发器。

2. 主从 JK 触发器

在主从 RS 触发器的基础上，将 Q 和 $\overline{Q}$ 分别反馈到 G_8、G_7 的输入端，并将原输入信号 S 和 R 重新命名为 J 和 K，就构成主从 JK 触发器，如图 10-12（a）所示，图 10-12（b）所示为它的图形符号。将主从 JK 触发器与主从 RS 触发器的逻辑图进行比较可以看出，其触发信号的关系为：$S = J\overline{Q^n}$，$R = KQ^n$。下面分析图 10-12（a）所示主从 JK 触发器的逻辑功能。

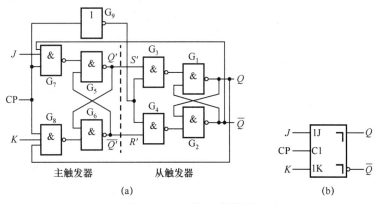

图 10-12　主从 JK 触发器

（1）当 $J = 0$，$K = 0$ 时，G_7、G_8 被封锁，CP 到来后，触发器的状态并不翻转，保持原来状态，即 $Q^{n+1} = Q^n$。

（2）当 $J = 1$，$K = 1$ 时，若 $Q^n = 1$，则对比主从 RS 触发器，相当于 $S = J\overline{Q^n} = 0$，$R = KQ^n = 1$，故触发器被置 0；若 $Q^n = 0$，则 $S = J\overline{Q^n} = 1$，$R = KQ^n = 0$，触发器被置 1。可见，当 $J = 1$，$K = 1$ 时，触发器总要发生状态翻转，即 $Q^{n+1} = \overline{Q^n}$。

（3）当 $J = 1$，$K = 0$ 时，若触发器原态为 0 态，即 $Q^n = 0$，$\overline{Q^n} = 1$，那么当 CP = 1 时，主触发器的 $\overline{Q^{n+1}} = 1$；当 CP 由 1 变 0，即下降沿到来后，主触发器状态转存到从触发器中，电路状态由 0 翻转到 1，$Q^{n+1} = 1$。若触发器原态为 1 态，即 $Q^n = 1$，$\overline{Q^n} = 0$，G_7、G_8 被封锁，CP 到来后，触发器的状态不变，保持 1 态，$Q^{n+1} = 1$。综上所述，只要 $J = 1$，$K = 0$，无论触发器原来为何状态，CP 到来后，就有 $Q^{n+1} = 1$，即触发器被置 1。

（4）当 $J = 0$，$K = 1$ 时，同前分析，触发器被置 0，即 $Q^{n+1} = 0$。

根据以上分析，可以得到主从 JK 触发器的特性表，见表 10-4。主从 JK 触发器的特性方程可根据同步 RS 触发器推导得到，即

$$Q^{n+1} = S + \overline{R}Q^n = J\overline{Q^n} + \overline{K}Q^n \quad (\text{CP 下降沿到来时有效}) \tag{10-4}$$

主从 JK 触发器的波形如图 10-13 所示。

表 10-4　主从 JK 触发器特性表（CP 下降沿到来时有效）

J　K	Q^{n+1}	功　能
0　0	Q^n	保持
0　1	0	置 0
1　0	1	置 1
1　1	$\overline{Q^n}$	翻转

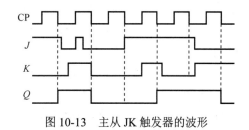

图 10-13　主从 JK 触发器的波形

3. 主从 T 触发器和主从 T′触发器

图 10-12 中，若将主从 JK 触发器的两个输入连接在一起变成一个输入 T，便构成主从 T 触发器。

据此，只需令 $J = K = T$，代入主从 JK 触发器的特性方程中，便可得到主从 T 触发器的特性方程：

$$Q^{n+1} = T\overline{Q^n} + \overline{T}Q^n = T \oplus Q^n \quad \text{（CP 下降沿到来时有效）} \quad (10\text{-}5)$$

式（10-5）中，当 $T = 0$ 时，$Q^{n+1} = Q^n$，触发器保持原态；当 $T = 1$ 时，$Q^{n+1} = \overline{Q^n}$，触发器处于翻转状态，触发器翻转的次数可以用来统计送入触发器 CP 的个数，因此翻转状态通常也称为计数状态。主从 T 触发器的特性表见表 10-5。

表 10-5 主从 T 触发器特性表（CP 下降沿到来时有效）

T	Q^{n+1}	功 能
0	Q^n	保持
1	$\overline{Q^n}$	翻转（计数）

在主从 T 触发器中，令 $T = 1$，则主从 T 触发器变为主从 T′触发器。显然，主从 T′触发器只具有翻转计数功能，其特性方程如下：

$$Q^{n+1} = \overline{Q^n} \quad \text{（CP 下降沿到来时有效）} \quad (10\text{-}6)$$

主从 JK 触发器虽然从根本上解决了输入信号的直接控制问题，但存在**一次变化现象**。一次变化现象是指在 CP = 1 期间，输入信号变化许多次，而主触发器能且只能变化一次的现象。产生一次变化现象的原因：状态互补的 Q、$\overline{Q}$ 分别引回到了 G_8、G_7 的输入端，使两个控制门中总有一个是被封的，而根据同步 RS 触发器的性能知道，从一个输入端加信号，其状态能且只能改变一次。一次变化现象不仅限制了主从 JK 触发器的使用，而且降低了它的抗干扰能力。因此，为保证触发器的可靠工作，输入信号 J、K 在 CP 持续期间（CP = 1 时）应保持不变，且信号的前沿应略超前于 CP 的前沿，而后沿应略滞后于 CP 的后沿。

不难理解，CP 宽度越小，触发器受干扰的可能性越小。因此，使用宽度较小的窄脉冲作为控制信号，有利于提高触发器的抗干扰能力。

通常，一个同步 RS 触发器翻转完毕需用 $3t_{pd}$，整个主从触发器翻转完毕需用 $6\,t_{pd}$，所以主从触发器的最高工作频率为

$$f_{max} \leqslant \frac{1}{6t_{pd}}$$

由此可知，在使用主从触发器时必须注意，只有在 CP = 1 的全部时间内输入状态始终未变的条件下，用 CP 下降沿到来时输入的状态决定触发器的次态，才肯定是对的；否则，必须考虑 CP = 1 期间输入状态的全部变化过程，才能确定 CP 下降沿到来时触发器的次态。请看下面例题。

【例 10-2】 在图 10-12 所示的主从 JK 触发器中，已知 CP、J、K 的电压波形如图 10-14 所示，试画出与之对应的输出 Q 的电压波形。设触发器的初始状态为 $Q = 0$。

解： 由图 10-14 可见，第一个 CP 高电平期间始终为 $J = 1$，$K = 0$，CP 下降沿到来后触发器置 1。

第二个 CP 高电平期间，K 的状态发生过变化，因此不能简单地以 CP 下降沿到来时 J、K 的状态来确定触发器的次态。因为在 CP 高电平期间出现过短时的 $J = 0$，$K = 1$ 状态，此时主触发器便被置 0，所以虽然 CP 下降沿到来时输入状态回到了 $J = K = 0$，但从触发器仍按主触发器的状态被置 0，即 $Q^{n+1} = 0$。

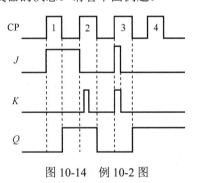

图 10-14 例 10-2 图

第三个 CP 下降沿到来时 $J = 0$，$K = 0$。如果以这时的输入状态决定触发器的次态，则应保持 $Q^{n+1} = 0$。但由于 CP 高电平期间曾出现过 $J = K = 1$ 状态，CP 下降沿到来之前主触发器已由 0 翻转到 1，所以 CP 下降沿到来后从触发器的状态为 1 态。

10.1.6 边沿触发器

为了解决主从 JK 触发器的一次变化现象，增强电路工作的可靠性，便出现了**边沿触发器**。边

沿触发器的具体结构形式较多，但边沿触发或控制的特点是相同的，下面以边沿 D 触发器和边沿 JK 触发器为例来说明其工作原理和主要特点。

1. 边沿 D 触发器

图 10-15（a）所示为维持阻塞结构的边沿 D 触发器。该触发器由 6 个与非门组成，其中 G_1、G_2 构成基本 RS 触发器，$G_3 \sim G_6$ 构成维持阻塞电路。该电路对应 CP 的上升沿翻转，其状态取决于 CP 上升沿到来时刻 D 的状态；在 CP = 1 期间，D 的变化对触发器没有影响。为表示 CP 上升沿到来时接收信号并立即翻转，在图 10-15（b）所示的图形符号中，时钟输入端 C1 旁加上了动态符号 ">"。

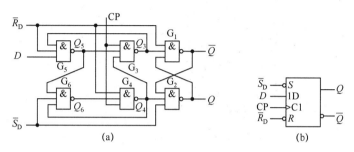

图 10-15　边沿 D 触发器

下面对图 10-15（a）进行逻辑功能分析。设直接置 0 信号 $\overline{R}_D = 1$，直接置 1 信号 $\overline{S}_D = 1$。

（1）当 CP = 0 时，G_3、G_4 被封锁，其输出均为 1，所以 G_1、G_2 组成的基本 RS 触发器保持原态不变。同时，由于 $G_3 \sim G_5$、$G_4 \sim G_6$ 的反馈信号将这两个门打开，因此可接收输入信号 D，使 $Q_5 = \overline{D}$，$Q_6 = \overline{Q}_5 = D$。

（2）当 CP 由 0 变 1，即上升沿到来时，触发器状态翻转。这时 G_3、G_4 打开，它们的输出由 G_5 和 G_6 的输出状态决定，$Q_3 = \overline{Q}_5 = D$，$Q_4 = \overline{Q}_6 = \overline{D}$。由基本 RS 触发器的逻辑功能可知，$Q = D$。

（3）触发器翻转后，在 CP = 1 时，输入信号被封锁。G_3、G_4 打开后，它们的输出状态 Q_3 和 Q_4 是互补的，即必定有一个是 0，若 Q_3 为 0，则经 G_3 输出端至 G_5 输入端的反馈线将 G_5 封锁，即封锁了 D 通往基本 RS 触发器的路径，该反馈线起到了使触发器维持在 0 态和阻止触发器变为 1 态的作用，故该反馈线称为置 0 维持线或置 1 阻塞线。若 Q_4 为 0，则 G_3 和 G_6 被封锁，D 通往基本 RS 触发器的路径也被封锁。Q_4 输出端至 G_6 输入端的反馈线起到使触发器维持在 1 态的作用，称为置 1 维持线；Q_4 输出端至 G_3 输入端的反馈线起阻止触发器置 0 的作用，称为置 0 阻塞线。因此，该触发器常称为**维持阻塞触发器**。

总之，该触发器在 CP 上升沿到来前接收输入信号，在 CP 上升沿到来时翻转，在上升沿结束后输入信号即被封锁，三步都是在上升沿前、后完成的，所以有边沿触发器之称。

【例 10-3】　根据图 10-16 给出的有关电压波形，画出图 10-15（a）所示边沿 D 触发器输出 Q 的波形。

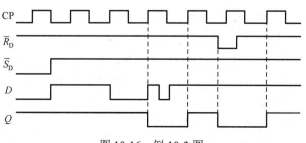

图 10-16　例 10-3 图

解：输出波形如图 10-16 所示。画图时应注意以下问题。

① 异步置位及异步复位信号具有优先级。

② 该触发器为 CP 上升沿触发。对应每个 CP 上升沿，触发器做何翻转，取决于 CP 上升沿到来前一时刻输入信号 D。

2. 边沿 JK 触发器

图 10-17（a）所示为边沿 JK 触发器，可以看出，该触发器由两个同步 D 触发器外加 G_1、G_2、G_3 三个门电路组成，输出信号 Q 反馈回 G_1、G_3。图 10-17（b）所示为边沿 JK 触发器的图形符号，CP 端的小圆圈表示电路是下降沿触发的边沿 JK 触发器。

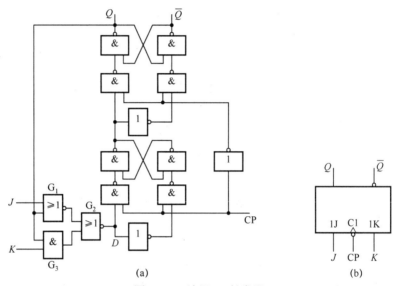

图 10-17　边沿 JK 触发器

由图 10-17（a）可以得到 D 的逻辑表达式如下：

$$D = \overline{\overline{J + Q^n} + KQ^n} = (J + Q^n) \cdot \overline{KQ^n} = (J + Q^n) \cdot (\overline{K} + \overline{Q^n}) = J\overline{Q^n} + \overline{K}Q^n + J\overline{K} = J\overline{Q^n} + \overline{K}Q^n$$

将以上推导结果代入边沿 D 触发器的特性方程，可以得到

$$Q^{n+1} = D = J\overline{Q^n} + \overline{K}Q^n \quad \text{（CP 下降沿触发）}$$

显然，上式准确表达了图 10-17（a）所示边沿 JK 触发器次态 Q^{n+1} 与现态 Q^n 以及输入信号 J、K 之间的逻辑关系。

3. 边沿 JK 触发器的主要特点

① CP 边沿控制。在 CP 上升沿或下降沿到来瞬间，输入信号 J 和 K 才会被接收。

② 抗干扰能力极强，工作速度很高。因为只要在 CP 边沿瞬间，J、K 是稳定的，触发器就能可靠地按照特性方程的规定更新状态，在其他时间，J、K 不起作用。由于采用边沿控制，需要的输入信号建立时间和保持时间都极短，因此工作速度可以很高。

③ 功能齐全，使用灵活方便。在 CP 边沿控制下，根据 J、K 取值的不同，边沿 JK 触发器具有保持、置 0、置 1、翻转 4 项功能。对于触发器来说，它是一种全功能型电路。

【例 10-4】　图 10-18（a）所示为带有异步控制端的边沿 JK 触发器，其 CP、$\overline{R}_D$、$\overline{S}_D$ 以及 J、K 的电压波形如图 10-18（b）所示，试画出输出 Q 的电压波形。

解：输出 Q 的电压波形如图 10-18（b）所示。

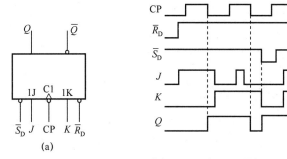

图 10-18 例 10-4 图

【例 10-5】 各触发器如图 10-19（a）所示，已知 CP 为图 10-19（b）所示的连续脉冲，试画出 $Q_1 \sim Q_4$ 的波形。设各触发器的初态为 $Q = 0$。

解：根据 JK 触发器的特性方程及图 10-19（a），首先写出各触发器的输出信号表达式（次态 Q^{n+1} 的表达式），然后根据 Q^{n+1} 的表达式即可直接画出 Q 的波形。

由 JK 触发器的特性方程 $Q^{n+1} = J\overline{Q^n} + \overline{K}Q^n$（CP 有效沿到来时有效）可得

$$Q_1^{n+1} = J_1\overline{Q_1^n} + \overline{K_1}Q_1^n = \overline{Q_1^n} \cdot \overline{Q_1^n} + 0 = \overline{Q_1^n}$$

$$Q_2^{n+1} = J_2\overline{Q_2^n} + \overline{K_2}Q_2^n = Q_2^n \cdot \overline{Q_2^n} + 0 = 0$$

$$Q_3^{n+1} = J_3\overline{Q_3^n} + \overline{K_3}Q_3^n = 1 \cdot \overline{Q_3^n} + 0 = \overline{Q_3^n}$$

$$Q_4^{n+1} = J_4\overline{Q_4^n} + \overline{K_4}Q_4^n = 1 \cdot \overline{Q_4^n} + \overline{\overline{Q_4^n}} \cdot Q_4^n = \overline{Q_4^n} + Q_4^n = 1$$

根据 $Q_1 \sim Q_4$ 的次态表达式，可直接画出波形，如图 10-19（b）所示。

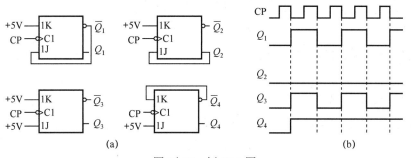

图 10-19 例 10-5 图

【例 10-6】 逻辑电路如图 10-20（a）所示，图 10-20（b）所示为 CP 及输入信号 X 的波形，试画出输出 Q_1 和 Q_2 的波形。设触发器的初态为 $Q = 0$。

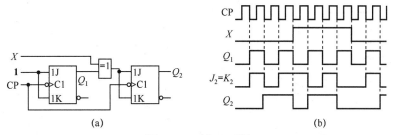

图 10-20 例 10-6 图

解：在图 10-20（a）所示电路中，根据 JK 触发器的特性方程 $Q^{n+1} = J\overline{Q^n} + \overline{K}Q^n$ 可得

$$Q_1^{n+1} = \overline{Q_1^n}$$
$$Q_2^{n+1} = (X \oplus Q_1^n) \cdot \overline{Q_2^n} + \overline{X \oplus Q_1^n} \cdot Q_2^n = X \oplus Q_1^n \oplus Q_2^n$$

可见，输出 Q_2^{n+1} 应为 X、Q_1^n 及 Q_2^n 相**异或**的结果。由此可得波形如图 10-20（b）所示。

10.1.7　不同类型时钟触发器之间的转换

由于实际生产的集成时钟触发器只有 JK 和 D 两种触发器，因此，当需要其他功能触发器时，可以考虑将这两种触发器经过改变或附加一些门电路，转换为所需功能的触发器。下面介绍将 JK 触发器转换为其他功能触发器。

1. JK 触发器→D 触发器

D 触发器的逻辑功能：在 CP 控制下，输出信号 Q 与输入信号 D 的状态完全相同，即 $Q^{n+1} = D$，这就是 D 触发器的特性方程。为了将 JK 触发器转换为 D 触发器，需要将 D 触发器的特性方程做以下变换：

$$Q^{n+1} = D = D(\overline{Q^n} + Q^n) = D\overline{Q^n} + DQ^n$$

与 JK 触发器的特性方程对比可知，若令 $J = D$，$K = \overline{D}$，便能得到 D 触发器。转换逻辑图如图 10-21 所示。

2. JK 触发器→RS 触发器

将 RS 触发器的特性方程做以下变换：

$$Q^{n+1} = S + \overline{R}Q^n = S(\overline{Q^n} + Q^n) + \overline{R}Q^n = S\overline{Q^n} + SQ^n + \overline{R}Q^n$$
$$= S\overline{Q^n} + \overline{R}Q^n + SQ^n(\overline{R} + R) = S\overline{Q^n} + \overline{R}Q^n + \overline{R}SQ^n + RSQ^n$$

$\overline{R}SQ^n$ 可被 $\overline{R}Q^n$ 吸收，RSQ^n 是约束项，应去掉，从而得到

$$Q^{n+1} = S\overline{Q^n} + \overline{R}Q^n$$

与 JK 触发器的特性方程对比可知，若令 $J = S$，$K = R$，便能得到 RS 触发器。转换逻辑图如图 10-22 所示。

3. JK 触发器→T 触发器

对于 JK 触发器，令 $J = K = T$，即可得到 T 触发器。因此 T 触发器的特性方程如下：

$$Q^{n+1} = T\overline{Q^n} + \overline{T}Q^n = T \oplus Q^n$$

可以看出，T 触发器只具有保持和翻转两项功能。转换逻辑图如图 10-23 所示。

参照以上将 JK 触发器转换为其他触发器的方法，请读者自行练习将已知 D 触发器转换为其他类型触发器。

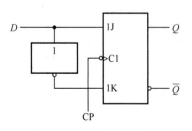

图 10-21　JK 触发器转换
为 D 触发器

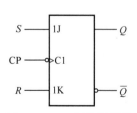

图 10-22　JK 触发器转换
为 RS 触发器

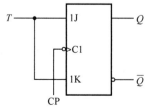

图 10-23　JK 触发器转换
为 T 触发器

10.2 时序逻辑电路

10.2.1 时序逻辑电路的特点

1. 功能特点

时序电路的输出不仅取决于该时刻的输入，而且还与电路原来的状态有关。简而言之，时序电路具有"记忆性"。

时序电路之所以具有上述功能特点，归根到底是由其电路结构决定的。

2. 结构特点

时序电路由组合电路和存储电路组成，而存储电路是由具有记忆功能的触发器构成的。图 10-24 所示为时序电路的结构框图，图中 X 为输入信号，CP 为时钟脉冲，Y 为输出信号，Q 为存储电路的状态输出信号，W 为存储电路的输入信号。在实用的时序电路中，有时可能没有输入信号 X，并且可能以存储电路的状态作为整个电路的输出。

根据图 10-24 中信号传递的方向可知，输出信号 Y 是输入信号 X 和存储电路状态输出信号 Q 的函数；存储电路输入信号 W 是 X 和 Q 的函数，而存储电路次态 Q^{n+1} 是 W 的函数，也就是 X 和存储电路现态 Q^n 的函数。可见，在整个时序电路中，存储电路是核心部分，它由触发器组成，所以只有当触发器的触发沿到来时，存储电路的状态才会改变。

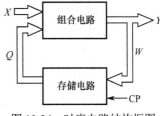

图 10-24 时序电路结构框图

10.2.2 时序逻辑电路功能的描述方法

为了准确描述时序电路的功能，常采用逻辑方程、状态转换表、状态转换图、时序图等方法。这几种方法各有特点，相互补充，在实际使用中，可根据具体情况选用。

1. 逻辑方程

设两个离散但又相邻的时刻分别为 t_n 和 t_{n+1}，t_n 表示 CP 边沿到来之前的时刻，t_{n+1} 表示 CP 边沿到来之后的时刻。在 $t = t_n$ 时，$X = X(t_n)$，$Y = Y(t_n)$，$W = W(t_n)$，$Q = Q^n$；在 $t = t_{n+1}$ 时，$Q = Q^{n+1}$。根据图 10-24 所示框图，可以得到电路中各个逻辑变量之间的函数关系如下：

$$Y(t_n) = F[X(t_n), Q^n] \qquad \text{时序电路的\textbf{输出方程}}$$
$$W(t_n) = F[X(t_n), Q^n] \qquad \text{存储电路的\textbf{驱动方程}（激励方程）}$$
$$Q^{n+1} = F[W(t_n)] = F[X(t_n), Q^n] \qquad \text{存储电路的\textbf{状态方程}}$$

2. 状态转换表

状态转换表简称**状态表**，它用列表的方法描述时序电路从现态到次态的转换情况。状态表应该包含在 CP 连续作用并且输入变量 X 的所有取值组合下，触发器输出状态变化的规律，以及输出信号变化情况。列写状态表时，应该依次设置存储电路的现态 Q^n 及输入 X，然后求出次态 Q^{n+1} 及输出信号 Y，表中应包含在 X 的所有取值组合下存储电路可能出现的所有状态，具体方法将在 10.2.3 节中介绍。

3. 状态转换图

状态转换图简称**状态图**，它用画图的方法描述时序电路从现态到次态的转换情况。将上面状态表中的内容用图形的方式画出，即为状态图。状态图比状态表更加形象。

4. 时序图

时序图用波形图的形式来描述输入和输出之间的关系，因此它非常直观。

10.2.3　时序逻辑电路的一般分析方法

分析时序电路就是根据已知的逻辑图，求出电路所实现的功能。其分析目的与组合电路一样，具体分析步骤如下。

（1）写方程。根据已知逻辑图写出各类方程，包括存储电路的驱动方程（触发器输入信号的表达式）、时序电路的**时钟方程**（CP 的表达式）、时序电路的输出方程（输出信号的表达式，没有输出信号时可不用写）。

（2）求状态方程。将驱动方程代入触发器的特性方程，求出触发器的状态方程（状态方程实际上就是触发器次态 Q^{n+1} 的表达式）。

（3）列状态表。具体方法：根据触发器的状态方程，求出对应每个 CP 有效沿到来时的次态 Q^{n+1} 与现态 Q^n 的取值关系，并将该关系列成状态表。

（4）根据状态表画出状态图。

（5）画出时序图。

（6）根据状态表、状态图及时序图，总结时序电路的逻辑功能。

以上分析步骤可根据需要选择其中的几步或全部，其目的是能方便地求得电路的逻辑功能。

注意，时序电路的分析主要以计数器为例，因此有关这方面的例题将在计数器部分介绍。

在数字系统中，最常用的时序电路是各种类型的计数器和寄存器。本章将重点介绍计数器和寄存器的种类、电路组成、工作原理、主要功能。对于集成计数器和寄存器，常用功能表来描述其逻辑功能，本章也将介绍功能表的阅读方法。

10.3　计数器

数字电路中使用最多的时序电路就是计数器。计数器的应用十分广泛，从小型数字仪表到大型电子数字计算机，几乎无处不在，是现代数字系统中不可缺少的组成部分。计数器不仅能用于记录时钟脉冲的个数，还可用于分频、定时、产生节拍脉冲和脉冲序列等。

10.3.1　计数器的分类

（1）同步计数器和异步计数器。按照计数器中各个触发器状态更新（翻转）情况的不同可分成两大类：一类叫**同步计数器**，另一类叫**异步计数器**。在同步计数器中，各个触发器都受同一个时钟脉冲（此处也可称为计数脉冲）的控制，因此它们状态的更新是同步的。异步计数器则不同，其中各个触发器的控制脉冲源不同，有的触发器直接受计数脉冲的控制，有的则把其他触发器的输出用作时钟脉冲，因此它们状态的更新有先有后，是异步的。

（2）N 进制计数器。计数器是以触发器作为基本电路单元的。假设计数器由 M 个触发器构成，虽然最多可以记录 2^M 个状态，但是往往不是所有的状态都有定义，凡有定义的状态均称为有效状态，凡无定义的状态均称为无效状态。计数器有效状态的个数称为计数器的**计数长度**，也称为计数器的**计数容量**或**模长**。计数长度为 N 的计数器称为 N 进制计数器，N 进制计数器的 N 个有效状态构成的循环，称为有效循环。每来一个计数脉冲，电路都将按一定规律从一个有效状态翻转到另一个有效状态，当 N 个计数脉冲过后，计数器便在 N 个有效状态之间循环了一次，即统计了 N 个计数脉冲。对于由 M 个触发器构成的计数器，若所有 2^M 个状态全部有定义，都用于计数，即 2^M 个状态全部为有效状态，没有无效状态，则这种计数器称为**二进制计数器**；若触发器所有 2^M 个状态中仅采用了其中 10 个，也就是仅有 10 个有效状态，则这种计数器称为**十进制计数器**，可见十进制计数器中至少应包含 4 个触发器。常见的十进制计数器按 8421 码计数。

（3）加法计数器和减法计数器。按照在计数脉冲作用下计数器中数值增、减情况的不同，可分为加法、减法和可逆计数器三种类型。随着计数脉冲的输入，递增计数的计数器称为**加法计数器**，递减计数的称为**减法计数器**，而有增有减的称为**可逆计数器**。有些计数器有效状态的转换规律不按计数器中数值的增、减排列，因此也就无所谓加法计数器或减法计数器了。

对于任何计数器，至少应说明它是由哪种触发器构成的，是同步计数器还是异步计数器，是几进制计数器，是加法计数器还是减法计数器（或计数过程中状态的变化规律）。

10.3.2 同步计数器

1．计数器的计数原理

图 10-25 所示 3 位二进制同步加法计数器是由 3 个 JK 触发器组成的。下面分析在计数脉冲（CP）输入时，计数器的计数原理和计数过程。

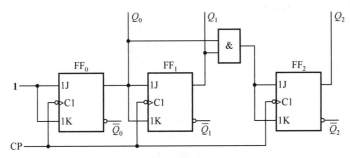

图 10-25　3 位二进制同步加法计数器

每输入一个 CP，最低位触发器 FF$_0$ 的状态就改变一次。而其他触发器是否翻转，将取决于比它低的各触发器的状态。例如，在计数器中，第 3 个触发器 FF$_2$ 是否翻转，由 FF$_1$、FF$_0$ 是否都为 1 态决定。如果都为 1 态，则图 10-25 中的**与门**输出 1，使 $J_2 = K_2 = 1$，FF$_2$ 翻转；否则保持原态不变。计数过程如下。

计数前应首先清零，即将每个触发器置 0（复位），使初始计数状态 $Q_2Q_1Q_0 = 000$。

当第 1 个 CP 到来后，FF$_0$ 的状态由 0 变 1，而 J_1、K_1，J_2、K_2 均为 0，所以 FF$_1$、FF$_2$ 保持 0 态不变，此时计数状态为 **001**。同时，$J_1 = K_1 = Q_0 = 1$，$J_2 = K_2 = Q_1Q_0 = 0$。

当第 2 个 CP 到来后，FF$_0$ 的状态由 1 变 0，FF$_1$ 的状态由 0 变 1，而 FF$_2$ 保持 0 态。此时计数状态为 **010**，而且 $J_1 = K_1 = 0$，$J_2 = K_2 = Q_1Q_0 = 0$。

当第 3 个 CP 到来后，只有 FF$_0$ 翻转到 1，而 FF$_1$、FF$_2$ 都保持原态不变，计数状态为 **011**。同时，$J_1 = K_1 = 1$，$J_2 = K_2 = Q_1Q_0 = 1$。

于是，当第 4 个 CP 到来后，3 个触发器均翻转，计数状态为 **100**。对后面计数过程的分析，读者可自行完成。在第 7 个 CP 到来后，计数状态变为 **111**，再送入一个 CP（第 8 个），计数状态恢复到 **000**，至此，计数器便完成了一个计数循环，因此该计数器的计数长度为 $2^3 = 8$，属 3 位二进制（模八）计数器。

通过以上分析可以看出，计数器计数的实质是利用各个触发器状态的翻转进行的，而且同步计数器中各个触发器的状态转换是与计数脉冲同步的，具有计数速度快的特点。

2．同步计数器的分析

在数字系统中需要广泛使用各式各样的计数器，学会分析它们的逻辑功能是非常重要的，下面举例说明计数器的分析方法。

【**例 10-7**】 分析图 10-26 所示时序电路的逻辑功能，要求列出状态表，画出状态图和时序图，说明其逻辑功能。

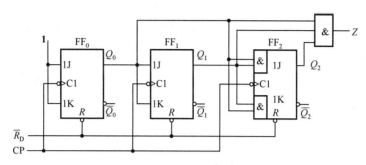

图 10-26 例 10-7 的时序电路

解：（1）写方程。电路的时钟方程为

$$CP_0 = CP_1 = CP_2 = CP$$

显然，图 10-26 所示为一个同步时序电路。对于同步时序电路，各个触发器的时钟脉冲都相同，因此时钟方程可以省去不写。

输出方程为 $\qquad\qquad Z = Q_2^n \cdot Q_1^n \cdot Q_0^n$

驱动方程为

$$\begin{cases} J_0 = K_0 = \mathbf{1} \\ J_1 = K_1 = Q_0^n \\ J_2 = K_2 = Q_1^n \cdot Q_0^n \end{cases}$$

（2）求状态方程。将各触发器的驱动方程分别代入 JK 触发器的特性方程 $Q^{n+1} = J\overline{Q^n} + \overline{K}Q^n$ 中，即可得到每个触发器的状态方程：

$$\begin{cases} Q_0^{n+1} = J_0\overline{Q_0^n} + \overline{K_0}Q_0^n = \overline{Q_0^n} \\ Q_1^{n+1} = J_1\overline{Q_1^n} + \overline{K_1}Q_1^n = Q_0^n\overline{Q_1^n} + \overline{Q_0^n}Q_1^n = Q_0^n \oplus Q_1^n \\ Q_2^{n+1} = J_2\overline{Q_2^n} + \overline{K_2}Q_2^n = Q_0^nQ_1^n\overline{Q_2^n} + \overline{Q_0^nQ_1^n}Q_2^n = (Q_0^nQ_1^n) \oplus Q_2^n \end{cases}$$

表 10-6 例 10-7 的状态表

Q_2^n	Q_1^n	Q_0^n	Q_2^{n+1}	Q_1^{n+1}	Q_0^{n+1}	Z
0	**0**	**0**	**0**	**0**	**1**	**0**
0	**0**	**1**	**0**	**1**	**0**	**0**
0	**1**	**0**	**0**	**1**	**1**	**0**
0	**1**	**1**	**1**	**0**	**0**	**0**
1	**0**	**0**	**1**	**0**	**1**	**0**
1	**0**	**1**	**1**	**1**	**0**	**0**
1	**1**	**0**	**1**	**1**	**1**	**0**
1	**1**	**1**	**0**	**0**	**0**	**1**

（3）列状态表。从 $Q_2^nQ_1^nQ_0^n = \mathbf{000}$ 开始，依次代入状态方程和输出方程进行计算，结果如表 10-6 所示。

（4）画状态图和时序图。根据表 10-6 中现态到次态的转换关系和输出 Z 的值即可画出状态图，如图 10-27（a）所示。在状态图中，以圆圈表示电路的各个状态，以箭头表示状态转换的方向，同时，还在箭头旁注明了状态转换前输入变量的取值和输出值。通常将输入变量的取值写在斜线前面，将输出值写在斜线后面。因为图 10-26 电路没有输入变量，所以斜线前面没有数字。根据状态图画出时序图，如图 10-27（b）所示。

值得注意的是，每当电路由现态转换到次态后，该次态又变成了新的现态，然后应在状态表左列内找出这一新的现态，再根据规定去确定新的次态，照此不断地做下去，直到一切可能出现的状态都毫无遗漏地画出来之后，得到的才是反映电路全面工作情况的状态图。

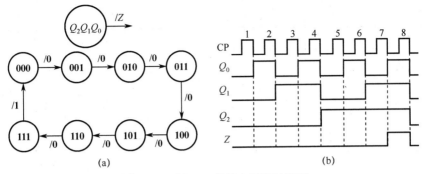

图 10-27　例 10-7 的状态图和时序图

（5）确定逻辑功能。由状态图和时序图可以看出，该时序电路有 8 个有效状态，构成了有效循环，没有无效状态，因此，图 10-26 所示时序电路是一个 3 位二进制（模八）同步加法计数器。

由时序图还可看出，若计数脉冲的频率为 f_{CP}，则触发器输出 Q_0、Q_1、Q_2 的脉冲频率依次为 $\frac{1}{2}f_{CP}$、$\frac{1}{4}f_{CP}$ 和 $\frac{1}{8}f_{CP}$，即计数器具有分频功能，分别实现了对 f_{CP} 的二分频、四分频和八分频，所以图 10-26 电路也是一个分频器。

【例 10-8】　分析图 10-28 所示时序电路的逻辑功能。

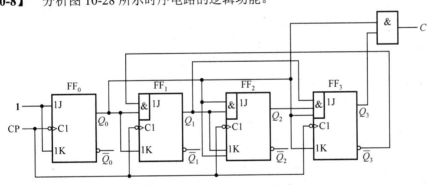

图 10-28　例 10-8 的时序电路

解：（1）写方程。输出方程为　　　　　　　$C = Q_3^n \cdot Q_0^n$

驱动方程为

$$\begin{cases} J_0 = K_0 = 1 \\ J_1 = \overline{Q_3^n} \cdot Q_0^n,\ K_1 = Q_0^n \\ J_2 = K_2 = Q_1^n \cdot Q_0^n \\ J_3 = Q_2^n \cdot Q_1^n \cdot Q_0^n,\ K_3 = Q_0^n \end{cases}$$

（2）求状态方程。将各触发器的驱动方程分别代入 JK 触发器的特性方程 $Q^{n+1} = J\overline{Q^n} + \overline{K}Q^n$ 中，即可得到每个触发器的状态方程如下：

$$\begin{cases} Q_0^{n+1} = J_0 \overline{Q_0^n} + \overline{K_0}Q_0^n = \overline{Q_0^n} \\ Q_1^{n+1} = J_1 \overline{Q_1^n} + \overline{K_1}Q_1^n = \overline{Q_3^n}Q_0^n\overline{Q_1^n} + \overline{Q_0^n}Q_1^n \\ Q_2^{n+1} = J_2 \overline{Q_2^n} + \overline{K_2}Q_2^n = Q_1^nQ_0^n\overline{Q_2^n} + \overline{Q_1^nQ_0^n}Q_2^n = (Q_1^nQ_0^n) \oplus Q_2^n \\ Q_3^{n+1} = J_3 \overline{Q_3^n} + \overline{K_3}Q_3^n = Q_2^nQ_1^nQ_0^n\overline{Q_3^n} + \overline{Q_0^n}Q_3^n \end{cases}$$

（3）列状态表。从 $Q_3^nQ_2^nQ_1^nQ_0^n = 0000$ 开始，依次代入状态方程和输出方程进行计算，结果见表 10-7。

表 10-7   例 10-8 的状态表

Q_3^n	Q_2^n	Q_1^n	Q_0^n	Q_3^{n+1}	Q_2^{n+1}	Q_1^{n+1}	Q_0^{n+1}	C	Q_3^n	Q_2^n	Q_1^n	Q_0^n	Q_3^{n+1}	Q_2^{n+1}	Q_1^{n+1}	Q_0^{n+1}	C
0	0	0	0	0	0	0	1	0	1	0	0	0	1	0	0	1	0
0	0	0	1	0	0	1	0	0	1	0	0	1	0	0	0	0	1
0	0	1	0	0	0	1	1	0	1	0	1	0	1	0	1	1	0
0	0	1	1	0	1	0	0	0	1	0	1	1	0	1	0	0	1
0	1	0	0	0	1	0	1	0	1	1	0	0	1	1	0	1	0
0	1	0	1	0	1	1	0	0	1	1	0	1	0	1	0	0	1
0	1	1	0	0	1	1	1	0	1	1	1	0	1	1	1	1	0
0	1	1	1	1	0	0	0	0	1	1	1	1	0	0	0	0	1

（4）画状态图。根据表 10-7 中现态到次态的转换关系和输出 C 的值即可画出状态图，如图 10-29 所示。

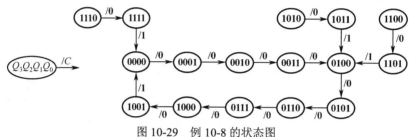

图 10-29   例 10-8 的状态图

（5）确定逻辑功能并判断电路能否自启动。在计数器的分类中已讲过，计数过程中使用的状态称为有效状态，没有使用的状态称为无效状态。在图 10-29 中，**1010～1111** 即是无效状态。

计数器在 CP 的作用下，一直循环工作。在正常情况下，周而复始地在有效状态中的循环称为有效循环，而在无效状态中的循环称为无效循环。电路因为某种原因而落入无效状态时，如果在 CP 控制下可以返回有效状态，则称为**能自启动**。凡不能自启动的电路，肯定存在着无效循环。

由图 10-29 状态图可知，图 10-28 所示时序电路是一个 8421 码的十进制（模十）同步加法计数器，且能够自启动。

注意，今后在描述计数器的逻辑功能时，除二进制计数器外，其他都要说明其能否自启动。

【例 10-9】   试分析图 10-30 所示时序电路的逻辑功能，A 为输入。

解：（1）写方程。输出方程为

$$Y = A\overline{Q_1^n}\,Q_2^n$$

驱动方程为

$$\begin{cases} D_1 = A\overline{Q_2^n} \\ D_2 = \overline{A\overline{Q_1^n} \cdot \overline{Q_2^n}} = A(Q_1^n + Q_2^n) \end{cases}$$

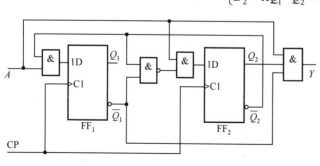

图 10-30   例 10-9 的时序电路

（2）求状态方程。将各触发器的驱动方程分别代入 D 触发器的特性方程 $Q^{n+1} = D$，即可得到每个触发器的状态方程如下：

$$\begin{cases} Q_1^{n+1} = A\overline{Q_2^n} \\ Q_2^{n+1} = A(Q_1^n + Q_2^n) \end{cases}$$

（3）列状态表。从 $Q_2^n Q_1^n = $ **00** 开始，依次代入状态方程和输出方程进行计算，结果见表 10-8。

（4）画状态图。根据表 10-8 中输入 A 取不同值时现态到次态的转换关系和输出 Y 的值即可画出状态图，如图 10-31 所示。

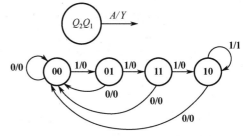

图 10-31 例 10-9 的状态图

表 10-8 例 10-9 的 $Q_2^{n+1}Q_1^{n+1}/Y$ 状态表

$Q_2^{n+1}Q_1^{n+1}/Y$		$Q_2^n Q_1^n$			
		00	01	11	10
A	0	00/0	00/0	00/0	00/0
	1	01/0	11/0	10/0	10/1

（5）确定逻辑功能并判断电路能否自启动。由状态图可以看出，当 $A=0$ 时，该电路是一个模一计数器，有效状态为 **00**，无效状态为 **01**、**10**、**11**，且能够自启动；当 $A=1$ 时，也是一个模一计数器，此时的有效状态为 **10**，无效状态为 **00**、**01**、**11**，也能够自启动。

前面列举的例子基本上都是加法计数器，如果将加法计数器中接 $Q_0, Q_1, Q_2, \cdots$ 的线改接到 $\overline{Q_0}$，$\overline{Q_1}, \overline{Q_2}, \cdots$ 上，就构成了减法计数器，请看下面例题。

【例 10-10】 分析图 10-32 所示时序电路的逻辑功能。要求：列出状态表，画出状态图，说明其逻辑功能。

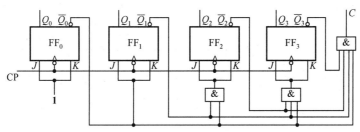

图 10-32 例 10-10 的时序电路

解：（1）写方程。输出方程为
$$C = \overline{Q_3^n} \cdot \overline{Q_2^n} \cdot \overline{Q_1^n} \cdot \overline{Q_0^n}$$

驱动方程为
$$\begin{cases} J_0 = K_0 = 1 \\ J_1 = K_1 = \overline{Q_0^n} \\ J_2 = K_2 = \overline{Q_0^n}\ \overline{Q_1^n} \\ J_3 = K_3 = \overline{Q_2^n}\ \overline{Q_1^n}\ \overline{Q_0^n} \end{cases}$$

（2）求状态方程。将各触发器的驱动方程分别代入 JK 触发器的特性方程 $Q^{n+1} = J\overline{Q^n} + \overline{K}Q^n$，即可得到每个触发器的状态方程：

$$\begin{cases} Q_0^{n+1} = J_0\overline{Q_0^n} + \overline{K_0}Q_0^n = \overline{Q_0^n} \\ Q_1^{n+1} = J_1\overline{Q_1^n} + \overline{K_1}Q_1^n = \overline{Q_1^n}\ \overline{Q_0^n} + Q_1^n Q_0^n = Q_1^n \odot Q_0^n \\ Q_2^{n+1} = J_2\overline{Q_2^n} + \overline{K_2}Q_2^n = \overline{Q_2^n}\ \overline{Q_1^n}\ \overline{Q_0^n} + Q_2^n \cdot \overline{\overline{Q_1^n} \cdot \overline{Q_0^n}} \\ Q_3^{n+1} = J_3\overline{Q_3^n} + \overline{K_3}Q_3^n = \overline{Q_3^n} \cdot \overline{Q_2^n}\ \overline{Q_1^n}\ \overline{Q_0^n} + Q_3^n \cdot \overline{\overline{Q_2^n} \cdot \overline{Q_1^n} \cdot \overline{Q_0^n}} \end{cases}$$

（3）列状态表。从 $Q_3^n Q_2^n Q_1^n Q_0^n = \mathbf{0000}$ 开始，依次代入状态方程和输出方程进行计算，结果见表 10-9。

（4）画状态图和时序图。根据表 10-9 中现态到次态的转换关系和输出 C 的值即可画出状态图，如

表 10-9 例 10-10 的状态表

Q_3^n	Q_2^n	Q_1^n	Q_0^n	Q_3^{n+1}	Q_2^{n+1}	Q_1^{n+1}	Q_0^{n+1}	C
0	**0**	**0**	**0**	1	1	1	1	1
1	**1**	**1**	**1**	1	1	1	0	0
1	**1**	**1**	**0**	1	1	0	1	0
1	**1**	**0**	**1**	1	1	0	0	0
1	**1**	**0**	**0**	1	0	1	1	0
1	**0**	**1**	**1**	1	0	1	0	0
1	**0**	**1**	**0**	1	0	0	1	0
1	**0**	**0**	**1**	1	0	0	0	0
1	**0**	**0**	**0**	0	1	1	1	0
0	**1**	**1**	**1**	0	1	1	0	0
0	**1**	**1**	**0**	0	1	0	1	0
0	**1**	**0**	**1**	0	1	0	0	0
0	**1**	**0**	**0**	0	0	1	1	0
0	**0**	**1**	**1**	0	0	1	0	0
0	**0**	**1**	**0**	0	0	0	1	0
0	**0**	**0**	**1**	0	0	0	0	0

图 10-33 所示。

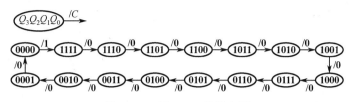

图 10-33 例 10-10 的状态图

（5）确定逻辑功能。由状态图和时序图可以看出，该时序电路有 16 个有效状态，构成了有效循环，没有无效循环，在计数过程中按照递减规律进行计数。因此，图 10-32 所示时序电路是一个 4 位二进制（模十六）同步减法计数器。

3．集成同步计数器

（1）4 位二进制同步可逆计数器 74LS193。74LS193 是 4 位同步可逆计数器，它具有异步清零、异步置数、加减可逆的同步计数功能，应用十分便利。

图 10-34 所示为 74LS193 的引脚排列图。表 10-10 是它的功能表，简要说明如下。$Q_3 \sim Q_0$ 是数码输出，$D_3 \sim D_0$ 是并行数据输入（D_0 为最低位，D_3 为最高位）。$\overline{BO}$ 是借位输出（减法计数下溢时，输出低电平），$\overline{CO}$ 是进位输出（加法计数上溢时，输出低电平）。CP_+ 是加法计数时计数脉冲输入，CP_- 是减法计数时计数脉冲输入。CR 为**清零信号**，高电平有效。$\overline{LD}$ 为**置数控制信号**，低电平有效。

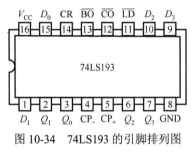

图 10-34 74LS193 的引脚排列图

表 10-10 74LS193 的功能表

输　　入								输　　出				功　能
CR	$\overline{LD}$	CP_+	CP_-	D_3	D_2	D_1	D_0	Q_3^{n+1}	Q_2^{n+1}	Q_1^{n+1}	Q_0^{n+1}	
1	×	×	×	×	×	×	×	0	0	0	0	异步清零
0	0	×	×	D_3	D_2	D_1	D_0	D_3	D_2	D_1	D_0	异步置数
0	1	↑	1	×	×	×	×					加法计数
0	1	1	↑	×	×	×	×					减法计数
0	1	1	1	×	×	×	×					保　持

① 当 CR = 1 时，无论 CP_+、CP_-、$D_3 \sim D_0$ 为何种状态，计数器都清零。由于清零时不需要计数脉冲有效沿的作用，因此属异步清零方式。

② 当 CR = 0 时，计数器的工作状态由 $\overline{LD}$、CP_+、CP_- 决定。具体而言，当 $\overline{LD}$ = 0 时，无论 CP_+、CP_- 的状态如何，计数器均进行置数操作，数码输出 $Q_3 \sim Q_0$ 的状态与数据输入 $D_3 \sim D_0$ 的状态相同，即 $Q_3Q_2Q_1Q_0 = D_3D_2D_1D_0$，从而达到预置数码的目的。由于在置数过程中不需要计数脉冲有效沿的作用，因此属异步置数方式。

当 $\overline{LD}$ = 1 时，若计数脉冲从 CP_+ 输入，则计数器进行加法计数；若计数脉冲从 CP_- 输入，则计数器进行减法计数。可见，74LS193 具有加法、减法可逆计数功能。无论哪种方式计数，都是同步进行的。

（2）4 位十进制同步加法计数器 74LS160。74LS160 的引脚排列如图 10-35 所示。电路具有异步清零、同步置数、十进制计数以及保持原状态 4 项功能。计数时，在计数脉冲的上升沿作用下有效。表 10-11 列出了它的主要功能及状态，说明如下。

① 当 $\overline{CR}$ = 0 时，计数器清零，使 $Q_3Q_2Q_1Q_0$ = **0000**。

② 当 $\overline{CR}$ = 1，$\overline{LD}$ = 0 时，完成预置数码的功能，数据输入 $D_3 \sim D_0$ 在 CP 上升沿作用下，并行存入计数器中，使 $Q_3Q_2Q_1Q_0 = D_3D_2D_1D_0$，达到预置数据的目的。由于在置数过程中必须要有计数脉冲有效沿的作用，因此属同步置数方式。

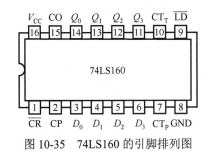

图 10-35　74LS160 的引脚排列图

表 10-11　74LS160 的功能表

输　　入									输　　出				功　能
$\overline{\text{CR}}$	$\overline{\text{LD}}$	CT_P	CT_T	CP	D_3	D_2	D_1	D_0	Q_3^{n+1}	Q_2^{n+1}	Q_1^{n+1}	Q_0^{n+1}	
0	×	×	×	×	×	×	×	×	0	0	0	0	异步清零
1	0	×	×	↑	D_3	D_2	D_1	D_0	D_3	D_2	D_1	D_0	同步置数
1	1	1	1	↑	×	×	×	×	加法计数				
1	1	0	×	×	×	×	×	×	保　持				
1	1	×	0	×	×	×	×	×	保　持				

③ 当 $\overline{\text{CR}} = \overline{\text{LD}} = \mathbf{1}$，$\text{CT}_P = \text{CT}_T = \mathbf{1}$ 时，计数器进行加法计数。计数满 10，从 CO 送出正跳变进位脉冲。

④ 当 $\overline{\text{CR}} = \overline{\text{LD}} = \mathbf{1}$，且 $\text{CT}_P \cdot \text{CT}_T = \mathbf{0}$ 时，无论其余各输入的状态如何，计数器都将保持原状态不变。

（3）4 位二进制同步加法计数器 74LS161。74LS161 与 74LS160 的功能基本相同，为异步清零、同步置数，$\overline{\text{CR}}$、$\overline{\text{LD}}$ 也是低电平有效，而且在 $\text{CT}_P \cdot \text{CT}_T = \mathbf{1}$ 时计数，计数脉冲为上升沿触发。不同之处在于，74LS161 是 4 位二进制计数器，计数长度是 16，有 **0000～1111** 共 16 个有效状态，没有无效状态；而 74LS160 是 4 位十进制计数器，计数长度是 10，有 **0000～1001** 共 10 个有效状态和 **1010～1111** 共 6 个无效状态。

此外，常用的还有 4 位二进制同步加法计数器 74LS163，它与 74LS161 唯一的区别就在于，74LS163 为同步清零。

10.3.3　异步计数器

1. 异步计数器逻辑功能分析

异步计数器中各级触发器的时钟信号并不都来源于计数脉冲（CP），各级触发器的状态转换不是同步的，因此，在分析异步计数器时，要注意各级触发器的时钟信号，以确定其状态转换时刻。下面通过例题说明异步计数器的分析方法和计数原理。

【例 10-11】　分析图 10-36 所示时序电路的逻辑功能。

解：（1）写方程。时钟方程为

$$\text{CP}_0 = \text{CP}_2 = \text{CP}, \quad \text{CP}_1 = \overline{Q_0^n}$$

与同步计数器不同，异步计数器的时钟信号来源不同，因此其时钟方程不可省略。

驱动方程为

$$\begin{cases} D_0 = \overline{Q_2^n}\ \overline{Q_0^n} \\ D_1 = \overline{Q_1^n} \\ D_2 = Q_1^n Q_0^n \end{cases}$$

（2）求状态方程。将各触发器的驱动方程分别代入 D 触发器的特性方程 $Q^{n+1} = D$，即可得到每个触发器的状态方程：

$$\begin{cases} Q_0^{n+1} = \overline{Q_2^n}\ \overline{Q_0^n} & （\text{CP 上升沿时刻有效}） \\ Q_1^{n+1} = \overline{Q_1^n} & （\overline{Q_0^n}\ \text{上升沿时刻有效}） \\ Q_2^{n+1} = Q_1^n Q_0^n & （\text{CP 上升沿时刻有效}） \end{cases}$$

与同步时序电路不同，对于异步时序电路中不同触发器的状态方程，必须注明其有效的时钟信号条件。

（3）列状态表。从 $Q_2^n Q_1^n Q_0^n = \mathbf{000}$ 开始，依次代入状态方程进行计算，结果如表 10-12 所示。

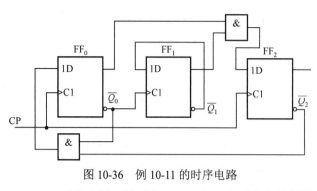

表 10-12　例 10-11 的状态表

Q_2^n	Q_1^n	Q_0^n	Q_2^{n+1}	Q_1^{n+1}	Q_0^{n+1}
0	0	0	0	0	1
0	0	1	0	1	0
0	1	0	0	1	1
0	1	1	1	0	0
1	0	0	0	0	0
1	0	1	0	1	0
1	1	0	0	1	0
1	1	1	1	0	0

图 10-36　例 10-11 的时序电路

（4）画状态图。根据表 10-12 中现态到次态的转换关系即可画出状态图，如图 10-37 所示。

（5）画时序图。在图 10-38 所示的时序图中，把 $\overline{Q_0}$ 的波形也画出来了，以便能更清晰地反映出 FF_1 翻转与否完全取决于 $\overline{Q_0}$ 的上升沿。另外，画时序图时，无效状态一般不画出来。

注意，在分析时序电路的逻辑功能时，时序图可以不必画出，本题画出的目的是为了进一步熟悉时序图的画法。

（6）确定逻辑功能。从图 10-37 所示状态图可以清楚地看出，图 10-36 所示时序电路是一个 3 位五进制（模五）异步加法计数器，而且能够自启动。

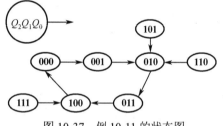

图 10-37　例 10-11 的状态图

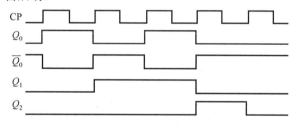

图 10-38　例 10-11 的时序图

2．集成异步计数器

（1）4 位二进制异步计数器 74LS293。图 10-39 所示为 74LS293 的引脚排列图，其中 NC 为空脚。表 10-13 是它的功能表，$Q_3 \sim Q_0$ 是输出，R_{OA}、R_{OB} 为复位信号。当 $R_{OA} = R_{OB} = 1$ 时，无论 $\overline{CP_0}$、$\overline{CP_1}$ 为何种状态，$Q_3Q_2Q_1Q_0 = 0000$，计数器清零；当 $R_{OA} = 0$，或者 $R_{OB} = 0$ 时，电路在 $\overline{CP_0}$、$\overline{CP_1}$ 的下降沿作用下进行计数操作。若将 $\overline{CP_1}$ 与 Q_0 相连，则计数脉冲（CP）从 $\overline{CP_0}$ 输入，数据从 Q_3、Q_2、Q_1、Q_0 输出，电路为 4 位二进制异步加法计数器；若计数脉冲从 $\overline{CP_1}$ 输入，则数据从 Q_3、Q_2、Q_1 输出，电路为 3 位二进制异步加法计数器。

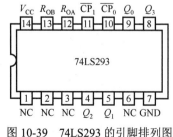

图 10-39　74LS293 的引脚排列图

表 10-13　74LS293 的功能表

输　入			输　出			
R_{OA}	R_{OB}	CP	Q_3^{n+1}	Q_2^{n+1}	Q_1^{n+1}	Q_0^{n+1}
1	1	×	0	0	0	0
0	×	↓	加法计数			
×	0	↓	加法计数			

（2）4 位二进制异步计数器 74LS197。图 10-40 所示为 74LS197 的引脚排列图。$\overline{CR}$ 是异步清零信号，$CT/\overline{LD}$ 是计数和置数控制信号，CP_0 是触发器 FF_0 的时钟输入，CP_1 是触发器 FF_1 的时钟输入，$D_0 \sim D_3$ 是并行数据输入，$Q_0 \sim Q_3$ 是计数器状态输出。

通过前面的分析可以看出，异步计数器的结构简单，但由于各触发器异步翻转，因此工作速度低；同步计数器电路结构复杂，但工作速度快。

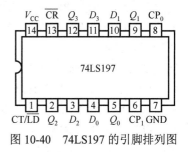

图 10-40　74LS197 的引脚排列图

10.3.4　集成计数器构成 N 进制计数器的方法

目前，尽管各种不同逻辑功能的计数器已经做成中规模集成电路，并逐步取代了用触发器组成的计数器，但不可能做到任意进制的计数器都有其对应的集成产品。中规模集成计数器常用的定型产品有 4 位二进制计数器、十进制计数器等。在需要其他任意进制计数器时，可用已有的计数器产品外加适当反馈电路连接而成。

用现有的 M 进制计数器构成 N 进制计数器时，如果 $N<M$，则只需一片 M 进制计数器；如果 $N>M$，则要多片 M 进制计数器。

1. $N<M$

实现 N 进制计数器的基本方法有两种：**反馈清零法和反馈置数法**。

（1）反馈清零法。反馈清零法也叫**反馈复位法**，该方法适用于有"清零"端的集成计数器。这种方法的基本思想：计数器从全 **0** 状态 S_0 开始计数，计满 N 个状态后产生清零信号并反馈给清零端，使计数器恢复到初态 S_0。可见，反馈复位法是利用计数器的清零端实现 N 进制计数的。

（2）反馈置数。反馈置数法适用于有预置数功能的计数器。置数法与清零法不同，使用置数法，计数器不一定从全 **0** 状态 S_0 开始计数，可以通过预置数功能使计数器从某个预置状态 S_i 开始计数，计满 N 个状态后产生置数信号并反馈给置数端，使计数器又进入预置状态 S_i，然后重复上述过程。

【例 10-12】　试用 4 位二进制同步加法计数器 74LS161 实现十三进制加法计数器（提示：74LS161 为异步清零、同步置数）。

解：用反馈法实现任意进制计数器时，最好对照状态图，这样会比较清晰。下面分别采用反馈清零法和反馈置数法实现本题要求的十三进制计数器。

（1）用反馈清零法实现。首先画出 74LS161 的状态图，如图 10-41 所示。由于 74LS161 为异步清零，因此从计数初态 **0000**（反馈清零法的计数初态一定是 **0000**）开始，当计到第 13 个 CP 时，$Q_3Q_2Q_1Q_0 = $ **1101**，就把 **1101** 作为反馈状态，并通过适当的反馈电路将此状态唯一变成一个低电平信号送给清零端 $\overline{\text{CR}}$（因为 74LS161 的清零端低电平有效），使得在第 14 个 CP 到来之前，计数器完成清零，回到初态 **0000**，完成一次计数循环，如图 10-41 所示。在这个计数循环中，计数器刚好统计了 13 个 CP。同时，可以用最高位输出 Q_3 作为进位输出，当第 13 个 CP 过后，Q_3 由 **1** 变为 **0**，出现一个下降沿，这样就可以用 Q_3 出现一个下降沿来控制计数器计数满一个循环（13 个 CP），逻辑图如图 10-42 所示。由于本题是用清零端 $\overline{\text{CR}}$ 实现的，因此没有用上并行数据输入 D_3、D_2、D_1、D_0，将其悬空即可，如图 10-42 所示。

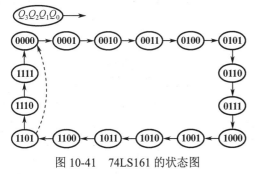

图 10-41　74LS161 的状态图

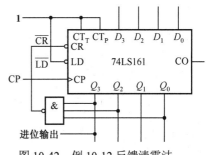

图 10-42　例 10-12 反馈清零法

（2）用反馈置数法实现。用反馈置数法实现时，计数初态可以是 **0000～1111** 中的任意一个。下面选取计数器的计数初态分别为 **0000** 和 **1111**。由于 74LS161 为同步置数，因此当计数初态为 **0000** 时，应选第 12 个 CP 过后的 $Q_3Q_2Q_1Q_0$ = **1100** 作为反馈状态，并通过适当的反馈电路将此状态唯一变成一个低电平信号送给置数端 $\overline{\text{LD}}$，这样当第 13 个 CP（这也是 $\overline{\text{LD}}$ 实现同步置数功能的那个 CP）到来时，计数器刚好完成置数功能，回到初态 **0000**，从而实现了十三进制计数。逻辑图如图 10-43（a）所示。当计数初态为 **1111** 时，利用图 10-41 所示状态图不难看出，此时应选 $Q_3Q_2Q_1Q_0$ = **1011** 作为反馈状态，逻辑图如图 10-43（b）所示。由于本题是用置数端 $\overline{\text{LD}}$ 实现的，因此并行数据输入 $D_3D_2D_1D_0$ 要接计数器的初态 **0000** 和 **1111**。

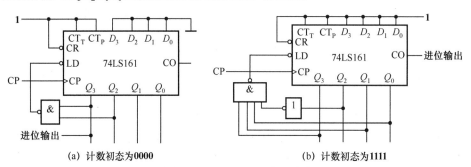

(a) 计数初态为0000　　　　　　　(b) 计数初态为1111

图 10-43　例 10-12 反馈置数法

对于用集成计数器构成任意 N 进制计数器，除用上述反馈清零法和反馈置数法外，还可利用计数器的进位输出 CO 来实现，称这种方法为**进位输出置数法**。以 74LS161 为例，该方法的原理：根据 74LS161 的进位输出特点，当计数器计数到 $Q_3Q_2Q_1Q_0$ =**1111** 状态时，进位输出 CO = **1**。如果将 CO 反相后反馈到 $\overline{\text{LD}}$ 端，那么当计数器输出为全 **1** 时，$\overline{\text{LD}}$ 必为低电平。在下一个 CP 到来时，

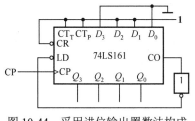

图 10-44　采用进位输出置数法构成
十进制计数器

计数器将被置成 $\overline{\text{LD}}$ 端输入数据（$D_3D_2D_1D_0$）的状态。然后，在连续 CP 的作用下，再以 $D_3D_2D_1D_0$ 的状态为起点计数。因此，改变 $\overline{\text{LD}}$ 端的数据就能改变计数器的模数。例如，想要得到 N = 10 的计数器，同样利用图 10-41 所示 74LS161 的状态图，从 **1111** 状态开始，逆着 74LS161 的计数顺序，反方向数 10 个状态，即到达 **0110** 状态，则应使 $\overline{\text{LD}}$ 端输入数据为 $D_3D_2D_1D_0$ = **0110**（也可理解为 16−10 = 6）。图 10-44 所示电路便是采用进位输出置数法构成的十进制计数器。

2. $N>M$

当 $N>M$ 时，必须将多片计数器级联，才能实现 N 进制计数器。常用的方法有两种：整体置数法和分解法。

（1）整体置数法。先将 n 片计数器级联组成 M^n（$M^n>N$）进制计数器，然后采用整体清零或整体置数的方法实现 N 进制计数器。值得注意的是，当多片计数器级联时，其总的计数容量为各级计数容量的乘积。

（2）分解法。将 N 分解为 $N=N_1×N_2×\cdots×N_n$，其中，$N_1, N_2, \cdots, N_n$ 均不大于 M，用 n 片计数器分别组成 $N_1, N_2, \cdots, N_n$ 进制的计数器，然后再将它们级联组成 N 进制计数器。

芯片之间的级联有串行进位方式和并行进位方式。在串行进位方式中，以低位片的进位输出信号作为高位片的时钟输入信号；在并行进位方式中，以低位片的进位输出信号作为高位片的工作状态控制信号。

【例 10-13】 试用 4 位十进制同步加法计数器 74LS160 构成 100 进制计数器（提示：74LS160 为异步清零、同步置数）。

解： 由题目可知，$N = 100$，$M = 10$，因为 $N > M$，且 $100 = 10 \times 10$，所以用两片 74LS160 即可构成 100 进制计数器。图 10-45（a）为串行进位方式连接的计数器。其中片(1)的进位输出 CO 经反相器后作为片(2)的计数脉冲 CP_2，显然这样的连接方式构成的是异步计数器。虽然两片的 CT_T、CT_P 都为 **1**，都工作于计数状态，但是，只有当片(1)由 **1001** 变为 **0000** 状态，使进位输出 CO 由 **1** 变为 **0**（CP_2 由 **0** 变为 **1**）时，片(2)才能计入一个计数脉冲；在其他情况下，片(2)都将保持原来状态不变。

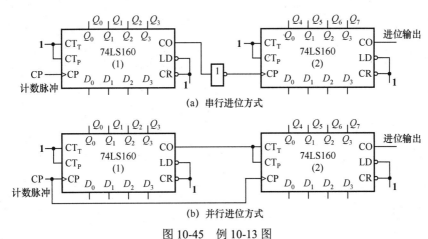

(a) 串行进位方式

图 10-45　例 10-13 图

图 10-45（b）为并行进位方式连接的计数器。两片的 CP 均与计数脉冲相连，所以是同步计数器。低位片(1)的 CT_T、CT_P 都为 **1**，因此它总是处于计数状态，进位输出 CO 作为高位片(2)的 CT_T 和 CT_P 输入，每当片(1)计成 **1001**（十进制数 9）时，CO 变为 **1**，片(2)才处于计数状态，下一个计数脉冲作用后，片(2)计入一个计数脉冲，同时片(1)由 **1001**（十进制数 9）状态变成 **0000**（十进制数 0）状态，它的 CO 也随之变成 **0**，使片(2)停止计数。

【例 10-14】 试用两片 74LS160 接成 54 进制计数器。

解：（1）整体置数法。本例中 $N = 54$，图 10-46（a）是整体置数法实现的 54 进制计数器。首先将两片 74LS160 级联成 100 进制计数器，在此基础上再用置数法连成 54 进制计数器。

（2）分解法。将 N 分解为 $54 = 6 \times 9$，用两片 74LS160 分别组成六进制和九进制计数器，然后级联组成 54 进制计数器，如图 10-46（b）所示。

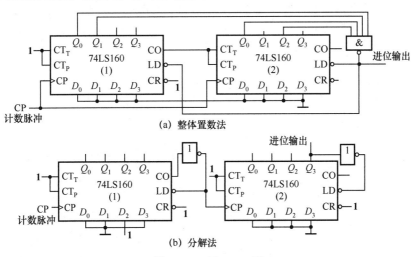

(a) 整体置数法

(b) 分解法

图 10-46　例 10-14 图

10.3.5　集成计数器应用电路举例

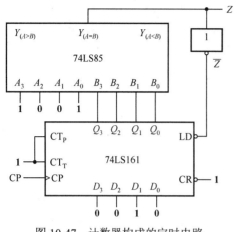

图 10-47　计数器构成的定时电路

图 10-47 所示为由 4 位数值比较器 74LS85 和 4 位二进制加法计数器 74LS161 构成的定时电路。Z 为输出。设数值比较器的输入 $A_3A_2A_1A_0$ 接固定电平 **1001**；计数器的数据输入 $D_3D_2D_1D_0$ 预置在 **0010**。根据电路结构分析可知，当计数器的状态为 **1001**（状态9）时，$Z=1$，$\overline{LD}=\overline{Z}=0$，在下一个 CP 作用下，计数器进入 **0010** 状态（状态2）。故可知计数器的工作状态为状态 2 至状态 9，共有 8 个状态。每次状态转换都需要一个 CP 触发，可知在一个 Z 周期内包含 8 个 CP 周期，从而完成定时功能。

若将 $\overline{Z}$ 改接 $\overline{CR}$（$\overline{LD}$ 改接高电平），试求一个 Z 周期内包含多少个 CP 周期？请读者自行分析。

10.4　寄存器

在数字系统中常常需要将二进制数码表示的信息暂时存放起来，等待处理。能够完成暂时存放数据的逻辑部件称为寄存器。寄存器是一种重要的数字逻辑部件，一个触发器就是一个能存放 1 位二进制数码的寄存器。存放 n 位二进制数码就需要 n 个触发器，从而构成 n 位寄存器。

寄存器由触发器和门电路组成，具有接收、存放和输出数据的功能。只有在接到指令 CP（时钟脉冲）时，寄存器才能接收要寄存的数据。

寄存器按逻辑功能分为**数码寄存器**（也称基本寄存器）和**移位寄存器**，还可以按照位数以及输入、输出方式等分类。

10.4.1　数码寄存器

数码寄存器可以接收、暂存数码。它在时钟脉冲（CP）作用下，将数据存入对应的触发器。由于 D 触发器的特性方程是 $Q^{n+1}=D$，因此以 D 作为数据输入组成寄存器最为方便。图 10-48 所示为由 4 个边沿 D 触发器组成的 4 位数码寄存器 74LS175 的逻辑图。$D_3 \sim D_0$ 是并行数码输入，$\overline{CR}$ 是清零信号，CP 是时钟脉冲，$Q_3 \sim Q_0$ 是并行数码输出。

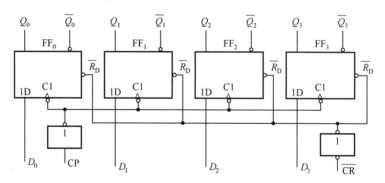

图 10-48　74LS175 的逻辑图

当 $\overline{CR}=0$ 时，实现异步清零，即通过异步输入信号 $\overline{R}_D$ 将 4 个边沿 D 触发器复位到 0 态。当 $\overline{CR}=$

1 时，在 CP 上升沿送数。只要送数控制脉冲 CP 上升沿到来，加在并行数码输入端的数码 $D_3 \sim D_0$ 就立即被送进寄存器中，使并行输出 $Q_3Q_2Q_1Q_0 = D_3D_2D_1D_0$，从而完成接收并寄存数码的功能。而在 $\overline{CR} = 1$ 与 CP 上升沿以外的时间，寄存器保持内容不变。由于寄存器能同时输入 4 位数码，同时输出 4 位数码，故称为并行输入、并行输出寄存器。

10.4.2 移位寄存器

移位寄存器既可存放数码，又可使数码在寄存器中逐位左移或右移。按照在移位时钟脉冲 CP 控制下移位情况的不同，移位寄存器又可分为**单向移位寄存器**和**双向移位寄存器**。

1. 单向移位寄存器

图 10-49 所示为用边沿 D 触发器构成的单向移位寄存器，图 10-49（a）为**右移移位寄存器**，图 10-49（b）为**左移移位寄存器**。以右移移位寄存器为例，假设从 D_i 连续输入 4 个 **1**，D_i 经 FF_0 在 CP 上升沿控制下，依次被移入寄存器中，即经过 4 个 CP，寄存器输出状态为 $Q_3Q_2Q_1Q_0 = $ **1111**，变成全 **1** 状态，即 4 个 **1** 右移输入完毕。假设再连续输入 **0**，再经过 4 个 CP 之后，寄存器变成全 **0** 状态。图 10-49（b）所示的左移移位寄存器，其工作原理与右移移位寄存器并无本质区别，只是因为连接反了，所以移位方向也由此变成从右向左。

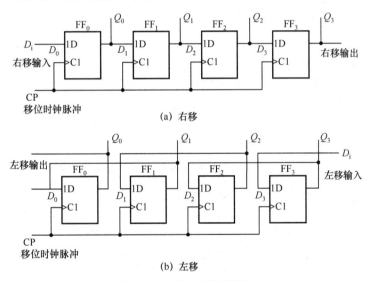

(a) 右移

(b) 左移

图 10-49　单向移位寄存器

2. 双向移位寄存器

在数字电路中，有时需要寄存器按照不同的控制信号，能够将其中存放的数码向左或向右移位。这种既能右移又能左移的寄存器称为双向移位寄存器。把左移和右移移位寄存器组合起来，加上移位方向控制信号，就可方便地构成双向移位寄存器。图 10-50 所示为基本的 4 位双向移位寄存器，M 是移位方向控制信号，D_{iR} 是右移串行输入，D_{iL} 是左移串行输入，$Q_0 \sim Q_3$ 是并行输出，CP 是移位时钟脉冲。图 10-50 中，4 个**与或**门构成了 4 个 2 选 1 数据选择器。

3. 集成移位寄存器

双向移位寄存器 74LS194 的引脚排列图如图 10-51 所示，表 10-14 为其功能表，其中 M_1、M_0 为工作方式控制信号，它们的不同取值将会决定寄存器的不同功能：保持、右移、左移或并行输入。D_{iR} 为右移串行输入，D_{iL} 为左移串行输入，$\overline{CR}$ 是清零信号，$\overline{CR} = 0$ 时寄存器被清零。寄存器工作时，$\overline{CR}$ 应为高电平，这时寄存器工作方式由 M_1、M_0 的状态决定，如表 10-14 所示。

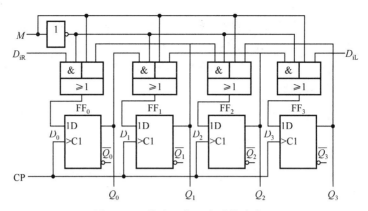

图 10-50　基本 4 位双向移位寄存器

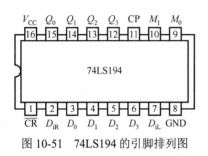

图 10-51　74LS194 的引脚排列图

表 10-14　74LS194 的功能表

$\overline{\text{CR}}$	M_1	M_0	CP	功　能
0	×	×	×	清零
1	**0**	**0**	↑	保持
1	**0**	**1**	↑	右移
1	**1**	**0**	↑	左移
1	**1**	**1**	↑	并行输入

用多片 74LS194 通过级联，可以构成多位双向移位寄存器。图 10-52 所示为用两片 74LS194 接成 8 位双向移位寄存器的逻辑图。这时只需将片(1)的 Q_3 接至片(2)的 D_{iR}，而片(2)的 Q_0 接到片(1) 的 D_{iL}，同时把两片的 M_1、M_0、CP 和 $\overline{\text{CR}}$ 分别并联就行了。

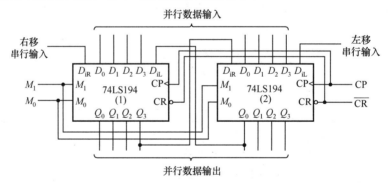

图 10-52　用两片 74LS194 接成 8 位双向移位寄存器

【例 10-15】　试分析图 10-53（a）所示电路的逻辑功能，并指出在图 10-53（b）所示的时钟脉冲及 M_1、M_0 状态作用下，t_4 时刻以后输出 Y 与两组并行输入的二进制数 M、N 在数值上的关系。假定 M、N 的状态始终未变。

解：该电路由两片 4 位加法器 74283 和 4 片 74LS194 组成。两片 74283 接成一个 8 位并行加法器，4 片 74LS194 分别接成两个 8 位的单向移位寄存器。由于两个移位寄存器的输出分别加到了 8 位并行加法器的两组输入端，因此图 10-53（a）所示电路为将两个移位寄存器里的内容相加的运算电路。

由图 10-53（b）可见，当 $t = t_1$ 时，CP_1 和 CP_2 的第一个上升沿同时到达，因为这时 $M_1 = M_0 = 1$，所以移位寄存器处于并行数据输入状态，M、N 的数值便分别存入两个移位寄存器中。

当 $t = t_2$ 以后，M、N 同时右移 1 位。若 m_0、n_0 分别是 M、N 的最低位，则右移 1 位相当于两数分别乘以 2。

当 $t = t_4$ 时，M 又右移了 2 位，所以这时上面一个移位寄存器里的数为 $M \times 8$，下面一个移位寄存器里的数为 $N \times 2$，两数经加法器相加后得到 $Y = M \times 8 + N \times 2$。

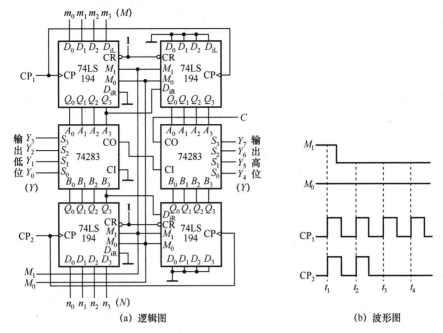

(a) 逻辑图　　　　　　　　　　(b) 波形图

图 10-53　例 10-15 图

10.4.3　移位寄存器的应用

移位寄存器的应用十分广泛，例如，可以将数码进行串-并行转换以及构成计数器等。

1. 数码的串-并行转换

在数字系统中，数码多半采用串行方式在线路上逐位传送，而在收发端则以并行方式对数据进行存放和处理，这就需要将数码进行串-并行转换。前面介绍的单向移位寄存器即可实现此功能。当要求将并行输入的数码变为串行输出时，可采用如图 10-54 所示的逻辑电路。

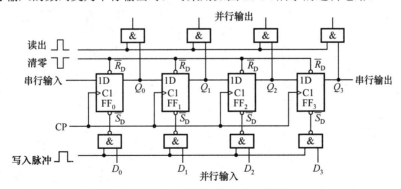

图 10-54　并行输入变为串行输出

将 D_3、D_2、D_1、D_0 分别加到各触发器的异步置 1 端（$\overline{S}_D$），在写入脉冲控制下分别送入各触发器的 Q_3、Q_2、Q_1、Q_0（事先要清零），再在时钟脉冲（CP）控制下逐位右移，这就是并入-串出方式。图 10-54 所示电路也可以按串入-并出、串入-串出、并入-并出方式工作。

2. 移位寄存器型计数器

（1）环形计数器。如果将移位寄存器的最后一级输出 Q^n 直接反馈到第一级 D 触发器的输入，就得到一个自循环的移位寄存器，这也是一种最简单的移位寄存器型计数器，通常称为**环形计数器**。4 位环形计数器如图 10-55 所示。

环形计数器的特点是取 $D_0 = Q_{n-1}^n$，可以在 CP 作用下循环移位一个 **1**，也可以循环移位一个 **0**。

图 10-56 所示为 4 位环形计数器的状态图，如果选择循环移位一个 **1**，则有效状态是 **1000**、**0100**、**0010**、**0001**。工作时应先用启动脉冲将计数器中置入有效状态，如 **1000**，然后才能加 CP。由状态图可知，图 10-55 所示的电路不能自启动，如果将其改为图 10-57 的形式，就可以实现自启动了，读者可自行分析，画出其状态图。

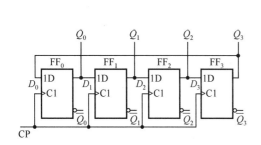

图 10-55　4 位环形计数器

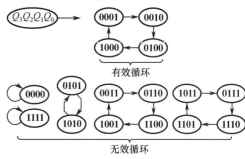

图 10-56　图 10-55 的状态图

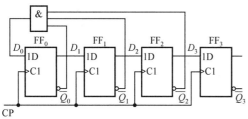

图 10-57　能自启动的 4 位环形计数器

环形计数器的优点是可以实现所有触发器中只有一个输出为 **1**（或 **0**），利用 Q 作为状态输出而不需要加译码器。在 CP 作用下，Q 轮流出现矩形脉冲，因此也可称为脉冲分配器。其缺点是状态利用率低，计 n 个数需要 n 个触发器，使用触发器多。

（2）扭环形计数器。将环形计数器最后一级 D 触发器的 $\overline{Q^n}$ 反馈到第一级 D 触发器的输入，可以构成扭环形计数器。扭环形计数器的结构特点是取 $D_0 = \overline{Q_{n-1}^n}$，它的状态利用率比环形计数器提高一倍，即 $N = 2n$。图 10-58 和图 10-59 所示分别是不能自启动和能够自启动的 4 位扭环形计数器逻辑图及其状态图。

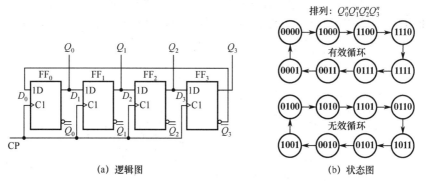

(a) 逻辑图　　　　(b) 状态图

图 10-58　4 位扭环形计数器

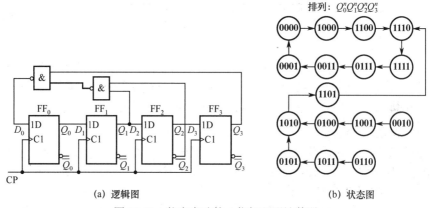

(a) 逻辑图　　　　(b) 状态图

图 10-59　能自启动的 4 位扭环形计数器

扭环形计数器的优点是每次状态变化时只有一个触发器翻转，因此译码时不存在竞争-冒险现象。缺点是状态利用率低，有 2^n-2n 个状态没有被利用。

10.5 顺序脉冲发生器

在数字系统中，常常要求系统按照规定的时间顺序进行一系列的操作，这就要求系统的控制部分能给出在时间上有一定先后顺序的脉冲信号，再用这组脉冲信号形成所需要的各种控制信号。这种能产生顺序脉冲信号的电路称为**顺序脉冲发生器**，也称节拍脉冲发生器，它是一种重要的时序电路，也是计数器的应用电路。

顺序脉冲发生器的框图如图 10-60 所示，它输入时钟脉冲（CP），输出 $Y_1 \sim Y_N$ 路脉冲信号。在连续 CP 的作用下，$Y_1 \sim Y_N$ 依次产生宽度等于 CP 周期的脉冲信号，因此也称之为 N 节拍顺序脉冲发生器。若 CP 的周期为 T_{CP}，则 $Y_1 \sim Y_N$ 的周期均为 NT_{CP}。$Y_1 \sim Y_N$ 被分别送到整个系统的各个部分，起着不同的作用，如作为计数脉冲、移位脉冲等。

前面介绍的环形计数器，若在有效状态下只有一个 **1** 循环，它就是一个顺序脉冲发生器。因此可以用环形计数器或移位寄存器构成顺序脉冲发生器。当需要的顺序脉冲较多时，还可以利用计数器和译码器组合成顺序脉冲发生器。用一个 N 进制计数器和一个与之相匹配的译码器，便可以组成 N 节拍顺序脉冲发生器，如图 10-61 所示。译码器将 N 进制计数器的 N 个状态译码输出，因此译码器的 N 个输出与计数器的 N 个状态一一对应。对应于计数器的每个有效状态，N 个输出中只有一个为有效电平。因此，当 CP 为周期性连续脉冲时，N 个输出就会按计数规律依次出现有效电平，也就会顺序产生宽度等于 CP 周期的脉冲信号。

图 10-60　顺序脉冲发生器框图　　　图 10-61　计数器和译码器组成的顺序脉冲发生器

图 10-62（a）所示为用 74LS161 和 74LS138 构成的有 8 个顺序脉冲输出的顺序脉冲发生器。由 74LS161 的功能表可知，为使电路工作于计数状态，$\overline{CR}$、$\overline{LD}$、CT_T、CT_P 均应接高电平，在连续输入计数脉冲的情况下，$Q_3Q_2Q_1Q_0$ 的状态按 **0000～1111** 的顺序循环，其中低 3 位按 **000～111** 的顺序循环，因此可以将低 3 位的输出作为 74LS138 的代码输入。为了避免 74LS161 中各触发器的传输延迟时间的不同而引起的竞争-冒险现象，74LS138 的 S_1 接选通脉冲，选通脉冲的有效时间与触发器的翻转时间错开，故选 $\overline{CP}$ 作为 74LS138 的选通脉冲，其输出波形为一组顺序负脉冲，如图 10-62（b）所示。

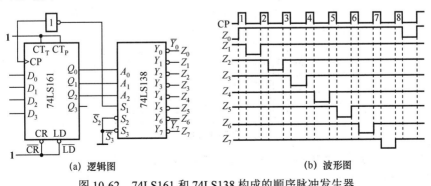

(a) 逻辑图　　　　　　　　　　　　　　(b) 波形图

图 10-62　74LS161 和 74LS138 构成的顺序脉冲发生器

10.6 序列信号发生器

在数字信号的传输和数字系统的测试中,有时需要用到一组特定的串行数字信号,如**00010111**等, 这种串行数字信号称为序列信号。产生序列信号的电路称为**序列信号发生器**。

序列信号发生器的构成方法有多种。一种比较简单、直观的方法是用"计数器 + 数据选择器"构成。例如,需要产生一个 8 位的序列信号**00010111**(时间顺序为自左而右),则可使用一个八进制计数器和一个 8 选 1 数据选择器,如图 10-63 所示。其中, 八进制计数器取自 74LS161 的低 3位。74LS152 是 8 选 1 数据选择器。

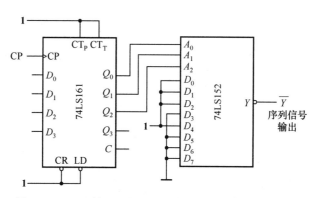

图 10-63　用计数器和数据选择器构成的序列信号发生器

当 CP 信号连续不断地加到计数器上时, $Q_2Q_1Q_0$ 的状态(也就是加到 74LS152 上的地址输入代码 $A_2A_1A_0$)按照自然二进制代码的顺序不断循环, $\overline{D_0} \sim \overline{D_7}$ 的状态就循环不断地依次出现在 $\overline{Y}$处。只要令 $D_0 = D_1 = D_2 = D_4 = \mathbf{1}$, $D_3 = D_5 = D_6 = D_7 = \mathbf{0}$, 便可在 $\overline{Y}$ 处得到不断循环的序列信号**00010111**。在需要修改序列信号时, 只要修改输入 $D_0 \sim D_7$ 的高、低电平即可, 而不需对电路结构做任何改动。因此, 使用这种电路既灵活又方便。

构成序列信号发生器的另一种常见方法是采用带反馈逻辑电路的移位寄存器。如果序列信号的位数为 m, 移位寄存器的位数为 n, 则应取 $2^n \geqslant m$。例如, 若仍然要求产生**00010111**这样一组8 位的序列信号, 则可用 3 位移位寄存器加上反馈逻辑电路构成所需的序列信号发生器,如图 10-64所示。移位寄存器从 Q_2 输出的串行输出信号就是所要求的序列信号。

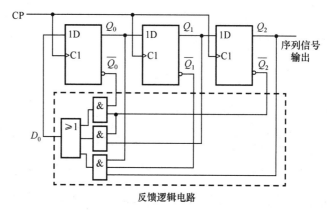

图 10-64　用移位寄存器构成的序列信号发生器

10.7　时序逻辑电路的设计

随着电子技术的发展，尤其在系统可编程逻辑器件的广泛应用，使得利用门电路和触发器设计时序电路的方法显得越来越重要，本节以计数器为例简单介绍同步时序电路的设计方法。

10.7.1　设计方法及步骤

时序电路的设计，就是根据给定的逻辑功能要求，选择适当的逻辑器件，设计出符合要求的时序电路。一般设计步骤如下。

（1）将所设计的实际问题进行逻辑抽象，定义所设计电路的输入信号、输出信号和有效状态的物理意义。

（2）定义所设计电路的有效状态的编码，根据设计目标确定其状态表或状态图。

（3）根据有效状态的状态表或状态图，以各触发器的现态 Q^n 为输入变量，以次态 Q^{n+1} 为函数，画出次态的卡诺图。

（4）由卡诺图求出各触发器的状态方程。

（5）将求出的状态方程与触发器的特性方程进行比较，从而求出各触发器的驱动方程和输出方程。

（6）根据各触发器的驱动方程和输出方程，画出逻辑图。

（7）检验所设计的时序电路是否满足设计目标和要求。

需要指出的是，上述方法和步骤只是为读者提供一个思路，实际设计时可根据题目的难易程度简化设计过程。

10.7.2　设计举例

【例 10-16】　试用 JK 触发器和尽可能少的门电路设计一个七进制同步加法计数器，并说明所设计的计数器是否能自启动。

解：（1）确定有效状态的状态图。组成七进制同步加法计数器应选用 3 个触发器，设它们分别为 FF_2、FF_1、FF_0。显然，七进制同步加法计数器要有 7 个有效状态，不需要输入控制信号，且可利用最高位触发器的状态作为输出进位信号，而不需要另加输出端，因此其有效循环的状态图如图 10-65 所示。

（2）画出各触发器次态的卡诺图。以各触发器的现态 Q_2^n、Q_1^n、Q_0^n 为输入变量，以次态 Q_2^{n+1}、Q_1^{n+1}、Q_0^{n+1} 为函数，根据图 10-65 所示现态与次态的转换关系，可将 Q_2^{n+1}、Q_1^{n+1}、Q_0^{n+1} 画成卡诺图。在 $Q_2^n Q_1^n Q_0^n = \mathbf{000}$ 的方格内填入其次态 $\mathbf{001}$，在 $Q_2^n Q_1^n Q_0^n = \mathbf{001}$ 的方格内填入其次态 $\mathbf{010}$，依照这个方法填完所有方格，无效状态 $\mathbf{111}$ 可视为无关项，如图 10-66 所示。

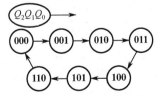

图 10-65　七进制同步加法计数器的有效循环

Q_2^n	$Q_1^n Q_0^n$ 00	01	11	10
0	001	010	100	011
1	101	110	×××	000

图 10-66　Q_2^{n+1}、Q_1^{n+1}、Q_0^{n+1} 的卡诺图

（3）求状态方程。由图 10-66 所示卡诺图可求出触发器的状态方程。为清晰起见，也可将图 10-66 所示的卡诺图分解为 3 个卡诺图，分别表示 Q_2^{n+1}、Q_1^{n+1}、Q_0^{n+1} 这 3 个逻辑函数。由卡诺图得到各触发器的状态方程为

$$\begin{cases} Q_0^{n+1} = \overline{Q_2^n} \cdot \overline{Q_0^n} + \overline{Q_1^n} \cdot \overline{Q_0^n} = \overline{Q_2^n Q_1^n} \cdot \overline{Q_0^n} \\ Q_1^{n+1} = Q_0^n \cdot \overline{Q_1^n} + \overline{Q_2^n} \cdot \overline{Q_0^n} \cdot Q_1^n \\ Q_2^{n+1} = Q_1^n \cdot Q_0^n \cdot \overline{Q_2^n} + \overline{Q_1^n} \cdot Q_2^n \end{cases}$$

（4）求驱动方程。为了便于求出驱动方程，应将状态方程写成与特性方程 $Q^{n+1} = J\overline{Q^n} + \overline{K}Q^n$ 类比的形式。例如，在第 i 个触发器的状态方程中，每项均应含有 $\overline{Q_i^n}$ 和 Q_i^n，其中含有 $\overline{Q_i^n}$ 的项决定 J_i，含有 Q_i^n 的项决定 K_i。据此写出各触发器的驱动方程如下：

$$\begin{cases} J_0 = \overline{Q_2^n Q_1^n}, & K_0 = \mathbf{1} \\ J_1 = Q_0^n, & K_1 = \overline{\overline{Q_2^n} \cdot \overline{Q_0^n}} \\ J_2 = Q_1^n Q_0^n, & K_2 = Q_1^n \end{cases}$$

（5）画出逻辑图。根据驱动方程，画出逻辑图，如图 10-67 所示。

（6）根据时序电路的分析方法，画出图 10-67 所示计数器的状态图，如图 10-68 所示。可以看出，所设计的电路能够完成七进制同步加法计数功能，并且能够自启动。

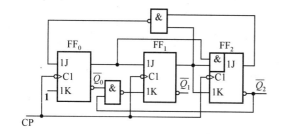

图 10-67　例 10-16 的逻辑图

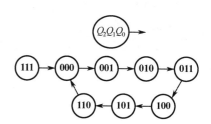

图 10-68　例 10-16 的状态图

【例 10-17】　设计一个自动售邮票机的逻辑电路。每次只允许投入一枚五角或一元的硬币，累计投入两元硬币给出一张邮票。如果投入一元五角硬币以后再投入一枚一元硬币，则给出一张邮票的同时还应找回五角硬币。要求设计的电路能自启动。

解：用 A 表示投入一元硬币，用 B 表示投入五角硬币，用 Y 表示给出一张邮票，用 Z 表示找回五角硬币。用 Q_1 和 Q_0 取值组合 00、01、10、11 分别表示未投币、投入五角硬币、投入一元硬币、投入一元五角硬币 4 种情况。状态图如图 10-69 所示。

根据状态图，可画出卡诺图，如图 10-70 所示。根据卡诺图，可写出状态方程和输出方程。

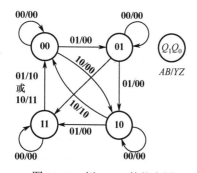

图 10-69　例 10-17 的状态图

$Q_1^{n+1}Q_0^{n+1}/YZ$ $Q_1^n Q_0^n$	AB			
	00	01	11	10
00	00/00	01/00	××/××	10/00
01	01/00	10/00	××/××	11/00
11	11/00	00/10	××/××	00/11
10	10/00	11/00	××/××	00/10

图 10-70　例 10-17 的卡诺图

状态方程：

$$Q_1^{n+1} = (A + B Q_0^n)\overline{Q_1^n} + (\overline{A}\,\overline{B} + \overline{A}\,\overline{Q_0^n})Q_1^n$$

$$Q_0^{n+1} = B\overline{Q_0^n} + (\overline{A}\,\overline{B} + \overline{B}\,\overline{Q_1^n})Q_0^n$$

输出方程:

$$Y = AQ_1^n + BQ_1^n Q_0^n = Q_1^n(A + BQ_0^n)$$

$$Z = AQ_1^n Q_0^n$$

如果选用 JK 触发器，则根据状态方程可以得到电路的驱动方程:

$$J_1 = A + BQ_0^n , \quad K_1 = \overline{\overline{A}\,\overline{B} + \overline{A}\,\overline{Q_0^n}} = A + BQ_0^n$$

$$J_0 = B , \quad K_0 = \overline{\overline{A}\,\overline{B} + \overline{B}\,\overline{Q_1^n}} = B + AQ_1^n$$

根据驱动方程和输出方程，画出逻辑图如图 10-71 所示。

例 10-17 属于较复杂的时序电路的设计题。关键是根据题意合理地选择变量，规定其意义并进行状态赋值，从而得出状态表，再利用卡诺图化简。若不规定触发器的类型，则选择 D 触发器，可以方便地得出逻辑图，其理论根据是 $Q_i^{n+1} = D_i$；若选择 JK 触发器，在得出 Q_i^{n+1} 的表达式后，按 JK 触发器的特征方程进行整理变形，然后经过对照可得出 J_i、K_i 的表达式，这样做相对难一些。

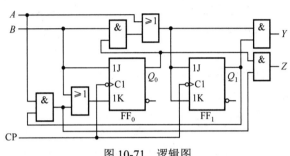

图 10-71 逻辑图

10.8 555 定时器的原理及应用

555 定时器是一种中规模集成电路，以它为核心，在其外部配上少量阻容元件，就可方便地构成多谐振荡器、施密特触发器、单稳态触发器等，这些触发器往往是数字系统中不可缺少的器件。由于使用灵活、方便，因此 555 定时器在波形的产生与变换、测量与控制、家用电器、电子玩具等许多领域中都得到了应用。

数字系统中经常会有脉冲的产生、整形、延时等需求，要用到单稳态触发器、多谐振荡器、施密特触发器等，而它们都可由 555 定时器构成。

10.8.1 555 定时器

1. 电路结构

图 10-72（a）所示为 555 定时器的电路结构，图 10-72（b）是其引脚排列图，其中，TH 为电压比较器 C_1 的阈值输入端，$\overline{TR}$ 为电压比较器 C_2 的触发输入端。

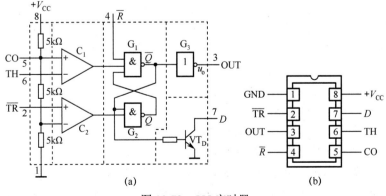

(a)   (b)

图 10-72 555 定时器

555 定时器由以下部分组成。

（1）电阻分压器。三个阻值均为 5kΩ 的电阻串联起来构成电阻分压器（555 由此得名），其作用是为后面的电压比较器 C_1 和 C_2 提供参考电压。如果在电压控制端 CO 另加控制电压，则可改变 C_1、C_2 的参考电压。不使用 CO 端时，一般应通过一个 $0.01\mu F$ 的电容接地，以旁路高频干扰。

（2）电压比较器。C_1、C_2 是由运放构成的电压比较器。两个输入端基本不向外电路索取电流，即输入电阻趋于无穷大。

（3）基本 RS 触发器。在电压比较器之后，是由两个与非门组成的基本 RS 触发器，$\overline{R}$ 是专门设置的可从外部进行置 **0** 的复位信号，当 $\overline{R} = \mathbf{0}$ 时，使 $Q = \mathbf{0}$，$\overline{Q} = \mathbf{1}$。

（4）晶体管开关和输出缓冲器。晶体管 VT_D 构成开关，其状态受 $\overline{Q}$ 控制。输出缓冲器就是接在输出端的反相器 G_3，其作用是提高定时器的带负载能力和隔离负载对定时器的影响。

综上所述，555 定时器不仅提供了一个复位电平为 $2V_{CC}/3$、置位电平为 $V_{CC}/3$、可通过 $\overline{R}$ 直接从外部进行置 **0** 的基本 RS 触发器，而且还给出了一个状态受该触发器 $\overline{Q}$ 控制的晶体管开关，因此使用起来非常灵活。

2．工作原理

表 10-15 是 555 定时器的功能表，该表是后面分析 555 定时器各种应用电路的重要理论依据。

由 555 定时器的电路结构和功能表可以看出：

当 $\overline{R} = \mathbf{0}$ 时，$\overline{Q} = \mathbf{1}$，输出电压 $u_o = U_{OL}$ 为低电平，VT_D 饱和导通。

当 $\overline{R} = \mathbf{1}$，$U_{TH} > 2V_{CC}/3$，$U_{\overline{TR}} > V_{CC}/3$ 时，C_1 输出低电平，C_2 输出高电平，$\overline{Q} = \mathbf{1}$，$Q = \mathbf{0}$，$u_o = U_{OL}$，$VT_D$ 饱和导通。

表 10-15　555 定时器的功能表

U_{TH}	$U_{\overline{TR}}$	$\overline{R}$	u_o	VT_D 的状态
$\times$	$\times$	0	U_{OL}	导通
$>2V_{CC}/3$	$>V_{CC}/3$	1	U_{OL}	导通
$<2V_{CC}/3$	$>V_{CC}/3$	1	不变	不变
$<2V_{CC}/3$	$<V_{CC}/3$	1	U_{OH}	截止

当 $\overline{R} = \mathbf{1}$，$U_{TH} < 2V_{CC}/3$，$U_{\overline{TR}} > V_{CC}/3$ 时，C_1、C_2 输出均为高电平，基本 RS 触发器保持原来状态不变，因此 u_o、VT_D 也保持原来状态不变。

当 $\overline{R} = \mathbf{1}$，$U_{TH} < 2V_{CC}/3$，$U_{\overline{TR}} < V_{CC}/3$ 时，C_1 输出高电平，C_2 输出低电平，$\overline{Q} = \mathbf{0}$，$Q = \mathbf{1}$，$u_o = U_{OH}$，$VT_D$ 截止。

10.8.2　555 定时器构成单稳态触发器

单稳态触发器是一种常用的脉冲整形电路。与一般双稳态触发器不同的是，它有稳态和暂稳态两种不同的工作状态。暂稳态是一种不能长久保持的状态，这时电路中的电压和电流会随着电容的充电与放电发生变化，而稳态时电压和电流是不变的。

在单稳态触发器中，当没有外加触发信号时，电路始终处于稳态；当有外加触发信号时，电路从稳态翻转到暂稳态，经过一段时间后，又能自动返回稳态。暂稳态持续时间的长短取决于电路的自身参数，与外加触发信号无关。

将 555 定时器高电平触发端 TH 与 D 端相连后，接定时元件 R、C，从低电平触发端 $\overline{TR}$ 加入触发信号 u_i，则构成单稳态触发器，如图 10-73（a）所示。

设输入信号 u_i 为高电平，且大于 $V_{CC}/3$，根据表 10-15，输出电压 u_o 为低电平，D 端接通，因此电容两端即使原来电压不为零，也会放电至零，即 $u_C = 0V$，电路处于稳态。

当 u_i 由高电平变为低电平且低于 $V_{CC}/3$ 时，u_o 由低电平跃变为高电平，D 端关断，电路进入暂稳态。此后，电源通过 R 对电容 C 充电，当充电至电容电压 u_C，也就是高电平触发端的电压

U_{TH} 略大于 $2V_{CC}/3$ 时，u_o 由高电平跃变为低电平，D 端接通，电容通过 D 端很快放电，电路自动返回稳态，等待下一个触发脉冲的到来。u_i、u_C、u_o 的波形分别如图 10-73（b）所示。

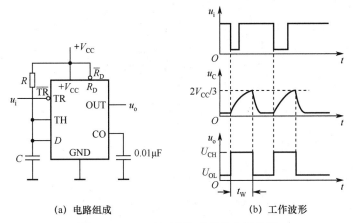

(a) 电路组成　　　　　　　　　　(b) 工作波形

图 10-73　555 定时器构成单稳态触发器

从以上分析可知，单稳态触发器触发脉冲的高电平应大于 $2V_{CC}/3$，低电平应小于 $V_{CC}/3$，且脉冲宽度应小于暂稳态时间。输出脉冲的宽度 t_W 为暂态时间，它等于电容 C 上电压从 0 开始充电到 $2V_{CC}/3$ 所需的时间，即

$$t_W \approx RC \ln 3 \approx 1.1RC \qquad\qquad (10\text{-}7)$$

根据式（10-7），调节 R 和 C 的值可以改变脉冲宽度 t_W，t_W 的值可调范围从几秒到几分。

10.8.3　555 定时器构成多谐振荡器

多谐振荡器是一种无稳态电路，在接通电源后，不需要外加触发信号，电路在两个暂稳态之间做交替变化，产生矩形波输出。由于矩形波中除基波外，包含了许多高次谐波，因此这类振荡器称为多谐振荡器。多谐振荡器常用来作为时钟脉冲源。

将 555 定时器的 TH 端和 $\overline{TR}$ 端连在一起再外接电阻 R_1、R_2 和电容 C，便构成了多谐振荡器，如图 10-74（a）所示。该电路不需要外加触发信号，加电后就能产生周期性的矩形脉冲或方波。

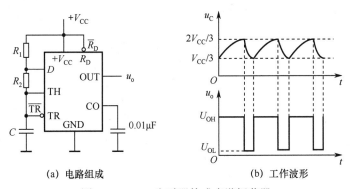

(a) 电路组成　　　　　　　　　　(b) 工作波形

图 10-74　555 定时器构成多谐振荡器

接通电源，设电容电压 $u_C = 0V$，而两个电压比较器的阈值电压分别为 $2V_{CC}/3$ 和 $V_{CC}/3$，所以 $U_{TH} = U_{\overline{TR}} = 0V < V_{CC}/3$，根据表 10-15，$u_o = U_{OH}$，且 D 端关断。电源对电容 C 充电，充电回路为

$$+V_{CC} \to R_1 \to R_2 \to C \to \text{地}$$

随着充电过程的进行，电容电压 u_C 上升，当上升到 $2V_{CC}/3$ 时，u_o 从 U_{OH} 跃变为 U_{OL}，且 D 端导通。此后电容 C 放电，放电回路为

$$C \to R_2 \to D \text{ 端导通} \to \text{地}$$

随着放电过程的进行，u_C 下降；当 u_C 下降到 $V_{CC}/3$ 时，u_o 从 U_{OL} 跃变为 U_{OH}，且 D 端再次关断，电容 C 又充电，充电到 $2V_{CC}/3$ 再放电，如此周而复始，电路形成自激振荡。输出电压为矩形波，波形如图 10-74（b）所示。

矩形波的周期取决于电容的充、放电时间常数 τ，其充电时间常数为 $(R_1 + R_2)C$，放电时间常数约为 R_2C，因而输出脉冲的周期约为

$$T \approx 0.7\,(R_1 + 2R_2)C$$

占空比（脉冲宽度占整个周期的比例）为

$$q = \frac{R_1 + R_2}{R_1 + 2R_2} \tag{10-8}$$

若 $R_2 \gg R_1$，则 $q \approx 1/2$，输出的矩形脉冲近似为对称方波。

10.8.4　555 定时器构成施密特触发器

施密特触发器是另一种脉冲信号的整形电路，它能够将变化非常缓慢的输入脉冲波形整形成适合数字电路需要的矩形脉冲，而且由于它具有滞回特性，因此抗干扰能力也很强。施密特触发器在脉冲的产生和整形电路中应用很广。

将 555 定时器的 TH 端和 $\overline{\text{TR}}$ 端连在一起作为信号的输入端，便构成施密特触发器，如图 10-75 所示。当 $u_i < V_{CC}/3$ 时，即 $U_{\overline{\text{TR}}} < V_{CC}/3$ 时，输出电压 u_o 为高电平 U_{OH}，电路处于第一稳态。只有当 u_i 升高到略大于 $2V_{CC}/3$，使 $U_{TH} > 2V_{CC}/3$ 且 $U_{\overline{\text{TR}}} > V_{CC}/3$ 时，输出电压 u_o 才跃变为低电平 U_{OL}，电路进入第二稳态。此后，u_i 再升高，u_o 状态不变；只有当 u_i 下降到略小于 $V_{CC}/3$，即 $U_{\overline{\text{TR}}} < V_{CC}/3$ 时，u_o 才又变为高电平，触发器回到第一稳态。可见，阈值电压和回差电压分别为

$$\begin{cases} U_{T-} = V_{CC}/3 \\ U_{T+} = 2V_{CC}/3 \\ \Delta U_T = U_{T+} - U_{T-} = V_{CC}/3 \end{cases}$$

若 u_i 为三角波，则 u_i 与 u_o 的波形如图 10-76（a）所示，说明施密特触发器可将非脉冲信号整形成标准幅值的脉冲信号；若 u_i 为幅值不等、宽度也不等的尖顶波，则 u_i 与 u_o 的波形如图 10-76（b）所示，说明施密特触发器可以作为鉴幅器，将幅值大于 $2V_{CC}/3$ 的尖顶波转换为标准幅值的矩形波。整形和鉴幅是施密特触发器的基本功能。

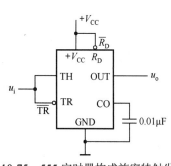

图 10-75　555 定时器构成施密特触发器

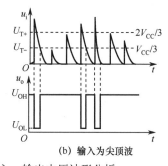

（a）输入为三角波　　　　（b）输入为尖顶波

图 10-76　施密特触发器输入、输出电压波形分析

10.8.5　555 定时器应用电路举例

1. 555 触摸定时开关

555 触摸定时开关电路如图 10-77 所示。集成电路 IC_1 是一片 555 定时器，在这里接成单稳态电路。由于金属片 P 无感应电压，电容 C_1 通过 555 定时器的 7 脚放电完毕，3 脚输出为低电平，继电器 K 释放，电灯不亮。

当需要开灯时，用手触碰一下金属片 P，人体感应的杂波信号电压由 C_2 加至 555 定时器的触发端，使其输出由低电平变成高电平，继电器 K 吸合，电灯点亮。同时，555 定时器的 7 脚内部截止，电源便通过 R_1 给 C_1 充电，这就是定时的开始。

当 C_1 上的电压上升至电源电压的 2/3 时，555 定时器的 7 脚接通，使 C_1 放电，使 3 脚输出由高电平变回低电平，继电器 K 释放，电灯熄灭，定时结束。

定时长短由 R_1、C_1 的大小决定，即 $T_1 = 1.1R_1C_1$。按图 10-77 中所标数值，定时时间约为 4min，二极管 VD 可选用 1N4148 或 1N4001。

2．直流电动机调速控制电路

直流电动机调速控制电路是一个占空比可调的脉冲振荡器。电动机 M 是用它的输出脉冲驱动的。脉冲占空比越大，电动机驱动电流就越小，转速减慢；脉冲占空比越小，电动机驱动电流就越大，转速加快。因此，调节电位器 R_P 的数值可以调整电动机的速度。如果电动机驱动电流不大于 200mA，则可用 CB555 直接驱动；如果电流大于 200mA，则应增加驱动级和功放级。

图 10-78 所示电路中，VD_3 是续流二极管。在功放管截止期间为电动机驱动电流提供通路，既保证电动机驱动电流的连续性，又防止电动机线圈的自感反电动势损坏功放管。电容 C_2 和电阻 R_3 是补偿网络，可使负载呈电阻性。整个电路的脉冲频率在 3kHz～5kHz 之间。频率太低，电动机会抖动；频率太高，会因占空比范围小使电动机调速范围减小。

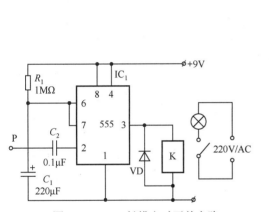

图 10-77　555 触摸定时开关电路

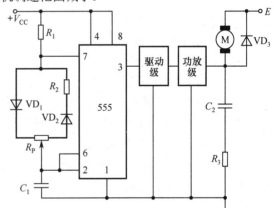

图 10-78　直流电动机调速控制电路

本章小结

1．触发器是数字电路中的一种基本电路单元，它有 **0** 和 **1** 两个稳态。触发器的种类很多，通常按照三个标准进行分类：① 从逻辑功能上分，有 RS 触发器、D 触发器、JK 触发器、T 触发器和 T′触发器；② 从结构上分，有基本触发器、同步触发器、主从触发器和边沿触发器；③ 从触发方式上分，有电平触发型触发器和边沿触发型触发器。

2．时序电路在任意时刻的输出，不仅与当时的输入有关，还与电路原来的状态有关。为了记忆原来的状态，时序电路不仅包含门电路，还包含具有记忆功能的触发器，这是时序电路结构上的特点。

3．计数器能对输入时钟脉冲进行计数统计。目前集成计数器品种多、功能全、应用灵活、价格低廉，得到了广泛应用。实用电路中，除二进制计数器和十进制计数器外，还常用其他进制的计数器。以集成计数器作为基本器件，采用反馈法可以实现任意进制计数器。

4．寄存器具有存储数码的功能。它分为数码寄存器和移位寄存器两大类。一般寄存器都具有清零、接收、存储和输出的功能。用移位寄存器可构成环形和扭环形计数器。

5. 利用计数器和寄存器以及各种组合电路可以实现功能更多、更复杂的时序电路。顺序脉冲发生器由计数器和与之匹配的译码器组成，在连续 CP 作用下，它将顺序输出多路宽度为 CP 周期的脉冲信号，用于协调数字系统有条不紊地工作。环形计数器可不需译码器直接作为顺序脉冲发生器。

6. 利用触发器和门电路可以设计具有各种功能的时序电路，其关键是正确定义输入变量、输出变量及有效状态，准确求出所设计电路中各触发器的驱动方程和输出方程。

7. 555 定时器是一种中规模集成电路，以它为核心，在其外部配上少量阻容元件，即可方便地构成多谐振荡器、施密特触发器、单稳态触发器等，这些触发器是数字系统中不可缺少的器件。

习题

10-1 填空题。

（1）触发器有_____个稳态，一个触发器可记录_____位二进制码，存储 8 位二进制信息需要_____个触发器。

（2）触发器异步置 **0** 时，需使 $\overline{S}_D =$_____，$\overline{R}_D =$_____，而与_____和_____无关。

（3）具有两个稳定状态并能接收、保持和输出送来的信号的电路称为_____。

（4）对于 JK 触发器，若 $J = K$，则可完成_____触发器的逻辑功能；若 $K = \overline{J}$，则可完成_____触发器的逻辑功能。

（5）触发器功能的表示方法有_____、_____、_____和_____。

（6）JK 触发器的特性方程为_____。

（7）把 D 触发器转换成 T′触发器的方法是_____。

（8）既克服了空翻现象，又无一次变化现象的常用集成触发器有_____和_____两种。

（9）由**与非门**构成的基本 RS 触发器的约束条件是_____。

（10）边沿 D 触发器由 CP 的_____触发，其特性方程为_____。

（11）任意时刻的稳定输出不仅取决于该时刻的输入，而且还与电路原来的状态有关的电路称为_____。

（12）时序电路由_____和_____两部分组成。

（13）描述时序电路的功能需要三个方程，它们是_____方程、_____方程和_____方程。

（14）时序电路按触发器时钟端的连接方式分为_____和_____。

（15）可用来暂时存放数据的器件称为_____。

（16）某寄存器由 D 触发器构成，有 4 位代码要存储，此寄存器必须有_____个触发器。

（17）一般而言，模长相同的同步计数器比异步计数器的结构_____，工作速度_____。

（18）一个 5 位二进制加法计数器，由 **00000** 状态开始，问经过 169 个输入脉冲后，此计数器的状态为_____。

（19）N 位环形计数器的计数长度是_____，N 位扭环形计数器的计数长度是_____，N 位最大长度移位寄存器型计数器的计数长度是_____。

（20）由 8 级触发器构成的二进制计数器的模长为_____，由 8 级触发器构成的十进制计数器的模长为_____。

（21）通过级联方法，把 2 片 4 位二进制计数器 74LS161 连接成 8 位二进制计数器后，其最大模长是_____，将 3 片 4 位十进制计数器 74LS160 连接成 12 位十进制计数器后，其最大模长是_____。

10-2 选择题。

（1）已知 R、S 是由**或非门**构成的基本 RS 触发器的输入，则约束条件为（　　）。

（A）$RS = 0$ 　　　（B）$R + S = 0$ 　　　（C）$RS = 1$ 　　　（D）$R + S = 1$

（2）用 8 级触发器可以记忆（　　）种不同的状态。

（A）8 　　　（B）16 　　　（C）128 　　　（D）256

（3）T 触发器的特性方程是（　　）。

（A）$Q^{n+1} = TQ^n + \overline{TQ^n}$ 　　　　　（B）$Q^{n+1} = T\overline{Q^n}$

（C）$Q^{n+1} = T\overline{Q^n} + \overline{T}Q^n$ 　　　　　（D）$Q^{n+1} = \overline{T}Q^n$

（4）以下选项中，只有（　　）不能实现 $Q^{n+1} = \overline{Q^n}$ 功能。

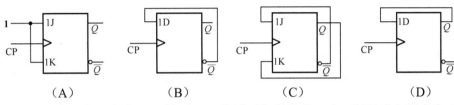

（A）　　　　　　　（B）　　　　　　　（C）　　　　　　　（D）

（5）若 JK 触发器的现态为 0，要想在 CP 作用后仍保持为 0 态，则驱动方程应为（　　）。

（A）$J = K = 1$ 　　（B）$J = 1, K = 0$ 　　（C）$J = 0, K = \times$ 　　（D）$J = \times, K = \times$

（6）已知 R、S 是由与非门构成的基本 RS 触发器的输入，则约束条件为（　　）。

（A）$R + S = 1$ 　　　（B）$R + S = 0$ 　　　（C）$RS = 1$ 　　　（D）$R S = 0$

（7）主从 JK 触发器是（　　）。

（A）在 CP 上升沿触发 　　　　　　（B）在 CP 下降沿触发

（C）在 CP = 1 的稳态下触发 　　　　（D）与 CP 无关

（8）下列触发器中，没有约束条件的是（　　）。

（A）基本 RS 触发器 　　　　　　（B）主从 RS 触发器

（C）时钟 RS 触发器 　　　　　　（D）边沿 D 触发器

（9）在以下各触发器电路中，能实现 $Q^{n+1} = \overline{Q^n} + A$ 功能的电路是（　　）。

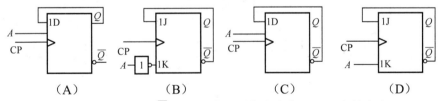

（A）　　　　　　　（B）　　　　　　　（C）　　　　　　　（D）

（10）若将 D 触发器的 D 端连在 $\overline{Q}$ 端上，经 100 个脉冲作用后，它的次态 $Q(t + 100) = 0$，则现态 $Q(t)$ 应为（　　）。

（A）$Q(t) = 0$ 　　　（B）$Q(t) = 1$ 　　　（C）与现态 $Q(t)$ 无关

（11）由三个触发器构成的环形和扭环形计数器的计数模长依次为（　　）。

（A）8 和 8 　　　（B）6 和 3 　　　（C）6 和 8 　　　（D）3 和 6

（12）设计模长为 36 的计数器至少需要（　　）个触发器。

（A）3 　　　（B）4 　　　（C）5 　　　（D）6

（13）同步计数器是指（　　）的计数器。

（A）由同类型的触发器构成

（B）各触发器时钟端连在一起，统一由系统时钟控制

（C）可用前级的输出作为后级触发器的时钟

（D）可用后级的输出作为前级触发器的时钟

（14）一个 4 位移位寄存器原来的状态为 **0000**，如果串行输入始终为 **1**，则经过 4 个移位脉冲后，寄存器的内容为（　　　）。

（A）**0001**　　　（B）**0111**　　　（C）**1110**　　　（D）**1111**

（15）由 10 级触发器构成的二进制计数器，其模长为（　　　）。

（A）10　　　（B）20　　　（C）1000　　　（D）1024

（16）在设计同步时序逻辑电路时，检查到不能自启动时，则（　　　）。

（A）只能用反馈复位法清零

（B）只能用修改驱动方程的方法

（C）必须用反馈复位法清零并修改驱动方程

（D）可以采用反馈复位法，也可以采用修改驱动方程的方法保证电路能自启动

（17）若 4 位二进制加法计数器正常工作，由 **0000** 状态开始计数，则经过 43 个计数脉冲后，计数器的状态应为（　　　）。

（A）**0011**　　　（B）**1011**　　　（C）**1101**　　　（D）**1110**

（18）用反馈复位法来改变 8 位二进制加法计数器的模长，可以实现（　　　）模长范围的计数。

（A）1～15　　　（B）1～16　　　（C）1～32　　　（D）1～256

（19）异步计数器设计时，比同步计数器的设计多增加的设计步骤是（　　　）。

（A）画原始状态图　　　　　　（B）进行状态编码

（C）求时钟方程　　　　　　　（D）求驱动方程

（20）在下列器件中，不属于时序电路的是（　　　）。

（A）计数器　　　（B）移位寄存器　　　（C）全加器　　　（D）序列信号检测器

（21）能够比较方便地构成顺序脉冲信号发生器的电路是（　　　）。

（A）环形计数器　　（B）扭环形计数器　　（C）移位寄存器　　（D）序列信号检测器

10-3　电路如题图 10-1（a）所示，S、R 和 CP 波形如题图 10-1（b）所示，试分别画出 $Q_1 \sim Q_4$ 的波形。设各触发器的初态为 **0** 态。

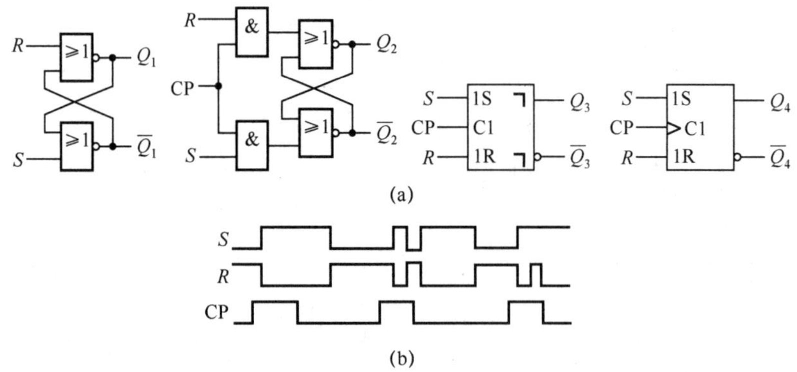

(a)

(b)

题图 10-1

10-4　选择题图 10-2 所示 FF$_1 \sim$ FF$_{10}$ 中的一个或多个触发器填入下面的横线上。

（1）满足 $Q^{n+1} = 1$ 的触发器是_____；

（2）满足 $Q^{n+1} = Q^n$ 的触发器是_____；

（3）满足 $Q^{n+1} = \overline{Q^n}$ 的触发器是_____；

（4）满足 D 触发器功能的是_____；

（5）满足 T 触发器功能的是_____。

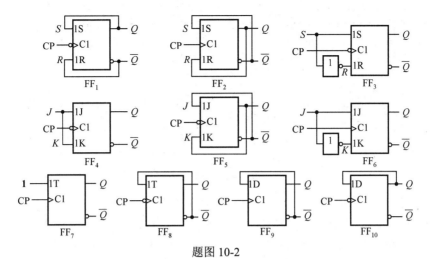

题图 10-2

10-5 试分析题图 10-3 所示电路的逻辑功能，并列出真值表。

10-6 主从 JK 触发器 J、K 及时钟脉冲（CP）的波形如题图 10-4 所示，试画出输出 Q 的波形。

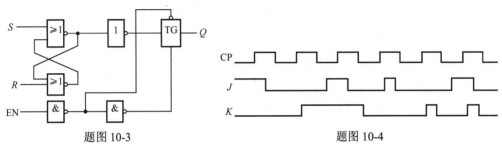

题图 10-3   题图 10-4

10-7 求题图 10-5（a）所示各触发器输出 Q 的表达式，并根据题图 10-5（b）所示的 CP、A、B、C 波形画出 $Q_1 \sim Q_4$ 的波形。设各触发器的初态为 **0** 态。

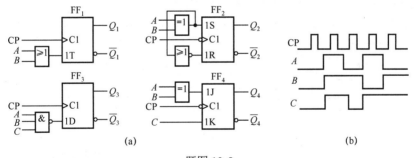

(a)   (b)

题图 10-5

10-8 电路如题图 10-6（a）所示，其中 $\overline{R}_D$ 为异步置 **0** 信号；输入信号 A、B、C 和触发脉冲 CP 的波形如题图 10-6（b）所示，试画出 Q_1 和 Q_2 的波形。

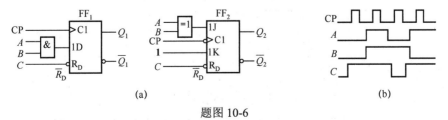

(a)   (b)

题图 10-6

10-9 现有触发器如题图 10-7 所示。

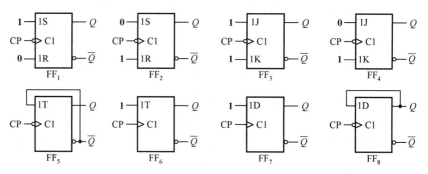

题图 10-7

（1）设各触发器的初态均为 **0**，则在一个 CP 作用下次态变为 **1** 的触发器有_____。

（2）设各触发器的初态均为 **1**，则在一个 CP 作用下次态变为 **0** 的触发器有_____。

（3）次态方程 $Q^{n+1} = \overline{Q^n}$ 的触发器有_____。

10-10 现有题图 10-8（a）所示各触发器，已知 CP 为如题图 10-8（b）所示的连续脉冲，试画出 $Q_1 \sim Q_4$ 的波形。设各触发器的初态为 **0** 态。

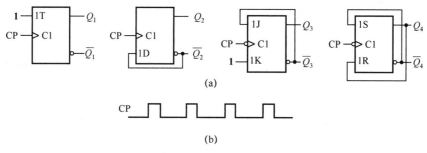

（a）

（b）

题图 10-8

10-11 触发器电路及相关波形如题图 10-9 所示。

（1）根据题图 10-9（a）写出该触发器的次态方程。

（2）对应题图 10-9（b）给出的波形画出输出 Q 的波形（设初态 $Q = 0$）。

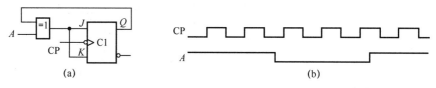

（a）　　　　　　　　　　　　（b）

题图 10-9

10-12 在题图 10-10（a）中，FF$_1$ 是 D 触发器，FF$_2$ 是 JK 触发器，CP 和 A 的波形如题图 10-10（b）所示，试画出 Q_1、Q_2 的波形。

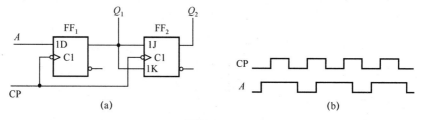

（a）　　　　　　　　　　　　（b）

题图 10-10

10-13 分析题图 10-11 所示时序电路的逻辑功能，要求列出状态表，画出状态图。

10-14 画出题图 10-12 所示时序电路的状态图和时序图，并说明其逻辑功能。

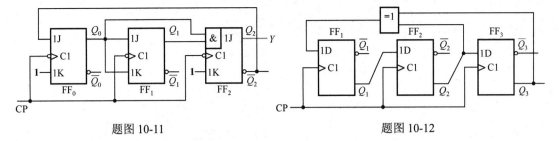

题图 10-11   题图 10-12

10-15 计数器如题图 10-13 所示，试画出其状态图，并说明电路的逻辑功能。

10-16 电路如题图 10-14 所示，画出其状态图，并说明它是同步计数器还是异步计数器，是几进制计数器，是加法计算器还是减法计数器，能否自启动。

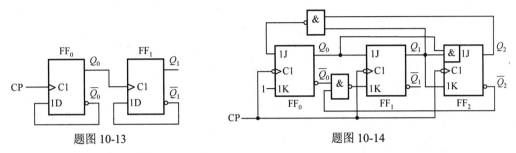

题图 10-13   题图 10-14

10-17 对于题图 10-15 所示两个计数器。

（1）分别画出它们的状态图；

（2）说明它们各为几进制计数器，是加法计数器还是减法计数器。

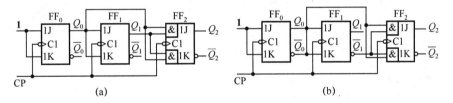

题图 10-15

10-18 已知几个计数器的状态图如题图 10-16 所示，试分别叙述它们的逻辑功能。

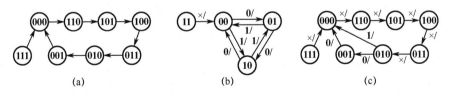

题图 10-16

10-19 已知具有题图 10-16（a）所示状态图的计数器由上升沿触发的触发器组成，计数脉冲 CP 如题图 10-17 所示。试画出该计数器的时序图。设计数器的初态为 **000**。

题图 10-17

10-20 试将题图 10-18 所示电路分别接成环形计数器和扭环形计数器。

10-21 试用 4 位二进制加法计数器 74LS161 构成十一进制计数器。

（1）用反馈复位法实现；（2）用反馈置数法实现。

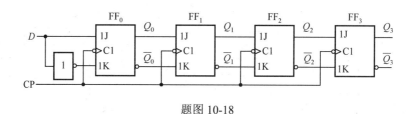

题图 10-18

10-22 试采用反馈置数法实现九进制计数器，计数初态设为 **1000**。分别用集成计数器 74LS160 和 74LS161 实现。

10-23 分析题图 10-19 所示各电路，画出状态图和时序图，指出它们各是几进制计数器。

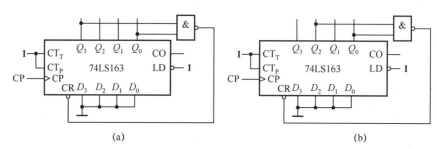

(a)   (b)

题图 10-19

10-24 分析题图 10-20 所示电路，指出是几进制计数器。

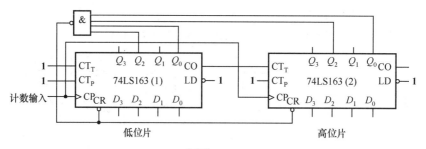

题图 10-20

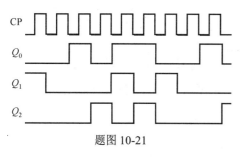

题图 10-21

10-25 在某个计数器输出端观察到的波形如题图 10-21 所示，试确定计数器的模长。

10-26 试用 1 片 4 位二进制加法计数器 74LS161 和 1 片 3-8 线译码器 74LS138 组成一个五节拍顺序脉冲发生器。

10-27 试用 1 片 4 位二进制加法计数器 74LS161 和尽可能少的门电路设计一个时序电路。要求当控制信号 $C = 0$ 时做二进制加法计数，$C = 1$ 时做单向移位。

10-28 试用 JK 触发器和门电路设计一个同步七进制计数器。

10-29 用 D 触发器和门电路设计一个十一进制计数器，并检查该电路能否自启动。

10-30 试用 555 定时器设计一个单稳态触发器，要求输出脉冲宽度在 1s～10s 范围内连续可调。

10-31 试用 555 定时器设计一个多谐振荡器，要求输出脉冲的振荡频率为 20 kHz，占空比等于 25%。

10-32 图 10-75 所示为用 555 定时器接成的施密特触发器，试问：

（1）当 $V_{CC} = 12V$ 且没有外接控制电压时，U_{T+}、U_{T-}、ΔU_T 各等于多少？

（2）当 $V_{CC} = 9V$，控制电压 $U_{CO} = 5V$ 时，U_{T+}、U_{T-}、ΔU_T 各等于多少？

第 11 章　存储器和可编程逻辑器件

本章首先介绍存储器的功能、分类及性能指标，然后介绍存储器存储容量的扩展，最后介绍可编程逻辑器件（PLD）的结构、工作原理及应用。

11.1　概述

1. 存储器

通常评价存储器性能的主要指标有以下 4 种。

（1）存储容量。衡量存储容量的单位有**位**（bit）和**字节**（B），其关系是 1B = 8bit。其中字节（B）更为常用，此外还有千字节（KB）、兆字节（MB）和吉字节（GB），它们之间的关系是

$$1\,\text{KB} = 2^{10}\,\text{B} = 1\,024\,\text{B}$$
$$1\,\text{MB} = 2^{20}\,\text{B} = 1\,024\,\text{KB} = 1\,048\,576\,\text{B}$$
$$1\,\text{GB} = 2^{30}\,\text{B} = 1\,024\,\text{MB} = 1\,048\,576\,\text{KB} = 1\,073\,741\,824\,\text{B}$$

存储器的最大容量可以由存储器地址码的位数确定，若地址码位数为 n，可以产生 2^n 个不同的地址码，那么存储器的最大容量为 2^n B。一般来说，存储器容量越大，允许存放的程序和数据就越多，就越利于提高计算机的处理能力。

目前，一般用于办公的个人计算机的内存大小通常为吉字节量级，外存中的硬盘容量通常为太字节量级。

（2）存取时间。把信息存入存储器的操作称为**写操作**，把信息从存储器取出的操作称为**读操作**。存取时间是描述存储器读/写速度的重要参数，通常用 T_A 表示。为了提高内存的工作速度，使之与 CPU 的速度匹配，总是希望存取时间越短越好。

读/写周期是指存储器完成一次存取操作所需的时间，即存储器进行两次连续独立的操作（读/写）所需的时间（读/写操作时间），也称为存储周期，用 T_M 表示。通常，T_M 比 T_A 稍大，原因是存储器进行读/写操作之后需要短暂的稳定时间，另外，有些存储器电路刷新也需要时间。

存取速度是指每秒从存储器读/写信息的数量，用 B_M 表示。设 W 为存储器传送的数据宽度（位或字节），则有 $B_M = W/T_A$，单位为 bit/s 或 B/s。

在存储器中，一般用存取时间、读/写周期和存取速度等指标来衡量存储器的性能。

（3）可靠性。存储器的可靠性是指在规定的时间内存储器无故障工作的情况，一般用平均无故障时间（MTBF）衡量。平均无故障时间越长，表示存储器的可靠性越好。

（4）性能/价格比，简称性价比。这是衡量存储器的综合性指标。通常，要根据对存储器提出的不同用途、不同环境要求进行对比选择。

2. 可编程逻辑器件

一个数字系统可以由标准逻辑电路组成，利用各种功能的集成芯片组合出需要的逻辑电路。用这种方法组成的数字系统需要大量的逻辑芯片，设计烦琐且设计周期长，难以实现最优化设计。可编程逻辑器件的出现，使设计观念发生了改变，设计工作变得非常容易，因此得到迅速发展和应用。专用的集成逻辑电路有可编程逻辑器件（PLD）、通用阵列逻辑电路（GAL）、现场可编程门阵列（FPGA）、标准单元逻辑电路等。

11.2 存储器及其容量扩展

存储器的种类很多，从存取功能上可分为**随机存取存储器**（Random Access Memory，RAM）和**只读存储器**（Read Only Memory，ROM）两大类。

11.2.1 随机存取存储器（RAM）

随机存取存储器（RAM）又称为读/写存储器，在计算机中是不可缺少的部分。RAM 在电路正常工作时可以随时读出数据，也可以随时改写数据，但停电后数据会丢失。因此 RAM 的特点是使用灵活方便，但数据易丢失。它适用于需要对数据随时更新的场合，例如，用于存放计算机中各种现场的输入、输出数据，中间结果，以及与外存交换信息等。

根据工作原理的不同，RAM 又分为**静态随机存取存储器**（Static RAM，SRAM）和**动态随机存取存储器**（Dynamic RAM，DRAM）两大类。它们的基本电路结构相同，差别仅在存储电路的构成上。

SRAM 的存储电路以双稳态触发器为基础，状态稳定，只要不掉电，信息就不会丢失，其优点是不需要刷新（每隔一定时间重写一次原信息），缺点是集成度低；DRAM 的存储电路以电容为基础，电路简单，集成度高，但也存在问题，电容中的电荷由于漏电会逐渐丢失，因此 DRAM 需要定时刷新。下面以 SRAM 为例介绍 RAM 的基本结构和工作原理。

1. RAM 的基本结构及工作原理

RAM 的结构框图如图 11-1 所示，主要由**存储矩阵**、**地址译码器**和**读/写控制电路**三部分组成。

存储矩阵是整个电路的核心，它由许多存储单元排列而成。地址译码器根据输入地址码选择要访问的存储单元，通过读/写控制电路对其进行读/写操作。

地址译码器一般分成行地址译码器和列地址译码器两部分。行地址译码器将输入地址码的若干位译成某根字线的输出高、低电平信号，从存储矩阵中选中一行存储单元；列地址译码器将输入地址码的其余几位译成某根输出线上的高、低电平信号，从字线选中的一行存储单元中再选一位（或几位），使这些被选中的单元与读/写控制电路、I/O 端接通，以便对这些单元进行读/写操作。

读/写控制电路用于控制电路的工作状态。当读/写控制信号 $R/\overline{W} = 1$ 时，执行读操作，将存储单元里的数据送到 I/O 端；当读/写控制信号 $R/\overline{W} = 0$ 时，执行写操作，加到 I/O 端上的数据被写入存储单元中。

在读/写控制电路上均有片选端 $\overline{CS}$：当 $\overline{CS} = 0$ 时，RAM 处于工作状态；当 $\overline{CS} = 1$ 时，所有的 I/O 端都为高阻状态，不能对 RAM 进行读/写操作。

2. RAM 中的存储单元

静态存储单元以静态触发器为核心，利用触发器的自保持功能存储数据。图 11-2 所示为由 MOS 管组成的静态存储单元，其中，$VT_1 \sim VT_4$ 组成基本的触发器；VT_5 和 VT_6 是配合基本触发器的门控管，起模拟开关的作用，受控于行地址译码器的输出；VT_7 和 VT_8 决定是否与输入/输出电路相连，受控于列地址译码器的输出。从图 11-2 中可以看出，只有当相应的行、列地址被选中为 1 时，$VT_5 \sim VT_8$ 同时导通，存储单元才与输入/输出电路连通，此时的读/写操作才对该存储单元有效。

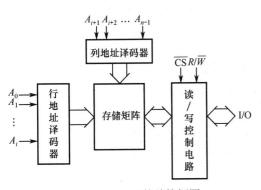

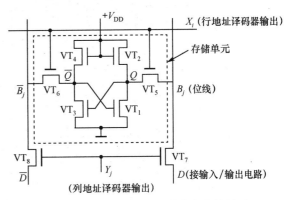

图 11-1　RAM 的结构框图　　　　图 11-2　由 MOS 管组成的静态存储单元

3．RAM 存储容量的扩展

从前面的分析可知，若一片 RAM 的地址线根数为 n，数据线根数为 m，则这片 RAM 中可以确定的字数（存储单元的个数）为 2^n，该片的存储容量为 $2^n \times m$ 位。单片 RAM 的容量是有限的，对于一个需要大容量的存储系统，可将若干片 RAM 组合在一起扩展而成。扩展容量的方法分为**位扩展**和**字扩展**两种。

（1）位扩展。位扩展是指增加存储器字长，或者说增加数据位数。以 2114 静态 RAM 为例，1 片 2114 的存储容量为 1K×4 位，则 2 片 2114 可组成 1K×8 位存储器，如图 11-3 所示。图 11-3 中，2 片 2114 的地址线 $A_9 \sim A_0$、$\overline{CS}$、$R/\overline{W}$ 分别连在一起，其中 1 片的数据线作为高 4 位 $D_7 \sim D_4$，另 1 片的数据线作为低 4 位 $D_3 \sim D_0$，这样便组成了一个 1K×8 位存储器。

（2）字扩展。字扩展是指增加存储器的字数，或者增加 RAM 内存储单元的个数。例如，用 2 片 1K×8 位存储芯片可组成一个 2K×8 位存储器，即存储器字数增加了一倍，如图 11-4 所示。图 11-4 中，将 A_{10} 用作片选信号。由于存储芯片的片选信号低电平有效，因此当 A_{10} 为低电平 **0** 时，$\overline{CS_0}$ 有效，选中左边的 1K×8 位芯片；当 A_{10} 为高电平 **1** 时，经反相器反相后 $\overline{CS_1}$ 有效，选中右边的 1K×8 位芯片。

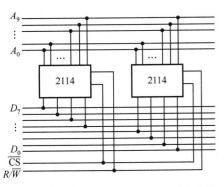

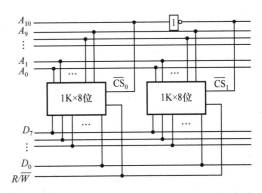

图 11-3　2 片 1K×4 位 2114 组成 1K×8 位存储器　　　图 11-4　2 片 1K×8 位存储芯片组成 2K×8 位存储器

（3）字、位扩展。字、位扩展是指既增加存储器字数，又增加存储器字长。如图 11-5 所示为用 8 片 1K×4 位存储芯片组成 4K×8 位存储器。

由图 11-5 可见，2 片存储芯片构成一个 1K×8 位存储器，4 组 2 片便构成 4K×8 位存储器。地址线 A_{11}、A_{10} 经片选译码器得 4 个片选信号 $\overline{CS_0}$、$\overline{CS_1}$、$\overline{CS_2}$、$\overline{CS_3}$，分别选择其中一个 1K×8 位存储器。$R/\overline{W}$ 为读/写控制信号。

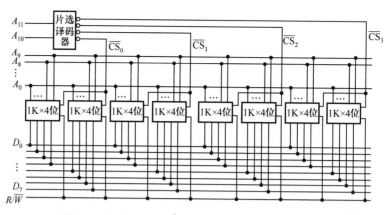

图 11-5　8 片 1K×4 位存储芯片组成 4K×8 位存储器

4. RAM 与微处理器的连接

RAM 大都作为计算机的存储部件使用。从 RAM 外部看，其引脚可分为三组：地址线、数据线和读/写控制线。而计算机系统总线通常也可分为地址总线、数据总线和控制总线三组。所以，RAM 在与微处理器相连接时，将 RAM 的地址线与系统地址总线相连，RAM 的数据线与系统数据总线相连，RAM 的读/写控制线与系统控制总线中有关读/写的控制线相连，如图 11-6 所示。

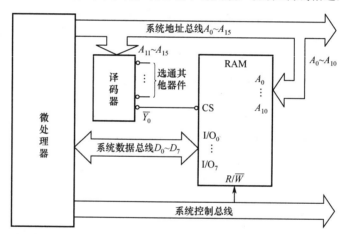

图 11-6　RAM 与微处理器连接示意图

11.2.2　只读存储器（ROM）

通常，把使用时只读出不写入的存储器称为只读存储器（ROM）。ROM 中的信息一旦写入就不能进行修改，其信息在断电后仍然保留。一般用于存放微程序、固定子程序、字母符号阵列等系统信息。

ROM 也需要地址译码器、数据读出控制电路等组成部分，但其电路比较简单。制作 ROM 的半导体材料有二极管、MOS 管和三极管等。根据制造工艺和功能不同，ROM 可分为掩模 ROM、可编程 ROM（PROM）、可擦除可编程 ROM（EPROM）和电可擦除可编程 ROM（EEPROM）。

1. ROM 的结构及工作原理

一般的 ROM 是掩模 ROM。这类 ROM 由生产厂家做成，用户不能修改。ROM 的结构框图如图 11-7 所示。

2. 可编程 ROM（Programmable ROM，PROM）

在实际使用过程中，用户希望根据自己的需要填写 ROM 的内容，因此产生了可编程 ROM

（PROM）。PROM 与一般 ROM 的主要区别是，PROM 在出厂时其内容均为 **0** 或 **1**，用户在使用时，可以按照自己的需要，将程序和数据利用工具（光或电的方法）写入 PROM 中，一次写入后不可修改。PROM 相当于由用户完成 ROM 生产中的最后一道工序——向 ROM 中写入编码，但在工作状态下，仍然只能对其进行读操作。

图 11-8 所示为用双极型三极管和熔丝组成的 PROM 1 位存储单元。出厂时所有的熔丝都是连通的，所存内容全为 **1**。在用户写入时，只需将要改写为 **0** 的单元通以足够大的电流，使熔丝烧断即可。可见，PROM 的内容一旦写入就无法更改。由于写入时与正常工作时的电流值不一样，因此需要专用的编程器。

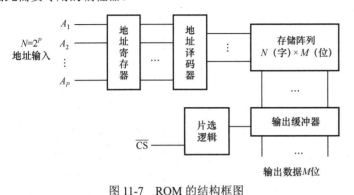

图 11-7　ROM 的结构框图　　　　　图 11-8　1 位存储单元

3. 可改写 ROM

为了适应程序调试的要求，针对一般 PROM 的不可修改特性，又设计出可以可擦除可编程 ROM（Erasable Programmable ROM，EPROM），其特点是可以根据用户的要求用工具擦去 ROM 中存储的原有内容，重新写入新的编码。擦除和写入可以进行多次。同其他 ROM 一样，其中保存的信息不会因断电而丢失。

早期的 EPROM 是利用紫外线进行擦除的，即 UVEPROM（Ultra Violet EPROM），其存储器件常用浮栅型 MOS 管组成，出厂时全部置 **0** 或 **1**。用户通过高压脉冲写入信息。擦除时，通过其外部的一个石英玻璃窗口，利用紫外线的照射，使浮栅上的电荷获得高能而泄漏，恢复原有的全 **0** 或全 **1** 状态，允许用户重新写入信息。这种 EPROM 芯片，平时必须用不透明胶纸遮挡住石英玻璃窗口，以防因光线进入而造成信息丢失。

目前，最常用的 EPROM 是通过电气方法擦除其中已有内容的，通常称为电可擦除可编程 ROM（Electrically EPROM，EEPROM），其最突出的特点是擦除时间短且工作可靠。

目前，常用的 EPROM 有 2716（2K×8 位）、2732（4K×8 位）、2764（8K×8 位）、27128（16K×8 位）、27256（32K×8 位）等。图 11-9 所示为 27256 的引脚排列图。

正常使用时，V_{CC} = +5V，V_{PP} 接+5V。在进行编程时，V_{PP} 接编程电平+25V。$\overline{OE}$ 为输出使能端，用来决定是否将 ROM 的输出送到总线上，低电平有效。当 $\overline{OE}$ = **0** 时，可以输出；当 $\overline{OE}$ = **1** 时，禁止输出，为高阻态。$\overline{CS}$ 为片选端，用来决定 ROM 是否工作，低电平有效。可见，ROM 能否输出，同时取决于 $\overline{OE}$ 和 $\overline{CS}$ 的状态，只有当 $\overline{OE}$ 和 $\overline{CS}$ 均为低电平 **0** 时，ROM 才可以输出，否则将禁止输出，为高阻态。

由于 EPROM 和 EEPROM 除编程和擦除方法不同外，在使用时并无本质区别。因此，下面仅以 PROM 为例讨论其在组合电路中的应用。

【例 11-1】　试用 PROM 实现 4 位二进制码到格雷码的转换。

解： 4 位二进制码到格雷码的转换真值表见表 11-1，$A_3 \sim A_0$ 为 4 个输入变量，$D_3 \sim D_0$ 为 4 个输出函数。很显然 PROM 的容量至少应为 16×4 位，由真值表可得 PROM 的阵列图如图 11-10 所示。

表 11-1　4 位二进制码到格雷码转换真值表

A_3	A_2	A_1	A_0	D_3	D_2	D_1	D_0	A_3	A_2	A_1	A_0	D_3	D_2	D_1	D_0
0	0	0	0	0	0	0	0	1	0	0	0	1	1	0	0
0	0	0	1	0	0	0	1	1	0	0	1	1	1	0	1
0	0	1	0	0	0	1	1	1	0	1	0	1	1	1	1
0	0	1	1	0	0	1	0	1	0	1	1	1	1	1	0
0	1	0	0	0	1	1	0	1	1	0	0	1	0	1	0
0	1	0	1	0	1	1	1	1	1	0	1	1	0	1	1
0	1	1	0	0	1	0	1	1	1	1	0	1	0	0	1
0	1	1	1	0	1	0	0	1	1	1	1	1	0	0	0

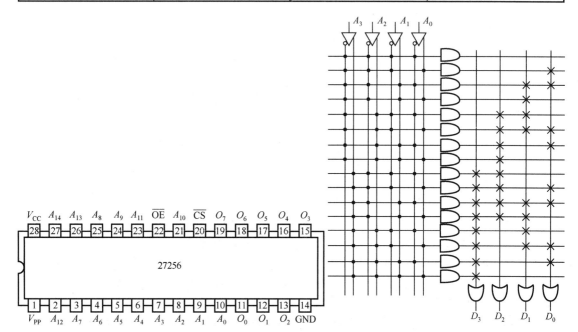

图 11-9　27256 的引脚排列图　　　图 11-10　4 位二进制码转换为格雷码的 PROM 阵列图

11.3　可编程逻辑器件（PLD）

随着集成电路和计算机技术的发展，数字系统经历了分立元件、小规模集成电路（Small Scale Integration，SSI）、中规模集成电路（Medium Scale Integration，MSI）、大规模集成电路（Large Scale Integration，LSI）到超大规模集成电路（Very Large Scale Integration，VLSI）的过程。继中、小规模集成的通用器件之后发展起来的新器件，专用集成电路（Application Specific Integrated Circuit，ASIC）是采用 LSI 和 VLSI 工艺制造的逻辑器件，它是专门为某一领域或为特定用户设计、制造的集成电路。作为 ASIC 的一个分支，**可编程逻辑器件**（Programmable Logic Device，PLD）于 20 世纪 70 年代出现，在 80 年代后得到了迅速发展，它是一种用户可以配置的器件。设计人员可以根据自己的需要，利用 EDA 软件进行设计，最后把设计结果下载到 PLD 芯片上，完成一个数字电路或数字系统集成的设计，而不再需要由芯片制造厂商设计、制作专用的集成电路芯片。

11.3.1　PLD 的基本结构

图 11-11 所示为 PLD 的基本结构框图，其主体是由**与**门和**或**门构成的**与**阵列和**或**阵列。为了适应各种输入情况，与阵列的输入端（包括内部反馈信号的输入端）都设置有输入缓冲电路，从而使输入信号有足够的驱动能力，并产生互补的原变量和反变量。PLD 可以由**或**阵列直接输出（组

合方式），也可以通过寄存器输出（时序方式）。输出可以是高电平有效，也可以是低电平有效。输出端一般都采用三态电路，而且设置有内部通路，可以把输出信号反馈到与阵列的输入端。

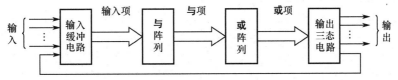

图 11-11　PLD 的基本结构框图

在绘制中、大规模集成电路时，为方便起见，常用图 11-12 所示的简化画法。图 11-12（a）所示为输入缓冲器的画法。图 11-12（b）所示为一个多输入端与门，竖线为一组输入信号，用与横线相交叉点的状态表示相应输入信号是否接到该门的输入端上：交叉点上画小圆点"·"者表示连上了并且为硬连接，不能通过编程改变；交叉点上画叉"×"者表示编程连接，可以通过编程将其断开；既无小圆点也无叉者表示断开。图 11-12（c）是多输入端或门，交叉点状态的约定与多输入端与门相同。

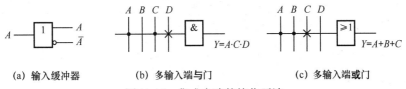

图 11-12　集成电路的简化画法

因为任何逻辑函数都可变为与或式，可用由与门和或门构成的二级电路实现组合电路，任何时序电路都是由组合电路和触发器构成的，所以利用 PLD 可以构成任何组合电路和时序电路。

11.3.2　PLD 的分类

PLD 内部通常只有一部分或某些部分是可编程的，根据可编程情况可分为 4 类：可编程只读存储器（PROM）、可编程逻辑阵列（Programmable Logic Array，PLA）、可编程阵列逻辑电路（Programmable Array Logic，PAL）和通用阵列逻辑电路（Generic Array Logic，GAL），见表 11-2。

按可编程和改写方法分为：第一代 PLD，采用一次性掩模编程方式；第二代 PLD，采用紫外线照射擦除方式；第三代 PLD，一种电擦除的可编程器件；第四代 PLD，一种在系统可编程器件。

PROM 的电路组成和工作原理前面已经介绍过。PROM 的或阵列是可编程的，而与阵列是固定的，其阵列结构如图 11-13 所示。用 PROM 只能实现逻辑函

表 11-2　PLD 分类表

分类	与阵列	或阵列	输出电路
PROM	固定	可编程	固定
PLA	可编程	可编程	固定
PAL	可编程	固定	固定
GAL	可编程	固定	可组态

数的标准与或式，不管所要实现的函数真正需要多少最小项，其与阵列必须产生全部 n 个变量的 2^n 个最小项，故利用率很低。所以，PROM 除用来制作函数表电路和显示译码电路外，一般只用作存储器，ASIC 很少使用它。

PLA 的与阵列和或阵列都是可编程的，其阵列结构如图 11-14 所示。PLA 可以实现逻辑函数的最简与或式，利用率比 PROM 高得多。但由于它缺少高质量的支持软件和编程工具，价格较贵，门电路的利用率也不够高，使用仍不广泛。

PAL 的或阵列固定，与阵列可编程，速度高、价格低，输出电路结构有多种形式，可以借助编程器进行现场编程，因此很受用户欢迎。但其输出方式固定而不能重新组态，编程是一次性的，因此它的使用仍有较大的局限性。

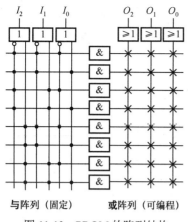

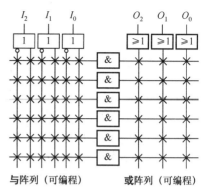

图 11-13　PROM 的阵列结构　　　　　　图 11-14　PLA 的阵列结构

GAL 的阵列结构与 PAL 的相同，但其输出电路采用了逻辑宏单元结构，用户可根据需要对输出方式自行组态，因此功能更强，使用更灵活，应用更广泛。

在 4 类 PLD 中，PROM 和 PLA 属于组合电路，PAL 既有组合电路又有时序电路，GAL 则为时序电路，当然也可用 GAL 实现组合逻辑函数。

11.3.3　PLD 的应用

PLD 的主要应用是实现时序逻辑函数。

1. PLA 的应用

用 PROM 实现逻辑函数是基于公式 $Y = \sum m_i$ 的。因为任何一个逻辑函数都可以化简为最简与或式 $Y = \sum p_i$，所以在用与阵列和或阵列实现逻辑函数时，与阵列并不需要产生全部最小项，可进行简化，从而或阵列也可简化，这就是 PLA 的基本设计思想。

用 PLA 实现逻辑函数时，首先需将逻辑函数化为最简与或式，然后画出阵列图。例如，用 PLA 实现下列逻辑函数：

$$
\begin{cases}
Y_1 = A \oplus B \oplus C = \overline{A} \cdot \overline{B}C + \overline{A}B\overline{C} + A\overline{B} \cdot \overline{C} + ABC \\
Y_2 = AB + AC + BC \\
Y_3 = AB\overline{D} + BCD + \overline{B} \cdot \overline{C}D \\
Y_4 = \overline{A} \cdot \overline{C} + B\overline{C} + \overline{B}D + A\overline{B}C
\end{cases}
$$

因为各逻辑函数都是最简与或式，由此可画出其阵列图，如图 11-15 所示。

【例 11-2】　用 PLA 实现例 11-1 要求的 4 位二进制码到格雷码的转换。

解：根据表 11-1 所给出的转换真值表，将多输出函数化简后得到最简式：

$$
\begin{cases}
D_3 = A_3 \\
D_2 = A_3\overline{A_2} + \overline{A_3}A_2 \\
D_1 = A_2\overline{A_1} + \overline{A_2}A_1 \\
D_0 = A_1\overline{A_0} + \overline{A_1}A_0
\end{cases}
$$

化简后的多输出函数共有 7 个不同的乘积项和 4 个输出，因此编程后的阵列图如图 11-16 所示。

从例 11-1 和例 11-2 不难看出，PROM 的容量是 16×4 位，而 PLA 需要的容量只有 7×4 位。

PLA 中的与阵列和或阵列只能构成组合电路，若在 PLA 中加入触发器便可构成时序型 PLA，其结构如图 11-17 所示。此时与阵列的输入包括两部分：外输入 $X_1,\cdots,X_n$ 和由触发器反馈回来的内部状态 $Q_1,\cdots,Q_k$。或阵列则产生两组输出：外输出 $Z_1,\cdots,Z_m$ 和触发器的激励 $W_1,\cdots,W_j$。PLA 是完整的同步时序系统。

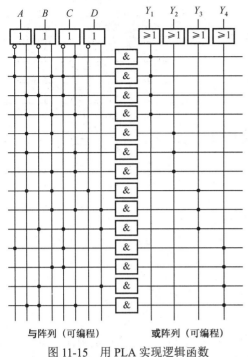

图 11-15 用 PLA 实现逻辑函数

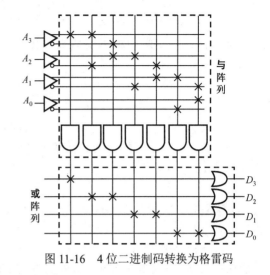

图 11-16 4 位二进制码转换为格雷码

【例 11-3】 试用 PLA 和 JK 触发器实现 2 位二进制可逆计数器。当 $X=0$ 时，进行加法计数；当 $X=1$ 时，进行减法计数。

解：由题意可画出 2 位二进制可逆计数器的状态图如图 11-18（a）所示。

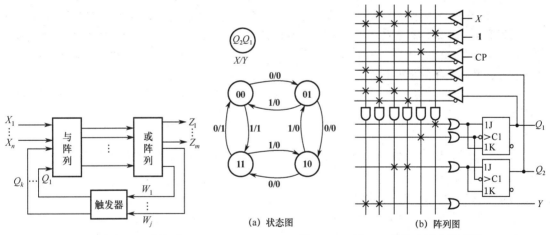

图 11-17 时序型 PLA 结构图

(a) 状态图   (b) 阵列图

图 11-18 例 11-3 的状态图和阵列图

根据状态图可求得驱动方程和输出方程：

$$\begin{cases} J_1 = K_1 = 1 \\ J_2 = K_2 = X\overline{Q_1} + \overline{X}Q_1 \\ Y = X\overline{Q_2}\,\overline{Q_1} + \overline{X}Q_2Q_1 \end{cases}$$

由以上各式可画出阵列图，如图 11-18（b）所示。

由于 PLA 的两个阵列可编程，因此设计工作变得比较容易。尤其是当输出函数很相似，可充分利用共享的乘积项时，采用 PLA 特别有利。但 PLA 有两个缺点：① 制造工艺和编程比较复杂。② 缺乏好的开发软件。因此它没有像 PAL 和 GAL 那样得到广泛应用。

2. PAL 的应用

通过一个例子说明 PAL 在实现组合逻辑函数中的应用。

【例 11-4】 试用 PAL 实现以下逻辑函数：

$$\begin{cases} Y_1(A, B, C) = \sum_m (2, 3, 4, 6) \\ Y_2(A, B, C) = \sum_m (1, 2, 3, 4, 5, 6) \end{cases}$$

解：首先对已知的逻辑函数进行化简得到其最简与或式：

$$\begin{cases} Y_1 = \overline{A}B + A\overline{C} \\ Y_2 = A\overline{B} + B\overline{C} + C\overline{A} \end{cases}$$

根据输入变量的个数，以及每个逻辑函数所包含的乘积项的个数来选择合适的 PAL。实现逻辑函数 Y_1、Y_2 的阵列图如图 11-19 所示。

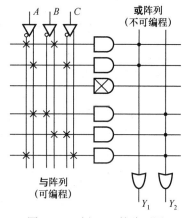

图 11-19　例 11-4 的阵列图

本章小结

1. 存储器是组成计算机的五大部件之一，是计算机的记忆设备。现代计算机将程序和数据都存放在存储器中，运算中根据需要对这些程序和数据进行处理。以前计算机多用磁芯作为存储器件，随着集成电路技术的发展，半导体存储器得到了广泛的使用，在计算机中，半导体存储器已完全取代了磁芯存储器。

2. 按照不同的工作方式，可以将存储器分为随机存取存储器（RAM）和只读存储器（ROM）等。

3. 可编程逻辑器件（PLD）是近年来迅速发展起来的一种新型逻辑器件，用户可以通过相应的编程器和软件，对这种芯片灵活地编写所需的逻辑程序。有的芯片具有可重复擦写、可重复编程以及可加密的功能，而且体积小、可靠性高、功耗低、可测试，它的灵活性和通用性使其成为研制和设计数字系统的最理想器件。

习题

11-1 随机存取存储器（RAM）由哪些主要部分构成？它的读/写控制端和片选端各起什么作用？

11-2 以 2114 静态 RAM 为例说明如何扩展其位线和字线。

11-3 只读存储器由哪几个主要部分构成？

11-4 ROM 的存储矩阵如何构成？

11-5 比较 ROM、PROM、EPROM、EEPROM 在结构与功能上有什么联系和区别。

11-6 RAM 和 ROM 在结构和工作原理上有何不同？

11-7 试比较可编程逻辑器件 PROM、PLA、PAL 和 GAL 的主要特点。

11-8 说明下列电路中哪些含有存储单元，它们中哪些可独立实现组合电路，哪些可独立实现时序电路。

（1）PROM（包括 EPROM 和 EEPROM）　　　　（2）PLA

（3）PAL　　　　（4）GAL

（5）EPLD　　　　（6）FPGA

（7）ISP（在系统可编程）器件

11-9 若存储器的容量为 256K×8 位，则地址码应取几位？

11-10 若存储器设置有 16 位地址线，8 位并行输入/输出端，试计算它的最大存储容量。

11-11 试用 2 片 1024×8 位 ROM 组成 1024×16 位存储器。

11-12 试用 4 片 4K×8 位 RAM 组成 16K×8 位存储器。

11-13 试用 16 片 1024×4 位 RAM 组成 8K×8 位存储器。

11-14 试用 ROM 实现下列组合逻辑函数，要求列表说明 ROM 中应存入的数据。

$$\begin{cases} Y_1 = A + B + C \\ Y_2 = A \oplus B \oplus C \\ Y_3 = \overline{AB} + ABC \\ Y_4 = \overline{A + B} \end{cases}$$

11-15 试用 ROM 实现下列组合逻辑函数，要求列表说明 ROM 中应存入的数据。

（1）$$\begin{cases} Y_1(A, B) = \sum m(0, 2) \\ Y_2(A, B) = \sum m(0, 1) \\ Y_3(A, B) = \sum m(1, 2) \\ Y_4(A, B) = \sum m(0, 3) \end{cases}$$

（2）$$\begin{cases} Y_1 = \overline{A}B \\ Y_2 = \overline{A + B} \\ Y_3 = A \oplus B \\ Y_4 = A\overline{B} \end{cases}$$

（3）$$\begin{cases} Y_1 = A\overline{BC} + AB\overline{C} + \overline{A}BC + ABC \\ Y_2 = A\overline{B} \cdot \overline{C} + \overline{A}BC + AB\overline{C} + ABC \\ Y_3 = \overline{A} \cdot \overline{B} \cdot \overline{C} + \overline{A} \cdot \overline{B}C + \overline{A}B\overline{C} + \overline{A}BC \\ Y_4 = ABC \end{cases}$$

11-16 试用 ROM 实现代码转换电路，将 8421 码转换成余 3 码。8421 码和余 3 码的对应关系表如题表 11-1 所示。

题表 11-1

8421 码	余 3 码
0000	0011
0001	0100
0010	0101
0011	0110
0100	0111
0101	1000
0110	1001
0111	1010
1000	1011
1001	1100

11-17 选择题。

可编程逻辑器件有以下 7 种。

（A）PROM（包括 EPROM 和 EEPROM）

（B）PLA（可编程逻辑阵列电路）

（C）PAL（可编程阵列逻辑电路）

（D）GAL（通用阵列逻辑电路）

（E）EPLD（可擦除、可编程逻辑器件）

（F）FPGA（现场可编程门阵列）

（G）ISP（在系统可编程）器件

选择具有下列特点的器件填入相应的空内：

（1）必须用编程器编程的器件是_____，可以在线编程的器件是_____。

（2）可以实现组合逻辑函数的器件是_____，可以实现时序逻辑函数的器件是_____。

（3）可以以远程方式改变其逻辑功能的器件是_____。

（4）所存信息是固定函数、程序等的器件是_____。

（5）断电后所存编程信息将丢失的器件是_____。

（6）能够构成较复杂的大数字系统的器件是_____。

第 12 章　数模和模数转换电路

本章首先介绍 D/A 转换器的工作原理、技术指标及集成 DAC0832，然后介绍 A/D 转换过程中的取样、保持、量化与编码，然后介绍并联比较型、逐次渐近型和双积分型 A/D 转换器的原理，最后介绍集成 ADC0809。

数字系统，特别是计算机的应用范围越来越广，它们处理的都是不连续的 **0、1** 数字量，处理后的结果也是数字量。然而实际所遇到的许多物理量，如语音、温度、压力、流量、亮度、速度等都是在数值和时间上连续变化的模拟量，这些物理量经传感器转换后的电压或电流也是连续变化的模拟信号。这些模拟信号不能直接送入数字系统进行处理，需要把它们先转换成相应的数字量，即模数转换，然后才能输入数字系统进行处理。处理后的数字量也必须先转换成模拟量，即数模转换，送到执行单元中才能对控制对象实行实时控制，进行必要的调整。这一过程如图 12-1 所示。

图 12-1　典型的数字控制系统框图

图 12-1 中，**A/D 转换器**（Analog to Digital Converter，ADC）就是把输入的模拟量转换成数字量的接口电路，而 **D/A 转换器**（Digital to Analog Converter，DAC）就是把输入的数字量转换成模拟量（电压或电流）输出的接口电路。它们都是数字系统中必不可少的组成部分。

本章讨论 D/A 转换器及 A/D 转换器的组成及工作原理。由于 D/A 转换器有时也是 A/D 转换器的一个重要组成部分，因此先讨论 D/A 转换，然后再讨论 A/D 转换。

12.1　D/A 转换器

D/A 转换器先把输入的数字量（二进制码）的每 1 位均转换成与其成正比的电压或电流模拟量，然后将这些模拟量相加，即得与输入的数字量成正比的模拟量。

输入 D/A 转换器中的数字量可以是原码，也可以是反码或补码。图 12-2 是原码输入的 3 位二进制 D/A 转换器的转换特性曲线，它具体而形象地反映了对 D/A 转换器的基本要求。

12.1.1　权电阻网络 D/A 转换器

图 12-3 所示为 4 位权电阻网络 D/A 转换器的原理图，它由权电阻网络、电子开关、求和运放组成。

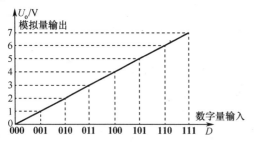

图 12-2　原码输入的 3 位二进制 DAC 的转换特性曲线

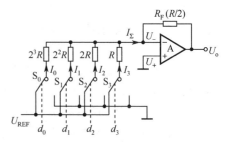

图 12-3　4 位权电阻网络 D/A 转换器

S_3、S_2、S_1、S_0 是 4 个电子开关（参见图 12-4），它们的状态分别受输入的数字代码 d_3、d_2、d_1、d_0 的取值控制，这里 d_3 是代码的最高有效位（Most Significant Bit，MSB），d_0 是代码的最低有效位（Least Significant Bit，LSB）。当代码为 **1** 时，开关接到**参考电压**（也称为基准电压）U_{REF} 上，当代码为 **0** 时，开关接地。故当 $d_i = 1$ 时有支路电流 I_i 流向求和放大器，当 $d_i = 0$ 时支路电流为零。

　　求和运放是一个接成负反馈的运放，为了简化分析计算，可以把该运放近似看成理想运放，因此该运放工作于线性状态，满足虚短和虚断的特点。

　　根据虚断的特点，可以得到

$$U_o = -R_F I_\Sigma = -R_F(I_3 + I_2 + I_1 + I_0) \tag{12-1}$$

　　根据虚短有 $U_- \approx U_+ = 0V$，可得各支路电流分别为

$$I_3 = \frac{U_{REF}}{R}d_3 \quad (d_3 = \mathbf{1} \text{ 时}, \quad I_3 = \frac{U_{REF}}{R}; \quad d_3 = \mathbf{0} \text{ 时}, \quad I_3 = 0A)$$

$$I_2 = \frac{U_{REF}}{2R}d_2, \quad I_1 = \frac{U_{REF}}{2^2 R}d_1, \quad I_0 = \frac{U_{REF}}{2^3 R}d_0$$

　　将它们代入式（12-1）并取 $R_F = R/2$，则得到

$$U_o = -\frac{U_{REF}}{2^4}(d_3 \times 2^3 + d_2 \times 2^2 + d_1 \times 2^1 + d_0 \times 2^0) \tag{12-2}$$

　　对于 n 位的权电阻网络 D/A 转换器，当反馈电阻 R_F 取 $R/2$ 时，输出电压的计算公式如下：

$$U_o = -\frac{U_{REF}}{2^n}(d_{n-1} \times 2^{n-1} + d_{n-2} \times 2^{n-2} + \cdots + d_1 \times 2^1 + d_0 \times 2^0)$$

$$= -\frac{U_{REF}}{2^n}D \tag{12-3}$$

　　式（12-3）表明，输出的模拟电压正比于输入的数字量 D，从而实现了从数字量到模拟量的转换。

　　当 $D = \mathbf{0}$ 时，$U_o = 0V$；当 $D = \mathbf{11\cdots11}$ 时，$U_o = -\frac{2^n-1}{2^n}U_{REF}$，故 U_o 的最大变化范围是 $0V \sim -\frac{2^n-1}{2^n}U_{REF}$。在 U_{REF} 为正电压时，输出电压 U_o 始终为负值。要想得到正的输出电压，可以将 U_{REF} 取为负值。

　　图 12-3 所示权电阻网络 D/A 转换器的优点是结构比较简单，所用的电阻数很少。它的缺点是各个电阻的阻值相差较大，尤其在输入信号的位数较多时，这个问题就更加突出。要想在极为宽广的阻值范围内保证每个电阻都有很高的精度是十分困难的，尤其对制作集成电路更加不利。

　　为了克服权电阻网络 D/A 转换器中电阻阻值相差太大的缺点，提出一种倒 T 形电阻网络 D/A 转换器。

12.1.2　倒 T 形电阻网络 D/A 转换器

1. 电路组成

　　图 12-4 所示为 3 位倒 T 形电阻网络 D/A 转换器。由图 12-4 可见，电阻网络中只有 R、$2R$ 两种阻值的电阻，这就给集成电路的设计和制作带来了很大的方便。

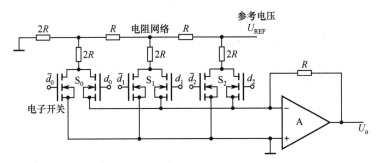

图 12-4　3 位倒 T 形电阻网络 D/A 转换器

图 12-4 中，$d_2d_1d_0$ 是输入的 3 位二进制数，它们控制着由 N 沟道增强型 MOS 管组成的 3 个电子开关 S_2、S_1、S_0，R、$2R$ 两种阻值的电阻组成倒 T 形电阻网络，运放完成求和运算，U_o 是输出模拟电压，U_{REF} 是参考电压。

当 $d_2 = 1$ 为高电平时，$\overline{d_2} = 0$ 为低电平，S_2 右边的 MOS 管导通，左边 MOS 管截止，将相应的 $2R$ 电阻接到运放的反相输入端；反之，若 $d_2 = 0$，$\overline{d_2} = 1$，则 S_2 右边 MOS 管截止，左边 MOS 管导通，$2R$ 电阻接地。d_1、d_0 对 S_1、S_0 的控制作用与 d_2 对 S_2 的控制作用相同。一般来说，当输入 n 位二进制数中第 i 位 $d_i = 1$ 时，S_i 就把网络中相应的 $2R$ 电阻接到求和运放的反相输入端；反之，当 $d_i = 0$ 时，S_i 则将 $2R$ 电阻接地。

2．工作原理

下面通过具体例子进行说明。

（1）当 $d_2d_1d_0 = 100$ 时。图 12-5 所示为 $d_2d_1d_0 = 100$ 时的等效电路。根据虚短，$U_- \approx U_+ = 0V$，即运放的反相输入端**虚地**。据此不难看出，倒 T 形电阻网络中，无论是从 AA 端、BB 端还是 CC 端向左看进去，其等效电阻均为 R，因此，由参考电压提供的电流 $I = U_{REF}/R$。

当 $d_2d_1d_0 = 100$ 时，由图 12-5 可得流入求和电路的电流为 $I/2$，输出电压为

$$U_o = -\frac{I}{2} \times R = -\frac{1}{2} \times \frac{U_{REF}}{R} \times R = -\frac{U_{REF}}{2} = -\frac{U_{REF}}{2^3}(1 \times 2^2 + 0 \times 2^1 + 0 \times 2^0)$$

（2）当 $d_2d_1d_0 = 110$ 时。图 12-6 所示为 $d_2d_1d_0 = 110$ 时的等效电路，显然，流入求和电路的电流是 $I/2 + I/4$，输出电压为

$$U_o = -\left(\frac{I}{2} + \frac{I}{4}\right) \times R = -\left(\frac{1}{2} \times \frac{U_{REF}}{R} + \frac{1}{4} \times \frac{U_{REF}}{R}\right) \times R = -\frac{U_{REF}}{2^3}(1 \times 2^2 + 1 \times 2^1 + 0 \times 2^0)$$

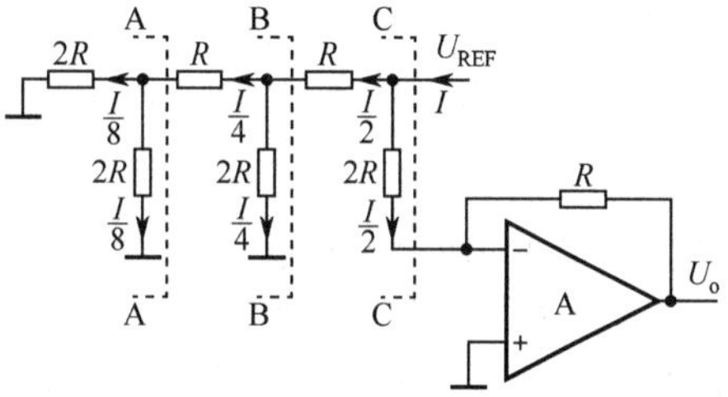

图 12-5　$d_2d_1d_0$=100 时的等效电路 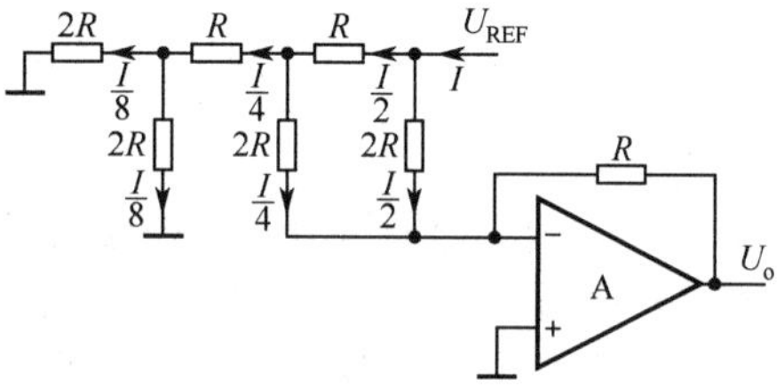　　　　图 12-6　$d_2d_1d_0$=110 时的等效电路

（3）当 $d_2d_1d_0 = 111$ 时。利用类似方法可求得输出电压为

$$U_o = -\left(\frac{I}{2} + \frac{I}{4} + \frac{I}{8}\right) \times R = -\left(\frac{1}{2} \times \frac{U_{REF}}{R} + \frac{1}{4} \times \frac{U_{REF}}{R} + \frac{1}{8} \times \frac{U_{REF}}{R}\right) \times R$$

$$= -\frac{U_{REF}}{2^3}(1 \times 2^2 + 1 \times 2^1 + 1 \times 2^0)$$

（4）一般表达形式。根据 $d_2d_1d_0$ 分别为 **100**、**110**、**111** 的分析结果，可推论得到 U_o 的一般表达形式为

$$U_o = -\frac{U_{REF}}{2^3}(d_2 \times 2^2 + d_1 \times 2^1 + d_0 \times 2^0) \tag{12-4}$$

式（12-4）表明，图 12-4 所示电路可以将输入的 3 位二进制数 $d_2d_1d_0$ 转换成相应的模拟输出电压 U_o。若令 $U_{REF} = -8$ V，那么便可得到如图 12-2 所示的转换特性曲线。

当输入 $D = d_{n-1}d_{n-2}\cdots d_1 d_0$ 时，即为 n 位二进制数，由式（12-4）不难推论出：

$$U_o = -\frac{U_{REF}}{2^n}(d_{n-1} \times 2^{n-1} + d_{n-2} \times 2^{n-2} + \cdots + d_1 \times 2^1 + d_0 \times 2^0) = -\frac{U_{REF}}{2^n} \times D = K_u \times D_n \tag{12-5}$$

式（12-5）中，K_u 是将二进制数 D 转换成模拟电压 U_o 的转换比例系数，也可以将其看成 D/A 转换器中的单位电压：

$$K_u = -\frac{U_{\text{REF}}}{2^n} \quad\quad\quad (12\text{-}6)$$

单位电压 K_u 乘上二进制数 D 的数值，所得到的便是输出模拟电压 U_o。

12.1.3　D/A 转换器的主要技术指标

衡量 D/A 转换器性能的参数主要有分辨率、转换精度和转换速度等。

（1）分辨率。分辨率用于描述 D/A 转换器对输入量微小变化的敏感程度。它是输入数字量只有最低有效位（Least Significant Bit，LSB）为 **1**（**00…01**）时的输出电压 U_{LSB} 与输入数字量全为 **1**（**11…11**）时的输出电压 U_M 之比。将 **00…01** 和 **11…11** 代入式（12-5），可得 U_{LSB} 和 U_M，因此对于 n 位的 D/A 转换器，其分辨率为

$$分辨率 = U_{\text{LSB}}/U_M = 1/(2^n - 1) \quad\quad\quad (12\text{-}7)$$

例如，10 位 D/A 转换器的分辨率为 $1/(2^{10}-1)$。如果输出模拟电压满量程为 10V，那么 10 位 D/A 转换器能够分辨的最小电压为 10/1023=0.009775V；而 8 位 D/A 转换器能够分辨的最小电压为 10/255=0.039215V。可见，位数越高，D/A 转换器分辨输出电压的能力越强。

分辨率表示 D/A 转换器在理论上可以达到的精度。

（2）转换精度。通常，转换精度用转换误差和相对精度来描述。转换误差是指在对应给定的满刻度数字量情况下，D/A 转换器实际输出与理论值之间的误差。该误差是由于 D/A 转换器的增益误差、零点误差、线性误差和噪声等共同引起的。

相对精度是指在满刻度已校准的情况下，在整个刻度范围内，对于任意数码的模拟量输出与其理论值之差。对于线性的 D/A 转换器，相对精度就是非线性度。相对精度有两种表示方法：① 用数字量最低有效位的位数 LSB 表示；② 用该偏差的相对满刻度值的百分比表示。

某 D/A 转换器精度为±0.1%，满量程 $U_{\text{FS}} = 10$V，则其最大线性误差电压为

$$U_E = \pm 0.1\% \times 10\text{V} = \pm 10\text{mV}$$

n 位 D/A 转换器，精度为 $\pm\frac{1}{2}$LSB，其最大可能的线性误差电压为

$$U_E = \pm \frac{1}{2} \times \frac{1}{2^n} U_{\text{FS}} = \pm \frac{1}{2^{n+1}} U_{\text{FS}}$$

转换精度和分辨率是两个不同的概念，即使 D/A 转换器的分辨率很高，但由于电路的稳定性不好等，也可能使电路的转换精度不高。

（3）转换速度。转换速度由转换时间决定，转换时间是指数据变化量为满刻度值（输入由全 0 变为全 1，或全 1 变为全 0）时，达到终值 $\pm\frac{1}{2}$LSB 所需的时间。

12.1.4　集成 DAC

集成 DAC0832 是用 CMOS 工艺制成的 8 位 DAC 芯片，其数字输入端具有双重缓冲功能，可根据需要接成不同的工作方式，特别适用于要求几个模拟量同时输出的场合，而且它与微处理器接口很方便。

1. DAC0832 的主要技术指标

分辨率：	8 位	线性误差：	≤±0.2%LSB
转换时间：	≤1μs	温度灵敏度：	2×10^{-5}/℃
单电源电压：	5V～15V	功耗：	20mW

2. DAC0832 的内部结构

DAC0832 的内部结构如图 12-7 所示。DAC0832 内部由一个 8 位输入寄存器、一个 8 位 DAC 寄存器、一个 8 位 D/A 转换器，以及逻辑控制电路和输出电路的辅助元件 R_{FB} 等组成。D/A 转换

器采用 $R\text{-}2R$ 倒 T 形电阻网络。由于 DAC0832 有两个可以分别控制的寄存器，因此在使用时有较大的灵活性，可以接成双缓冲、单缓冲或直接输入等工作方式。DAC0832 中无运放，且为电流输出，使用时需外接运放。

3．DAC0832 的引脚功能

DAC0832 的引脚排列图如图 12-8 所示。各引脚信号的功能说明如下。

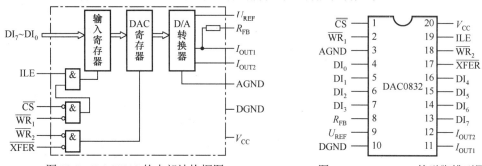

图 12-7　DAC0832 的内部结构框图　　　　图 12-8　DAC0832 的引脚排列图

ILE：输入锁存允许，输入，高电平有效。

$\overline{\text{CS}}$：片选，输入，低电平有效。它与 ILE 结合起来可以控制 $\overline{\text{WR}}_1$ 是否起作用。

$\overline{\text{WR}}_1$：写信号 1，输入，低电平有效。在 $\overline{\text{CS}}$ 和 ILE 为有效电平时，用它将数据输入并锁存于输入寄存器中。

$\overline{\text{WR}}_2$：写信号 2，输入，低电平有效。在 $\overline{\text{XFER}}$ 为有效电平时，用它将输入寄存器中的数据传送到 8 位 DAC 寄存器中。

$\overline{\text{XFER}}$：传输控制，输入，低电平有效。用它来控制 $\overline{\text{WR}}_2$ 是否起作用。在控制多个 DAC0832 同时输出时特别有用。

$\text{DI}_7 \sim \text{DI}_0$：8 位数字量，输入。

U_{REF}：基准（参考）电压。一般此端外接一个精确、稳定的基准电压源。U_{REF} 可在 $-10\text{V} \sim +10\text{V}$ 范围内选择。

R_{FB}：反馈电阻。反馈电阻被制作在芯片内，用作外接运放的反馈电阻，它与内部的 $R\text{-}2R$ 电阻相匹配。

I_{OUT1}：模拟电流输出 1，接运放反相输入端。其大小与输入的数字量 $\text{DI}_7 \sim \text{DI}_0$ 成正比。

I_{OUT2}：模拟电流输出 2，接地。其大小与取反后的数字量 $\text{DI}_7 \sim \text{DI}_0$ 成正比，并且，$I_{\text{OUT1}} + I_{\text{OUT2}} =$ 常数。

V_{CC}：电源输入（一般为 $+5\text{V} \sim +15\text{V}$）。

DGND：数字地。

AGND：模拟地。

4．DAC0832 的工作方式

因为 DAC0832 内部有两个寄存器，所以它可以有双缓冲型、单缓冲型和直通型等几种工作方式。如果工作于直通方式，则没有锁存功能；如果工作于缓冲方式，则有一级或二级锁存功能。

双缓冲方式：DAC0832 内部有两个 8 位寄存器，可以进行双缓冲操作，即在对某数据进行转换的同时，又可以进行下一数据的采集，故转换速度较高。这一特点特别适用于要求多片 DAC0832 的多个模拟量同时输出的场合。在各片的 ILE 置为高电平、$\overline{\text{WR}}_1$ 和 $\overline{\text{CS}}$ 为低电平的控制下，有关数据分别被输入各 DAC0832 的 8 位输入寄存器。当需要同时输出时，在 $\overline{\text{XFER}}$ 和 $\overline{\text{WR}}_2$ 均为低电平的作用下，把各输入寄存器中的数据同时传送给各自的 DAC 寄存器。各 D/A 转换器同时转换，同时给出模拟输出。

单缓冲方式：在不要求多片 D/A 转换器同时输出时，可以采用单缓冲方式，使两个寄存器之一始终处于直通状态，这时只需一次操作，因此可以提高 D/A 转换器的数据吞吐量。

直通方式：如果两级寄存器都处于常通状态，这时 D/A 转换器的模拟输出将跟随数字输入随时变化，这就是直通方式。这种情况是将 DAC0832 直接应用于连续反馈控制系统中，作为数字增量控制器使用。

5．DAC0832 与微处理器的连接

图 12-9 所示为 DAC0832 与 80x86 连接的典型电路，它属于单缓冲方式。图 12-9 中的电位器用于满刻度调整。

DAC0832 在输入数字量为单极性数字时，输出电路可接成单极性工作方式；在输入数字量为双极性数字时，输出电路可接成双极性工作方式。所谓单极性输出，是指微处理器输出到 D/A 转换器中的代码为 00H～FFH，经 D/A 转换器输出的模拟电压，要么全为负值，要么全为正值，输出极性总与基准电压的极性相反。所谓双极性输出，是指微处理器输出到 D/A 转换器中的数字量有

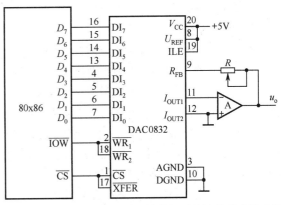

图 12-9　DAC0832 与 80x86 计算机系统连接的典型电路

正、负之分，经 D/A 转换器输出的模拟电压也有正、负极性之分。例如，控制系统中对电动机的控制，正转和反转分别对应正电压和负电压。

12.2　A/D 转换器

A/D 转换器的功能是将输入的电压模拟量 u_i 转换成相应的数字量 D 输出，D 为 n 位二进制码 $d_{n-1} d_{n-2} \cdots d_1 d_0$。

A/D 转换器的种类很多，按工作原理可分为直接型和间接型两大类。前者直接将模拟电压转换成输出的数字代码，而后者是先将电压模拟量转换成一个中间量（如时间或频率），然后将中间量转换成数字量。下面首先说明 A/D 转换的一般原理和步骤，再分别介绍直接型中的并联比较型、逐次渐近型 A/D 转换器，以及间接型中的双积分型 A/D 转换器。

12.2.1　A/D 转换的一般步骤

因为 A/D 转换器的输入信号 u_i 在时间上是连续的，而输出的数字量 D 是离散的，所以进行转换时必须按一定的频率对输入的信号 u_i 进行取样，得到取样信号 u_s，并在两次取样之间使 u_s 保持不变，从而保证将取样值转化成稳定的数字量。因此，A/D 转换过程是通过取样、保持、量化、编码 4 个步骤完成的。通常，取样和保持用同一个电路实现，量化和编码也是在转换过程同时实现的。

1．取样与保持

取样就是将在时间上连续变化的模拟量，转换成时间上离散的模拟量，如图 12-10 所示。可以看到，为了用取样信号 u_s 准确地表示输入信号 u_i，必须有足够高的取样频率 f_s，取样频率 f_s 越高，就越能准确

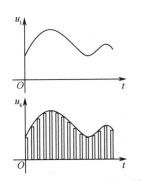

图 12-10　对模拟信号的取样

地反映 u_i 的变化。那么如何来确定取样频率呢?

对任何模拟信号进行谐波分析时,均可以将其表示为若干正弦波信号之和,若谐波中的最高频率为 f_{imax},则根据取样定理,取样频率应满足下列关系:

$$f_s \geqslant 2f_{imax} \qquad\qquad (12\text{-}8)$$

此时,取样信号 u_s 就能准确地反映输入信号 u_i。

由于取样时间极短,取样信号 u_s 为一串断续的窄脉冲,而要把一个取样信号数字化,需要一定时间,因此在两次取样之间应将取样信号存储起来以便进行数字化,这一过程称为保持。

2. 量化与编码

数字信号不仅在时间上是离散的,而且数值的变化也是不连续的。也就是说,任何一个数字量的大小都是以某个最小数量单位的整数倍来表示的。因此,在用数字量表示取样信号时,也必须把它转化成这个最小数量单位的整数倍,所规定的最小数量单位称为量化单位,用 Δ 表示。将量化的结果用二进制代码表示称为编码。这个二进制代码就是 A/D 转换的输出信号。

输入电压通过取样保持后转换成阶梯波,其阶梯幅值仍然是连续可变的,所以它不一定能被量化单位 Δ 整除,因而不可避免地会引起量化误差。对于一定的输入电压范围,输出数字量的位数越高,Δ 就越小,因此量化误差也越小。而对于一定的输入电压范围、一定位数的数字量输出,采用不同的量化方法,量化误差的大小也不同。量化的方法有两种,下面将分别说明。

设输入电压 u_i 的取值范围为 $0\sim U_M$,输出为 n 位的二进制代码。现取 $U_M = 1$V,$n = 3$。

第一种量化方法:取 $\Delta = U_M/2^n = \dfrac{1}{2^3}$V $= \dfrac{1}{8}$V,规定 0Δ 表示 0V$<u_i<\dfrac{1}{8}$V,对应的输出二进制代码为 **000**;1Δ 表示 $\dfrac{1}{8}$V$<u_i<\dfrac{2}{8}$V,对应的输出二进制代码为 **001**;……;7Δ 表示 $\dfrac{7}{8}$V$<u_i<1$V,对应的输出二进制代码为 **111**,如图 12-11(a)所示。显然,这种量化方法的最大量化误差为 Δ。

第二种量化方法:取 $\Delta = 2U_M/(2^{n+1}-1)=\dfrac{2}{15}$V,并规定 0Δ 表示 0V$<u_i<\dfrac{1}{15}$V,对应的输出二进制代码为 **000**;1Δ 表示 $\dfrac{1}{15}$V$<u_i<\dfrac{3}{15}$V,对应的输出二进制代码为 **001**;……;7Δ 表示 $\dfrac{13}{15}$V$<u_i<1$V,对应的输出二进制代码为 **111**,如图 12-11(b)所示。显然,这种量化方法的最大量化误差为 $\Delta/2$。在实际电路中多采用这种量化方法。

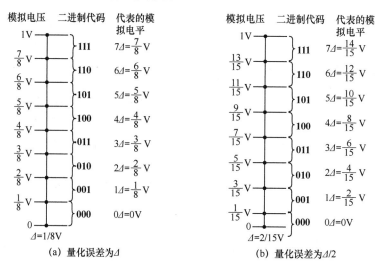

图 12-11　两种量化方法

12.2.2　取样保持电路

取样保持电路实现 A/D 转换的取样和保持两个步骤，其基本形式如图 12-12 所示。它由 N 沟道 MOS 管（作为取样开关）、存储电容 C、运放等组成。

取样控制信号 u_L 为高电平时，VT 导通，输入信号 u_i 经电阻 R_i 向电容 C 充电。取 $R_i = R_F$ 且忽略运放的净输入电流，则充电结束后 $u_o = u_C = -u_i$。

取样控制信号 u_L 跃变为低电平后，VT 截止，由于电容 C 上的电压 u_C 保持基本不变，即取样的结果被保持下来直到下一个取样控制信号到来。可以看出，只有电容 C 的漏电流越小，运放的输入阻抗越大，u_o 保持的时间才越长。

显然，取样过程是一个充电过程，且 R_i 越小，充电时间越短，取样频率越高。在充电过程中，电路的输入电阻为 R_i，为使电路从信号源索取的电流小些，则要求输入电阻大些，因此取样速度与输入阻抗产生了矛盾。下面介绍在图 12-12 所示电路基础上改进而得到的电路，如图 12-13 所示。A_1 和 A_2 是两个运放，取样控制信号 u_L 通过驱动电路 L 控制开关 S。当 $u_L = 1$ 时，开关 S 闭合，A_1 和 A_2 工作于单位增益的电压跟随状态，则 $u_i = u_o' = u_C = u_o$；当 $u_L = 0$ 时，开关 S 断开，由于电容 C 没有放电回路，u_C 保持 u_i 不变，所以输出 u_o 也保持 u_i 不变。

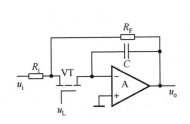

图 12-12　取样保持电路的基本形式

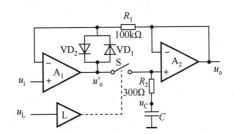

图 12-13　改进的取样保持电路

开关 S 断开时，电路处于保持阶段，如果 u_i 变化，u_o' 变化可能非常大，甚至会超过开关电路能够承受的电压，因此用二极管 VD_1、VD_2 构成保护电路。当 u_o' 比保持电压 u_o 高（或低）一个二极管的压降 U_D 时，VD_1（或 VD_2）导通，从而使 $u_o' = u_o + U_D$（或 $u_o' = u_o - U_D$）。开关 S 闭合时，$u_o' = u_o$，所以 VD_1 和 VD_2 不导通，保护电路不起作用。

由于电路在取样开关与输入信号之间加一级运放 A_1，提高了输入阻抗，同时由于运放 A_1 输出阻抗小，使电容充、放电过程加快，因此提高了取样速度。

12.2.3　并联比较型 A/D 转换器

并联比较型 A/D 转换器属于直接型 A/D 转换器，它能将输入的模拟电压直接转换为输出的数字量而不需要经过中间变量。图 12-14 所示为 3 位并联比较型 A/D 转换器，它由电阻分压器、电压比较器、寄存器、编码器 4 部分组成。输入为 $0 \sim U_{REF}$ 的模拟电压，输出为 3 位数字代码 $d_2d_1d_0$，此处略去了取样保持电路，假定输入的模拟电压 u_i 已经是取样保持电路的输出电压。

电阻分压器由 8 个电阻串联组成，通过串联分压将基准电压 U_{REF} 在 $\frac{1}{15}U_{REF} \sim \frac{13}{15}U_{REF}$ 范围内分成 7 个等级，并将这 7 个等级的电压分别作为 7 个电压比较器 $C_1 \sim C_7$ 的参考电压。

电压比较器中量化电平的划分采用如图 12-11（b）所示的方式，量化单位为 $\Delta = \frac{2}{15}U_{REF}$。电压比较器的一个输入端分接 7 个等级的参考电压，另一个输入端接输入的模拟电压 u_i，并与这 7 个参考电压进行比较。

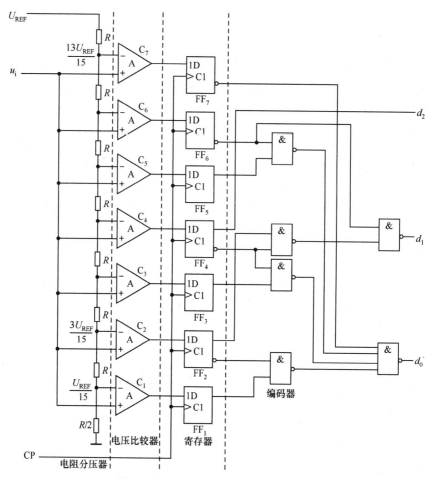

图 12-14　3 位并联比较型 A/D 转换器

表 12-1　图 12-14 的 A/D 转换真值表

u_i	寄存器							编码器		
	Q_7	Q_6	Q_5	Q_4	Q_3	Q_2	Q_1	d_2	d_1	d_0
$\left(0 \sim \dfrac{1}{15}\right)U_{REF}$	0	0	0	0	0	0	0	0	0	0
$\left(\dfrac{1}{15} \sim \dfrac{3}{15}\right)U_{REF}$	0	0	0	0	0	0	1	0	0	1
$\left(\dfrac{3}{15} \sim \dfrac{5}{15}\right)U_{REF}$	0	0	0	0	0	1	1	0	1	0
$\left(\dfrac{5}{15} \sim \dfrac{7}{15}\right)U_{REF}$	0	0	0	0	1	1	1	0	1	1
$\left(\dfrac{7}{15} \sim \dfrac{9}{15}\right)U_{REF}$	0	0	0	1	1	1	1	1	0	0
$\left(\dfrac{9}{15} \sim \dfrac{11}{15}\right)U_{REF}$	0	0	1	1	1	1	1	1	0	1
$\left(\dfrac{11}{15} \sim \dfrac{13}{15}\right)U_{REF}$	0	1	1	1	1	1	1	1	1	0
$\left(\dfrac{13}{15} \sim 1\right)U_{REF}$	1	1	1	1	1	1	1	1	1	1

若 $u_i < \dfrac{1}{15}U_{REF}$，则所有电压比较器的输出均为低电平 **0**，待 CP 上升沿到来时，寄存器中所有的触发器均被置成 **0** 态。若 $\dfrac{1}{15}U_{REF} < u_i < \dfrac{3}{15}U_{REF}$，则只有电压比较器 C_1 输出为高电平 **1**，其他电压比较器均输出 **0**，待 CP 上升沿到来时，只有触发器 FF_1 被置 **1**，其余触发器被置 **0**。

其余类推，便可列出 u_i 为不同电压值时寄存器的状态，如表 12-1 所示。至此，寄存器输出的还只是一组 7 位的高、低电平信号，不是所要求的 3 位二进制代码，为此必须进行代码转换。

代码转换是由编码器完成的，如图 12-14 所示。根据表 12-1 可以写出编码器输出与输入间的逻辑表达式如下：

$$\begin{cases} d_2 = Q_4 \\ d_1 = Q_6 + \overline{Q}_4 Q_2 = \overline{\overline{Q}_6 \cdot \overline{\overline{Q}_4 Q_2}} \\ d_0 = Q_7 + \overline{Q}_6 Q_5 + \overline{Q}_4 Q_3 + \overline{Q}_2 Q_1 = \overline{\overline{Q}_7 \cdot \overline{\overline{Q}_6 Q_5} \cdot \overline{\overline{Q}_4 Q_3} \cdot \overline{\overline{Q}_2 Q_1}} \end{cases}$$

根据以上表达式，即可得到如图 12-14 所示的编码器电路。

并联比较型 A/D 转换器的主要优点是转换速度快，例如，目前输出为 8 位的并联比较型 A/D 转换器转换时间低于 50ns，这是其他类型 A/D 转换器无法做到的。

不足之处是转换精度较差，存在转换误差。而且，需要使用很多电压比较器和触发器，从图 12-14 所示电路结构不难看出，输出为 n 位二进制代码的 A/D 转换器中，应当有 $2^n - 1$ 个电压比较器和 $2^n - 1$ 个触发器。并且，电路的规模随着输出二进制代码位数的增加而急剧膨胀。

12.2.4 逐次渐近型 A/D 转换器

逐次渐近型 A/D 转换器也是直接型 A/D 转换器，是目前集成 A/D 转换器产品中应用最广泛的一种。其转换过程类似于天平称物的过程，天平的一端放物体 M，一端放砝码。用天平将各种质量的砝码按一定规律与 M 进行比较、取舍，直到天平基本平衡，这时天平托盘中砝码的质量之和就表示 M 的质量。

图 12-15 所示为逐次渐近型 A/D 转换器的原理框图。它由电压比较器、n 位 D/A 转换器、n 位寄存器、控制电路、输出电路、时钟脉冲 CP 以及参考电压源等（图中未全部画出）组成。输入为模拟电压 u_i，输出为 n 位二进制代码。

转换开始之前将寄存器清零（$d_{n-1} d_{n-2} \cdots d_1 d_0 = 00\cdots00$）。开始转换时，控制电路先将寄存器的最高位置 1（$d_{n-1} = 1$），其余位全为 0，使寄存器输出为 $d_{n-1} d_{n-2} \cdots d_1 d_0 = 1\cdots00$，这组数码被 D/A 转换器转换成相应的模拟电压 u_X 后，通过电压比较器与 u_i 进行比较：若 $u_i > u_X$，说明寄存器中的数码不够大，则将这一位的 1 保留；若 $u_i < u_X$，说明寄存器中的数码太大，则将这一位的 1 清除，从而决定了 d_{n-1} 的值。然后，将次高位置 1（$d_{n-2} = 1$），再通过 D/A 转换器将此时寄存器的输出（$d_{n-1} d_{n-2} \cdots d_1 d_0 = d_{n-1} 1\cdots00$）转换成相应的模拟电压 u_X，再通过 u_X 与 u_i 比较决定 d_{n-2} 的取值。其余类推，逐位比较，一直到最低位为止。

下面以图 12-16 所示 3 位逐次渐近型 A/D 转换器为例，具体说明转换过程和转换时间。

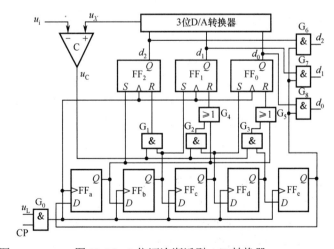

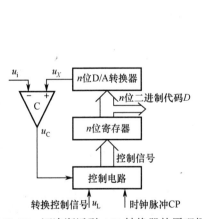

图 12-15　逐次渐近型 A/D 转换器的原理框图　　　　图 12-16　3 位逐次渐近型 A/D 转换器

图 12-16 中，FF_2、FF_1 和 FF_0 组成 3 位寄存器；$FF_a \sim FF_e$ 和门 $G_1 \sim G_5$ 构成控制电路，其中 $FF_a \sim FF_e$ 接成环形计数器；门 $G_6 \sim G_8$ 为输出电路。

在转换开始前使 $Q_a Q_b Q_c Q_d Q_e = 10000$，且 $Q_2 = Q_1 = Q_0 = 0$。

第 1 个 CP 到达后，环形计数器右移一位，使 $Q_b = 1$，$Q_a = Q_c = Q_d = Q_e = 0$，并且将寄存器的最高位 FF$_2$ 置 1，FF$_1$ 和 FF$_0$ 置 0。这时 D/A 转换器的输入代码为 $d_2 d_1 d_0 = 100$，由此可在 D/A 转换器的输出端得到相应的模拟电压 u_X。利用电压比较器 C 对 u_i 与 u_X 进行比较，若 $u_i < u_X$，则电压比较器输出 u_C 为高电平；若 $u_i \geqslant u_X$，则 u_C 为低电平。

第 2 个 CP 到达后，环形计数器右移一位，使 $Q_c = 1$，$Q_a = Q_b = Q_d = Q_e = 0$。若 u_C 为高电平（$u_i < u_X$），说明寄存器中的数码太大，则将这一位的 1 清除，即将 FF$_2$ 置 0；若 $u_C = 0$（$u_i \geqslant u_X$），说明寄存器中的数码不够大，则将这一位的 1 保留，即 FF$_2$ 保持 1，从而确定了寄存器中 Q_2 的值。与此同时，Q_c 的高电平将次高位 FF$_1$ 置 1。这时 D/A 转换器的输入代码为 $d_2 d_1 d_0 = Q_2 10$，输出为这个代码相应的模拟电压 u_X。通过对 u_i 与 u_X 进行比较决定电压比较器 C 的输出 u_C。

第 3 个 CP 到达后，环形计数器再右移一位，使 $Q_d = 1$，$Q_a = Q_b = Q_c = Q_e = 0$。根据电压比较器的输出 u_C 确定 FF$_1$ 的值，也就是确定了寄存器中 Q_1 的值，同时将 FF$_0$ 置 1。这时 D/A 转换器的输入代码为 $d_2 d_1 d_0 = Q_2 Q_1 1$，输出为这个代码相应的模拟电压 u_X。通过对 u_i 与 u_X 进行比较决定电压比较器 C 的输出 u_C。

第 4 个 CP 到达后，环形计数器再右移一位，使 $Q_e = 1$，$Q_a = Q_b = Q_c = Q_d = 0$。根据电压比较器的输出 u_C 确定 FF$_0$ 的值，也就是确定了寄存器中 Q_0 的值。$Q_e = 1$，将门 G$_6$～G$_8$ 打开，FF$_2$、FF$_1$ 和 FF$_0$ 的状态 $Q_2 Q_1 Q_0$ 作为转换结果输出。

第 5 个 CP 到达后，使 $Q_a = 1$，$Q_b = Q_c = Q_d = Q_e = 0$ 且 $Q_2 = Q_1 = Q_0 = 0$，电路回到初态，准备下一次转换。

可见，3 位逐次渐近型 A/D 转换器完成 1 次转换需要 5 个 CP 周期。因此，n 位 A/D 转换器需要 $(n+2)$ 个 CP 周期。

12.2.5 双积分型 A/D 转换器

双积分型 A/D 转换器是间接型 A/D 转换器中最常用的一种。它与直接型 A/D 转换器相比具有精度高、抗干扰能力强等特点。双积分型 A/D 转换器首先将输入的模拟电压 u_i 转换成与之成正比的时间量 T，再在时间间隔 T 内对固定频率的时钟脉冲计数，则计数的结果就是一个正比于 u_i 的数字量。

图 12-17 所示为双积分型 A/D 转换器的原理框图，它由积分器 A、电压比较器 C、n 位计数器、控制电路、固定频率时钟脉冲（CP）、开关 S$_2$～S$_0$ 以及基准电压源等组成。输入为模拟电压 u_i，输出为 n 位二进制代码。下面结合工作波形说明它的转换过程。

电路的工作分为两个积分阶段。转换开始前，开关 S$_0$ 闭合使电容 C 完全放电，计数器清零。

第一阶段为定时积分，积分时间为 T_1。控制电路将开关 S$_1$ 闭合，开关 S$_2$ 和 S$_0$ 断开。积分器对 u_i 积分，其输出为

$$u_o = -\frac{1}{RC}\int_0^{T_1} u_i \, \mathrm{d}t = -\frac{u_i T_1}{RC} \qquad (12\text{-}9)$$

式中，T_1、R 和 C 均为常数，因此 u_o 与 u_i 成正比。如图 12-18 所示，若 $u_{i1} > u_{i2}$，则定时积分的终值 $|u_{o1}| > |u_{o2}|$。

第二阶段为反向积分，并在积分的同时进行计数。控制电路将开关 S$_2$ 闭合，开关 S$_1$ 断开，开关 S$_0$ 保持断开状态。积分器对基准电压 $-U_{REF}$ 进行积分，与此同时，计数器开始对固定频率的时钟脉冲（CP）计数。由于基准电压 $-U_{REF}$ 与 u_i 极性相反，因此积分器的积分方向与定时积分时相反，$|u_o|$ 逐渐减小。当 $u_o = 0V$ 时，电压比较器的输出 u_C 产生跃变，且通过控制电路停止积分和计数。该过程所需时间为 T_2，因此

$$u_o = -\frac{u_i T_1}{RC} - \left(-\frac{1}{RC}\int_0^{T_2} U_{REF} dt\right) = -\frac{u_i T_1}{RC} + \frac{U_{REF}}{RC} = 0$$

所以
$$T_2 = \frac{T_1}{U_{REF}} \cdot u_i \qquad (12\text{-}10)$$

可见，第二阶段的积分时间 T_2 是一个与 u_i 成正比的量。若 CP 的固定频率为 f_{CP}，则第二阶段结束时计数器的输出为

$$D = T_2 \cdot f_{CP} = T_2/T_{CP} \qquad (12\text{-}11)$$

式中，T_{CP} 为 CP 的周期。将式（12-10）代入式（12-11），可得

$$D = \frac{T_1 u_i}{T_{CP} U_{REF}} \qquad (12\text{-}12)$$

可见，数字量 D 与输入模拟电压 u_i 成正比，波形如图 12-18 所示。

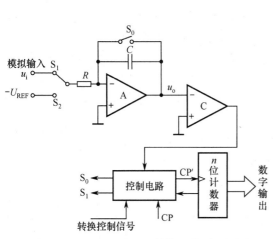

图 12-17 双积分型 A/D 转换器的原理框图

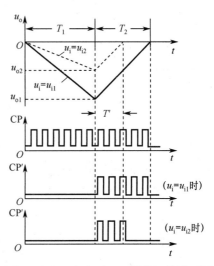

图 12-18 双积分型 A/D 转换器的波形图

12.2.6 A/D 转换器的主要技术指标

（1）分辨率。分辨率用于描述 A/D 转换器对输入信号微小变化的敏感程度。A/D 转换器的输出是 n 位二进制代码，因此在输入电压范围一定时，位数越多，量化误差就越小，转换精度也越高，分辨能力也越强。但分辨率仅仅表示 A/D 转换器在理论上可以达到的精度。

（2）转换精度。转换精度常用转换误差来描述。它表示 A/D 转换器实际输出的数字量与理想输出数字量的差别，通常用最低位的位数表示。转换误差是综合性误差，它是量化误差、电源波动以及转换电路中各种元器件造成的误差的总和。

转换精度和分辨率是两个不同的概念。即使分辨率很高，但由于电路的稳定性不好等，也可能使电路的转换精度并不高。

（3）转换速度。转换速度用完成 1 次转换时间来表示，它是从接到转换控制信号起，到输出端得到稳定的数字输出为止所需的时间。转换时间越短，说明转换速度越快。

总体来说，直接型 A/D 转换器的转换速度比间接型 A/D 转换器快，但转换精度和抗干扰能力都不及间接型 A/D 转换器。

12.2.7 集成 ADC

集成 ADC0809 是用 CMOS 工艺制成的 8 位 8 通道逐次渐近型 A/D 转换器。该器件具有与微

处理器兼容的控制逻辑，可以直接与 80x86 系列、51 系列等微处理器接口相连。

1．ADC0809 的主要技术指标

分辨率：	8 位	输入电压范围：	5V～15V
转换精度：	8 位	温度灵敏度：	$2×10^{-5}$/℃
转换时间：	≤100μs	功耗：	15mW

2．ADC0809 的内部结构及工作原理

ADC0809 的内部结构框图如图 12-19 所示，由两部分组成。

第一部分：8 路模拟通道选择开关、地址锁存器和译码器。

第二部分：电压比较器 A、8 位逐次渐近寄存器（SAR）、8 位 DAC、定时和控制电路、8 位三态输出缓冲器。

ADC0809 工作原理如下：

由 ADD_C、ADD_B、ADD_A 及 ALE 选择 8 个模拟量之一，并通过 8 位模拟通道选择开关加到电压比较器的一端，由 START 启动 A/D 转换且 SAR 清零，在 CLOCK 控制下，将 SAR 从高位到低位逐次置 1，并将每次置位后的 SAR 送 DAC 转换成与 SAR 中数字量成正比的模拟量。DAC 的输出加到电压比较器的另一端与输入的模拟电压进行比较：若 $u_i \geq u_o$，则保留 SAR 中该位的 1；若 $u_i < u_o$，则该位清零。经过 8 次比较（8 个 CLOCK）后，SAR 中的 8 位数字量即为结果。在 OE 有效时，将 SAR 中 8 位二进制数输出至缓冲器，并通过 $D_7 \sim D_0$ 输出，同时发出 EOC 转换结束信号。

3．ADC0809 的引脚功能

ADC0809 的引脚排列图如图 12-20 所示，各引脚信号说明如下。

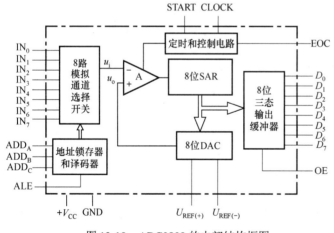

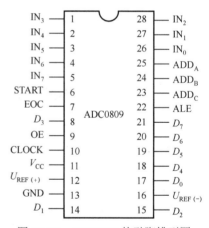

图 12-19　ADC0809 的内部结构框图　　　图 12-20　ADC0809 的引脚排列图

$IN_0 \sim IN_7$：8 路模拟电压输入，电压范围为 0V～5V。可由 8 路模拟通道选择开关选择其中任何一路送至 8 位 A/D 转换电路进行转换。

ADD_C、ADD_B、ADD_A：3 个地址信号，输入，构成 3 位地址码，用于选择 8 路模拟电压之一。

ALE：地址锁存允许，正脉冲。在脉冲的上升沿将 3 位地址码 ADD_C、ADD_B、ADD_A 存入锁存器。

CLOCK：时钟脉冲，输入。控制 A/D 转换速度，频率范围是 10kHz～1MHz。

START：A/D 转换启动，正脉冲。在 START 的上升沿，将 SAR 清零，在 START 的下降沿开始转换。

EOC：A/D 转换结束，高电平有效。

OE：输出允许，当OE有效时将打开输出缓冲器，使转换结果出现从 $D_7 \sim D_0$ 输出。

V_{CC}：芯片工作电压，+5V。

$D_7 \sim D_0$：数字量输出。

$U_{REF(+)}$、$U_{REF(-)}$：基准（参考）电压的正、负极。

GND：地。

4．ADC0809 与微处理器的连接

在 ADC0809 典型应用中，它与微处理器的连接如图 12-21 所示。

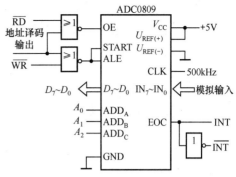

图 12-21　ADC0809 与微处理器的连接

本章小结

1．数模（D/A）转换器和模数（A/D）转换器是数字量和模拟量转换的桥梁。

2．评价 D/A 转换器和 A/D 转换器的主要技术指标是转换精度和转换速度，也是选择转换器电路的主要依据。在选择方案时，要综合考虑性价比，不可一味地追求不必要的高精度和高速度。

3．D/A 转换器利用权电流（权电阻或权电容）使输出模拟电压与输入数字量成正比。

4．将模拟信号转换为数字量的基础是取样定理，只要取样频率大于模拟信号最高频率的两倍（$f_s \geq 2f_{imax}$），即可不失真地重现原来的输入模拟信号。

5．A/D 转换过程包括取样、保持、量化和编码。量化、编码的方案很多，本章介绍了并联比较型、逐次渐近型和双积分型 A/D 转换器。

习题

12-1 填空题。

（1）输入二进制数的 n 位 D/A 转换器的 n 值越大，分辨率越_____。D/A 转换器的基本结构包括_____、_____和_____三部分。

（2）D/A 和 A/D 转换器的主要技术指标是_____和_____。

（3）若 n 是输入信号有效位数，则 D/A 转换器的分辨率是_____。

（4）一个 10 位的倒 T 形电阻网络 DAC，若 U_{REF} =5V，R_F = 2R，则当数字信号 D = **0101010100** 时，对应的输出电压 u_o = _____。

（5）一个 10 位 DAC 的最小分辨电压为 0.025V，则它能表示最大电压是_____V。

（6）一个 8 位的 DAC，当输入为 **10000001** 时，输出电压为 5V，则当输入为 **01010000** 时，输出电压为_____V。

（7）若一个 14 位的 D/A 转换器的满刻度输出电压为 U_{Omax}=10V，当输入的二进制数为 **10111010101111** 时，输出电压为_____V。

（8）在 3 位二进制 A/D 转换器中，已知最大输入模拟电压为 10V，Δ 是量化单位，并采取"只舍不取"的方法划分量化电平，则 1Δ 代表的量化电压为_____V。

（9）A/D 转换的基本步骤是_____、_____、_____和_____。

（10）A/D 转换器的量化方法有_____、_____两种；逐次渐近型 A/D 转换器只能采用_____方法。

12-2 选择题。

（1）数模转换是_____，模数转换是_____。

（A）把模拟信号转换成数字信号

（B）把数字信号转换成模拟信号

（C）把幅值、宽度均不规则的脉冲信号转换成模拟信号

（D）把幅值、宽度均不规则的脉冲信号转换成数字信号

（2）工业中多数参数（如温度、压力、流量……）通过传感器转换成的电信号均为_____，因此在利用计算机构成控制系统时应首先将它们转换成_____，经计算机处理后，再转换成   ，以驱动执行机构。

（A）数字量   （B）模拟量

（C）矩形波电压信号   （D）正弦波电压信号

（3）在倒 T 形电阻网络 D/A 转换器中，当电子开关状态变化时，电阻网络各支路的电流_____，因此_____。

（A）变化很大   （B）基本不变

（C）电流建立时间近似为零   （D）电流建立时间很长

12-3 判断题。

（1）数模转换器的功能是将数字量转换成模拟量。（　　）

（2）模数转换器的功能是将模拟量转换成数字量。（　　）

（3）数模转换器的功能是将幅值、宽度均不规则的脉冲信号转换成模拟信号。（　　）

（4）数模转换器的位数越多，分辨率越高。（　　）

（5）模数转换器的位数越多，分辨率越高。（　　）

（6）倒 T 形电阻网络 D/A 转换器的电阻网络中阻值分散，因此不便于集成化。（　　）

（7）在 D/A 转换时，取样频率应大于输入模拟信号的基波频率。（　　）

（8）参照图 12-16 的方法组成的 10 位逐次渐近型 A/D 转换器完成一次转换需 10 个时钟脉冲 CP 的周期。（　　）

12-4 参照图 12-4 的方法组成的 4 位倒 T 形电阻网络 D/A 转换器中，$U_{REF} = 10V$，$R = 10k\Omega$。试问当输入数字信号 $d_3d_2d_1d_0 = 1111$ 时，各电子开关中的电流分别为多少？输出电压 u_o 为多少？若测得 $d_3d_2d_1d_0 = 0101$ 时输出电压 $u_o = 0.625V$，则 U_{REF} 为多少？

12-5 在 10 位倒 T 形电阻网络 D/A 转换器中，电阻取值为图 12-4 所示电路中的 R 和 $2R$，$U_{REF} = 10V$。求输入数字信号分别为 0000000001、0011001100 和 1111111111 时的输出电压 u_o。

12-6 现有一个 4 位倒 T 形电阻网络 D/A 转换器，电路结构参照图 12-4，已知 $U_{REF} = 8V$。（1）求 $d_3d_2d_1d_0$ 分别为 0000、0011、1111 时的输出电压 u_o。（2）将 d_3、d_2、d_1、d_0 分别接 4 位二进制加法计数器的状态输出 Q_3、Q_2、Q_1、Q_0（其中 Q_3 为最高位，Q_0 为最低位），试画出计数器在连续计数脉冲作用下 u_o 的波形。

12-7 10 位倒 T 形电阻网络 D/A 转换器如题图 12-1 所示。（1）求输出电压的取值范围。（2）若要求当电路输入数字量为 200 H 时输出电压为 5V，试问 U_{REF} 应取何值？

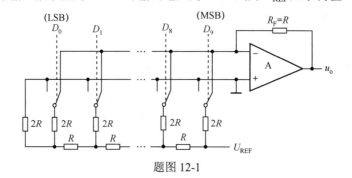

题图 12-1

12-8 题图 12-2 所示倒 T 形电阻网络 D/A 转换器中，设反馈电阻 $R_F = R$，外接参考电压 $U_{REF}=$ $-10V$，为保证 U_{REF} 偏离标准值所引起的误差小于 $\frac{1}{2}$LSB，试计算 U_{REF} 的相对稳定度。

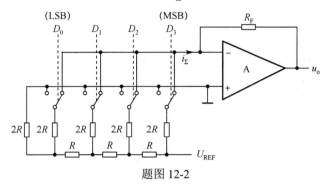

题图 12-2

12-9 已知时钟脉冲（CP）的周期为 2μs。（1）试问图 12-16 所示电路完成 1 次转换需多长时间？（2）若按图 12-16 所示电路组成 10 位 A/D 转换器，则完成 1 次转换需多长时间？

12-10 按图 12-16 所示电路的原理组成 10 位逐次渐近型 A/D 转换器，其完成 1 次转换所需时间为 12μs，试问时钟脉冲 CP 的周期为多少？

12-11 图 12-17 所示双积分型 A/D 转换器中，已知输入模拟电压最大值为 8V，其定时积分的终值为 $-8V$，输出数字量为 4 位二进制数，时钟脉冲 CP 的周期为 2μs。试问：（1）反向积分时间为多少？（2）定时积分时间为多少？（3）当输入模拟电压为最大值时，转换时间为多少？

12-12 题图 12-3 所示的 D/A 转换电路中，已知参考电压 $U_{REF} = 5V$，试计算：（1）输入 $d_9 \sim d_0$ 中只有 1 位为 **1** 时，在输出端产生的电压为多大？（2）输入为全 **1**、全 **0** 时，在输出端产生的电压为多大？

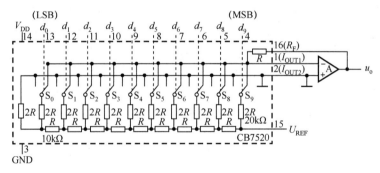

题图 12-3

12-13 对于一个 10 位逐次渐近型 A/D 转换电路，当时钟频率为 1MHz 时，其转换时间是多少？如果要求完成一次转换的时间小于 10μs，试问时钟频率应为多少？

参 考 文 献

[1]　王远. 模拟电子技术. 北京：机械工业出版社，1994.

[2]　华成英，童诗白. 模拟电子技术基础. 4 版. 北京：高等教育出版社，2006.

[3]　闫石. 数字电子技术基础. 4 版. 北京：高等教育出版社，2005.

[4]　康光华. 电子技术基础数字部分. 3 版. 北京：高等教育出版社，1988.

[5]　王毓银. 脉冲与模拟部分. 4 版. 北京：高等教育出版社，1999.

[6]　任为民. 电子技术基础课程设计. 北京：中央广播电视大学出版社，1996.

[7]　陈士英，郭炯杰. 电路与模拟电子技术. 北京：机械工业出版社，2004.

[8]　杨素行. 模拟电子技术基础简明教程. 3 版. 北京：高等教育出版社，2005.

[9]　张虹. 电路与电子技术. 5 版. 北京：北京航空航天大学出版社，2015.

[10]　曹汉房，陈耀奎. 数字电子教程. 北京：电子工业出版社，1995.

[11]　李哲英等. 电子科学与技术导论. 北京：电子工业出版社，2006.

[12]　余孟尝. 数字电子技术基础简明教程. 2 版. 北京：高等教育出版社，2003.

[13]　胡锦. 数字电路与逻辑设计. 2 版. 北京：高等教育出版社，2002.